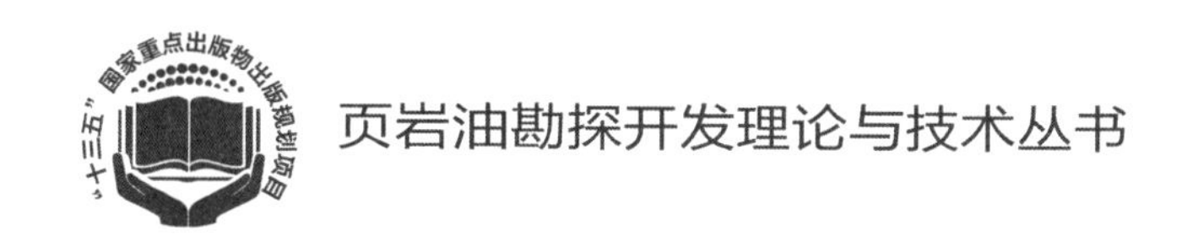

页岩油气地球物理预测理论与方法

印兴耀 ◎ 著

石油工業出版社

内容提要

本书针对我国页岩油气地质—地球物理特征，创建了相应的地震岩石物理模型，分析了微观物性及物质组成与页岩油气地质及工程“甜点”宏观岩石物理响应的关系，对地质及工程“甜点”岩石物理敏感参数评价方法进行了创新，并明确其地球物理响应模式，建立了页岩TOC值及含油气性叠前地震反演预测技术、页岩油气脆性及地应力等可压裂性地球物理评价体系，为页岩油勘探开发提供地球物理技术支撑。

本书可供从事页岩油气研究的科研和管理人员以及大专院校相关专业师生参考。

图书在版编目（CIP）数据

页岩油气地球物理预测理论与方法 / 印兴耀著．—
北京：石油工业出版社，2021.3
（页岩油勘探开发理论与技术丛书）
ISBN 978-7-5183-3998-3

Ⅰ．①页… Ⅱ．①印… Ⅲ．①油页岩 – 地球物理勘探
Ⅳ．① P618.120.8

中国版本图书馆CIP数据核字（2020）第142986号

出版发行：石油工业出版社
（北京安定门外安华里2区1号　100011）
网　址：www.petropub.com
编辑部：（010）64523544　　图书营销中心：（010）64523633
经　销：全国新华书店
印　刷：北京中石油彩色印刷有限责任公司

2021年3月第1版　2021年3月第1次印刷
787×1092毫米　开本：1/16　印张：17.25
字数：380千字

定价：160.00元

《页岩油勘探开发理论与技术丛书》
编 委 会

序　一

FOREWORD

我国经济快速稳定发展，经济实力显著增长，已成为世界第二大经济体。与此同时，我国也成为世界第二大原油消费国，第三大天然气消费国，最大的石油和天然气进口国。2019 年，我国石油和天然气对外依存度分别攀升到 71% 和 43%。过高的对外依存度，将导致我国社会经济对国际市场、地缘政治变化的敏感度大大增加，因此，必须大力提升国内油气勘探开发力度，保证国内生产发挥“压舱石”的作用。

我国剩余常规油气资源品质整体变差，低渗透、致密、稠油和海洋深水等油气资源占比约 80%，勘探对象呈现复杂化趋势，隐蔽性增强，无效或低效产能增加。我国非常规油气资源尤其是页岩油气资源潜力大，处于勘探开发起步阶段。21 世纪以来，借助页岩气成熟技术和成功经验，以北美地区为代表的页岩油勘探开发呈现良好发展态势。我国页岩油地质资源丰富，探明率极低，陆相盆地广泛发育湖相泥页岩层系，鄂尔多斯盆地长 7 段、松辽盆地青一段、准噶尔盆地芦草沟组、渤海湾盆地沙河街组、三塘湖盆地二叠系、柴达木盆地古近系等重点层系，已成为我国页岩油勘探开发的重要领域，具有分布范围广、有机质丰度高、厚度大等特点。页岩油有望成为我国陆上最值得期待的战略接替资源之一，在我国率先实现陆相“页岩油革命”。

与页岩气商业化开发的重大突破相比，页岩油的勘探开发虽然取得了重要进展，但效果远远不如预期。可以说，页岩油的有效勘探开发面临众多特有的、有待攻克的理论和技术难题，涵盖从石油地质、地球物理到钻完井、压裂、渗流等各个方面。瞄准这些难题，中国石油大学（华东）的一批学者在国家、行业和石油企业的支持下超前谋划，围绕页岩油等重大战略性资源进行超前理论和技术的探索，形成了一系列创新性的研究成果。为了能更好地推广相关成果，促进我国页岩油工业的发展，由卢双舫、薛海涛、印兴耀、倪红坚、冯其红等一批教授联合撰写了《页岩油勘探开发理论与技术丛书》（以下简称《丛书》）。《丛书》入选“‘十三五’国家重点出版物出版规划项目”，并获得“国家出版基金项目”资助。《丛书》包括五个分册，内容涵盖了页岩油地质、地球物理勘探、核磁共振、页岩油钻完井技术与页岩油开发技术等内容。

掩卷沉思，深感创新艰难。中国石油工业，从寻找背斜油气藏，到岩性地层油气藏，再到页岩油气藏等非常规油气藏，一步步走来，既归功于石油勘探开发技术的创新和发展，更重要的是石油勘探开发科技工作者勇于摒弃源储分离的传统思维，打破构造高点是油气最佳聚集区的认识局限，改变寻找局部独立圈闭的观念，颠覆封盖层不能作为储层等传统认知。非常规油气理念、理论和技术的创新，有可能使东部常规老油区实现产量逆转式增长，实现国内油气资源和技术的战略接续。

作为页岩油研究方面的第一套系统著作，《丛书》注重最新科研成果与工程实践的结合，体现了产学研相结合的理念。《丛书》是探路者，它的出版将对我国正在艰苦探索中的页岩油研究和产业发展起到积极推动作用。《丛书》是广大页岩油研究人员交流的平台，希望越来越多的专家、学者能够投入页岩油研究，早日实现“页岩油革命”，为国家能源安全贡献力量。

中国科学院院士 

2020 年 12 月

序　二

FOREWORD

人才是第一资源，创新是第一动力，科技是第一生产力。科技创新就是要支撑当前、引领未来、推动跨越。世界石油工业正在进行一次从常规油气到非常规油气的科技创新和跨越。我国石油工业发展到今天，常规油气资源勘探程度越来越高，品质越来越差，非常规油气资源的有效动用就更需要科技创新与人才培养。

从资源潜力来看，页岩油是未来我国石油工业可持续发展的战略方向和重要选择。近年来，国家和各大石油公司都非常重视页岩油资源的勘探和开发，在大港、新疆等探区取得了阶段性进展。然而，如何客观评价页岩油资源潜力、提高资源动用成效，是目前页岩油研究面临的重大问题。究其原因，在于我国湖相页岩储层与页岩油的特殊性。页岩的致密性、页岩油的强吸附性及高黏度制约了液态烃在页岩中的流动；湖相页岩中较高的黏土矿物含量影响了压裂效果。由于液体的压缩—膨胀系数小于气体，页岩油采出的驱动力不足且难以补充。因此，需要研究页岩油资源评价与有效动用的新理论、新技术体系，包括页岩成储机理与分级评价方法，页岩油赋存机理与可流动性评价，页岩油富集、分布规律与页岩油资源潜力评价技术，页岩非均质性地球物理响应机理及地质“甜点”、工程“甜点”评价和预测技术，页岩破岩机理与优快钻井技术，页岩致裂机理与有效复杂缝网体积压裂改造技术，以及多尺度复杂缝网耦合渗流机理及评价技术等。面对这些理论、技术体系，既要从地质理论和地球物理技术上着力，也要从优快钻井、完井、压裂、渗流和高效开发的理论及配套技术研发上突破。

中国石油大学（华东）卢双舫、薛海涛、印兴耀、倪红坚、冯其红等学者及其团队，发挥石油高校学科门类齐全及基础研究的优势，成功申请了国家自然科学重点基金、面上基金、“973”专项等支持，从地质、地球物理、钻井、渗流等方面进行了求是创新的不懈探索，加大基础研究力度，逐步形成了一系列立于学科前沿的研究成果。与此同时，积极主动与相关油气田企业合作，将理论研究成果与油田生产实践相结合，推动油田生产试验，接受实践的检验。在完整梳理、总结前期有关研究成果和勘探开发认识的基础上，团队编写了《页岩油勘探开发理论与技术丛书》，对于厘清思路、识别误区、明确下一步攻关方向具有重要实际意义。《丛书》由石油工业出版社成功申报“‘十三五’国家重点出版物出版规划项目”，并获得“国家出版基金项目”资助。

《丛书》是国内第一套有关页岩油勘探开发理论与技术的丛书，是页岩油领域产学研成果的结晶。它的出版，有助于中国的油气科技工作者了解页岩油地质、地球物理、钻完井、开发等方面的最新成果。

中国陆相页岩油资源潜力巨大，《丛书》的出版，对我国陆相“页岩油革命”具有重要意义。

中国科学院院士

2020 年 12 月

丛书前言

PREFACE TO SERIES

油气作为经济的血液和命脉，保障基本供给不仅事关经济、社会的发展和繁荣，也事关国家的安全。2019 年我国油气对进口的依赖度已经分别高达 71% 和 43%，成为世界最大的油气进口国，也远超石油安全的警戒线，形势极为严峻。

依靠陆相生油理论的创新和实践，我国在东部发现和探明了大庆、胜利等一批陆相（大）油田。这让我国一度甩掉了贫油的帽子，并曾经成为石油净出口国。但随着油气勘探开发的深入，陆相盆地可供常规油气勘探的领域越来越少。虽然后来我国中西部海相油气的勘探和开发也取得了重要突破和进展，但与中东、俄罗斯、北美等富油气国（地区）相比，我国的油气地质条件禀赋，尤其是海相地层的油气富集、赋存条件相差甚远。因此，尽管从大庆油田发现以来经过了 60 多年的高强度勘探，我国的人均石油储量（包括致密油气储量）也仅为世界的 5.1%，人均天然气储量仅为世界的 11.5%。事实上我国仍然位于贫油之列。这表明，我国依靠常规油气和致密油气增加储量的潜力有限，至多只能勉强补充老油田产量的递减，很难有增产的空间。

借鉴北美地区经验和技术，我国在海相页岩气的勘探开发上取得了重要突破，发现和探明了涪陵、长宁、威远、昭通等一批商业性的页岩大气田。但从客观地质条件来看，我国海相页岩气的赋存、富集条件也远远不如北美地区，因而我国海相页岩气资源潜力不及美国，最乐观的预测产量也不能满足经济发展对能源的需求。我国海相地层年代老、埋藏深、成熟度高、构造变动强的特点也决定了基本不具有美国那样的海相页岩油富集条件。

我国石油工业几十年勘探开发积累的资料和成果表明，作为东部陆相常规油气烃源岩的泥页岩中蕴含着巨大的残留油量，如第三轮全国油气资源评价结果，我国陆相地层总生油量为 6×10^{12}t，常规油气资源量为 1287×10^{8}t，仅占总生油量的 2%，除了损耗、散失及分散的无效资源外，相当部分已经生成的油气仍然滞留在烃源岩层系内成为页岩油。页岩油在我国东部湖相（如松辽、渤海湾、江汉、泌阳等陆相湖盆）厚层泥页岩层系及其中的砂岩薄夹层中普遍、大量赋存。

可以说，陆相页岩油资源潜力巨大，是缓解我国油气突出供需矛盾、实现石油工业可持续发展的重要选项，有可能成为石油工业的下一个“革命者”，并在大港、新疆、辽河、南阳、江汉、吐哈等油区勘探开发取得了一定的进展或突破。但总体上看，目前的成效与其潜力相比还有巨大的差距。究其原因，在于我国湖相页岩的特殊性所带来的前所未有的理论、技术的挑战和难题。这些难题，涵盖从地质、地球物理到钻完井、压裂、渗流等各个方面。瞄准这些难题，中国石油大学（华东）的一批学者在国家、行业和石油企业的支持下，先后申请了从国家自然科学重点基金、面上基金、“973”前期专项到省部级、油田企业等一批项目的支持，进行了不懈探索，逐步形成了一系列有所创新的研究成果。为了能更好地推广相关成果，促进我国页岩油工业的发展，在石油工业出版社的推动下，由卢双舫、薛海涛联合印兴耀、倪红坚、冯其红等教授，于 2016 年成功申报“‘十三五’国家重点出版物出版规划项目”《页岩油勘探开发理论与技术丛书》。此后，在各分册作者的共同努力下，于 2018 年下半年完成了各分册初稿的撰写，经郝芳、邹才能两位院士推荐，于 2019 年初获得“国家出版基金项目”资助。

本套丛书分为五个分册：

第一部《页岩油形成条件、赋存机理与富集分布》，由卢双舫教授、薛海涛教授组织撰写。通过对典型页岩油实例的解剖，结合微观实验、机理分析和数值模拟等研究手段，比较系统、深入地剖析了页岩油的形成条件、赋存机理、富集分布规律、可流动性、可采性及资源潜力，建立了 3 项分级 / 分类标准（页岩油资源潜力分级评价标准、泥页岩岩相分类标准、页岩油储层成储下限及分级评价标准）和 5 项评价技术（不同岩相页岩数字岩心构建技术，页岩有机非均质性 / 含油性评价技术，页岩无机非均质性 / 脆性评价技术，页岩油游离量 / 可动量评价技术及页岩物性、可动性和工程“甜点”综合评价技术），并进行了实际应用。

第二部《页岩油气地球物理预测理论与方法》，由印兴耀教授撰写。创建了适用于我国页岩油气地质地球物理特征的地震岩石物理模型，量化了微观物性及物质组成对页岩油气地质及工程“甜点”宏观岩石物理响应的影响，创新了地质及工程“甜点”岩石物理敏感参数评价方法，明确了页岩油气地质及工程“甜点”地球物理响应模式，形成了页岩 TOC 值及含油气性叠前地震反演预测技术，建立了页岩油气脆性及地应力等可压裂性地球物理评价体系，为页岩油气高效勘探开发提供了地球物理技术支撑。

第三部《页岩油储集、赋存与可流动性核磁共振一体化表征》，由卢双舫教授、张鹏飞博士组织撰写。通过对页岩油储层及赋存流体核磁共振响应的深入、系统剖析，建立了页岩储集物性核磁共振评价技术体系，系统分析了核磁共振技术在页岩孔隙系统、孔隙结构及孔隙度和渗透率评价中的应用，创建了页岩油赋存机理核磁共振评价方法，明确了页岩吸附油微观赋存特征（平均吸附相密度和吸附层厚度）及变化规律，建立了页岩吸附—游离油 T_2 谱定量评价模型，同时创建了页岩油可流动性实验评价方法，揭示了页岩油可流动量及流动规律，形成了页岩油储集渗流核磁共振一体化评价技术体系，为页岩油地质特征剖析提供了理论和技术支撑。

第四部《页岩油钻完井技术与应用》，由倪红坚教授、宋维强讲师组织撰写。钻完井是页岩油开发中不可或缺的环节。页岩油的赋存特征决定了页岩油藏钻完井技术有其特殊性。目前，水平井钻井结合水力压裂是实现页岩油藏商业化开发的主要技术手段。基于国内外页岩油钻完井的探索实践，在分析归纳页岩油藏钻完井理论研究和技术攻关难点的基础上，系统介绍了页岩油钻完井的基本工艺流程，着重总结并展望了在提速提效、优化设计、储层保护、资源开发效率等领域研发的页岩油钻完井新技术、新方法和新装备。

第五部《页岩油流动机理与开发技术》，由冯其红教授、王森副教授撰写。结合作者多年在页岩油流动机理与高效开发方面取得的科研成果，系统阐述了页岩油的赋存状态和流动机理，深入研究了页岩油藏的体积压裂裂缝扩展规律、常用油藏工程方法、数值模拟和生产优化方法，介绍了页岩油的提高采收率方法和典型的油田开发实例，为我国页岩油高效开发提供了重要的理论依据和方法指导。

作为国内页岩油勘探开发方面的第一套系列著作，《丛书》注重最新科研成果与工程实践的结合，体现产学研相结合的理念。虽然作者试图突出《丛书》的系统性、科学性、创新性和实用性，但作为油气工业的难点、热点和正在日新月异飞速发展的领域，很多实验、理论、技术和观点都还在形成、发展当中，有些还有待验证、修正和完善。同时，作者都是科研和教学一线辛勤奋战的专家和骨干，所利用的多是艰难挤出的零碎时间，难以有整块的时间用于书稿的撰写和修改，这不仅影响了书稿的进度，同时也容易挂一漏万、顾此失彼。加上受作者所涉猎、擅长领域和水平的局限，难免有疏漏、不当之处，敬请专家、读者不吝指正。

希望《丛书》的出版能够抛砖引玉，引起更多专家、学者对这一领域的关注和更多更新重要成果的出版，对我国正在艰苦探索中的页岩油研究和产业发展起到积极推动作用。

最后，要特别感谢中国石油大学（华东）校长郝芳院士和中国石油集团首席专家、中国石油勘探开发研究院副院长邹才能院士为《丛书》作序！感谢石油工业出版社为《丛书》策划、编辑、出版所付出的辛劳和作出的贡献。

丛书编委会

前 言

PREFACE

我国油气对外依存度持续居高，石油和天然气在国家经济、战略和政治中的地位举足轻重，页岩油气资源潜力巨大，是未来石油工业可持续发展的重要选择，如何经济有效地寻找和开采页岩油气是需要重点关注的难题。地震是页岩油气藏识别与评价的核心技术之一。与常规储层相比，页岩储层在矿物组成、孔隙结构、孔隙流体等方面存在较大差异，采用常规的地震勘探技术进行页岩油气预测存在局限性，有必要探索面向非均质页岩储层的新的地震勘探理论与技术。本书系统研究了页岩储层“甜点”地震预测基础理论、页岩储层“甜点”地震岩石物理建模方法、地质及工程“甜点”岩石物理敏感参数评价方法、页岩油气地质及工程“甜点”地球物理响应模式、页岩油气 TOC 及含油气性叠前地震反演预测技术、页岩油气储层脆性、裂缝及地应力等可压裂性地球物理评价技术体系。

基础理论方面，从页岩储层地质特征出发，分析了页岩储层成因及地球化学、矿物和油气特征，讨论了与页岩储层预测相关的地震岩石物理理论，主要包括岩石等效介质理论、含流体孔隙介质理论及微纳米孔隙介质理论；根据页岩储层各向异性特征，介绍了可等效表征页岩储层的地震各向异性理论；根据地震波散射基本理论，研究了页岩储层地震波场正演模拟方法；根据页岩储层地质及地球物理特性，分析了页岩储层地震反射波场在不同方位上的变化规律；基于平面弹性波反射透射规律，建立了任意各向异性介质三维 Zoeppritz 方程，并基于弱各向异性近似假设与弹性界面的相似近似假设推导了 qP 波入射的线性近似反射系数表达式，根据反演目标参数的不同，给出了多种页岩储层物性参数直接表征的地震反射特征方程；讨论了适用于页岩储层的各向异性叠前地震反演理论，为页岩储层地质及工程“甜点”识别奠定地震理论基础。

地震岩石物理建模方面，揭示了微纳米孔隙及有机质成熟度、正交各向异性等页岩复杂特征的岩石物理机制，创建了页岩油气地质及工程“甜点”新的地震岩石物理模型，分析了岩石微观组分及物性对页岩油气地质及工程“甜点”的宏观岩石物理响应特征。在测井资料约束下，采用 Thomsen 各向异性速度计算公式，利用模拟退火算法修正得到了不同有机质成熟度模型下页岩的纵横波速度。通过分析页岩储层微观参数的宏观岩石物理响应，为页岩储层“甜点”预测奠定了岩石物理基础。

总有机碳（TOC）含量是衡量岩石有机质丰度的重要指标，TOC 含量较高的页岩地层通常也蕴藏着丰富的油气资源。从页岩储层的岩石物理基础出发，介绍了利用测井资料制作页岩储层弹性参数、物性参数及 TOC 含量的交会图，进而确定了地震“甜点”敏感参数的方法，通过数学拟合确定了 TOC 含量、弹性参数与敏感参数之间关系式的流程。在此基础上，基于贝叶斯理论完成页岩储层 TOC 含量的叠前反演预测。对测井资料进行统计分析，用最大期望算法建立了页岩储层物性参数的先验分布，并通过蒙特卡洛算法获取了 TOC 含量的随机样本空间分布；对弹性参数与 TOC 含量之间的岩石物理关系添加了随机误差，建立了页岩储层统计岩石物理模型，在贝叶斯理论的框架下构建了反演目标函数，实现了页岩储层 TOC 含量的直接反演预测。该方法使用了三个角度的弹性阻抗资料直接反演 TOC 含量，在实际应用中取得了良好的效果。

岩石脆性是指岩石受力破坏时所表现出的一种固有性质。脆性指数能够表征岩石发生破裂前的瞬态变化难易程度，反映的是储层压裂后形成裂缝的复杂程度，脆性指数高的地层性质硬脆，对压裂作业反应敏感，能够迅速形成裂缝。因此岩石脆性指数是表征储层可压裂性必不可少的参数。基于页岩储层特征和岩石物理分析，详细介绍了页岩储层脆性敏感参数评价方法；分析了不同弹性参数的敏感性，选择较好的脆性敏感参数；建立了页岩储层敏感参数与地震反射特征方程之间的关系；推导出一种基于脆性敏感参数的弹性阻抗方程，并通过弹性阻抗反演的方法提取了页岩储层的弹性敏感参数。提出了一种基于脆性指数的地震反射特征方程，通过叠前地震反演方法直接预测页岩储层的脆性指数，避免了传统方法中的间接计算带来的误差。

利用叠前方位地震数据进行裂缝预测主要分为三大类。第一类是基于动校正速度随方位变化特征来进行裂缝预测，但此类方法预测裂缝的分辨率较低，难以满足裂缝型储层预测所需的精度。第二类是基于纵波反射振幅随方位变化的方法，这些方法的物理基础是各向异性反射系数方程，在构建正演算子的基础上，通过优选反演策略和优化算法，实现裂缝参数的预测；利用纵波反射振幅随方位变化特征的 AVOA 裂缝预测方法具有较高的分辨率，但是受噪声的影响比较严重，对地震资料信噪比的要求较高，并且预测裂缝走向时存在裂缝走向 90° 不确定性的问题。第三类是利用波阻抗、弹性参数、频率属性等随方位变化特征来进行裂缝预测，此类方法不仅满足裂缝预测的精度需求，而且具有较高的稳定性。在综述当前裂缝储层评价方法的基础上，分别详述了基于方位杨氏模量和方位 AVO 梯度椭圆拟合、基于各向异性梯度、基于叠前方位地震反演的裂缝参数预测技术。

地应力是指存在于地壳中未受工程扰动的天然应力。由于页岩储层具有低孔低渗的特点，在开采页岩油气时首先要对页岩进行水力压裂改造，使其形成大量的裂缝网络，而地应力是决定生成裂缝的形态、方位以及延伸方向的重要因素，因此地应力是页岩气储层可压裂性评价的一个重要参数。从地应力基本概念出发讨论了地应力的地震预测，基于各向异性介质的本构方程构建了地应力与弹性常数的关系，推导了 HTI 介质和 OA 介质的地应力计算公式，建立了地应力与弹性参数和各向异性参数的定量关系，提出了正交各向异性水平应力差异比（Orthorhombic Differential Horizontal Stress Ratio，以下简写为 ODHSR）的概念；利用弹性参数和各向异性参数的测井数据验证了公式的合理性；分析了弹性参数和各向异性参数变化对 ODHSR 的影响，建立了以方位各向异性介质的反射系数为基础的各向异性弹性阻抗方程，利用叠前方位地震数据实现了地应力地震反演预测。

中国页岩储层目前主要集中在四川盆地、鄂尔多斯盆地和渤海湾盆地等，具有埋深大、断层交错、山地地表复杂、地层非均质强等特点，勘探开发难度大。针对国内某页岩气工区，开展了基于地震岩石物理弹性模量估算以及 TOC 地震预测；采用基于杨氏模量、泊松比以及 TOC 含量计算脆性指数的策略，实现了页岩气叠前地震弹性阻抗及脆性敏感参数预测，反演结果与测井曲线保持一致；基于方位地震数据开展了裂缝参数预测，结果显示裂缝倾向和测井解释结果吻合度很高，进一步说明了该方法的适用性；利用叠前地震反演方法，开展了工区正交各向异性水平应力差异比（ODHSR）预测，并取得了较好的效果。针对中国东部某页岩油工区，建立了适用于目标工区的地震岩石物理模型，并在此基础上开展了脆性、裂缝和正交各向异性水平应力差异比（ODHSR）地震预测应用研究，均取得了较好的应用效果。

感谢《丛书》编委会对本书出版予以的支持和辛勤劳动。感谢中国石油大学（华东）储层地球物理实验室多年来在此领域做过贡献的教师、博士和硕士研究生等。由于笔者水平有限，书中难免有不足之处，敬请专家、读者予以指正。

目　录

CONTENTS

第一章
绪　论

第一节　国内外页岩油气现状

能源是人类文明进步的动力，石油和天然气作为当下重要的能源之一，在国家经济、战略和政治中的地位举足轻重。世界石油天然气资源非常丰富，据统计，全球油气田数量为 14047 个，在产油气田数量为 3833 个，全球油气经济剩余可采储量 2122×10^8t 油当量，技术剩余可采储量 3849×10^8t 油当量。全球共发现陆上常规油田数量为 4853 个，海域常规油气田数量为 4311 个，非常规油气田数量为 1995 个。其中，非常规油气技术剩余可采储量 940×10^8t，占全球油气技术剩余可采储量的 24%。但油气资源分布非常不均匀，其中约四分之三的石油资源在东半球分布，西半球仅占四分之一。从南北半球来看，石油资源主要集中在北半球，北半球的油气资源又集中在 20°N～40°N 和 50°N～70°N 两个纬度范围，尤其 20°N～40°N 的纬度范围约占世界石油探明储量的 51%。近年来，随着大西洋两岸油气资源逐一发现，大西洋两岸已成为最重要的油气发现区，2009—2018 年的十大油气发现中，大西洋两岸共发现石油可采储量 49.2×10^8t，天然气可采储量 4×10^{12}m^3，分别占 2019—2018 年十大石油发现和天然气发现的 67% 和 26%。从国家层面整体分析，世界油气资源主要分布在委内瑞拉、沙特阿拉伯、伊朗、俄罗斯、卡塔尔、阿拉伯联合酋长国、美国、加拿大、伊拉克、土库曼斯坦、科威特、加蓬、尼日利亚、阿尔及利亚、利比亚、哈萨克斯坦、中国等。其中，中国累计探明石油地质储量 389.65×10^8t，天然气地质储量 12.11×10^{12}m^3，分居世界第十四位和第十一位，主要分布在新疆、黑龙江、四川、内蒙古、甘肃、重庆、山东、河北、青海、吉林、辽宁、南海、渤海和东海等省区（海域）。

在人类油气勘探活动已经经历了两个多世纪的今天，我们面临的是日益复杂的地下条件，隐蔽性强的剩余油气资源分布，识别和描述难度较大的岩性地层油气藏以及低孔低渗、开发难度大的页岩油气藏等。页岩油气作为烃源岩层系油气资源，早有发现，个别国家也有小规模开发。但在 1970 年之前，常规油气开发蒸蒸日上，对于页岩油气这种低品质能源的研究进展非常缓慢。1970 年之后，由于美国的常规油气开发进入中后期，产量持续下降，尤其是 20 世纪 70 年代的两次石油危机对美国的能源安全产生了巨大挑战，促使美国加大研究页岩油气这种低品质能源的力度，在技术上不断取得进展。2000 年之后，作为天然气重要组成部分的页岩气在美国成功得到了商业应用，并对世界能源格局产生了重大影响，使全球油气勘探开发重心有西移的态势。

页岩油与页岩气聚集机理相似，但页岩气形成条件更宽、分布范围更广。目前全球仅四个国家实现页岩油气的规模生产，即美国、中国、加拿大、阿根廷。以页岩气为例，世界页岩气资源量 $456\times10^{12}m^3$，主要分布在北美、中亚、中东、北非、拉丁美洲、原苏联及中国等地区。目前发现最大的页岩气田为 Marcellus 页岩气田，2018 年产量 $2009\times10^8m^3$（EIA，2019）。美国是成功开发页岩气的典型代表，2006 年页岩气年产量 $265\times10^8m^3$，2007 年起美国的页岩气开发进入快速发展阶段，2011 年产量达到 $1800\times10^8m^3$，较 2006 年增长了约 6.8 倍，页岩气产量占美国干气总产量的 23%，使美国由天然气进口国变为了净出口国。2018 年，美国页岩气产量继续保持增长，产量达到 $7560\times10^8m^3$，比上年增长 22%（EIA，2019）。页岩油也是美国非常规油气勘探与开发的主要类型，主要分布在该国中西部地区的古生界、中生界、新生界海相页岩层系中，部分产区与页岩气产区重叠。2005 年以来，美国陆续在多套页岩层系中产出了页岩油，2011 年的页岩油产量达到了 2973×10^4t，2015 年美国以页岩油为代表的致密油产量首次超过常规石油，达到 2.4×10^8t，2017 年为 2.2×10^8t。未来，预计产量将稳定增长，年产量将在 2030 年达到峰值 3.1×10^8t。在页岩油气保持大幅增长的形势之下，美国油气出口力度进一步加大。

中国页岩油气资源量极为丰富，发展经历可分为以下几个阶段：2004 年开始，国土资源部油气资源战略研究中心和中国地质大学（北京）跟踪调研国外页岩气研究和勘探开发进展；2005 年，对中国页岩气地质条件进行初步分析；2006 年，分析中—新生代含油气盆地页岩气资源前景；2007 年，分析盆地内和出露区古生界富有机质页岩分布规律和资源前景；2008 年，对比中美页岩气地质特征，重点分析上扬子地区页岩气资源前景，初步优选远景区。中国页岩气的实质性勘探工作起始于 2009 年末，以中国石油实施的威 201 井为标志。2012 年 3 月国土资源部公布中国陆域页岩气资源量在 $134.42\times10^{12}m^3$ 左右，其中可采资源量达 $25.08\times10^{12}m^3$，与美国页岩气资源量相差无几。2011 年底，国务院批准页岩气为新的独立矿种，成为中国发现的第 172 个矿种，国土资源部按独立矿种制定相关政策，进行页岩气资源管理，针对页岩气勘探开发较常规天然气难度大的实际，国家已经出台了页岩气开发的补贴优惠及鼓励政策。由此可见，中国页岩气发展前景良好。2018 年，中国四川盆地涪陵页岩气田年产量 $60\times10^8m^3$，四川盆地长宁—威远和昭通页岩气田年产量 $42.7\times10^8m^3$。在页岩气良好的发展形式之下，中国页岩油藏的勘探开发工作也取得较好进展。2013 年，国土资源部初步估算中国页岩油可采资源量约为 37×10^8t，美国能源信息署（EIA）评价中国现有技术可以采出的页岩油资源量约为 44×10^8t。中国具有开采价值的大面积陆相页岩油藏多富集于盆地中心地带，但相较于北美地区，中国页岩油藏连续性和稳定性相对较差，开采难度大。自 2011 年以来，在准噶尔盆地、三塘盆地、鄂尔多斯盆地、四川盆地、渤海湾盆地、松辽盆地、苏北盆地、江汉盆地、南襄盆地发现大面积页岩油藏。以渤海湾盆地济阳凹陷泥页岩油藏为例，截至 2018 年，共 37 口井产出工业油流，单井累计最高产量达 27896t。

页岩油气属非常规能源。其中页岩气化学成分主要是甲烷，是天然气的一种。常规的天然气在富含有机质泥页岩中生成后运移到孔隙度、渗透率或裂缝发育的砂岩、碳酸盐岩、火成岩等构造圈闭或岩性圈闭中。页岩气指在富有机质烃源岩中生成后没有运移或运移距离极短，储存在地下的暗色泥页岩或者高碳质泥页岩及其砂质或碳酸盐岩夹层中。页岩油指以页岩为主的页岩层系中所含的石油资源，其中包括泥页岩孔隙和裂缝中的石油，也包括泥页岩层系中的致密碳酸盐岩或碎屑岩邻层和夹层中的石油资源。页岩油气藏特征表现为特低渗，一般为纳达西级、孔隙度极低（2%～10%）、储量丰度低，但分布连续，资源量极为丰富。

如何经济有效地寻找和开采页岩油气是世界各国关注的难题。以美国为代表的西方国家在页岩油气勘探开发领域已开展较为深入的研究工作，在页岩储层岩石物理、储层预测、含油气性识别、储层可改造性评价等方面进行了有益的探索。目前，页岩油气勘探与评价的方法主要包括地球物理方法、野外地质调查、钻探勘查、录井与现场测试等。地球物理方法又包括地球物理测井、电磁法、重磁法、地震勘探以及综合地球物理勘探。地球物理测井直接在井中进行地层信息采集，不改变物质的沉积环境，结果更加准确，而且具有高分辨率的特点，与钻探相比更加经济，但其探测范围有限。电磁法利用地层电阻率的差异进行页岩储层识别，包括音频大地电磁测深（ATM）、复电阻率法（CR）。重力法利用页岩储层与围岩的密度差异寻找页岩储层，但其局部分辨率不足。地震勘探利用地层波阻抗的差异实现页岩储层的描述，相较重磁法和电磁法，地震勘探探测深度更大。本书将对页岩储层地震勘探方法进行详细阐述。

第二节　页岩油气藏识别与评价

一、地震勘探页岩油藏识别

地震勘探是页岩油气藏识别与评价的核心技术之一（Yin 等，2014，2015a，2015b），理论上页岩储层非均质地震反演可以提高储层预测的精度，有助于页岩储层“甜点”检测，实现储层精细描述。页岩储层与常规储层存在很大差别，主要表现在：页岩储层均由细粒物质组成，岩石成分复杂，不仅有无机矿物，还有有机质，并且存在大量吸附气，储层孔隙空间多样，具有裂缝性、有效孔隙度低等地质地球物理特征。页岩储层这些特点增加了页岩储层地震勘探难度。在常规油气勘探开发过程中，页岩均被认为是无渗透性的封盖层（或烃源岩），不作为储层研究对象，在测井和地震解释评价过程中也不做详细解释。而且许多理论和方法都是针对孔隙性储层建立的，不适用于微裂缝和微纳米级孔隙发育的页岩储层，所以有必要从理论上探索面向非均质页岩储层的新的地震勘探方法。根据 2010—2018 年国际勘探地球物理学家学会（SEG）年会和欧洲地质学家与工程师学会（EAGE）年会的论文及专题来看，近年来页岩油气藏地震识别研究在世界范围得到高度重视，且研究热点及难点包括页岩油气藏地震岩石物理理论及地震响应机理、页岩地层脆性及可压裂性预测、裂缝几何参数反演及“甜点”预测等多个方面，并且取得显著的成果和认识。

二、页岩储层地震岩石物理建模

页岩储层地震岩石物理建模是利用地震岩石物理理论来模拟实际页岩的过程。在建模过程中，首先需要分析页岩储层特征，据此采用不同适用条件下的地震岩石物理等效介质理论按顺序耦合各类矿物组分及孔隙流体，来构建页岩储层地震岩石物理模型，通过测井约束下的反演算法求取模型的纵横波速度，验证所建模型的正确性。前人针对页岩储层地震岩石物理建模方法展开了大量研究，认为页岩中的泥质、有机质干酪根和多类孔隙是影响页岩纵横波速度与密度及强各向异性特征的主要因素（Vernik和Liu，1997；Dvorkin等，2007；Coope等，2009；Carcione等，2011）。一种具有代表性的页岩储层地震岩石物理建模方法利用Voigt-Reuss-Hill平均、DEM模型或K-T模型、Gassmann方程、各向异性固体替换方程得到饱和岩石的模量，同时指出总有机碳（Total Organic Carbon，以下简称TOC）是导致页岩纵横波速度与密度降低及各向异性特征增强的诱因之一（Zhu Yaping等，2012）。在此基础上，近年来笔者所在实验室发展了一批考虑干酪根和孔隙分类的页岩储层地震岩石物理建模方法（刘欣欣，2014；李龙，2014；王璞，2015；刘倩，2016；印兴耀等，2016）。总的来看，如何添加干酪根和多类型孔隙是页岩储层地震岩石物理建模过程中的主要难点。因此，在考虑页岩强各向异性的基础上，可按照成熟度不同将干酪根分为未成熟、成熟和过成熟三类，同时将孔隙分为微纳米级孔隙、常规硬孔隙和定向排列的软孔隙，采用合理的岩石物理理论对其进行耦合，构建一种新的页岩储层地震岩石物理理论模型。通过模拟退火反演算法计算得到的页岩纵横波速度，可验证模型的准确性。通过岩石物理微观参数影响分析可探索页岩储层物性参数对弹性参数的响应特征，为页岩储层“甜点”地球物理预测方法奠定了理论基础。

三、总有机碳含量

TOC含量是在查明页岩层的构造与沉积特征后，圈定地质“甜点”发育区域的重要参数。对于页岩储层，有机质丰度是评价一个层段是否有利于开发的重要指标，而TOC含量是衡量岩石有机质丰度的重要指标，有工业开采价值的页岩油气远景区带，最低TOC含量一般平均在2.0%以上（邹才能等，2013）。1990年前，如何在测井上评价TOC一直是一个难题，Passey等（1990）提出了能够计算不同成熟度条件下TOC含量的测井评价方法，即$\Delta \lg R$法，为这一难题的解决提供了较可靠的测井方法。页岩的TOC评价体系、关键步骤及核心参数的测井评价方法已经建立起来，但如何用地震反演的方法合理且稳定地预测钻井剖面中连续、完整的烃源岩TOC含量变化和分布特征依然是一个有待解决的问题，因为页岩TOC含量与测井数据、弹性参数间缺乏可靠的定量联系。实践表明，TOC含量与密度有较好的关系，可以通过反演密度再计算得到TOC含量，该叠前反演方法综合利用地震数据和测井数据对页岩储层TOC含量进行预测，通过反演得到 TOC 含量，从而实现对页岩的含油气性评价。但密度反演对地震资料品质具有较高的要求，且简单地构建密度与 TOC 含量间的近似线性关系无法真正地实现页岩储层含油气性评价。

四、页岩脆性特征

页岩的脆性特征是储层是否易于水力压裂改造的重要参数。岩石脆性指岩石受力破坏时所表现出的一种固有性质，表现为岩石在宏观破裂前发生很小的应变，破裂时全部以弹性能的形式释放出来。脆性指数是表征岩石发生破裂前的瞬态变化快慢（难易）程度，反映储层压裂后形成裂缝的复杂程度。通常，脆性指数高的地层性质硬脆，对压裂作业反应敏感，能够迅速形成复杂的网状裂缝；反之，脆性指数低的地层则易形成简单的双翼型裂缝。因此，岩石的脆性指数是表征储层可压裂性必不可少的参数，主要有以下几个方面的独特特征：（1）岩石的脆性不同于像弹性模量、泊松比这样的单一力学参数，它受多个因素共同制约，想要表征脆性，需建立特定的脆性指标；（2）脆性受内外因素共同作用，脆性是以内在非均质性为前提，在特定加载条件下表现出的特性；（3）脆性破坏是在非均匀应力作用下，产生局部断裂，并形成多维破裂面的过程。在外力作用下，岩石发生脆性破坏，内部微裂纹的萌生、裂纹稳定扩展至非稳定交联的过程都与岩石的脆性密切相关。目前，国内外学者针对页岩的脆性评价有很多，当前还没有标准的、统一的岩石脆性定义及测试方法。岩石的脆性虽然没有明确的定义，但在页岩储层脆性研究方面，现在存在的方法主要分为两大类：一是在实验条件下利用岩心资料进行矿物组分分析或者应力实验，利用脆性矿物含量或者应力实验结果来评价页岩储层的脆性；二是利用弹性敏感参数来进行页岩气储层的脆性评价。研究表明岩石的力学性质是岩石矿物成分和岩石组构的函数，矿物成分是其主要影响因素之一（Ersoy 等，1995）；根据页岩矿物组分中脆性矿物的差异，认为石英对页岩脆性的影响比较大，发展了基于页岩脆性矿物含量的脆性指数评价方法（Jarvie 等，2007）；如果考虑成岩作用对岩石脆性的影响，可以在 Jarvie 公式的基础上加入镜质组反射率这一参数。国内有些学者认为碳酸盐矿物的脆性较高，建立了一种基于碳酸盐矿物的页岩脆性指数（李钜源，2013）；也有些学者认为石英、长石、方解石、白云石等均为脆性矿物，建立了另一种页岩脆性指数（陈吉和肖贤明，2013）；也可以利用 X 荧光元素录井技术来确定页岩组分，并基于矿物组分法来评价页岩脆性（张新华等，2012）。除了基于脆性矿物含量的评价机制，通过对美国 Barnett 页岩的统计分析，结果表明脆性的概念应该同泊松比和弹性模量结合起来，利用归一化的弹性模量和泊松比来表征脆性指数，泊松比能够反映岩石抵抗破坏能力，弹性模量能够表征裂缝重新应力开裂的能力，高脆性表现为高弹性模量、低泊松比（Rickman 等，2008）；拉梅常数和剪切模量也可以用来表征页岩脆性（Goodway 等，2010）；典型的页岩气层具有高的弹性模量和低的泊松比，所以也可以用弹性模量与泊松比的比值来表征页岩的脆性（Guo 等，2012）。脆性指数的大小与弹性参数之间存在着一定的相关性，可以通过地球物理方法获取地层弹性参数来评价目标区域地层脆性特征，从而识别优质可压裂区域，指导后续开发工作。但是该方法在获取脆性时，通常是通过建立脆性敏感弹性参数与反射系数之间的关系，利用脆性敏感弹性参数来计算脆性指数的。中间步骤的存在一定程度上会影响脆性的预测效果，从而造成与实际情况有偏差的问题。

五、页岩储层裂缝

页岩储层一般发育成套的单组定向高角裂缝，甚至还包含大量的水平裂缝。裂缝既可以作为油气资源的储藏空间，也可以作为油气资源的运移通道。裂缝的发育状态，即裂缝参数，与储层的含油气量具有密切的关系，同时影响着储层压裂改造方案的设计，所以裂缝参数的预测是页岩储层勘探开发的重要环节。从地震学角度来看，发育有高角单组定向裂缝的页岩储层诱导方位各向异性，一般可将其等效为 HTI（Horizontaly Transverse Isotropy）介质，如果考虑得更加细致，可以将其等效为 OA（Orthorhombic Anisotropy）介质。目前，基于叠前方位地震数据进行裂缝预测主要包括三大类。第一类是基于速度随方位变化特征来进行裂缝预测：通过对纵波速度旅行时分析，得到纵波群速度随方位角的变化，利用这种方位变化特征来进行裂缝检测，即 VVA 方法（Craft 等，1997）。除此，裂缝地层反射波动校正速度随方位角呈余弦变化，如果对动校正速度进行椭圆分析，则可利用拟合椭圆的椭圆率指示裂缝密度，椭圆长轴方向指示裂缝走向（Li，1999；Grechka 和 Tsvankin，1998，1999；Bakulin 等，2000）。但第一类方法预测裂缝的结果分辨率较低，难以满足裂缝型储层预测所需的精度。第二类是基于 P 波反射振幅随方位变化进行裂缝型储层预测：在弱各向异性和上下层均为 HTI 介质的假设下，可以推导出 P 波反射系数近似公式（Ruger，1996，1997），基于该公式，利用振幅随方位角和入射角的变化（AVAZ）特征来对裂缝参数进行预测，同时可发现方位 P 波反射振幅近似是一条周期为 π 的余弦曲线（Mallick 等，1998）。除了 AVAZ 反演外，三维地震数据的 AVO（Amplitude variation with offset）梯度及其方位分析也可实现裂缝走向和密度的预测。即对不同方位下的 AVO 梯度做椭圆拟合，裂缝密度可用拟合得到的椭圆率表示，裂缝走向可用椭圆长轴方向表示（Gray 和 Head，2000；Al-Marzoug 等，2004）。还有很多学者提出了其他的基于 P 波振幅方位变化的裂缝预测方法：比如从方位 P 波数据中重建地层各向异性弹性参数和高分辨率的裂缝特征；基于 Fatti 波阻抗形式和 Gildlow 流体特征形式的 AVOA 反演获取裂缝的弹性参数以及流体因子（张广智等，2012；Chen 等，2012）；利用基于模拟的介质获得的多方位多偏移距物理模型反射数据进行 AVAZ 反演获得裂缝方向以及以各向异性参数表述的裂缝强度（Mahmoudian 和 Margrave，2013）。虽然利用 P 波反射振幅随方位变化的裂缝预测方法具有较高的分辨率，但是受噪声的影响比较严重，对地震资料的信噪比要求较高，并且预测裂缝走向时存在裂缝走向 90° 不确定性等问题。第三类是利用波阻抗、弹性参数、频率属性等随方位变化特征来进行裂缝预测：全方位 P 波阻抗属性的分析表明，P 波阻抗属性随方位角也近似为一条余弦曲线，由此可利用不同方位角下的 P 波阻抗属性进行裂缝参数预测（曲寿利等，2001），但利用P波阻抗属性进行裂缝方位预测也存在裂缝走向90°不确定性。Sayers（2010a，2010b，2013）通过实验发现，杨氏模量沿着裂缝走向最大，沿着裂缝对称轴最小，所以可以利用方位杨氏模量椭圆拟合思想，实现裂缝参数的预测（Zong等，2013）。除此，HTI介质弹性阻抗与裂隙填充物和几何参数之间存在一定的关系，可从HTI介质弹性阻抗中获取裂缝物性参数以及几何参数（陈怀震等，2014a，2014b）。第三类方法不仅满足裂缝预测的精度需求，而且选择合理的属性，可消除裂缝走向预测的90°不确定性问题。

六、地应力分布

在储层可改造性评价中，地应力分布是另外一个重要的指示因子。人们认识地应力还只是近百年来的事。1912年瑞士地质学家Heim首次提出了地应力的概念，并提出了一种静水压力假设。1926年原苏联学者Gennik修正了Heim的静水压力假设，认为侧向应力是泊松效应的结果，它的值应乘以一个与泊松比有关的修正系数。国外地应力测量起步于20世纪初，Liearace利用应力解除法对胡佛大坝下面的隧道进行了岩石应力测量，这是人类第一次直接对地应力进行测量的实例。20世纪中期，Hast使用应力计对斯堪的纳维亚半岛进行了地应力测量，发现地层浅部垂直应力小于水平应力。20世纪60年代以来，地应力测量方法开始多样化，除发展了扁千斤顶法、孔径变形法、光弹应力计法等平面应力测量方法外，还发展了三维地应力测量技术，通过单孔便可测得介质某一点的空间应力状态。1964年，Fairhurst提出了水力压裂地应力测量法，该方法是目前地壳深部地应力测量应用最普遍的方法。1968年，Haimson从实验和理论两个方面对水力压裂地应力测量法做了全面分析。1972年，Vonschonfeldt等在美国明尼苏达州开展了真正意义上的水力压裂法地应力测量工作。20世纪80年代，瑞典发明了水下钻孔三向应变计，使用深度可达500m。中国地应力测量技术起步于20世纪四五十年代，1970年以后得到了快速发展，相继成功进行了水力压裂法、改进的深钻孔水下三向应变计等地应力测量，并成功研制了压磁应力解除法、凯瑟效应地应力测试等系统设备。早期主要关心的是如何用一些数学公式来定量地计算地应力的大小，同时都认为地应力只与重力有关，即以垂直应力为主。它们的差异只在于测压系数的不同。然而，许多地质现象，比如断裂、褶皱等均表明地壳中水平应力的存在。后来的研究表明，引起地应力的主要原因是重力作用和构造运动，并且还受到其他多种因素的影响，因而造成了地应力状态的复杂性和多变性。地应力的地震预测方法主要有基于反射系数的地应力预测方法、基于曲率属性的地应力预测方法以及基于岩石物理模型的地应力预测方法三大类。国外学者研究表明，依据横波分裂现象，快慢横波方位可以用来指示地应力的方位（Crampin，1981，1993，1994，1999，2001；Crampin S和Chastin S，2003；Crampin S和Gao Y，2006）；如果去掉泊松比是各向同性的这个假设条件，改进计算地应力的简单公式，从而可以提高估算地应力的准确度（Iverson，1995）；建立反射系数与应力之间的关系，可以为地震数据反演应力分布提供可能（Dillen，2000）；如果考虑裂缝引起的地下介质各向异性特征，得到地层的水平应力差异比，可以实现基于地震数据的地应力预测（Gray，2011；Gray 等，2010，2012）；而利用纵波地震数据估算原地应力的方法可以在井位稀疏的地方使用，能够对地应力进行稳定的估算（Mukherjee 等，2012）。现有研究方法主要有：利用裂缝岩石参数预测地应力的方法（宗兆云，2013）；通过先验信息建立地层岩石物理模型，基于模型获得地下介质弹性刚度矩阵，最后根据弹性刚度矩阵可以计算地下介质应力分布的方法（张广智等，2015）；利用方位叠前地震数据来实现地应力的地震预测的方法（马妮等，2017）。利用地震数据估算地应力的方法，是一种刚刚兴起的地应力预测方法。该方法能够得到某个区域连续的地应力剖面，即使在井位少的地区也能够计算出该区域的地应力，克服了受位置约束的限制，是对整个工区的地应力做横向预测，为井位的部署以及水力压裂开发提供理论指导。且该方法使用的地震资料是宽方位地震数据，宽方位地震数据具有较强的方位各向异性特征，含有丰富的储层信息，能够反演出裂缝型储层的岩石物理参数及各向异性参数，可以为叠前地震反演方法预测地层地应力奠定基础，指导页岩储层压裂改造性预测，具有预测范围广，数据体连续分布的特点。因此该方法在地应力预测方法中具有独特的优势（印兴耀等，2018a，2018b；马妮等，2017）。

本书在讨论目前国内外页岩储层地震预测现状的基础上，详细介绍了笔者所在实验室在页岩储层研究方面的成果。以页岩储层地震岩石物理建模为基础，发展了页岩储层 TOC、脆性、裂缝、地应力地震评价方法。首先介绍了地震岩石物理、各向异性理论及地震正反演理论，详细阐述了页岩储层“甜点”地震预测理论基础；然后阐述了一套考虑了干酪根、微纳米级孔隙类型等因素的页岩储层地震岩石物理建模方法。在此基础上，依次引入了利用弹性阻抗数据代替弹性参数（即密度项）实现页岩 TOC 预测的贝叶斯地震反演方法，该方法能够有效避免密度项直接参与反演，提高预测精度；基于脆性敏感因子反射系数方程的页岩储层脆性直接预测方法，避免了间接计算带来的误差；从 AVO 梯度和杨氏模量的椭圆分析，到基于各向异性梯度的裂缝参数地震反演方法系列，该方法系列可以有效地保证结果的稳定性和分辨率，同时消除裂缝走向预测的 90° 不确定性；基于 ODHSR（Orthorhombic Differential Horizontal Stress Ratio，即正交各向异性水平应力差异比）与裂缝岩石物理参数之间解析函数关系的方位地震地应力预测方法，该方法既考虑了地层非均匀、各向异性复杂特征，同时给出 ODHSR 的解析近似式，使地应力预测在保证精度的基础上具有简易可操作性。最后给出了以上方法技术在两个工区的应用实例——中国某页岩气工区实例和中国东部某页岩油工区实例。

第二章
页岩储层“甜点”地震预测理论基础

页岩储层具有矿物组分复杂、孔隙度低且孔隙类型多样，流体分布不均匀等地质特点，以及地震各向异性特征显著、非均质性强等地球物理特征，并且存在页岩储层地震响应机制不明确，地震预测待反演参数多等问题。本章首先介绍了页岩储层地质特征，涉及页岩储层成因及地球化学特征、页岩储层特性及页岩油气特征。然后讨论了地震岩石物理理论，主要包括页岩储层相关的地震岩石物理等效介质理论，含流体孔隙介质地震岩石物理理论及微纳米级孔隙地震岩石物理理论。根据页岩储层各向异性特征，介绍了可等效表征页岩储层的地震各向异性理论；根据地震散射波基本理论，建立了页岩储层地震波场正演模拟方法；根据页岩储层地质特征，分析了页岩储层中地震反射波场在不同方位的变化规律；通过平面弹性波反射透射规律，建立了任意各向异性介质三维 Zoeppritz 方程，并基于弱各向异性近似假设与弹性界面的相似近似假设推导了准 P（qP）波入射的线性近似反射表达式，根据反演目标参数的不同，给出了多种页岩储层物性参数直接表征的地震反射特征方程。最后，论述了适用于页岩储层的叠前地震各向异性反演理论，为页岩储层地质及工程“甜点”识别奠定理论基础。

第一节　页岩储层地质特征

一、成因与地球化学特征

页岩（shale）是指粒径小于 0.0039mm 的碎屑、黏土、有机质等组成具页状或薄片状层理、容易碎裂的一类细粒沉积岩。美国一般将粒径小于 0.0039mm 的细粒沉积岩统称为页岩。页岩在自然界分布广泛，沉积物中页岩约占 55%。常见的页岩类型主要有黑色页岩、碳质页岩、硅质页岩、铁质页岩、钙质页岩等，其中钙质页岩和硅质页岩等易于压裂，是主要的页岩气岩石类型。

富有机质黑色页岩是形成页岩油气的主要岩石类型，主要包括黑色页岩与碳质页岩两类。富有机质黑色页岩含有大量的有机质与细粒、分散状黄铁矿、菱铁矿等，有机质含量通常为 3%～15% 或更高，常具极薄层理。碳质页岩含有大量细分散状的炭化有机质，TOC 含量一般为 10%～20%，黑色、染手，含大量植物化石。无论哪种页岩，其抗风化能力都较弱，在地形地貌上往往形成低山、谷地（姜在兴，2003；张爱云等，1987；

钱凯和周生云，2008）。

富有机质黑色页岩形成，需具备两个重要条件。（1）表层水中浮游生物发育，生产力高。表层水中浮游生物遗体与岩屑分解物质，以及火山喷发物脱玻化形成的 SiO_2 胶体，是黑色页岩的主要物质来源。（2）具备有利于沉积有机质保存、聚积与转化的条件。缺氧环境有利于有机质保存，可形成富有机碳沉积物堆积。水循环受限的滞留海（湖）盆、陆棚区台地间的局限盆地、边缘海斜坡与边缘海盆地中，由于水深且盆地隔绝性强，水体循环性差，容易形成贫氧或缺氧条件，是发育黑色页岩的有利环境。综合研究认为，富有机质黑色页岩主要形成于缺氧、富 H_2S 的闭塞海湾、潟湖、湖泊深水区、欠补偿盆地及深水陆棚等沉积环境中（张爱云等，1987；姜在兴，2003）。

富有机质黑色页岩沉积模式，主要有海（湖）侵模式、门槛沉积模式、水体分层模式、洋流上涌模式 4 种（Picard，1971）。海（湖）侵模式指相对海（湖）平面下降，导致深水区形成大面积缺氧环境，形成黑色页岩，海侵的规模一般大于湖侵。门槛沉积模式分为低门槛和高门槛两种沉积：低门槛模式指类似在局限台地环境内，海水流通不畅导致台地内水蒸发较快，形成各类蒸发岩；高门槛模式指与洋盆相连的裂谷断陷盆地、拉分盆地或峡湾盆地内，海水从盆地一侧进入，由于受“门槛”阻挡，无法影响盆地深部的水体，进而产生缺氧环境，形成黑色页岩。水体分层模式指在温度、盐度或其他差异作用下，汇水盆地上下水体循环受阻，导致浅水局部低洼滞水区产生缺氧环境，有机质得以埋藏、保存而形成黑色页岩。洋流上涌模式指样例携带大量营养物质从海底上涌到富氧的水层，导致微生物繁盛，产生大量有机质，且生成速度远大于分解速度，形成黑色页岩。陆相湖盆沉积水体有限，水体循环能力不及海洋，富有机质黑色页岩主要以分层和湖侵两种沉积模式发育，其中分层模式按湖泊类型分为淡水湖盆、干盐湖盆、半咸水湖盆三类，其页岩沉积模式也有所不同。

富有机质黑色页岩在中国陆上按沉积环境可分为三大类：海相富有机质黑色页岩、海陆过渡相煤系富有机质黑色页岩、湖相富有机质黑色页岩。中国下古生界海相黑色页岩主要分布在南方扬子地台、华北地台及塔里木地台，以深水陆棚相沉积为主，厚度大，分布面积广，有机碳含量高。如四川盆地古生界寒武系筇竹寺组、志留系龙马溪组页岩，分布面积 13.5×10^4～$18\times10^4km^2$，厚度 200～400m，有机碳含量一般在 1.85%～4.36%，较高处可达 11%～25.73%。海陆过渡相煤系页岩主要分布在石炭—二叠系，发育多套与煤层相伴生的碳质页岩。富有机质碳质页岩一般出现在煤层的顶、底板或夹层中，以海陆过渡相中的沼泽沉积环境为主。如中国南方地区的二叠系龙潭组（P_2l）碳质页岩分布面积约 $53\times10^4km^2$，厚 20～300m，TOC 含量 2.4%～22%。湖相页岩主要分布在中新生代陆相沉积盆地中，如四川盆地、鄂尔多斯盆地三叠系，松辽盆地白垩系，渤海湾盆地古近系等，既发育湖相富有机质黑色页岩，也发育湖沼相富有机质黑色页岩，厚度一般为 200～2500m，TOC 含量 2%～3%，较高处可达 7%～8%。中国陆上富有机质黑色页岩类型多，年代广，分布范围大，为页岩油气形成提供了良好的物质基础。

富有机质黑色页岩的地球化学特征主要包含 4 种：有机质丰度、有机质类型、有机质成熟度和有效页岩厚度。

有机质丰度：TOC 含量是衡量岩石有机质丰度的重要指标，有经济开采价值的页岩油气远景区带的页岩必须富含有机质，最低 TOC 含量一般平均在 2.0% 以上。如美国主要产气区页岩 TOC 含量为 0.45%～25%，含气量为 0.4～9.91m^3/t。页岩中油气含量一般与有机碳含量呈正比，较高有机碳含量的页岩地层通常具有较高的油气含量和页岩油气资源。如鄂尔多斯盆地中生界延长组 7 段页岩 S_1 与 TOC 具有良好的正相关性。对中国上扬子地区海相页岩的有机碳含量进行了系统分析，认为该层系是页岩气勘探的有利靶区（邹才能等，2013）。目前岩石中的总有机碳是历经有机质演化生烃与地表氧化风化作用后的残余有机碳，实际原始总有机碳更丰富，按残余有机碳与原始总有机碳之间的经验比值 1 : 1.16～1 : 1.22（张爱云等，1987）预测，寒武系筇竹寺组黑色页岩 TOC 含量主要为 4.2%～5.6%，志留系龙马溪组黑色页岩 TOC 含量主要为 2.92%～3.08%。因此，中国上扬子地区寒武系筇竹寺组、志留系龙马溪组黑色页岩，具备形成页岩油气有利远景区带所需最低 TOC 含量大于 2% 的要求，是目前海相页岩较有利的勘探开发区块。

有机质类型：尽管总有机碳含量和成熟度是决定烃源岩生气潜力的关键因素，但普遍认为富氢有机质主要生油，氢含量较低的有机质以生气为主，且不同类型干酪根、不同演化阶段生油气量有较大变化。在确定页岩油气有利远景区带时，有机质类型研究仍必不可少。海洋或湖泊环境下形成的有机质以Ⅰ型和Ⅱ型为主，易于生油，并随热演化程度增加，原油裂解成气；海陆过渡相和陆相煤沼环境下形成的有机质以Ⅱ型和Ⅲ型为主，产气潜力大。当热演化程度较高时，所有类型有机质都能生成大量天然气。北美地区产气页岩有机质类型主要为Ⅱ型；中国古生界海相页岩有机质类型为Ⅰ—Ⅱ型，中新生代陆相页岩有机质类型为Ⅱ—Ⅲ型，石炭—二叠系与三叠—侏罗系煤系碳质页岩有机质类型为Ⅲ型，均有较好的产气潜力。

有机质成熟度：有机质成熟度是确定有机质生油、生气或有机质向烃类转化程度的关键指标。通常成熟度指标 R_o 不小于 1.0% 为生油高峰，R_o 不小于 1.3% 为生气阶段。北美地区产气页岩成熟度 R_o 为 0.4%～4.0%，表明有机质向烃类转化的整个过程中都可以形成页岩气。从页岩含气量与产气量参数对比看，有机质成熟度越低，页岩含气量和产气量越小；成熟度越高，含气量和产气量越大，说明页岩气以干酪根热降解、原油热裂解等热成因为主。Jarvie 等（2007）研究认为，有利页岩气远景区应在热生气窗内，R_o 为 1.1%～3.5%。中国古生界海相页岩成熟度普遍较高，R_o 一般为 2.0%～4.0%，处于高—过成熟、生干气为主阶段；而中新生界陆相页岩成熟度普遍偏低，R_o 一般为 0.8%～1.2%，处于成熟—高成熟、生油为主阶段。页岩热演化过程与程度是评价页岩油含量的关键因素，不同富有机质黑色页岩生烃演化过程中，油气排出量与滞留量在不同地区具有明显差异。对页岩油而言，页岩中重烃类含量并不是越高越好，而应关注气态烃、轻烃等可流动性高的烃类含量。凝析油和轻质油部分是页岩油经济可采的重要指标。

有效页岩厚度：与常规油气形成一样，形成商业性页岩油气，需要富有机质黑色页岩有效厚度达到一定界限，以保证有足够的有机质及充足的储集空间。有效页岩指 TOC 含量大于 2%、处于热成熟生油气窗内、石英等脆性矿物含量大于 40%、黏土矿物含量小于 30%、充气孔隙度大于 2%、渗透率大于 0.0001mD 的页岩。经证实，有效页岩厚度在 30～50m 之间足以满足商业开发需求。北美地区页岩气富集区内有效页岩厚度最小为 6m（Fayetteville 页岩），最厚达 304m（Marcellus 页岩），页岩气核心产区厚度都在 30m 以上。中国上扬子地区寒武系筇竹寺组与志留系龙马溪组黑色页岩中 TOC 含量大于 2.0% 的富有机质黑色页岩厚度为 80～180m，其分布受深水陆棚沉积相带控制，川南、黔北和川东北三个地区富有机质黑色页岩最发育。

二、页岩储层特征

根据有机成因理论，页岩储层是富有机质黑色页岩在适当地质条件下形成的。页岩岩石特征是影响页岩储层孔隙、裂缝发育及压裂改造方式的重要因素。具有商业开采价值的页岩储层一般具有以下特征：有机质丰度高，热演化程度高，脆性高，易于压裂，含油气量高，异常压力高。一般，岩石中石英、长石等脆性矿物含量越高，黏土含量越低，岩石脆性越高，同时也易于压裂称树状或者网状裂缝，有利于页岩储层开采，反之，不利于页岩储层开发。

综合不同统计分析发现（Hill，2000；Jarvie 等，2008；邹才能等，2010），不同国家各个地区页岩储层矿物组成均存在差异。美国路易斯安那州侏罗系 Haynesville 页岩储层自下而上分别为生物碎屑泥灰岩、纹层状页岩及硅质页岩三种不同的类型，黏土、石英和方解石三者总含量为 50%；加拿大三叠系 Montney 页岩是由纹层泥质粉砂岩、富有机质黑色页岩间互组成，陆源碎屑石英含量在纵向上呈现波动变化；对于中国存在的海相、海陆过渡相和湖相三类页岩的脆性矿物含量总体比较高，均大于 40%。如四川盆地须家河组脆性矿物含量为 50% 左右，上扬子地区古生界海相页岩总矿物含量为 40%～80%，鄂尔多斯盆地上古生界含煤层系碳质页岩总脆性矿物含量为 40%～58%，鄂尔多斯中生界湖相页岩总脆性矿物含量为 58%～70%。因此，富有机质黑色页岩储层发育分布特征受沉积环境控制明显，不同地区的页岩储层组成变化较大。

页岩储层为低孔渗储层，发育有多种类型的微纳米级孔隙，包括颗粒粒间孔、黏土片间孔、颗粒溶孔及有机质孔等。页岩孔隙尺寸从 1～3nm 至 400～750nm 不等，平均为 100nm，结构复杂，比表面积大，从而可以存储大量气体（Loucks 等，2009）。页岩孔隙是储存油气的重要空间，而页岩储层中孔隙度和渗透率呈现明显的正相关性，是页岩储层含油气性的重要控制因素。如 Eagle Ford 页岩孔隙度高达 10%，相应的渗透率为 0.1mD；鄂尔多斯盆地湖相页岩实测孔隙度为 0.4%～1.5%，渗透率为 0.012～0.653mD。中国页岩储层中微纳米级孔可以分为粒间孔、粒内孔和有机质孔三种类型。其中，石英、长石等无机碎屑矿物颗粒或晶粒间孔隙少见，碳酸盐、长石等矿物粒间溶蚀孔隙较为常见，孔径一般为 500nm～2μm；粒内孔在黏土矿物中较为发育，形状以长条形为

主，直径为 50～800nm；页岩油储层中，由于有机质演化程度相对较低，尚未达到生气窗，微纳米级孔隙贡献有限，而在高—过成熟页岩气储层中，微纳米级孔隙是页岩气赋存的重要空间。有利储层，与对应区域地质背景下的构造、沉积、有机地球化学特征密切相关，目的层多为主力烃源岩，有机质以亲油的Ⅱ型干酪根为主，且现今处于大量生气阶段过程中，既能保存较高的残余有机质丰度，储集大量吸附气，又能够增加一定孔隙度，容纳游离气，有助于提高页岩储层品质。

裂缝的发育是页岩储层的另一个特征，裂缝的存在提供了油气运移通道，有效提高页岩气产量（Bowker，2002；Curtis，2002；程克明等，2009）。在不发育裂缝的情况下，页岩渗透能力非常低。石英含量是影响裂缝发育的重要因素，富含石英以及长石和白云石的页岩脆性好，裂缝发育程度更强，页岩储层一般具有较高含量的黏土矿物，但富有机质黑色页岩中黏土矿物含量较低。因此页岩勘探是寻找黏土矿物含量足够低，脆性矿物含量高，易于压裂成缝的页岩储层。中国三大类型页岩（海相、海陆过渡相和湖相页岩）均具有良好的脆性特征，通过野外地质剖面和井下岩心观察都有发现较多发育的裂缝系统。如龙马溪组黑色页岩岩性脆、质硬、节理和裂缝发育，在三维空间成网络分布；鄂尔多斯盆地山西组岩心切片显示微裂缝成网状分布等。

含油气量是衡量页岩是否具有经济开发条件和资源潜力评价的重要指标，然而目前相关研究较少。页岩有机质数量与页岩油气含量有直接关系，即为页岩油气聚集的有机质丰度下限和成熟度的关键指标。美国将 TOC 含量下限数值设置为 2.0%，即为评定烃源岩等级时需确定的有利页岩标准。有机质成熟度 R_o 大于 1.2% 往往被作为形成有利页岩区的下限。实测发现，与美国具有规模产出的页岩储层相比，中国多地区如四川盆地下寒武统筇竹寺组、龙马溪组等都已经达到商业开发价值。结合母质类型、热成熟度、矿物组成和岩石结构进行综合分析和判识，对于提高页岩气田勘探开发的效果非常重要。

三、页岩油气特征

与常规和其他非常规能源不同，页岩油气在聚集机理、储集空间、流体特征、分布特征等方面具有独有的特征（US Department of Energy 等，2009；董大忠等，2009；邹才能等，2010）

源储一体，滞留聚集：富有机质页岩既是生油岩，也是储集岩。处于后生成岩作用早中期阶段，此时主要是有机质的液态烃生成阶段，有机质转换为液态烃和湿气，油气在页岩储层中滞留聚集，只有在页岩储层自身饱和后才向外溢散或运移。目前在北美地区海相地层和中国陆相地层中，已有裂缝页岩油发现。在后生成岩作用晚期阶段，有机质进一步裂解成热成因甲烷干气，由于页岩极低的基质渗透率，天然气将以吸附气、游离气和溶解气等形式“原地”富集在页岩储层中（US Department of Energy 等，2009）。油气运移可分为原位滞留、初次运移、近距离二次运移与远距离二次运移四个阶段，页岩在有机质演化整个过程中持续接受油气的聚集，在页岩自身饱和后才向外溢散或运移。因此，页岩油气可称为“原位滞留聚集”，没有或仅有极短距离的运移，为典型的源储一体、聚集早、持续聚集、连续富集的油气。

储层致密，发育纳米级孔隙、裂缝系统：页岩储层致密，孔隙类型多样，孔隙大小以纳米级为主。据 Loucks 等（2009）和 Jarvie 等（2008）研究，页岩储层发育微孔（孔隙直径>0.75μm）和纳米级孔（孔隙直径<0.75μm）两种尺度孔隙。目前已发现页岩油气储层以纳米级孔为主，大小为 50～300nm，局部发育微米级孔隙。其次，微裂缝在页岩油气储层中也非常发育，类型多样，以未充填的水平层理缝为主，次为干缩缝，近断裂带处发育有直立或斜交的构造缝。页岩孔隙度分析结果显示，页岩普遍具有较低孔隙度和超低渗—致密的特点，孔隙度从小于 4.5% 至 6.5%。未压裂页岩油气储层基质渗透率小于 1×10^{-6}mD，只有在断裂或裂缝发育区孔隙度能提高到 10%，渗透率提高到 2×10^{-6}mD。据 Barnett 页岩孔隙研究结果，常规砂岩孔隙比页岩孔隙大 400 倍，页岩孔隙大约为 40 个甲烷分子直径大小（甲烷分子直径为 0.38nm），页岩孔隙度为 4%～10%，渗透率为 50～1000mD。页岩油和页岩气相比，页岩油储层热演化程度较低，埋深较浅，储集空间较大。

页岩需大型压裂开采，形成“人造渗透率”产出机理：在开采机理上，由于页岩油气储层低渗、致密等特点，导致其需要大规模压裂，形成“人造”裂缝系统的渗透率。脆性矿物含量是影响页岩微裂缝发育程度、压裂改造难易程度及方式的重要因素。页岩中高岭石、蒙脱石、水云母等黏土矿物含量越低，石英、长石、方解石等脆性矿物含量越高，岩石脆性越强，在外力作用下越易形成天然裂缝和诱导裂缝，利于页岩油气的开采。中国湖相富有机质黑色页岩脆性矿物含量总体比较高，可达 40% 以上，如鄂尔多斯盆地延长组 7 段湖相页岩石英、长石、方解石、白云石等脆性矿物平均达 41%，黏土矿物含量低于 50%，长 7 段中下部页岩中黄铁矿的含量较高，平均 9.0%（邹才能等，2013）。

页岩油气大面积连续分布，资源潜力大：页岩油气分布不受构造控制，没有圈闭，含油气范围受烃源岩面积和良好的封盖层控制。形成页岩油气的富有机质黑色页岩是含油气盆地中的主力烃源岩，进入生油气阶段的烃源岩就是页岩油气的有利远景区分布范围，往往大面积连续分布于盆地坳陷或构造背景斜坡区。据统计，烃源岩形成的油气一般仅有 10%～20% 的资源赋存在常规储层中，其余 80% 以上的资源储存在非常规储层中，其中烃源岩内资源约占 50%。由于富有机质黑色页岩大面积区域分布，页岩油气资源规模很大。如沃斯堡盆地面积为 3.81×104km^2，密西西比系 Barnett 页岩含气面积为（1.29～1.55）$\times 10^4$ km^2，页岩气技术可采资源量 1.25×10^{12}m^3；阿巴拉契亚盆地面积为 28×10^4 km^2，泥盆系 Marcellus 页岩含气面积为 2.46×10^4km^2，页岩气技术可采资源量 7.4×10^{12} m^3，是目前美国页岩气资源最多的产气页岩；中国鄂尔多斯盆地延长组 7 段中下部富集页岩油层段，有利区面积约为 2×10^4 km^2，初步估算页岩油可采资源量达（10～15）$\times 10^8$t。

地层压力高：页岩油气富集区位于已大规模生油的成熟富有机质页岩地层中，一般地层能量较高，压力系数较大，也有少数低压，如鄂尔多斯盆地延长组压力系数仅为 0.7～0.9。

页岩油气以游离态和吸附态两种主要方式赋存。影响页岩储层吸附油气与游离油气含量的因素很多，如岩石矿物组成、有机质含量、地层压力、裂缝发育程度等。由于页岩含有多种有机和无机组分，这些组分在不同页岩地层，甚至同一地层内具有多变的孔隙网络结构，页岩储层内有不同的游离油气和吸附油气量。页岩吸附气含量随深度不同有较大变化，这一赋存形式类似于煤层吸附气，但其吸附气量小于煤层吸附气（85% 以上）；游离气含量与常规天然气相似，储层物性愈好，游离气含量愈高。页岩油主要以吸附态存在于有机质内部和表面，以吸附态和游离态存在于黄铁矿晶间孔内。同时，泥页岩纳米孔喉连通程度、穿越孔喉的贾敏效应、烃源岩内部压差等限制，导致了部分烃类滞留在泥页岩孔喉系统内，伴生气溶解在烃类中呈液态相。由于黏土、石英、长石等矿物颗粒表面束缚水膜的存在，矿物基质纳米级孔喉中的液态烃主要呈游离态赋存，其次为吸附态。残留液态烃在微裂纹中主要以游离态存在。

第二节　地震岩石物理基础

在常规油气储层研究中，通常将岩石描述为固体骨架和孔隙流体组成的固液双相介质，而页岩储层矿物组分、流体分布、孔隙类型等方面具有异于常规储层的特点。其矿物成分复杂，通常压实紧密，胶结程度高，储层孔隙度低，孔隙类型复杂，且以微纳米孔隙的存在为主要特征。针对页岩储层特征，本节主要介绍基本的地震岩石物理等效介质理论，含流体孔隙介质地震岩石物理理论及微纳米级孔隙地震岩石物理理论。

一、地震岩石物理等效介质理论

（一）等效介质边界理论

1.Voigt 和 Reuss 边界理论与 Hill 平均

多种成分构成的复合介质由 Voigt 平均表示等效弹性模量的上限（Voigt，1928）：

$$M_{\mathrm{V}}=\sum_{i=1}^{N} f_i M_i \tag{2-1}$$

式中　M_{V}——弹性岩石 Voigt 上限模量，GPa；

N——岩石所含矿物成分种类；

f_i——介质中第 i 种成分的含量，%；

M_i——介质中第 i 种成分的相应模量信息，GPa；M 可以指杨氏模量、剪切模量、体积模量等中任何一个模量，其等效图如图 2-1a 所示。

等效弹性模量的下限由 Reuss 界限表示为（Reuss，1929）

$$\frac{1}{M_{\mathrm{R}}}=\sum_{i=1}^{N}\frac{f_i}{M_i} \tag{2-2}$$

式中　M_R——整体介质 Reuss 等效弹性模量，MPa。

该表达式的物理意义为：岩石整体的弹性模量是岩石各个组分弹性模量的倒数平均，其等效图如图 2-1b 所示。

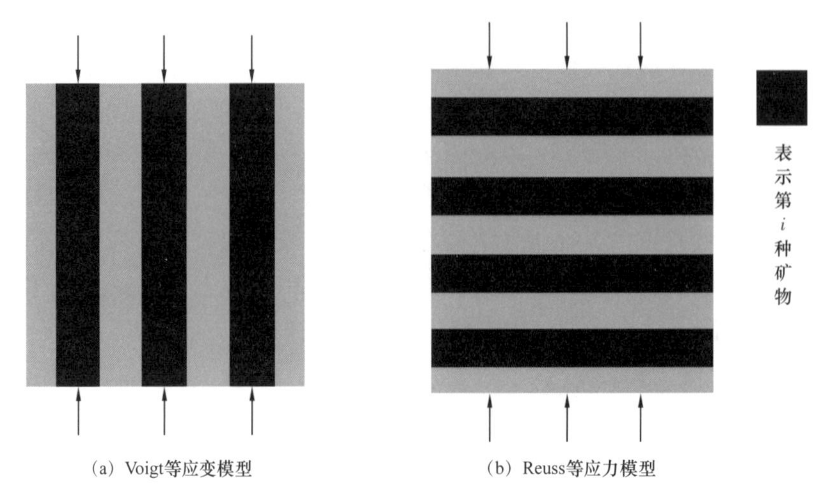

图 2-1　层状模型的物理解释

利用 Voigt 上限和 Reuss 下限的算术平均来近似表达岩石的等效弹性模量 M_{VRH}（Hill，1952）：

$$M_{VRH}=\frac{M_V+M_R}{2} \tag{2-3}$$

Voigt-Reuss-Hill 平均比较简便实用，可以有效地计算岩石的弹性模量，可以用来检测计算模量的正确性，并为其他边界模型提供借鉴（印兴耀等，2016）。

2. Hashin-Shtrikman 界限理论

当岩石各构成成分之间的几何细节未知的情况下，Hashin-Shtrikman 界限给出了各相同性双相介质可容许的最窄的范围。岩石可以看作填充空间的是由材料 2 构成的许多球体被材料 1 构成的球壳所包围，球体与球壳的体积含量分别是 f_1、f_2。通过交换成分 1 与成分 2 来计算上限、下限。通常情况，当球体由坚硬物质构成时，求得的模量为下限；当球壳由坚硬物质构成时，求得的模量为上限（图 2-2）。其表达式可以定义为

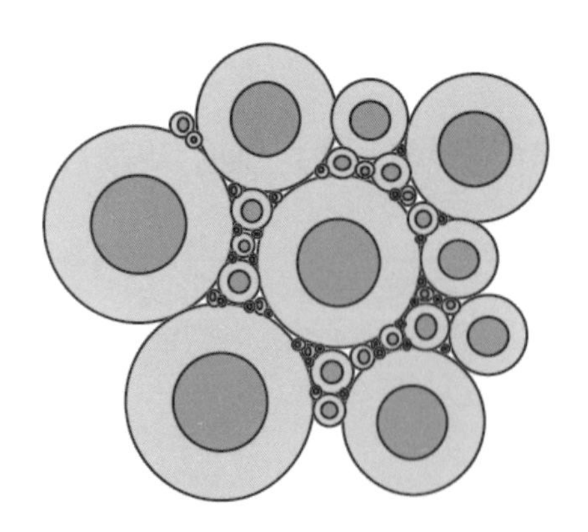

图 2-2　Hashin-Shtrikman 界限模型

$$K^{HS\pm}=K_1+\frac{f_2}{\left(K_2-K_1\right)^{-1}+f_1\left(K_1+\frac{4}{3}\mu_1\right)^{-1}} \tag{2-4}$$

$$\mu^{HS\pm}=\mu_1+\frac{f_2}{\left(\mu_2-\mu_1\right)^{-1}+\dfrac{2f_1\left(K_1+2\mu_1\right)}{5\mu_1\left(K_1+\dfrac{4}{3}\mu_1\right)}} \tag{2-5}$$

式中　$K^{HS\pm}$——计算得到的体积模量，GPa；

$\mu^{HS\pm}$——计算得到的剪切模量，GPa；

K_1、K_2——分别为第一种构成成分体积模量、第二种构成成分体积模量，GPa；

μ_1、μ_2——分别为第一种构成成分剪切模量、第二种构成成分剪切模量，GPa；

f_1、f_2——分别为第一种构成成分体积含量、第二种构成成分体积含量，%。

空间中充满了由材料 2 组成的很多球体，每一个球体被材料 1 组成的外壳所包围，球体和其外壳的体积含量分别为 f_1 和 f_2，当硬材料组成外壳时所得到的是上限，当硬材料组成内部时所得到的是下限。

此模型适用于低孔隙度、各向同性、完全弹性介质。

3. 混合流体 Wood 方程

如果流体处于悬浮或者为孔隙流体混合物，低频情况下，其纵波速度 v_p 和模量 K_R、密度 ρ 的关系可以表示为（Wood，1995）

$$v_p=\sqrt{\frac{K_R}{\rho}} \tag{2-6}$$

其中 K_R 为流体混合物的 Reuss 平均：

$$\frac{1}{K_R}=\sum_{i=1}^{N}\frac{f_i}{K_i} \tag{2-7}$$

ρ 是平均密度，表示为

$$\rho=\sum_{i=1}^{N}f_i\rho_i \tag{2-8}$$

式中　f_i——流体混合物中第 i 种成分的百分含量，%；

K_i——流体混合物中第 i 种成分的体积模量，GPa；

ρ_i——流体混合物中第 i 种成分的密度，kg/m³。

（二）考虑几何细节的等效介质模型

1. Kuster–Toksöz 公式

利用长波一阶散射理论将岩石孔隙度与岩石孔隙纵横比与岩石的体积模量和剪切模量联系在一起（Kuster 和 Toksöz，1974）。将孔隙分为多次加入，保证每次加入的孔隙含量较小，以确保每次加入孔隙度和孔隙纵横速度比远小于 1，来满足 K–T 模型的要求。孔隙流体和基质信息同时代入 K–T 模型求取饱和岩石的弹性模量。试用模型采用的是包含多种包含物形状的 K–T 表达式：

$$\left(K_{\mathrm{KT}}^{*}-K_{\mathrm{m}}\right)\frac{K_{\mathrm{m}}+\frac{4}{3}\mu_{\mathrm{m}}}{K_{\mathrm{KT}}^{*}+\frac{4}{3}\mu_{\mathrm{m}}}=\sum_{\mathrm{i=H/S}}x_{\mathrm{i}}\left(K_{\mathrm{i}}-K_{\mathrm{KT}}^{*}\right)P^{\mathrm{mi}} \tag{2-9}$$

$$\left(\mu_{\mathrm{KT}}^{*}-\mu_{\mathrm{m}}\right)\frac{\mu_{\mathrm{m}}+\zeta_{\mathrm{m}}}{\mu_{\mathrm{KT}}^{*}+\zeta_{\mathrm{m}}}=\sum_{\mathrm{i=H/S}}x_{\mathrm{i}}\left(\mu_{\mathrm{i}}-\mu_{\mathrm{KT}}^{*}\right)Q^{\mathrm{mi}} \tag{2-10}$$

$$\zeta_{\mathrm{m}}=\frac{\mu_{\mathrm{m}}}{6}\frac{9K_{\mathrm{m}}+8\mu_{\mathrm{m}}}{K_{\mathrm{m}}+2\mu_{\mathrm{m}}} \tag{2-11}$$

式中　S、H——分别为软孔隙、硬孔隙；

P^{mi}、Q^{mi}——描述了背景介质 m 中加入包含物材料 i 后的结果；

x_{i}——包含物材料 i 的体积分数；

μ_{i}——包含物材料 i 的剪切模量，GPa；

K_{m}、μ_{m}——分别为背景基质 m 的体积模量、剪切模量，GPa；

K_{KT}^{*}、μ_{KT}^{*}——加入多种孔隙包含物后 K–T 体积模量、剪切模量，GPa。

2. 微分等效介质模型（DEM）

微分等效介质理论是有主次的对待各组成矿物来模拟双相混合物，以某一种固体矿物为背景基质，并逐渐向其中加入包含物，其等效体积模量和剪切模量耦合的微分方程组的差分形式（Berrymann，1992）可以表示为

$$K_{\mathrm{DEM}}^{*}(n+1)=\frac{\Delta\lambda\cdot\left[K_{\mathrm{m}}-K_{\mathrm{DEM}}^{*}(n)\right]\cdot P^{n\mathrm{m}}}{1-\lambda(n)} \tag{2-12}$$

$$\mu_{\mathrm{DEM}}^{*}(n+1)=\frac{\Delta\lambda\cdot\left[\mu_{\mathrm{m}}-\mu_{\mathrm{DEM}}^{*}(n)\right]\cdot Q^{n\mathrm{m}}}{1-\lambda(n)} \tag{2-13}$$

式中　$K_{\mathrm{DEM}}^{*}(n)$、$\mu_{\mathrm{DEM}}^{*}(n)$——分别为 n 次迭代后岩石的体积模量、剪切模量，GPa；

$\Delta\lambda$——每次迭代加入的包含物量，%；

$\lambda(n)$——n 次迭代后加入的包含物的总量，%；

K_{m}——逐渐加入的包含物的体积模量，GPa；

μ_{m}——逐渐加入的包含物的剪切模量，GPa；

$P^{n\mathrm{m}}$、$Q^{n\mathrm{m}}$——n 次迭代后背景介质中再加入包含物材料 m 后的结果。

3. 自相容（self–consistent）近似

自洽模型考虑了包含物之间的相互作用，该模型不假定背景基质，平等对待各组成矿物，该模型对于孔隙度较大的岩石也比较适用。模型建立过程中，直接将孔隙包含物和基质矿物成分代入 SC 模型求取饱和岩石的弹性模量。SC 模型需要通过迭代求解来解

决公式中的耦合现象，如果 n+1 次迭代得到的饱和岩石体积模量 K_{SC}^*（n+1）、剪切模量 μ_{SC}^*（n+1）与 n 次迭代得到的饱和岩石体积模量 K_{SC}^*（n）、剪切模量 μ_{SC}^*（n）差值满足误差要求，停止迭代：

$$\sum_{m=1}^{N} x_m \left[K_m - K_{SC}^*(n) \right] P^{nm} = 0 \tag{2-14}$$

$$\sum_{m=1}^{N} x_m \left[\mu_m - \mu_{SC}^*(n) \right] Q^{nm} = 0 \tag{2-15}$$

式中　m——第 m 种材料；

x_m——第 m 种材料的体积含量，%；

K_m、μ_m——分别为第 m 种材料的体积模量、剪切模量，GPa；

K_{SC}^*（n）、μ_{SC}^*（n）——分别为 n 次迭代后岩石的体积模量、剪切模量，GPa；

P^{nm}、Q^{nm}——分别是与 K_{SC}^*（n–1）、μ_{SC}^*（n–1）有关的量，表述了 n–1 次迭代后具有自相容等效模量 K_{SC}^*（n–1）、μ_{SC}^*（n–1）的背景介质中再加入包含物材料 m 后的结果。

4. Hudson 模型

Hudson 模型可以用来模拟裂隙造成的 VTI 各向异性影响（Hudson，1981），模拟的是低裂隙含量的情况，其中裂隙为理想的椭球化裂缝，彼此是隔离的，其等效模量 c_{ij}^{eff} 可由下式给定：

$$c_{ij}^{\mathrm{eff}} = c_{ij}^0 + c_{ij}^1 + c_{ij}^2 \tag{2-16}$$

式中　c_{ij}^0——背景介质为各向同性时的模量，GPa；

c_{ij}^1——一阶更正，GPa；

c_{ij}^2——二阶更正，GPa。

如果裂缝是［x_1，x_2］对称面内的一组缝隙，该组裂缝会造成横向各向异性，其更正量为

$$c_{11}^1 = -\frac{\lambda^2}{\mu}\varepsilon U_3 \tag{2-17}$$

$$c_{13}^1 = -\frac{\lambda(\lambda+2\mu)}{\mu}\varepsilon U_3 \tag{2-18}$$

$$c_{33}^1 = -\frac{(\lambda+2\mu)^2}{\mu}\varepsilon U_3 \tag{2-19}$$

$$c_{44}^1 = -\mu\varepsilon U_1 \tag{2-20}$$

$$c_{66}^1 = 0 \tag{2-21}$$

以及（c_{ij} 的上标表示二阶更正，而非对其求平方）

$$c_{11}^{2}=\frac{q}{15}\frac{\lambda_{2}}{\lambda+2\mu}\left(\varepsilon U_{3}\right)^{2} \tag{2-22}$$

$$c_{13}^{2}=\frac{q}{15}\lambda\left(\varepsilon U_{3}\right)^{2} \tag{2-23}$$

$$c_{33}^{2}=\frac{q}{15}(\lambda+2\mu)\left(\varepsilon U_{3}\right)^{2} \tag{2-24}$$

$$c_{44}^{2}=\frac{2}{15}\frac{\mu(3\lambda+8\mu)}{\lambda+2\mu}\left(\varepsilon U_{1}\right)^{2} \tag{2-25}$$

$$c_{66}^{2}=0 \tag{2-26}$$

$$q=15\frac{\lambda^{2}}{\mu^{2}}+28\frac{\lambda}{\mu}+28 \tag{2-27}$$

$$\varepsilon=\frac{N}{V}a^{3}=\frac{3\phi}{4\pi\alpha} \tag{2-28}$$

式中 λ、μ——各向同性岩石介质的弹性参数，GPa；

ε——缝隙密度；

U——不同方位的位移不连续参数；

a——缝隙半径，m。

α——高宽比。

5. Eshelby-Cheng 模型

由于 Hudson 模型的二阶展开不是一个单一收敛的序列，且在 Hudson 模型正式的适用范围外，它预测模量随裂缝密度增加而增加。只使用一阶更正会比不恰当地使用二阶更正得到更好的结果。通过对关于均匀各向同性岩石中包含椭球状裂隙对应的应变静态解（Eshelby，1957）进行研究，可构建岩石介质中含有裂隙的、对称轴为水平面内的横向各向同性岩石等效弹性模量模型（Cheng，1978，1993），即 Eshelby-Cheng 模型，该模型可以用来模拟任意纵横比的裂缝模型，其模拟结果是在实验室条件下的高频结果，如果低频情况下使用时，可以先求出各向异性干岩石骨架的弹性模量，再利用 Brown-Korringa 公式（Brown 和 Korring，1975）进行孔隙流体充填来模拟低频情况。

该裂隙模型求取具有含有垂直裂缝的岩石等效模量 c_{ij}^{eff} 的表达式为

$$c_{ij}^{\text{eff}}=c_{ij}^{0}-\phi c_{ij}^{1} \tag{2-29}$$

式中 ϕ——孔隙度，%；

c_{ij}^{0}——不含孔隙的各向同性岩石模量，GPa；

c_{ij}^{1}——校正项，GPa。

6. Backus 平均

一个对称轴在 x_3 方向的横向各向同性介质，其弹性刚度张量可以写成如下简洁的矩阵形式：

$$\begin{bmatrix} a & b & f & & & \\ b & a & f & & & \\ f & f & c & & & \\ & & & d & & \\ & & & & d & \\ & & & & & m \end{bmatrix}, \quad m=\frac{1}{2}(a-b) \tag{2-30}$$

式中　a、b、c、d 和 f——分别为 5 个独立的弹性常数，GPa。

如果层状排列的介质中每层的介质为各向同性或者表现为 VTI 各向异性（它们的对称轴为 x_3 方向），那么该层状介质可以进行等效，等效为一个整体 VTI 各向异性的介质（Backus，1962），这常被称为 Backus 平均，它的等效刚度矩阵是

$$\begin{bmatrix} A & B & F & & & \\ B & A & F & & & \\ F & F & C & & & \\ & & & D & & \\ & & & & D & \\ & & & & & M \end{bmatrix}, \quad M=\frac{1}{2}(A-B) \tag{2-31}$$

其中

$$A=\langle a-f^2c^{-1}\rangle+\langle c^{-1}\rangle^{-1}\langle fc^{-1}\rangle^2$$

$$B=\langle b-f^2c^{-1}\rangle+\langle c^{-1}\rangle^{-1}\langle fc^{-1}\rangle^2$$

$$F=\langle c^{-1}\rangle^{-1}\langle fc^{-1}\rangle$$

$$C=\langle c^{-1}\rangle^{-1}$$

$$D=\langle d^{-1}\rangle^{-1}$$

$$M=\langle m\rangle$$

式中　$\langle\cdot\rangle$——括号中对应各个参数按体积加权平均。

7. 广义层状各向异性（general layer anisotropy）

层状介质每层任意各向异性的矩阵（Helbig 和 Schoenberg，1987；Schoenberg 和 Muir，1989）可以表示为以下形式：

$$C_{\mathrm{NN}}^{(i)}=\begin{bmatrix} c_{33}^{(i)} & c_{34}^{(i)} & c_{35}^{(i)} \\ c_{34}^{(i)} & c_{44}^{(i)} & c_{45}^{(i)} \\ c_{35}^{(i)} & c_{45}^{(i)} & c_{55}^{(i)} \end{bmatrix} \tag{2-32}$$

$$C_{\mathrm{TN}}^{(i)}=\begin{bmatrix} c_{13}^{(i)} & c_{14}^{(i)} & c_{15}^{(i)} \\ c_{23}^{(i)} & c_{24}^{(i)} & c_{25}^{(i)} \\ c_{36}^{(i)} & c_{46}^{(i)} & c_{56}^{(i)} \end{bmatrix} \tag{2-33}$$

$$C_{\mathrm{TT}}^{(i)}=\begin{bmatrix} c_{11}^{(i)} & c_{12}^{(i)} & c_{16}^{(i)} \\ c_{12}^{(i)} & c_{22}^{(i)} & c_{26}^{(i)} \\ c_{16}^{(i)} & c_{26}^{(i)} & c_{66}^{(i)} \end{bmatrix} \tag{2-34}$$

式（2-32）至式（2-34）假设介质对称轴在 x_3 方向，上标 i 则表示第 i 层。

具有同样应变应力关系的细层状等效模型的矩阵形式表示如下：

$$\bar{C}_{\mathrm{NN}}=\left\langle C_{\mathrm{NN}}^{-1}\right\rangle^{-1} \tag{2-35}$$

$$\bar{C}_{\mathrm{TN}}=\left\langle C_{\mathrm{TN}}C_{\mathrm{NN}}^{-1}\right\rangle\bar{C}_{\mathrm{NN}} \tag{2-36}$$

$$\bar{C}_{\mathrm{TT}}=\left\langle C_{\mathrm{TT}}\right\rangle-\left\langle C_{\mathrm{TN}}C_{\mathrm{NN}}^{-1}C_{\mathrm{NT}}\right\rangle+\left\langle C_{\mathrm{TN}}C_{\mathrm{NN}}^{-1}\right\rangle\bar{C}_{\mathrm{NN}}\left\langle C_{\mathrm{NN}}^{-1}C_{\mathrm{NT}}\right\rangle \tag{2-37}$$

（三）微分等效介质模型的改进

1. 基于线性近似的微分等效介质方程解耦方法

微分等效介质理论（DEM）是计算干岩石模量的重要方法，由于极化因子表达式中含有待求的干岩石模量，其方程组是耦合的，无法得到干岩石模量的解析表达式，通过干岩石模量比与孔隙度的线性关系，使极化因子不含待求的干岩石模量，将耦合的微分等效介质方程解耦为常微分等效介质方程，进而直接积分得到干岩石骨架弹性模量。

1）微分等效介质方程

微分等效介质理论通过往已存在的背景中逐步添加包含物来模拟双相介质的性质。在背景介质中，当包含物足够稀疏不能形成一个连续的网络时，利用微分等效介质理论模拟介质的等效弹性性质是比较合适的。微分等效介质理论的耦合方程组（Berryman，1992）可以表示为

$$(1-y)\frac{\mathrm{d}K^*(y)}{\mathrm{d}y}=\left[K_i-K^*(y)\right]P^{*i} \tag{2-38}$$

$$(1-y)\frac{\mathrm{d}G^*(y)}{\mathrm{d}y}=\left[G_i-G^*(y)\right]Q^{*i} \tag{2-39}$$

式中 G_i、K_i——包含物相的剪切模量、体积模量，GPa；

$K^*(y)$、$G^*(y)$——加入包含物相后的介质岩石的等效体积模量、剪切模量，GPa；

y——包含物体积分数，也是孔隙度，%；

P、Q——给定的极化因子；

$*i$——极化因子，是针对具有等效模量 K^*、μ^* 的背景介质中的包含物材料 i。

对于干燥的包含物，可以将其弹性模量设为 0，即 $K_i=G_i=0$，则耦合的式（2–38）、式（2–39）变为

$$(1-y)\frac{\mathrm{d}K^*(y)}{\mathrm{d}y}=-K^*(y)P^{*i} \tag{2–40}$$

$$(1-y)\frac{\mathrm{d}G^*(y)}{\mathrm{d}y}=-G^*(y)Q^{*i} \tag{2–41}$$

由于极化因子 P、Q 表达式中含有待求解的干岩石骨架等效模量，式（2–40）和式（2–41）是耦合的，因此很难得到其精确的解析解。

2）干岩石模量与孔隙度的关系

当包含物中不含流体时，即包含物是干燥的，假设等效弹性模量比与极化因子之差存在线性关系，即

$$P^{*i}-Q^{*i}=a+b\,K^*(y)\;\;G^*(y) \tag{2–42}$$

对于椭球孔，干岩石骨架的模量比可以表示为

$$\frac{K_{\mathrm{d}}}{\mu_{\mathrm{d}}}=\frac{K_{\mathrm{m}}}{\mu_{\mathrm{m}}}\frac{(1-\phi)^a}{1+\frac{b}{a}\frac{K_{\mathrm{m}}}{\mu_{\mathrm{m}}}-\frac{b}{a}\frac{K_{\mathrm{m}}}{\mu_{\mathrm{m}}}(1-\phi)^a} \tag{2–43}$$

a 和 b 分别为截距和梯度，满足 $P^{*i}-Q^{*i}=a+b\,K^*(y)/G^*(y)$。

在 ϕ=0 处对式（2–43）进行泰勒展开，取其一阶项，有

$$\frac{K_{\mathrm{d}}}{\mu_{\mathrm{d}}}=\frac{K_{\mathrm{m}}}{\mu_{\mathrm{m}}}\left[1-\left(a+b\frac{K_{\mathrm{m}}}{\mu_{\mathrm{m}}}\right)\phi\right] \tag{2–44}$$

在孔隙度小于 30%、孔隙纵横比大于 0.1 时，干岩石骨架模量比与孔隙度之间存在着近似的线性关系。假设干岩石骨架模量比是孔隙度的线性函数，即

$$K_{\mathrm{d}}/\mu_{\mathrm{d}}=my+n \tag{2–45}$$

其中

$$m=-\frac{K_{\mathrm{m}}}{\mu_{\mathrm{m}}}\left(a+b\frac{K_{\mathrm{m}}}{\mu_{\mathrm{m}}}\right),\ n=K_{\mathrm{m}}/\mu_{\mathrm{m}}\ ;$$

式中　$K_{\mathrm{d}}/\mu_{\mathrm{d}}$——干岩石骨架等效模量比；

μ_{d}、K_{d}——干岩石骨架的等效剪切模量、体积模量，GPa；

K_{m}、μ_{m}——岩石矿物组成的基质体积模量、基质剪切模量，GPa；

m——岩石基质模量、孔隙形状的函数。

3）干岩石骨架弹性模量求解

将式（2-45）代入极化因子 P、Q 表达式，可以使极化因子与要求的干岩石骨架弹性模量将式（2-38）、式（2-39）转化为常微分方程，经过一系列的代数运算，直接积分求解得到干岩石骨架的弹性模量，其解析表达式如下：

$$K(\phi)=K_{\mathrm{m}}(1-\phi)^{\left[P^0+P^1\right]}\mathrm{e}^{P^1\phi} \tag{2-46}$$

$$\mu(\phi)=\mu_{\mathrm{m}}(1-\phi)^{\left[Q^0+Q^1\right]}\mathrm{e}^{Q^1\phi} \tag{2-47}$$

式中 ϕ——孔隙度，%；

$K(\phi)$、$\mu(\phi)$——孔隙度为 ϕ 时干岩石骨架的等效体积模量、剪切模量，GPa；

P^1、Q^1——是与孔隙形状有关的参数，同时与参数 m 有关；

P^0、Q^0——是与孔隙形状有关的参数，但与参数 m 无关。

且当 $m=0$ 时，此时得到的干岩石骨架等效弹性模量与干岩近似给出的结果一致。

2. 多重孔等效介质方程解耦方法

以测井、实验分析资料为基础，已知泥质砂岩的矿物组成及各矿物组分的体积含量，利用 Voigt-Reuss-Hill 平均计算岩石基质的剪切模量与体积模量：

$$M_{\mathrm{VRH}}=\frac{M_{\mathrm{V}}+M_{\mathrm{R}}}{2} \tag{2-48}$$

$$\left.\begin{aligned}M_{\mathrm{V}}&=\sum_{i=1}^{N}f_iM_i\\ \frac{1}{M_{\mathrm{R}}}&=\sum_{i=1}^{N}\frac{f_i}{M_i}\end{aligned}\right\} \tag{2-49}$$

式中 M_{VRH}——岩石基质的剪切模量或体积模量，GPa；

M_i——第 i 种组分的体积（剪切）模量，GPa。

f_i——第 i 种组分的体积含量，%。

考虑泥质砂岩中孔隙的影响，将孔隙空间划分为孔隙纵横比较大的砂岩孔隙和孔隙纵横比较小的泥岩孔隙：

$$\phi=\phi_{\mathrm{s}}+\phi_{\mathrm{c}} \tag{2-50}$$

式中 ϕ——总孔隙度，%；

ϕ_{s}——砂岩孔隙的孔隙度，%；

ϕ_{c}——泥岩孔隙的孔隙度，%。

利用 K-T 方程计算干岩石骨架的体积模量与剪切模量：

$$K_{\mathrm{d}}-K_{\mathrm{m}}=\frac{1}{3}\left(K'-K_{\mathrm{m}}\right)\frac{3K_{\mathrm{d}}+4\mu_{\mathrm{m}}}{3K_{\mathrm{m}}+4\mu_{\mathrm{m}}}\sum_{l=s,c}\phi_lT_{iijj}\left(\alpha_l\right) \tag{2-51}$$

$$\mu_{\mathrm{d}}-\mu_{\mathrm{m}}=\frac{\mu'-\mu_{\mathrm{m}}}{5}\frac{6\mu_{\mathrm{d}}\left(K_{\mathrm{m}}+2\mu_{\mathrm{m}}\right)+\mu_{\mathrm{m}}\left(9K_{\mathrm{m}}+8\mu_{\mathrm{m}}\right)}{5\mu_{\mathrm{m}}\left(3K_{\mathrm{m}}+4\mu_{\mathrm{m}}\right)}\sum_{l=s,c}\phi F\left(\alpha_{l}\right) \tag{2-52}$$

$$F\left(\alpha\right)=T_{iijj}\left(\alpha\right)-\frac{T_{iijj}\left(\alpha\right)}{3} \tag{2-53}$$

式中　K_{m}、K_{d}、K'——介质岩石基质、干岩石骨架、孔隙充填物的体积模量，GPa；

μ_{d}、μ_{m}、μ'——介质岩石基质、干岩石骨架、孔隙充填物的剪切模量，GPa，对于干岩石，$K'=\mu'=0$；

α_{s}、α_{c}——砂岩孔隙、泥岩孔隙的孔隙纵横比；

$T_{iijj}(\alpha)$、$F(\alpha)$——孔隙纵横比的函数。

K–T 方程要求 $\phi/\alpha \ll 1$ 砂岩孔隙与泥岩孔隙纵横比的典型值分别为 0.12 和 0.035，因此 K–T 方程仅仅对低孔隙度适用。可用微分等效介质方法应用到 K–T 方程中，逐渐增加岩石的孔隙度使其满足 K–T 方程的要求。当增加的孔隙度趋于 0 时，式（2–50）和式（2–51）收敛于：

$$\left(1-\phi\right)\frac{\mathrm{d}K}{\mathrm{d}\phi}=\left(K'-K\right)\sum_{l=s,c}\upsilon_{l}P\left(\alpha_{l}\right) \tag{2-54}$$

$$\left(1-\phi\right)\frac{\mathrm{d}\mu}{\mathrm{d}\phi}=\left(\mu'-\mu\right)\sum_{l=s,c}\upsilon_{l}Q\left(\alpha_{l}\right) \tag{2-55}$$

式中　K、μ——分别是孔隙度为 ϕ 时的体积模量、剪切模量，GPa；

υ_{s}、υ_{c}——分别为砂、泥占岩石基质的体积分数，%，与砂岩孔隙、泥岩孔隙的孔隙度有关。

极化因子 P 和 Q 通过标量 A、B 和 R 依赖于 K、μ，因此式（2–54）和式（2–55）是耦合的非线性微分方程，其解要通过迭代过程数值计算得到。标量 A、B 和 R 的表达式为

$$A=\frac{\mu'}{\mu}-1，\quad B=\frac{1}{3}\left(\frac{K'}{K}-\frac{\mu'}{\mu}\right)，\quad R=\frac{3\mu}{3K+4\mu}$$

对于干岩石，有 $K'=\mu'=0$，则 $A=-1$，$B=0$。

干岩石模量比与孔隙度的关系为

$$\frac{K_{\mathrm{d}}}{\mu_{\mathrm{d}}}=\frac{K_{\mathrm{m}}}{\mu_{\mathrm{m}}}\frac{\left(1-\phi\right)^{a}}{1+\frac{b}{a}\frac{K_{\mathrm{m}}}{\mu_{\mathrm{m}}}-\frac{b}{a}\frac{K_{\mathrm{m}}}{\mu_{\mathrm{m}}}\left(1-\phi\right)^{a}} \tag{2-56}$$

在 $\phi=0$ 处对式（2–56）进行泰勒展开，取其一阶近似，有

$$K_{\mathrm{d}}/\mu_{\mathrm{d}}=m\phi+n \tag{2-57}$$

其中　$m=-\frac{K_m}{\mu_m}\left(a+b\frac{K_m}{\mu_m}\right)$，为式（2–56）在 ϕ=0 处泰勒展开式的一阶系数，与孔隙形状和岩石基质模量比有关；$n=K_m/\mu_m$。

式中　ϕ——孔隙度，%。

以石英作为岩石基质，体积模量为 37GPa，剪切模量为 45GPa，计算不同孔隙度与孔隙纵横比下干岩石模量比及其一阶近似值，结果见表 2–1。孔隙纵横比较大时，干岩石模量比与其近似值在较大孔隙度范围内吻合良好；孔隙纵横比较小时，其吻合程度在较小孔隙度范围内较好。对于实际地层来说，对式（2–56）取一阶近似可以比较合理地描述干岩石模量比与孔隙度的关系。

表 2–1　不同孔隙度与孔隙纵横比下干岩石模量比及其一阶近似值

	ϕ=0.3，α=0.2	ϕ=0.3，α=0.1	ϕ=0.1，α=0.05	ϕ=0.05，α=0.02
模量比	0.9089	0.8323	0.7811	0.7418
近似值	0.9221	0.8384	0.7624	0.6898

当岩石中含有多种孔隙时，a 和 b 可以表示为：$a=\sum_{i=1}^{N}\upsilon_i a_i$，$b=\sum_{i=1}^{N}\upsilon_i b_i$，$a_i$ 和 b_i 分别为第 i 种孔隙的梯度和截距，满足 $P^{*i}-Q^{*i}=a+bK^*(y)/G^*(y)$。

对于干岩石，考虑双重孔隙，令 $P=\sum_{l=s,c}\upsilon_l P(\alpha_l)$，$Q=\sum_{l=s,c}\upsilon_l Q(\alpha_l)$，式（2–54）和式（2–55）变为

$$(1-\phi)\frac{\mathrm{d}K}{\mathrm{d}\phi}=-KP \tag{2–58}$$

$$(1-\phi)\frac{\mathrm{d}\mu}{\mathrm{d}\phi}=-\mu Q \tag{2–59}$$

将式（2–57）代入极化因子 P 和 Q 的表达式，经过一系列代数运算，可以得到极化因子 P 和 Q 近似表示式：

$$P=P^0+P^1\phi \tag{2–60}$$

$$Q=Q^0+Q^1\phi \tag{2–61}$$

将式（2–60）、式（2–61）代入式（2–58）、式（2–59）中，由于极化因子 P、Q 与 K_d、μ_d 无关，通过积分求解可以得到干岩石体积模量与剪切模量：

$$K_d=K_m(1-\phi)^{P^0+P^1}e^{P^1\phi} \tag{2–62}$$

$$\mu_d=\mu_m(1-\phi)^{Q^0+Q^1}e^{Q^1\phi} \tag{2–63}$$

式中 P^0、P^1、Q^0、Q^1——与孔隙度、孔隙纵横比有关的系数。

当 m=0 时，P^1=0，Q^1=0，此时得到的干岩石等效体积模量与剪切模量分别为：$K(\phi)=K_m(1-\phi)^{P^0}$，$\mu(\phi)=\mu_m(1-\phi)^{Q^0}$。当 m=0 时，干岩石模量比不随孔隙度变化，即干岩石泊松比不随孔隙度变化。

得到干岩石骨架弹性模量后，通过 Gassmann 方程可以计算孔隙中饱和流体时介质岩石的等效体积模量与剪切模量：

$$K_{sat}=K_d+\frac{\left(1-\frac{K_d}{K_m}\right)^2}{\frac{\phi}{K_f}+\frac{1-\phi}{K_m}-\frac{K_d}{K_m^2}} \tag{2-64}$$

$$\mu_{sat}=\mu_d \tag{2-65}$$

由 Wood 公式给出：

$$\frac{1}{K_f}=\sum_{i=1}^{N}\frac{f_i}{K_i}$$

式中 K_{sat}、μ_{sat}——分别为饱和岩石的体积模量、剪切模量，GPa；

K_f——孔隙流体体积模量，GPa；

K_i——各流体组分的体积模量，GPa；

f_i——各流体组分的饱和度，%。

二、含流体孔隙介质地震岩石物理理论

地震波在地下含流体孔隙介质中传播时会受到孔隙流体性质（流体类型、饱和度等）和岩石骨架特征（孔隙度、基岩模量等）的影响，产生衰减和频散现象。地震波的衰减和频散是地下含流体孔隙介质的本质特征，携带了地下储层岩性和含流体信息。厘清地震波在含流体储层中的传播理论、衰减和频散规律，可以为开展地震流体识别技术奠定理论基础。

（一）Biot 多孔弹性理论

1. Biot 方程

Biot 在 1957 年建立的孔隙介质的三维波动方程为（Biot，1957）

$$\begin{aligned} &N\nabla^2\vec{u}+\mathrm{grad}\left[(A+N)e+Q\varepsilon\right]=\frac{\partial^2}{\partial t^2}\left(\rho_{11}\vec{u}+\rho_{12}U\overline{U}\right)+b\frac{\partial}{\partial t}\left(\vec{u}-\overline{U}\right)\\ &\mathrm{grad}\left(Qe+R\varepsilon\right)=\frac{\partial^2}{\partial t^2}\left(\rho_{12}\vec{u}+\rho_{22}\overline{U}\right)-b\frac{\partial}{\partial t}\left(\vec{u}-\overline{U}\right)\end{aligned} \tag{2-66}$$

式中 $\vec{u}$、$\overline{U}$——分别为固体、流体的位移，m；

e、ε——分别为固体、流体的应变；

t——时间，s；

A、N、Q、R——分别为刚度矩阵；

ρ_{11}——流体和固体相对运动时固体部分总的等效质量，kg/m^3；

ρ_{22}——流体和固体相对运动时流体部分总的等效质量，kg/m^3；

ρ_{12}——流体和固体之间的质量耦合系数，kg/m^3；

b——耗散系数，$b=\eta\phi^2/K$，其中 K 为渗透率，η 为流体黏滞系数。

2. Biot 地震波频散和衰减理论

求解的 Biot 方程，可得三种波的波数可表示为

$$\left.\begin{aligned} k_{p\pm} &= k_{p0}\sqrt{\frac{1+b_{\pm}\rho_f/\rho}{1-b_{\pm}/b_0}} \\ k_s &= \omega\sqrt{\hat{\rho}/\mu} \end{aligned}\right\} \tag{2-67}$$

其中

$$k_{p0}=\omega\Big/\sqrt{(K+4/3)\rho}\,,\quad b_{\pm}=\frac{1}{2}b_0\left[c\mp\sqrt{c^2-4\alpha(1-c)b_0}\right]$$

$$b_0=-\beta\left(K_d+4\mu/3+\alpha^2/\beta\right)/\alpha\,,\quad \rho=\phi\rho_f+(1-\phi)\rho_s$$

式中 p、s——纵波、横波；

+、-——快波、慢波；

ρ_f、K_f——流体的密度、体积模量，kg/m^3、GPa；

ρ_s、K_s——岩石骨架基岩的密度、体积模量，kg/m^3、GPa。

与孔隙中流体波动相关的参数为

$$\hat{\rho}=\rho+\rho_f^2\omega_f^2\theta \tag{2-68}$$

其中，$\theta=iK(\omega)/\eta\omega$。

动态渗透率 $K(\omega)$ 的表达式为

$$K(\omega)=\frac{K_0}{\left[1-\frac{i}{2}\tau K_0\rho_f\omega/(\eta\phi)\right]^{1/2}-i\tau K_0\rho_f\omega/(\eta\phi)} \tag{2-69}$$

式中 τ——孔隙中流体的弯曲度，m^{-1}；

K_0——静态渗透率，mD；

ρ_f——流体密度，kg/m^3；

ϕ——孔隙度，%。

通过纵横波波数得到的地震波的频散速度 v 和品质因子 Q 表达式为

$$\left.\begin{aligned} v &= \omega/\mathrm{Re}\{K\} \\ Q &= 2\,\mathrm{Im}\{K\}/\mathrm{Re}\{K\} \end{aligned}\right\} \tag{2-70}$$

利用式（2–67）至式（2–70），求取快慢纵波及横波的频散速度和品质因子曲线，结果如图 2–3 所示。

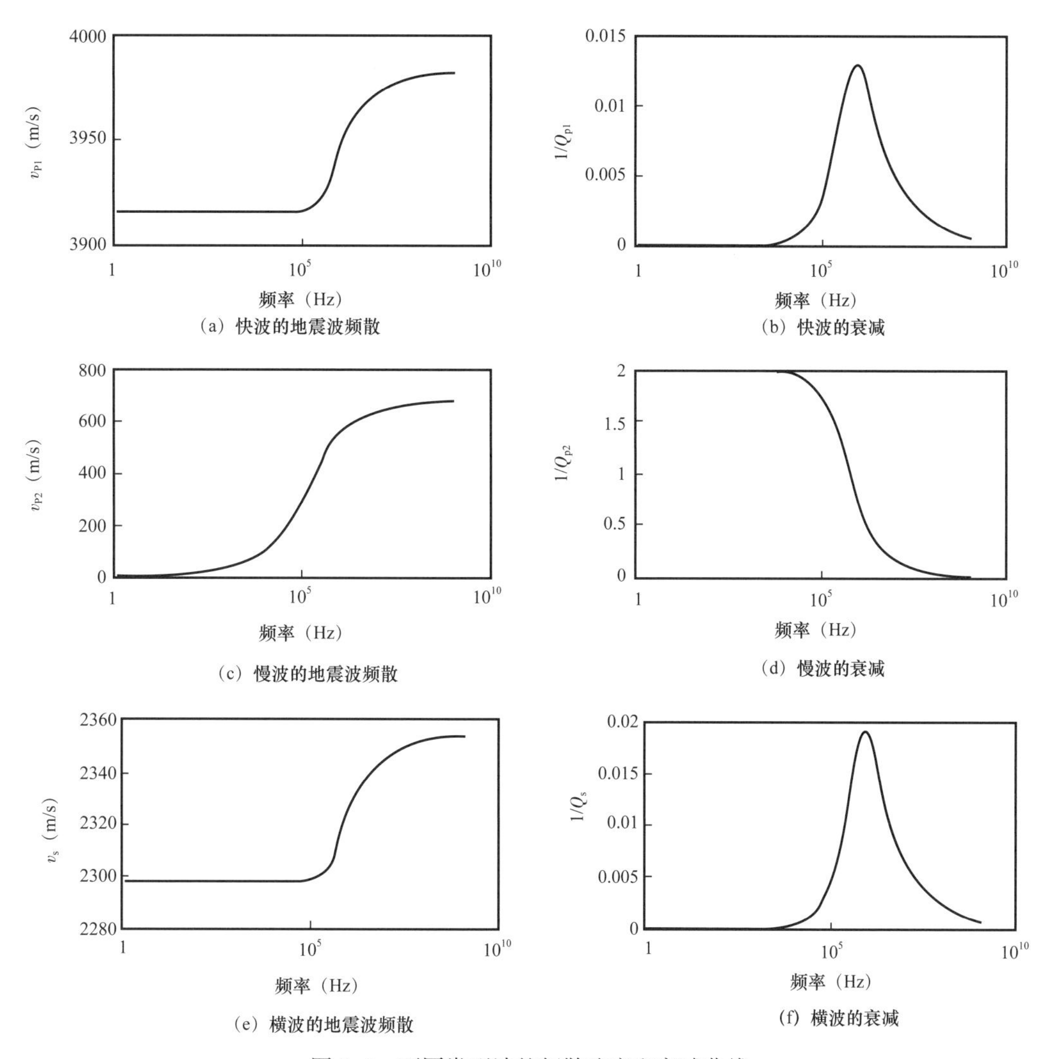

图 2–3 不同类型波的频散速度和衰减曲线

从图 2–3 中可以看出，Biot 衰减机制主要控制弹性波的声波及超声波频段，纵横波衰减值和频散幅度相对较小。

（二）BISQ 多孔弹性理论

1. BISQ 方程

Dvorkin 等（1993）推导的一维形式下的 BISQ 方程为

$$\left.\begin{aligned}&(1-\phi)\rho_s u_{tt}+\phi\rho_f U_{tt}=Mu_{xx}-\alpha P_x\\&\phi\rho_f U_{tt}-\rho_a\left(u_{tt}-U_{tt}\right)-b\left(u_t-U_t\right)=-\phi P_x\end{aligned}\right\}\tag{2-71}$$

式中 ρ_a——流体和固体的耦合系数，kg/m^3；

ρ_f——流体密度，kg/m^3；

ϕ——孔隙度，%；

M——单轴模型的平面波模量，GPa，$M = K + \frac{4}{3}G$，K 和 G 分别为干燥岩石模型的体积模量和剪切模量；

α——Biot 孔隙弹性系数，$\alpha = 1 - \frac{K}{K_s}$；

P_x——平均流体压力, MPa，$P_x = -F\left[1 - \frac{2J_1(\lambda R)}{\lambda R J_0(\lambda R)}\right]\left(U_x + \frac{\gamma}{\phi}u_x\right)$，$F = \left(\frac{1}{\rho_f c_0^2} + \frac{1}{\phi Q}\right)^{-1}$，$\lambda^2 = \frac{\rho_f w^2}{F}\left(\frac{\phi + \rho_a / \rho_f}{\phi} + \mathrm{i}\frac{w_c}{w}\right)$，$R$ 为流体特征挤喷长度，U_x—x 轴方向应力不连续参数，J_0 和 J_1 分别为零阶和一阶贝塞尔函数，$\gamma=\alpha-\phi$。

2. BISQ 地震波衰减和频散理论

BISQ 弹性波动理论的地震波频散速度和衰减系数的近似表达式（Dvorkin，1993）可以表示为

$$\left.\begin{aligned} v_p &= 1\big/\mathrm{Re}\left(\sqrt{Y}\right) \\ a &= \omega\,\mathrm{Im}\left(\sqrt{Y}\right) \end{aligned}\right\} \tag{2-72}$$

其中

$$Y = \frac{\rho_s(1-\phi) + \phi\rho_f}{M + F_{sq}\alpha^2/\phi},\quad F_{sq} = F\left|1 - \frac{2J_1(\xi)}{\xi J_0(\xi)}\right|,\quad \xi = \sqrt{i}\sqrt{\frac{R^2\omega}{\kappa}},\quad \kappa = \frac{kF}{\eta\phi}$$

式中 ω——频率，Hz；

ρ_s——固体颗粒密度，kg/m^3；

ρ_f——流体密度，kg/m^3；

F——过渡参数；

i——虚数单位；

k——比例系数；

η——流体黏滞系数，Pa · s。

图 2-4 为利用式（2-72）计算得到的纵波衰减和频散曲线。

（三）周期双孔模型

以 White 周期层状部分饱和模型为基础，引入双孔模型的思想，建立周期双孔模型，推导出模型的波动方程（印兴耀等，2018），利用平面波分析计算其纵横波的相速度和品质因子，研究纵横波的衰减和速度频散特性，同时分析物性参数对纵横波衰减和速度频散特性的影响。

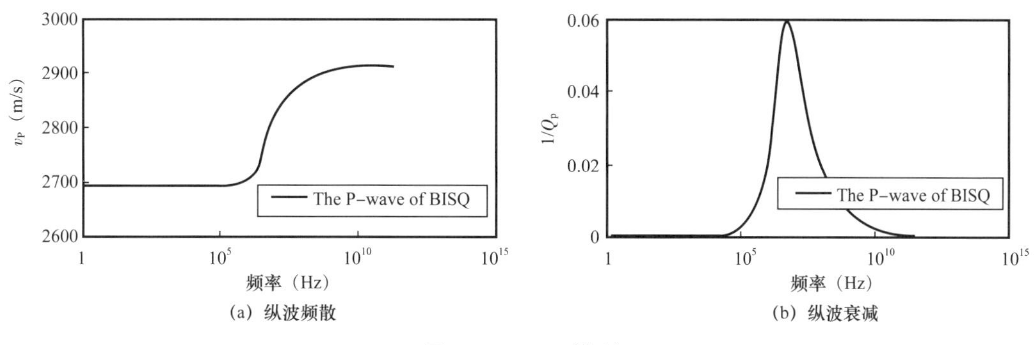

图 2–4　BISQ 模型

1. 周期双孔模型构建

以层状 White 模型为基础，选取一个两层的单元体，构建了一种层状双孔介质模型，如图 2–5 所示。图 2–5a 是 White 周期成层部分饱和模型的示意图，其中黑框为选取的两层单元体，单元体的顶、底界面在 White 模型每一层的中间位置，X_1 和 X_2 分别表示第一层介质和单元体的厚度。图 2–5b 是周期双孔介质模型的示意图，其中 l_1 和 l_2 分别表示单元体的长度和宽度，ϕ_{10} 和 ϕ_{20} 分别表示两层介质的局部孔隙度，黑色箭头和白色箭头分别表示流体的宏观流动和中观流动。当纵波沿任意方向传播时，孔隙内的流体会产生一种宏观流动，流动方向与纵波传播方向一致。同时由于局部非均匀性的存在，在上下两层介质间还会存在一种局部流体流动，流动方向平行于两层间分界面的法向方向。

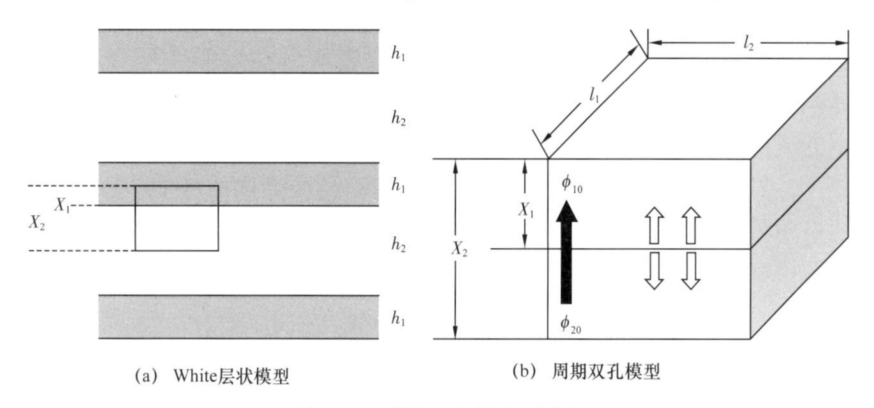

图 2–5　周期双孔模型示意图

2. 周期双孔模型方程

为了分析纵横波在周期双孔模型中的传播机制，考虑以下三点假设：（1）周期双孔模型中上下两层介质都是均匀且各向同性的；（2）上下两层介质间分界面的边界条件是开放的；（3）地震波的波长远大于模型的总厚度。

为了研究周期双孔介质内纵横波的衰减和速度频散特性，基于哈密顿原理推导模型的波动方程。拉格朗日能量密度可以写为

$$L=T-W \tag{2-73}$$

式中 T——周期双孔介质内的动能函数，J；

W——周期双孔介质内的势能函数，J。

拉格朗日方程可以写为

$$\partial_t\left(\frac{\partial L}{\partial \dot{u}_i}\right)+\partial_j\left[\frac{\partial L}{\partial\left(\partial_j u_i\right)}\right]+\frac{\partial D}{\partial \dot{u}_i}=0 \tag{2-73a}$$

$$\partial_t\left(\frac{\partial L}{\partial \dot{U}_i^{(m)}}\right)+\partial_j\left[\frac{\partial L}{\partial\left(\partial_j U_i^{(m)}\right)}\right]+\frac{\partial D}{\partial \dot{U}_i^{(m)}}=0 \tag{2-73b}$$

式中 u_i——周期双孔介质中固体相的位移，m，$i=1$，2，3；

$U_i^{(m)}$——上下两层介质内流体相的位移，m；

D——耗散函数；

变量上面的点——对时间求导数。

控制方程可以写为

$$\partial_t\left(\frac{\partial L}{\partial \iota}\right)+\frac{\partial L}{\partial \iota}+\frac{\partial D}{\partial \iota}=0 \tag{2-74}$$

式中 ι——周期双孔介质中由局部流体流动过程引起的流体应变增量。

当纵波在介质内传播时，局部流体流动是一种存在于上下两层介质之间的振荡过程，从上层介质中流入下层介质中的流体增量可以表示为 $\phi_1\iota$，从下层介质中流入上层介质中的流体增量可以表示为 $-\phi_2\iota$。通过计算可以发现，局部流动的振荡过程中整个周期双孔介质中的流体满足质量守恒定律，即 $\phi_1(-\phi_2\iota)+\phi_2(\phi_1\iota)=0$。

根据式（2–72）和式（2–73），首先计算周期双孔模型内的势能、动能和耗散函数，然后代入朗格朗日方程和控制方程中，可以推导出周期双孔模型的波动方程。

周期双孔模型中的波动方程为

$$\begin{aligned}
&N\nabla^2\boldsymbol{u}+(A+N)\nabla e+Q_1\nabla\left(\xi_1-\phi_2\iota\right)+Q_2\nabla\left(\xi_2+\phi_1\iota\right)\\
&=\rho_{00}\ddot{\boldsymbol{u}}+\rho_{01}\ddot{\boldsymbol{U}}^{(1)}+\rho_{02}\ddot{\boldsymbol{U}}^{(2)}+b_1\left(\dot{\boldsymbol{u}}-\dot{\boldsymbol{U}}^{(1)}\right)+b_2\left(\dot{\boldsymbol{u}}-\dot{\boldsymbol{U}}^{(2)}\right)\\
&Q_1\nabla e+R_1\nabla\left(\xi_1-\phi_2\iota\right)=\rho_{01}\ddot{\boldsymbol{u}}+\rho_{11}\ddot{\boldsymbol{U}}^{(1)}-b_1\left(\dot{\boldsymbol{u}}-\dot{\boldsymbol{U}}^{(1)}\right)\\
&Q_2\nabla e+R_2\nabla\left(\xi_2+\phi_1\iota\right)=\rho_{02}\ddot{\boldsymbol{u}}+\rho_{22}\ddot{\boldsymbol{U}}^{(2)}-b_2\left(\dot{\boldsymbol{u}}-\dot{\boldsymbol{U}}^{(2)}\right)\\
&\phi_1Q_2e+\phi_1R_2\left(\xi_2+\phi_1\iota\right)-\phi_2Q_1e-\phi_2R_1\left(\xi_1-\phi_2\iota\right)\\
&=\rho_f\phi_2^2X_1^2\left[\frac{1}{3}\phi_1+\frac{\phi_{10}^2}{\phi_{20}}l_1l_2\left(X_2-\frac{\phi_1}{l_1l_2\phi_{10}}\right)\right]\ddot{\iota}+\\
&\phi_{10}\phi_2^2X_1^2\left[\frac{1}{3}\frac{\eta}{K_1}\phi_1+\frac{\eta}{K_2}\phi_{10}l_1l_2\left(X_2-\frac{\phi_1}{l_1l_2\phi_{10}}\right)\right]\dot{\iota}
\end{aligned} \tag{2-75}$$

式中　A、N、Q_1、Q_2、R_1、R_2——刚度系数，GPa；

$\boldsymbol{u}$、$\boldsymbol{U}^{(1)}$、$\boldsymbol{U}^{(2)}$——分别表示 x 方向上的固体、流体位移，m；

e、ξ_1、ξ_2——分别欧式固体、流体的体应变；

ϕ_1、ϕ_2——分别表示两层介质的绝对孔隙度；

ρ_{00}、ρ_{01}、ρ_{02}、ρ_{11}、ρ_{22}、ρ_f——密度参数，kg/m^3；

b_1、b_2——耗散系数；

K_1、K_2——渗透率，%；

η——流体的黏度系数，mPa·s；

X_1 和 X_2——分别表示第一层介质和单元体的厚度，m。

将纵波的平面波解代入式（2-75）可以得到三类纵波，分别是第一类快纵波、第二类慢纵波及一类横波，进而求取周期双孔模型中纵横波的复速度、相速度以及衰减因子和品质因子，研究周期双孔模型中纵横波的衰减和速度频散特性。

3. 周期双孔模型相速度和衰减因子分析

图 2-6 和图 2-7 中的绿色、蓝色和红色曲线分别代表孔隙内流体的黏滞系数为 0.0002Pa·s，0.001Pa·s 和 0.005Pa·s。从图中可以看出，随着流体黏滞系数的增大，快纵波在低频范围内的频散曲线和衰减峰向低频方向移动，在高频范围内的频散曲线和衰减峰向高频方向移动；横波频散曲线和衰减峰向高频方向移动。

图 2-8 和图 2-9 中的绿色、蓝色和红色曲线分别代表模型上层介质厚度为 2cm、5cm 和 10cm。从图中可以看出，单独改变上层介质厚度时，随着上层介质厚度的减小，快纵波在低频范围内的频散和衰减变得更为明显，横波在高频范围内的频散和衰减却变弱。

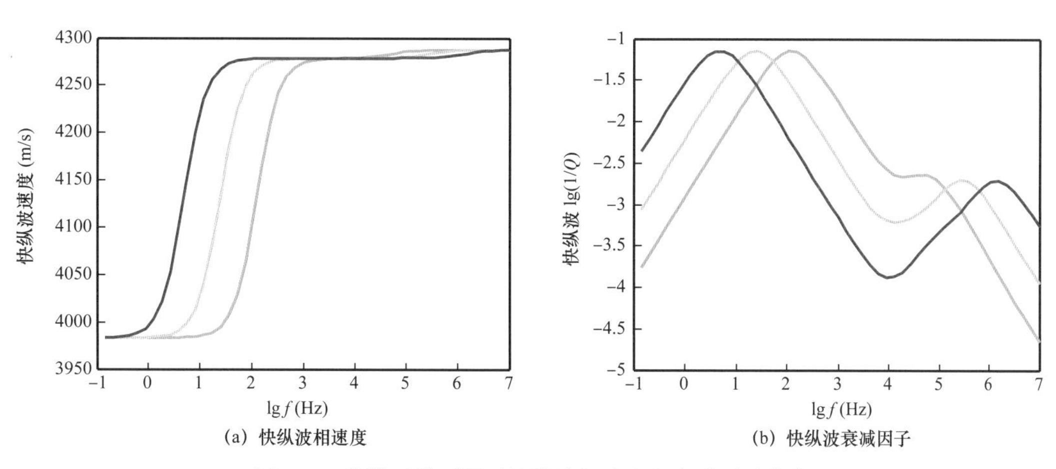

(a) 快纵波相速度　　(b) 快纵波衰减因子

图 2-6　黏滞系数不同时快纵波相速度和衰减因子曲线

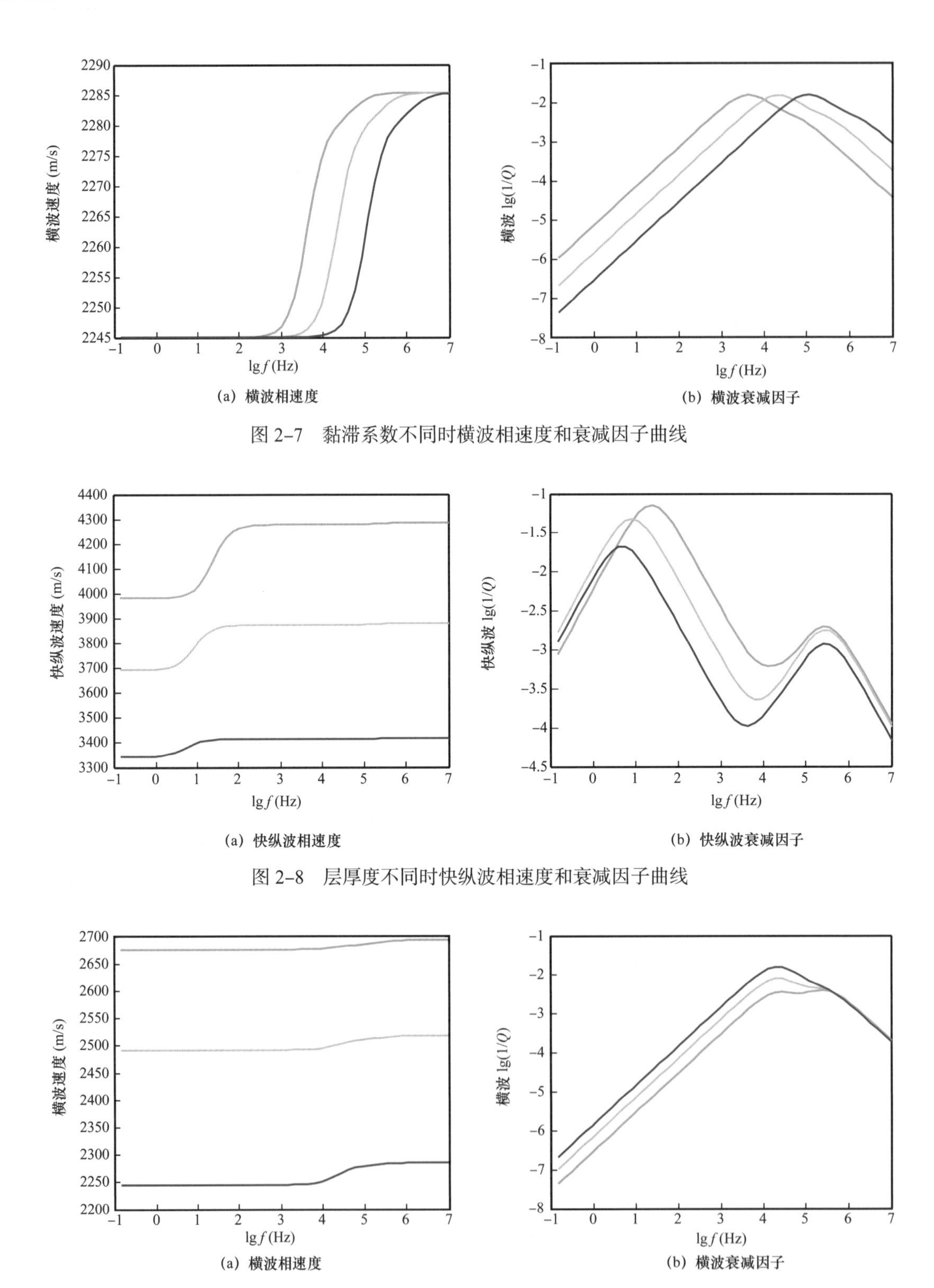

图 2-7　黏滞系数不同时横波相速度和衰减因子曲线

图 2-8　层厚度不同时快纵波相速度和衰减因子曲线

图 2-9　层厚度不同时横波相速度和衰减因子曲线

图 2–10a、b 是模型上层介质渗透率不同时快纵波相速度和衰减因子曲线图。图 2–10c、d 是模型下层介质渗透率不同时快纵波相速度和衰减因子曲线图。图 2–11a、b 是模型上层介质渗透率不同时横波相速度和衰减因子曲线图，图 2–11c、d 是模型下层介质渗透率不同时横波相速度和衰减因子曲线图。图 2–10、图 2–11 中绿色、蓝色和红色曲线分别代表模型下层介质渗透率为 10mD、50mD 和 100mD。由图可知，随着上层介质的渗透率逐渐减小，快纵波的相速度和衰减因子曲线没有明显的变化；随着下层介质的渗透率逐渐增大，快纵波的相速度和衰减因子曲线出现了显著的变化。由于介质存在局部流体流动，当模型中上下两层介质的渗透率不同时，模型的等效渗透率应由较小的渗透率决定。因此当上层较大的渗透率发生变化时，对模型的等效渗透率影响不大，故频散和衰减曲线变化不明显。然而，当下层较小的渗透率逐渐增大时，模型的等效渗透率也随之增大，低频范围内的频散曲线和衰减峰向高频方向移动，高频范围内的频散曲线和衰减峰向低频方向移动。由于横波不受局部流体流动的影响，当上层较大的渗透率

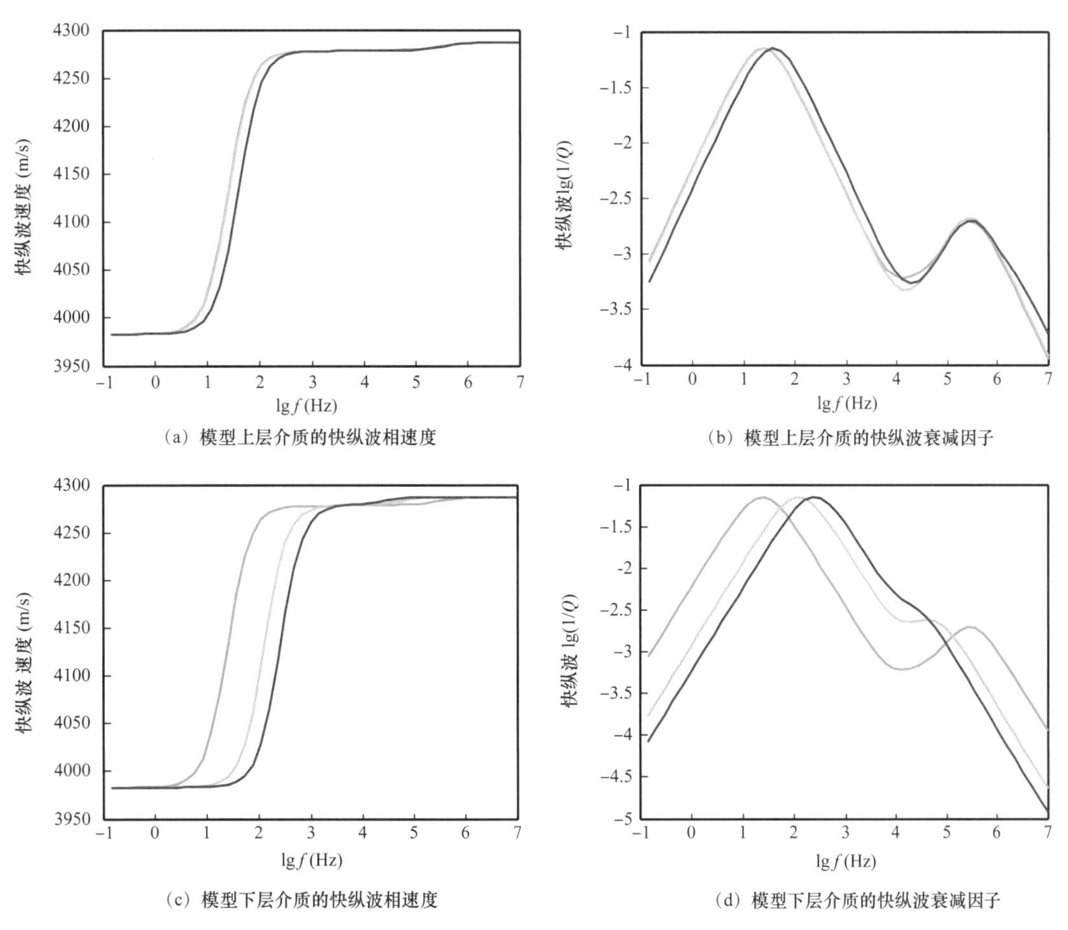

（a）模型上层介质的快纵波相速度

（b）模型上层介质的快纵波衰减因子

（c）模型下层介质的快纵波相速度

（d）模型下层介质的快纵波衰减因子

图 2–10　渗透率不同时快纵波相速度和衰减因子曲线

逐渐减小时，频散曲线和衰减峰向高频方向移动；当下层较小的渗透率发生变化时，频散曲线和衰减峰变化不明显。

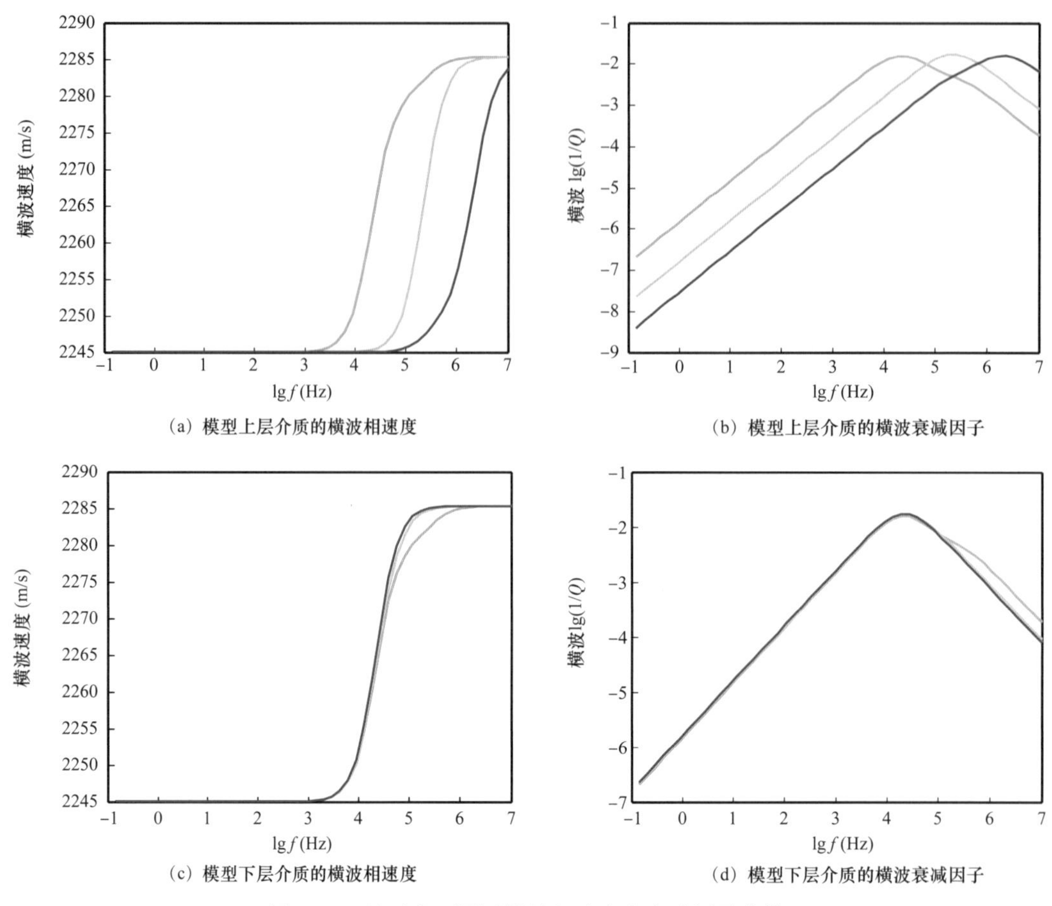

(a) 模型上层介质的横波相速度　(b) 模型上层介质的横波衰减因子

(c) 模型下层介质的横波相速度　(d) 模型下层介质的横波衰减因子

图 2-11　渗透率不同时横波相速度和衰减因子曲线

（四）含横向喷射流部分饱和模型

在周期双孔模型的基础上，引入了横向喷射流，建立含横向喷射流部分饱和模型。研究纵波在部分饱和多孔介质中传播过程中，由于宏观、微观和中观三种尺度流体流动共同作用而产生的衰减和速度频散现象。

1. 含横向喷射流部分饱和模型构建

White 建立了一个含气层和含水层交替排列的周期性层状部分饱和模型，如图 2-12a 所示，图中 h_1 和 h_2 表示模型每一层的厚度。以图 2-12a 中的黑框为纵向切面，在周期层状部分饱和模型中选取一个两层的圆柱形单元体，如图 2-12b 所示，其中上层介质内饱含水，下层介质内饱含气，X_1 和 X_2 分别表示单元体第一层的厚度和模型的总厚度。当纵波沿图中黑色箭头所示方向在模型介质内传播时，孔隙内的流体会产生宏

观尺度的流动，如图中蓝色箭头所示。由于模型上、下两层介质内饱含了两种不同的流体，所以在两层介质间还会产生中观尺度的局部流体流动，如图中绿色箭头所示。在实际地下岩石中，流体微观尺度的喷射流动与宏观尺度的流动同时发生，所以在模型中再引入垂直于纵波传播方向的横向喷射流，如图 2–12b 中的红色箭头所示，这样就在同一个模型中同时考虑了宏观、微观和中观尺度的流体流动。图 2–12b 中的 R 表示横向喷射长度，同时表示圆柱形单元体的半径。

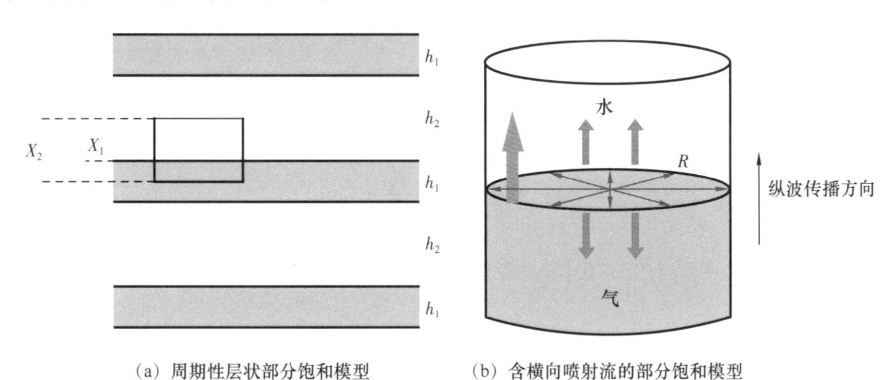

（a）周期性层状部分饱和模型　（b）含横向喷射流的部分饱和模型

图 2–12　含横向喷射流部分饱和模型示意图

2. 含横向喷射流部分饱和模型方程

由于纵波沿两层间分界面的法向方向传播，所以波动方程的推导是一个一维问题。令纵波的传播方向为 x_1，则一维的拉格朗日方程可以写为

$$\left.\begin{aligned}&\frac{\partial\sigma}{\partial x_1}=\frac{\mathrm{d}}{\mathrm{d}t}\left(\frac{\partial T}{\partial\dot{\boldsymbol{u}}_1}\right)+\frac{\partial D}{\partial\dot{\boldsymbol{u}}_1}\\&\frac{\partial\sigma^{(m)}}{\partial x_1}=-\phi_{\mathrm{m}}\frac{\partial p_{\mathrm{f}}^{(m)}}{\partial x_1}=\frac{\mathrm{d}}{\mathrm{d}t}\left(\frac{\partial T}{\partial\dot{\boldsymbol{U}}_1^{(m)}}\right)+\frac{\partial D}{\partial\dot{\boldsymbol{U}}_1^{(m)}}\end{aligned}\right\}\tag{2–76}$$

其中 σ 和 $\sigma^{(m)}$ 分别表示单元体固体相和流体相的应力，具体表达式为

$$\left.\begin{aligned}&\sigma=\left(A+2N\right)e+\sum_m Q_m\xi_m\\&\sigma^{(m)}=Q_m e+R_m\xi_m\end{aligned}\right\}\tag{2–77}$$

式中　m——上下两层介质，$m=1$，2；

A、N、Q_m、R_m——弹性参数，GPa；

e、ξ_m——分别表示固体相和流体相的体应变；

T、D——单元体的动能和耗散函数；

$\boldsymbol{u}_1$——固体位移，m；

$\boldsymbol{U}_1^{(m)}$——流体的垂向位移，m；

ϕ_m——上下两层介质的绝对孔隙度，%；

$p_{\mathrm{f}}^{(m)}$——上下两层介质内的流体压力，MPa；

变量上面的点——对时间求导数。

从单元体固体相和流体相的应力以及动能和耗散函数代入拉格朗日方程，推导含横向喷射流部分饱和模型的波动方程。具体表达式为

$$\begin{aligned}
&\left(A+2N-\frac{Q_1^2}{R_1}-\frac{Q_2^2}{R_2}\right)\frac{\partial^2 \boldsymbol{u}_1}{\partial x_1^2}-\frac{\phi_1 Q_1}{R_1}\frac{\partial p_{\mathrm{f}}^{(1)}}{\partial x_1}-\frac{\phi_2 Q_2}{R_2}\frac{\partial p_{\mathrm{f}}^{(2)}}{\partial x_1}\\
&=\rho_{00}\ddot{\boldsymbol{u}}_1+\rho_{01}\ddot{\boldsymbol{U}}_1^{(1)}+\rho_{02}\ddot{\boldsymbol{U}}_1^{(2)}+b_1\left(\dot{\boldsymbol{u}}_1-\dot{\boldsymbol{U}}_1^{(1)}\right)+b_2\left(\dot{\boldsymbol{u}}_1-\dot{\boldsymbol{U}}_1^{(2)}\right)-\phi_1\frac{\partial p_{\mathrm{f}}^{(1)}}{\partial x_1}\\
&=\rho_{01}\ddot{\boldsymbol{u}}_1+\rho_{11}\ddot{\boldsymbol{U}}_1^{(1)}-b_1\left(\dot{\boldsymbol{u}}_1-\dot{\boldsymbol{U}}_1^{(1)}\right)-\phi_2\frac{\partial p_{\mathrm{f}}^{(2)}}{\partial x_1}\\
&=\rho_{02}\ddot{\boldsymbol{u}}_1+\rho_{22}\ddot{\boldsymbol{U}}_1^{(2)}-b_2\left(\dot{\boldsymbol{u}}_1-\dot{\boldsymbol{U}}_1^{(2)}\right)
\end{aligned} \tag{2-78}$$

式中 ρ_{00}、ρ_{01}、ρ_{02}、ρ_{11}、ρ_{22}——密度参数，kg/m^3；

b_1、b_2——耗散系数。

同样的，利用平面波分析求解式（2–78），可以得到三类纵波的波数解，然后计算三类纵波的相速度和品质因子。

3. 含横向喷射流部分饱和模型相速度和衰减因子分析

图 2–13 是利用 5 种孔隙弹性理论计算得到的快纵波相速度和衰减因子曲线图。图中红色实线、绿色实线、蓝色实线、黑色虚线和黑色实线分别代表 Biot 理论、BISQ 理论、White 理论、周期双孔模型和含横向喷射流部分饱和模型。从图中红色曲线可以看出，由于 Biot 理论只考虑的流体的宏观流动，所以快纵波的衰减和速度频散仅出现在高频范围内，且衰减峰值和频散程度很小。从图中绿色曲线可以看出，由于引入了流体的横向喷射流动，BISQ 理论更好地描述了快纵波在高频范围内的高频散和强衰减现象。从图中蓝色曲线可以看出，White 模型考虑了流体的非均匀分布，所以由流体局部流动引起的快纵波衰减和速度频散出现在低频范围内。从图中黑色虚线可以看出，周期双孔模型同时考虑了流体的宏观和局部流动，所以快纵波在低频和高频范围内都存在衰减和速度频散现象，但与 Biot 理论类似，高频范围内的衰减峰值和频散程度很小。图中黑色实线代表的含横向喷射流部分饱和模型，在低频范围内，两种模型的衰减和频散曲线差别不大，且都与通过 White 理论得到的衰减和频散曲线吻合较好。在高频范围内，两种模型的衰减和频散曲线差别很大，引入了横向喷射流后，频散程度大幅提高，产生频散的频率范围增大，衰减峰值增大，衰减峰向低频方向移动，且高频范围内的衰减和频散曲线与通过 BISQ 理论得到的频散和衰减曲线吻合较好。含横向喷射流的层状部分饱和模型同时考虑了三种尺度的流体流动，不仅保留了快纵波在低频范围内的频散和衰减，而且很好地描述了快纵波在高频范围内的高频散和强衰减现象。

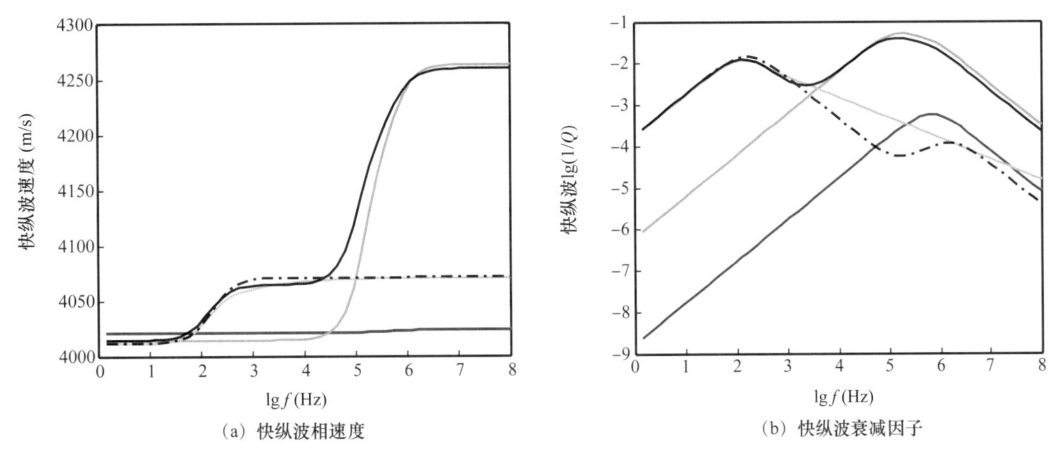

（a）快纵波相速度　　（b）快纵波衰减因子

图 2–13　不同孔隙弹性理论计算得到的快纵波相速度和衰减因子曲线

三、微纳米级孔隙地震岩石物理理论

在对页岩储层的研究过程中，学者们发现许多与常规储层截然不同的特性。例如，其异常复杂的油气储集方式和运移机制，导致对页岩储层的探索陷入一定的瓶颈。实验表明，页岩中孔隙类型复杂，常常发育大量纳米级孔隙，这些孔隙的存在一定程度上会对页岩整体性质产生影响。一般认为，物体在接近微纳米级尺度的时候，往往会产生一些反常的现象，这通常是物体表面分子间相互作用的宏观响应。本节介绍两类微纳米级孔隙理论，为如何在页岩储层地震岩石物理建模过程中添加微纳米孔隙提供理论指导。

（一）基于修正的 Eshelby 张量的微纳米级孔隙模型

一个任意形状的区域在材料中经受无应力的非弹性形变，这种应变称为转换应变或本征应变。经典的 Eshelby 方法考虑了基质矿物中存在嵌入式包含物（或孔隙）的情况，描述了有椭球包含物的各向同性固体矿物中内部应变的静态解。由于包含物尺寸较大，表面效应极小，因此合理地忽略了包含物与基质界面处的表面效应，该方法仅适应于包含物为椭球体的情况，称之为形状依赖（shape–dependent）方法。

当矿物内部包含物尺寸极小时（微纳米级尺度），包含物与基质界面处存在的表面效应极大地影响了介质整体的弹性性质，因此无法忽略表面效应。此时将经典的 Eshelby 方法推广到微纳米级尺度，重新引入在经典方法中被省略而在纳米级尺度上不可忽视的表面效应，可分析包含物的表面弹性模量和半径对材料整体弹性性质的影响。当包含物曲率一致时（球状或圆柱状），材料整体拥有统一的弹性状态，此时弹性性质与包含物形状无关，而仅与尺寸有关，称之为尺寸依赖（size–dependent）方法（Sharma 和 Ganti，2004），模型示意图如图 2–14 所示：

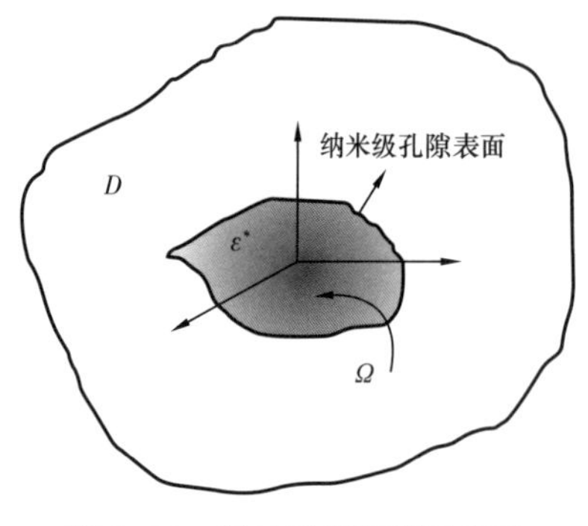

图 2-14 微纳米级模型示意图

经典的 Eshelby 方法包含物内部的应变—本征应变关系为

$$\varepsilon = \boldsymbol{S} : \varepsilon^{*} \tag{2-79}$$

式中 $\boldsymbol{\varepsilon}$——实际应变；

$\boldsymbol{\varepsilon}^{*}$——本征应变，即介质内部包含物在无约束情况下所产生的永久形变；

$\boldsymbol{S}$——包含物的内部张量。

在包含物减小至微纳米尺度的过程中，尺寸效应逐渐明显，此时应考虑在经典理论中被忽略的包含物表面能项，则表面应变—本征应变关系如下所示（Eshelby，1957）：

$$\varepsilon = \boldsymbol{S} : \varepsilon^{*} + \mathrm{sym}\left\{\nabla_{x} \otimes \int_{\mathrm{s}} \boldsymbol{G}^{\mathrm{T}}\left(y-x\right)\mathrm{div}_{\mathrm{s}}\boldsymbol{\sigma}^{\mathrm{s}}\left(y\right)\mathrm{d}S_{y}\right\} \tag{2-80}$$

式中 $\boldsymbol{G}$——Green 函数；

$\boldsymbol{\sigma}^{s}$——孔隙表面应力，N/m；

S_{y}——单位表面积；

s——表面；

x，y——包含物内的两个点坐标。

等式右边第二项表示微纳米尺度下额外的孔隙表面项，第二项为零的情况对应经典的形状依赖的 Eshelby 应变关系。sym{} 表示对称关系，即

$$\mathrm{sym}\left\{\boldsymbol{A}\right\} = \frac{1}{2}\left\{\boldsymbol{A} + \boldsymbol{A}^{\mathrm{T}}\right\}$$

根据表面映射张量，表面应力张量的表面散度可以表示为

$$\mathrm{div}_{\mathrm{s}}\boldsymbol{\sigma}^{\mathrm{s}} = \mathrm{div}_{\mathrm{s}}\left\{\boldsymbol{C}^{\mathrm{s}}\boldsymbol{P}^{\mathrm{s}}\boldsymbol{\varepsilon}\boldsymbol{P}^{\mathrm{s}} + \tau_{\mathrm{o}}\boldsymbol{P}^{\mathrm{s}}\right\} \tag{2-81}$$

式中 $\boldsymbol{C}^{\mathrm{s}}$——表面的弹性矩阵；

$\boldsymbol{P}^{\mathrm{s}}$——映射张量；

τ_{o}——表面张力，N/m。

观察式（2-81）可以发现，只有当应变和映射张量在包含物表面上一致时，表面应力张量的表面散度才可能是一致的。

考虑映射张量的表面散度：

$$\mathrm{div}_{\mathrm{s}}\boldsymbol{P}^{\mathrm{s}} = 2k\boldsymbol{n} \tag{2-82}$$

其中，n 为表面处的法向量；k 表示包含物的曲率，m^{-1}，对于一般椭球体，k 是不均匀的，且随表面位置的变化而变化，当包含物为球体或圆柱体时，表面曲率为常数，表

面应力张量的表面散度不变，此时介质整体的弹性性质一致，因此得出结论：只有常曲率的包含物才存在均匀统一的弹性状态。

由于曲率固定，表面应力的表面散度可以表示为微分算子和积分算子，表面积分转化为体积积分，因此式（2–80）可以进一步简化为

$$\varepsilon = \boldsymbol{S}:\varepsilon^{*} - \boldsymbol{C}^{-1}\left(\mathrm{sym}\left\{\nabla_{x} \otimes \boldsymbol{C}:\int_{V} \nabla_{x} \otimes \boldsymbol{G}(\boldsymbol{y}-\boldsymbol{x})\mathrm{d}V_{y}\right\}\right):2k^{s}\boldsymbol{I} \tag{2–83}$$

其中，$s=\tau_{o}+(\lambda^{s}+\mu^{s})\,\mathbf{Tr}(\boldsymbol{P}^{s}\varepsilon\boldsymbol{P}^{s})$，$\lambda^{s}$、$\mu^{s}$ 为表面拉梅常数，Tr（ ）为迹算子。

式中 $\boldsymbol{I}$——特征张量；

V——体积，m^3。

考虑表面本构定律：

$$\boldsymbol{\sigma}^{s} = \tau_{o}\boldsymbol{I}^{2} + 2\left(\mu^{s}-\tau_{o}\right)\varepsilon^{s} + \left(\lambda^{s}+\tau_{o}\right)\mathbf{Tr}\left(\varepsilon^{s}\right)\boldsymbol{I}^{2} \tag{2–84}$$

式（2–83）进一步化简为

$$\varepsilon = \boldsymbol{S}:\boldsymbol{\varepsilon}^{*} - \left(2k^{s}\right)\boldsymbol{C}^{-1}:\left(\boldsymbol{S}:\boldsymbol{I}\right) \tag{2–85}$$

当包含物为球状时，$k=1/R_{o}$，R_{o} 为球状包含物半径，则式（2–85）转化为

$$\varepsilon = \boldsymbol{S}:\varepsilon^{*} - \frac{K^{s}}{3KR_{o}}(\boldsymbol{S}:\boldsymbol{I})\mathbf{Tr}\left(\boldsymbol{P}^{s}\varepsilon\boldsymbol{P}^{s}\right) - \frac{2\tau_{o}}{3KR_{o}}(\boldsymbol{S}:\boldsymbol{I}) \tag{2–86}$$

其中 $K^{s}=2(\lambda^{s}+\mu^{s})$ 定义为表面体积模量，下文将其称为表面能；K 为经典的体积模量。

在球状坐标系下应变—本征应变关系可以表示为

$$\left.\begin{aligned}
\varepsilon_{rr}(r)=\varepsilon_{\theta\theta}(r)=\varepsilon_{\phi\phi}(r)=\frac{3K^{\mathrm{M}}\varepsilon^{*}-2\tau_{o}/R_{o}}{4\mu^{\mathrm{M}}+3K^{\mathrm{M}}+2K^{s}/R_{o}}\bigg|r<R_{o}\\
\varepsilon_{rr}(r)=-\left[\frac{3K^{\mathrm{M}}\varepsilon^{*}-2\tau_{o}/R_{o}}{4\mu^{\mathrm{M}}+3K^{\mathrm{M}}+2K^{s}/R_{o}}\right]\frac{2R_{o}^{3}}{r^{3}}\bigg|r>R_{o}\\
\varepsilon_{\theta\theta}(r)=\varepsilon_{\phi\phi}(r)=\left[\frac{3K^{\mathrm{M}}\varepsilon^{*}-2\tau_{o}/R_{o}}{4\mu^{\mathrm{M}}+3K^{\mathrm{M}}+2K^{s}/R_{o}}\right]\frac{R_{o}^{3}}{r^{3}}\bigg|r>R_{o}
\end{aligned}\right\} \tag{2–87}$$

式中 ε_{rr}、$\varepsilon_{\theta\theta}$、$\varepsilon_{\phi\phi}$——球坐标系下的应变分量；

μ——剪切模量，GPa；

r——孔径，nm；

M——基质。

式（2–87）形式异常简单，却清楚地反映了当前弹性状态的尺寸依赖特性，即弹性状态与孔径有关，通过使包含物半径变大，式（2–87）可变为经典方程。

最后整理得到的具体表达式如下，

$$K^{\mathrm{eff}}=\frac{1}{3\left(Q+\dfrac{3K^{\mathrm{M}}}{4\mu^{\mathrm{M}}}Q-\dfrac{1}{4\mu^{\mathrm{M}}}\right)} \tag{2-88}$$

其中

$$Q=\frac{\sigma^{\infty}\left(4\mu^{\mathrm{M}}+3K^{\mathrm{H}}\right)}{3K^{\mathrm{M}}\left(4\mu^{\mathrm{M}}+3K^{\mathrm{H}}\right)-4\phi\mu^{\mathrm{M}}\left[3\Delta K+2K^{\mathrm{s}}/R_{\mathrm{o}}\right]}$$

$$\Delta K=K^{\mathrm{M}}-K^{\mathrm{H}},\qquad T=\frac{3\Delta K R_{\mathrm{o}}^{3}}{4\mu^{\mathrm{M}}+3K^{\mathrm{H}}}Q,\qquad P=Q+T/R_{\mathrm{o}}^{3}$$

式中 σ^{∞}——整体的外附应力，GPa；

M、H——基质、孔隙包含物；

$K^{\mathrm{s}}=2(\lambda^{\mathrm{s}}+\mu^{\mathrm{s}})$——表面体积模量，也将其称为表面能，$\mathrm{J/m^2}$；

R_{o}——纳米级孔径，nm；

K——经典的体积模量，GPa；

ϕ——孔隙度，%。

图 2-15a 显示不同孔隙度下岩石有效体积模量随纳米级孔径变化曲线。很显然，当孔径小于 10nm 左右时，随着纳米级孔径的减小，有效体积模量急剧变化，此时纳米级孔径的变化对有效体积模量的影响极大，而常规孔隙则没有这一性质；当孔径增大到一定程度的时候，孔径的变化对整体模量的改造作用就非常小，这与经典 Eshelby 方法一致，即孔径的变化对岩石整体的弹性性质影响较小。图 2-15b 为不同纳米孔径下岩石有效体积模量随表面能变化曲线。可以发现，随表面能增加，有效体积模量降低，表明微纳米孔表面能的存在会降低整体有效体积模量；从孔径角度来看，孔径越小，表面能对体积模量的降低作用越明显，当孔径增大到一定程度后，表面能的变化几乎不影响有效体积模量。

（二）微纳米孔隙流体流动模型

在不考虑微纳米孔隙表面的化学效应或结构的情况下，流体通过微纳米级孔隙是非常复杂的机制。其中最明显的现象是：在固流相互作用下，孔隙内壁会形成稳定的液膜层，液膜层对孔隙内流体流动产生显著的影响，包括渗透率、液膜稳定性和润湿性等。这些相互作用包括长距离范德华力、双层排斥力、短距离排斥力以及流体表面张力。

当流体通过一段微纳米管道时，不考虑表面化学和微纳米管道的结构，由于流体与管壁间的物理相互作用，管道内壁会附着一层由于扩散效应形成的稳定液膜，在管道内形成了两类不同性质的流动区域，极大地改变了管道整体的流动特性。在考虑界面微观相互作用的情况下，结合达西定律，可得到一种新的微纳米孔隙流体流动模型（Wang 等，2016；图 2-16）。

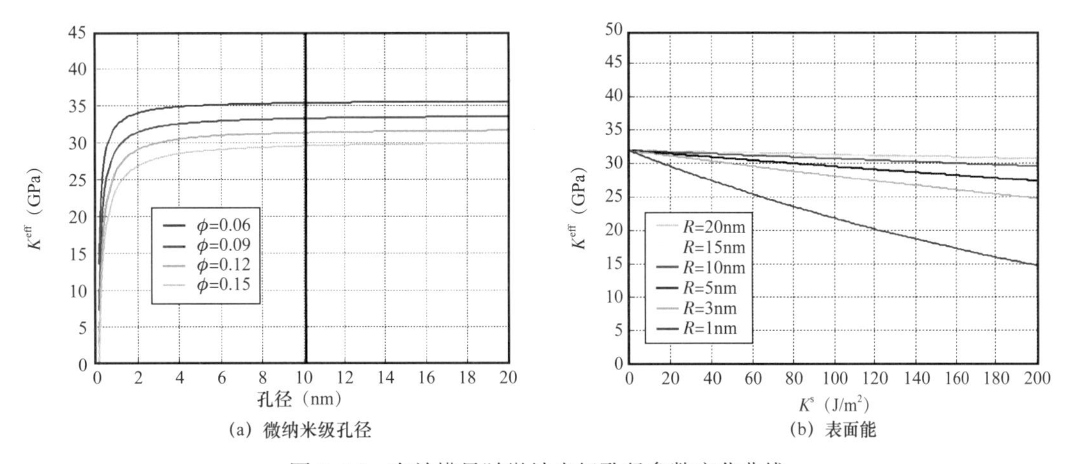

图 2–15　有效模量随微纳米级孔径参数变化曲线

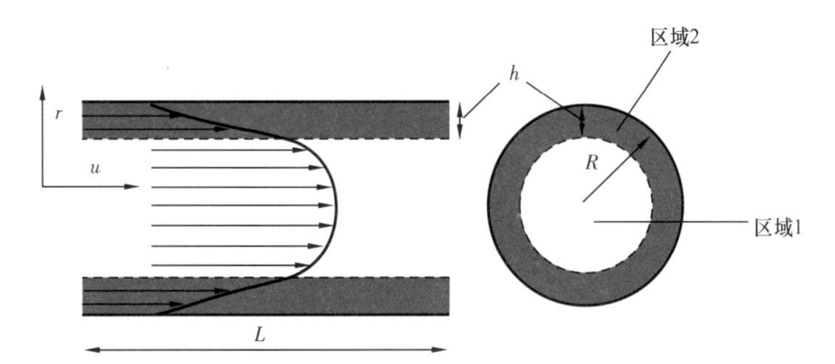

图 2–16　微纳米管道流体流动模型示意图（据 Wang 等，2016）

具体表达式为

$$\left.\begin{aligned}\psi&=(R-h)^2\left[\frac{R^2}{4L\mu}+\frac{U}{W_A}-\frac{2-2\alpha+\alpha^2}{8L\alpha\mu}(R-h)^2\right]\\ \zeta&=R^2\left(\frac{R^2}{8L\alpha\mu}+\frac{U}{W_A}\right)-(R-h)^2\left(\frac{2R^2-(R-h)^2}{8L\alpha\mu}+\frac{U}{W_A}\right)\end{aligned}\right\}\tag{2-89}$$

式中　ψ、ζ——定义的中间变量；

μ——孔隙内部的黏度，Pa·s；

L——孔隙长度，m；

U——流体扩散位移，m；

R——孔隙半径，nm；

h——孔隙表面的液膜厚度，nm；

W_A——固体界面的流体单分子层单位表面的能量，J/m²；

α——比例系数，一般取值 0.6～0.8。

假设一块理想的圆柱状多孔岩石模型，内部发育大量定向排列的纳米级管状孔喉，模型如图 2–17 所示。

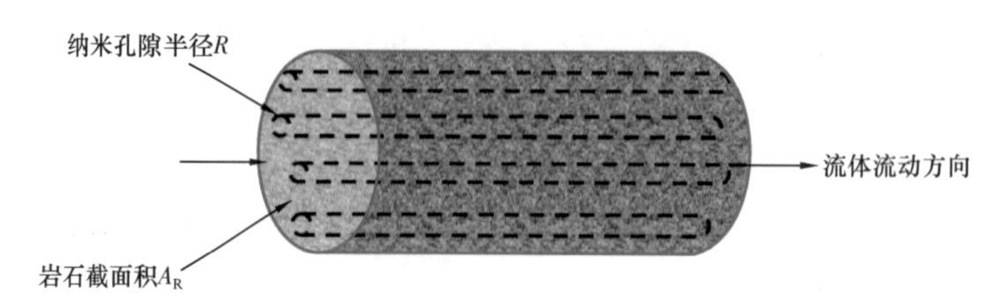

图 2-17　含纳米孔岩石理论模型

则该岩石模型的孔隙度 ϕ 可以定义为

$$\phi = \frac{N\pi R^2}{A_R} \tag{2-90}$$

式中　N——纳米级孔隙数量，个；

R——孔隙半径，nm；

A_R——岩石模型截面积，m^2。

根据 Duputi-Forchheimer 方程，渗流速度 v 可表示为

$$v = \frac{Q}{\phi} \tag{2-91}$$

其中，$Q = \Delta p\pi(\psi + \zeta)$，又根据达西定律，纳米多孔介质的流动速度 v 可表示为

$$v = \frac{K\Delta p}{\mu L} \tag{2-92}$$

则

$$K = \frac{Q\mu L}{\Delta p\phi} \tag{2-93}$$

式中　μ——流体黏度，Pa·s；

ϕ——孔隙度，%。

当岩石不考虑固流分子间相互作用时，渗透率 K 表示如下：

$$K = \frac{\phi R^2}{8} \tag{2-94}$$

式（2-94）为弯曲度为 1 时的 Kozeny-Carman 方程。

当岩石考虑固流分子间相互作用时，可得到渗透率 K 公式：

$$K = \frac{A_R L\mu(\psi + \zeta)}{NR^2} \tag{2-95}$$

图 2-18 显示了两种模型下渗透率随孔径变化的曲线，红色曲线代表不考虑固流分子间相互作用的渗透率，蓝色曲线代表本章研究的考虑固流分子间相互作用的渗透率。显然，随着孔径的增加，两种模型的渗透率也逐渐增加，但是考虑固流相互作用的渗透

率明显大于不考虑固流相互作用的渗透率，这个现象证明了固流界面处的分子间作用力会促进微纳米孔隙中的流体流动，且影响显著。

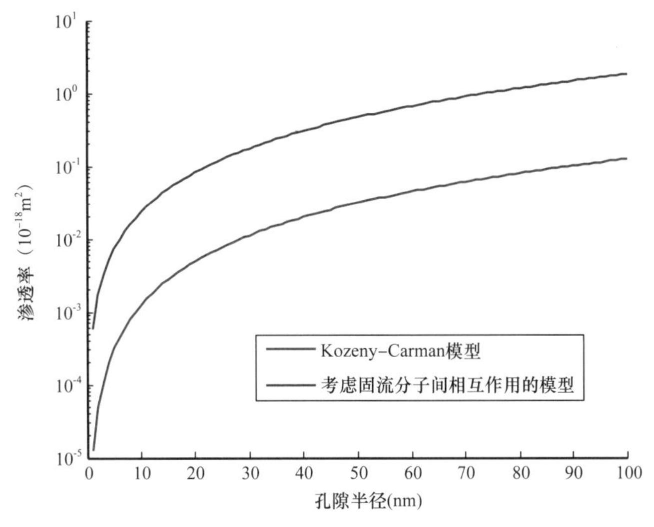

图 2–18　不同模型渗透率随孔径变化曲线

第三节　地震各向异性理论基础

地球介质的各向异性是普遍存在的。页岩储层作为各向异性特征显著的介质，研究地震波在其中的传播特征是地震学研究领域的重要课题。传统的地震勘探与地震学均采用各向同性假设，而页岩储层介质是一种强非均匀，各向异性，多相态的介质。本节从地震各向异性成因出发，讨论了页岩储层介质的各向异性参数表征及本构特征，论述了与页岩储层介质更为接近的各向异性岩石物理。

实际地球介质引起地震各向异性的因素很多、成因很复杂。许多学者对地震波在地球介质中的传播现象进行观测，对地震波在各向异性介质中的传播规律和形成机理做了大量的研究工作，其中 Crampin（1981）提出了引起地震各向异性的 5 种主要原因，分别是：

（1）由于定向排列的晶体和矿物等引起的固有各向异性；

（2）由页岩地层中的泥质颗粒排列等引起岩性各向异性；

（3）精细分层的沉积岩引起的各向异性；

（4）由于缝隙及充填物的定向排列引起的各向异性；

（5）由于地应力引起的各向异性。

在应用地球物理研究中，主要研究由于页岩泥质颗粒排列引起的各向异性，精细层状地层引起的各向异性，定向排列的缝隙引起的各向异性及地层应力引起的各向异性（吴国忱，2006）。

（1）页岩各向异性和固有各向异性。

当晶体中的晶粒存在均匀且连续各向异性时，整个晶体就会呈现各向异性特征。当晶体定向排列且形成足够大的固体矿物，足以能够影响地震波传播时，即产生了晶体各向异性。

在沉积盆地中，页岩占有很大比重，且作为油藏盖层起着至关重要的作用，因此页岩各向异性成为油气地球物理中地震各向异性的重要因素。页岩是一种复杂介质，其整体特性主要受各种组成矿物的固有弹性性质及其含量、矿物的形状、排列方向及各种矿物之间的相互关系控制。观察页岩样品的扫描电镜照片发现，泥质矿物组成了页岩的骨架，其他矿物如石英，始终以孤立的包含物形式存在于页岩中（Hornby，1994）。他们同时指出除泥质以外的矿物对页岩整体的弹性特征贡献较小，且页岩中的粉砂颗粒可以被当作较大的、孤立的圆形包含物来表征。因此，页岩的各向异性强弱主要受泥质矿物定向排列的影响。页岩中的泥质矿物集合大部分沿水平方向平行排列，但是，由于粉砂颗粒的影响，泥质矿物集合也有可能发生排列方向的倾斜。只要泥质矿物的排列方向存在，且不表现随机性，那么页岩就会保持泥质矿物的固有各向异性，从而页岩整体会表现出等效各向异性特征。

（2）层状地层的各向异性。

当地震波在精细排列的层状各向同性介质中传播时，会表现出较强的地震各向异性特征，也被称为长波长各向异性。此时，层状地层可以等效为具有垂直对称轴的横向各向同性介质（Vertical Transverse Isotropy，VTI）。随着非常规储层勘探，尤其是页岩储层勘探的发展，在地震勘探中 VTI 介质理论研究越来越引起大家的关注。然而，通常层状地层引起的各向异性程度较小，无法较好地解释在沉积岩中所测得的各向异性强弱的变化范围。

（3）裂缝引起的各向异性。

当各向同性岩石中具有不连续的充填物时，包括气充填和液体充填的定向排列的裂隙和裂缝时，该岩石就会表现出等效地震各向异性。地震波在裂缝型岩石中传播时，可以等效为地震波在均匀各向异性介质中传播，且地震波的传播特征与裂缝的发育方向密切相关。地壳中包含大量的裂缝和微裂隙，这些缝隙常常由于地应力的影响保持定向排列，因此在许多油气储层中，裂缝和微裂隙是致使地震各向异性的主要原因。

（4）地应力引起的各向异性。

起初研究发现，地应力可以引起各向异性特征的变化（Nur，1969）。随后，大量研究表明，各向同性介质处于足够大的应力场时会表现出各向异性特征（Crampin，1997；Zatsepin，1997）。引起地震各向异性的地应力要足够强，而这种强应力有时会导致局部地震的危险（Crampin，1997）。然而，关于地震各向异性是由应力引起还是由裂缝引起的争论从未停止。在某些特定情况下，若岩石中的微裂隙和裂缝呈现张开状态，且由于应力的影响缝隙排列保持一致，则可认定此时各向异性主要是由应力引起。当前通常认为应力主要造成岩石的背景各向异性，数值往往小于 5%，而由于裂缝存在引起的各向异性往往大于 5%。通过模拟微裂隙张开和闭合的方法可以表征应力引起的各向异性特征（Chapman，2003；Madadi，2012）。

一、各向异性介质的弹性系数

从广义虎克定律出发，应力与应变之间存在着单值的线性关系。其表达式为

$$\tau_{ij} = \sum_{k,l=1}^{3} C_{ijkl} e_{kl} \tag{2-96}$$

式中 τ_{ij}——应力，GPa；

e_{kl}——应变的分量；

C_{ijkl}——介质的弹性参数，为具有 81 个分量的四阶张量。

考虑应力和应变分量的对称性，应力和应变张量各自变为 6 个独立分量，同时依照下标变换法，介质的弹性参数则共有 36 个分量，基于此可以对广义虎克定律进行改写：

$$\begin{bmatrix} \sigma_1 \\ \sigma_2 \\ \sigma_3 \\ \tau_1 \\ \tau_2 \\ \tau_3 \end{bmatrix} = \begin{bmatrix} C_{11} & C_{12} & C_{13} & C_{14} & C_{15} & C_{16} \\ C_{21} & C_{22} & C_{23} & C_{24} & C_{25} & C_{26} \\ C_{31} & C_{32} & C_{33} & C_{34} & C_{35} & C_{36} \\ C_{41} & C_{42} & C_{43} & C_{44} & C_{45} & C_{46} \\ C_{51} & C_{52} & C_{53} & C_{54} & C_{55} & C_{56} \\ C_{61} & C_{62} & C_{63} & C_{64} & C_{65} & C_{66} \end{bmatrix} \begin{bmatrix} e_1 \\ e_2 \\ e_3 \\ e_4 \\ e_5 \\ e_6 \end{bmatrix} \tag{2-97}$$

弹性系数通常情况下是常数（孙成禹，2007），若从一点至另一点的弹性参数保持不变，该介质被称为均匀介质。若弹性系数为坐标的函数，该介质则为不均匀介质。在以往地震勘探过程中，常用的为均匀各向同性介质。目前，以刚性矩阵描述介质类型包括以下几种类型，现将其弹性系数矩阵进行一一展示。

（一）三斜晶系

三斜晶系是一种无对称面和对称轴的介质，是目前所能刻画的最为复杂的介质。三斜晶系介质的刚度矩阵包含 21 个独立的弹性系数。其弹性系数矩阵 C 如下：

$$C = \begin{bmatrix} C_{11} & C_{12} & C_{13} & C_{14} & C_{15} & C_{16} \\ C_{12} & C_{22} & C_{23} & C_{24} & C_{25} & C_{26} \\ C_{13} & C_{23} & C_{33} & C_{34} & C_{35} & C_{36} \\ C_{14} & C_{24} & C_{34} & C_{44} & C_{45} & C_{46} \\ C_{15} & C_{25} & C_{35} & C_{45} & C_{55} & C_{56} \\ C_{16} & C_{26} & C_{36} & C_{46} & C_{56} & C_{66} \end{bmatrix} \tag{2-98}$$

三斜晶系介质的代表矿物为斜长石。

（二）单斜晶系

单斜晶系介质的弹性系数矩阵含有 13 个独立的参数，其 C 为

$$C=\begin{bmatrix} C_{11} & C_{12} & C_{13} & 0 & C_{15} & 0 \\ C_{12} & C_{22} & C_{23} & 0 & C_{25} & 0 \\ C_{13} & C_{23} & C_{33} & 0 & C_{35} & 0 \\ 0 & 0 & 0 & C_{44} & 0 & C_{46} \\ C_{15} & C_{25} & C_{35} & 0 & C_{55} & 0 \\ 0 & 0 & 0 & C_{46} & 0 & C_{66} \end{bmatrix} \tag{2-99}$$

单斜晶系介质具有一个对称面，其对应矿物为角闪石。

（三）正交晶系

正交晶系介质的刚度系数矩阵含有 9 个独立参数，其 C 为

$$C=\begin{bmatrix} C_{11} & C_{12} & C_{13} & 0 & 0 & 0 \\ C_{12} & C_{22} & C_{23} & 0 & 0 & 0 \\ C_{13} & C_{23} & C_{33} & 0 & 0 & 0 \\ 0 & 0 & 0 & C_{44} & 0 & 0 \\ 0 & 0 & 0 & 0 & C_{55} & 0 \\ 0 & 0 & 0 & 0 & 0 & C_{66} \end{bmatrix} \tag{2-100}$$

正交晶系介质具有三个相互正交的对称面，其对应矿物为橄榄石。

（四）三方晶系

三方晶系介质具有两种不同情况，分别包含 7 个、6 个独立的弹性参数，其弹性系数矩阵分别为式（2-101）、式（2-102）所示。

$$C=\begin{bmatrix} C_{11} & C_{12} & C_{13} & C_{14} & C_{15} & 0 \\ C_{12} & C_{11} & C_{13} & -C_{14} & -C_{15} & 0 \\ C_{13} & C_{13} & C_{33} & 0 & 0 & 0 \\ C_{14} & -C_{14} & 0 & C_{44} & 0 & -C_{15} \\ C_{15} & -C_{15} & 0 & 0 & C_{44} & C_{14} \\ 0 & 0 & 0 & -C_{15} & C_{14} & 0.5\left(C_{11}-C_{12}\right) \end{bmatrix} \tag{2-101}$$

式（2-101）为含有 7 个独立的弹性参数，该介质的对应矿物为钛铁矿。

另一种包含 6 个独立弹性参数的介质对应矿物为电气石，该介质的弹性系数矩阵为

$$C=\begin{bmatrix} C_{11} & C_{12} & C_{13} & C_{14} & 0 & 0 \\ C_{12} & C_{11} & C_{13} & -C_{14} & 0 & 0 \\ C_{13} & C_{13} & C_{33} & 0 & 0 & 0 \\ C_{14} & -C_{14} & 0 & C_{44} & 0 & 0 \\ 0 & 0 & 0 & 0 & C_{44} & C_{14} \\ 0 & 0 & 0 & 0 & C_{14} & 0.5\left(C_{11}-C_{12}\right) \end{bmatrix} \tag{2-102}$$

（五）四方晶系

与三方晶系类似，四方晶系介质同样具有两种类型。

第一种具有 7 个独立弹性参数，代表矿物为白钨矿。其弹性系数矩阵如下式所示：

$$C=\begin{bmatrix} C_{11} & C_{12} & C_{13} & 0 & 0 & C_{16} \\ C_{12} & C_{11} & C_{13} & 0 & 0 & -C_{16} \\ C_{13} & C_{13} & C_{33} & 0 & 0 & 0 \\ 0 & 0 & 0 & C_{44} & 0 & 0 \\ 0 & 0 & 0 & 0 & C_{44} & 0 \\ C_{16} & -C_{16} & 0 & 0 & 0 & C_{66} \end{bmatrix} \tag{2-103}$$

另一种具有 6 个独立弹性参数，代表矿物为锡石。其弹性系数矩阵如下式所示：

$$C=\begin{bmatrix} C_{11} & C_{12} & C_{13} & 0 & 0 & 0 \\ C_{12} & C_{11} & C_{13} & 0 & 0 & 0 \\ C_{13} & C_{13} & C_{33} & 0 & 0 & 0 \\ 0 & 0 & 0 & C_{44} & 0 & 0 \\ 0 & 0 & 0 & 0 & C_{44} & 0 \\ 0 & 0 & 0 & 0 & 0 & C_{66} \end{bmatrix} \tag{2-104}$$

（六）六方晶系

六方晶系介质具有 5 个独立弹性系数，其代表矿物为 β–石英，弹性系数矩阵如下式所示：

$$C=\begin{bmatrix} C_{11} & C_{12} & C_{13} & 0 & 0 & 0 \\ C_{12} & C_{11} & C_{13} & 0 & 0 & 0 \\ C_{13} & C_{13} & C_{33} & 0 & 0 & 0 \\ 0 & 0 & 0 & C_{44} & 0 & 0 \\ 0 & 0 & 0 & 0 & C_{44} & 0 \\ 0 & 0 & 0 & 0 & 0 & 0.5\left(C_{11}-C_{12}\right) \end{bmatrix} \tag{2-105}$$

（七）立方晶系

立方晶系介质具有 9 个对称面和 4 个三次对称轴，含 3 个独立的弹性系数，其代表矿物为石榴子石，弹性系数矩阵 C 为

$$C=\begin{bmatrix} C_{11} & C_{12} & C_{12} & 0 & 0 & 0 \\ C_{12} & C_{11} & C_{12} & 0 & 0 & 0 \\ C_{12} & C_{12} & C_{11} & 0 & 0 & 0 \\ 0 & 0 & 0 & C_{44} & 0 & 0 \\ 0 & 0 & 0 & 0 & C_{44} & 0 \\ 0 & 0 & 0 & 0 & 0 & C_{44} \end{bmatrix} \tag{2-106}$$

（八）各向同性

各向同性介质具有 2 个独立的弹性参数，其弹性系数矩阵如下式所示：

$$C=\begin{bmatrix} C_{11} & C_{11}-2C_{44} & C_{11}-2C_{44} & 0 & 0 & 0 \\ C_{11}-2C_{44} & C_{11} & C_{11}-2C_{44} & 0 & 0 & 0 \\ C_{11}-2C_{44} & C_{11}-2C_{44} & C_{11} & 0 & 0 & 0 \\ 0 & 0 & 0 & C_{44} & 0 & 0 \\ 0 & 0 & 0 & 0 & C_{44} & 0 \\ 0 & 0 & 0 & 0 & 0 & C_{44} \end{bmatrix} \tag{2-107}$$

各向同性介质是最简单的介质，极端各向异性介质为最复杂的介质。

二、页岩储层中常见的各向异性

表征地下各向异性介质的模型有多种，在对页岩储层岩石物理分析的基础上，考虑页岩储层特点，页岩储层中涉及的地震各向异性基本模型有以下几种。

（一）横向各向同性（TI）介质

顾名思义，横向各向同性即为地震波在介质中传播时横向上表现各向同性特征，而在纵向上呈现出各向异性特征。TI 介质具有 5 个常见的弹性系数，属于六方晶系。TI 介质按照对称轴的方向可以分为以下两种类型：具有垂直对称轴的横向各向同性（VTI）介质及具有水平对称轴的横向各向同性（HTI）介质。

1.VTI

VTI 的刚度矩阵如式（2–108）所示：

$$C=\begin{bmatrix} C_{11} & C_{11}-2C_{66} & C_{13} & 0 & 0 & 0 \\ C_{11}-2C_{66} & C_{11} & C_{13} & 0 & 0 & 0 \\ C_{13} & C_{13} & C_{33} & 0 & 0 & 0 \\ 0 & 0 & 0 & C_{44} & 0 & 0 \\ 0 & 0 & 0 & 0 & C_{44} & 0 \\ 0 & 0 & 0 & 0 & 0 & C_{66} \end{bmatrix} \tag{2-108}$$

将其以拉梅常数形式进行表示：

$$C=\begin{bmatrix} \lambda_{//}+2\mu_{//} & \lambda_{//} & \lambda_{\perp} & 0 & 0 & 0 \\ \lambda_{//} & \lambda_{//}+2\mu_{//} & \lambda_{\perp} & 0 & 0 & 0 \\ \lambda_{\perp} & \lambda_{\perp} & \lambda_{\perp}+2\mu_{\perp} & 0 & 0 & 0 \\ 0 & 0 & 0 & \mu^{*} & 0 & 0 \\ 0 & 0 & 0 & 0 & \mu^{*} & 0 \\ 0 & 0 & 0 & 0 & 0 & \mu_{//} \end{bmatrix} \tag{2-109}$$

式中　$\lambda_{//}$、$\mu_{//}$——水平方向的拉梅常数，GPa；

$\lambda_{\perp}$、$\mu_{\perp}$——垂直方向的拉梅常数，GPa；

μ^{*}——连系水平方向和垂直方向的模量，GPa。

2. HTI

HTI 的弹性系数矩阵如式（2–110）所示：

$$C=\begin{bmatrix} C_{11} & C_{12} & C_{12} & 0 & 0 & 0 \\ C_{12} & C_{22} & C_{22}-2C_{44} & 0 & 0 & 0 \\ C_{12} & C_{22}-2C_{44} & C_{22} & 0 & 0 & 0 \\ 0 & 0 & 0 & C_{44} & 0 & 0 \\ 0 & 0 & 0 & 0 & C_{55} & 0 \\ 0 & 0 & 0 & 0 & 0 & C_{55} \end{bmatrix} \tag{2–110}$$

将其以拉梅常数形式进行表示：

$$C=\begin{bmatrix} \lambda_{\perp}+2\mu_{\perp} & \lambda_{\perp} & \lambda_{\perp} & 0 & 0 & 0 \\ \lambda_{\perp} & \lambda_{//}+2\mu_{//} & \lambda_{//} & 0 & 0 & 0 \\ \lambda_{\perp} & \lambda_{//} & \lambda_{//}+2\mu_{//} & 0 & 0 & 0 \\ 0 & 0 & 0 & \mu_{//} & 0 & 0 \\ 0 & 0 & 0 & 0 & \mu^{*} & 0 \\ 0 & 0 & 0 & 0 & 0 & \mu^{*} \end{bmatrix} \tag{2–111}$$

横向各向同性介质是沉积地层中最常见的各向异性模型。VTI 可以用于描述在泥页岩成岩过程中，由于重力、定向压力、水流、定向应力等作用引起的岩石成片状、层状等特征，使得地震波传播时产生各向异性特征，VTI 模型如图 2–19a 所示。HTI 则可以用来描述由于构造引起的 VTI 发生较强的褶皱以及地层发育定向排列的高角度裂缝或针状孔隙，模型如图 2–19b 所示。

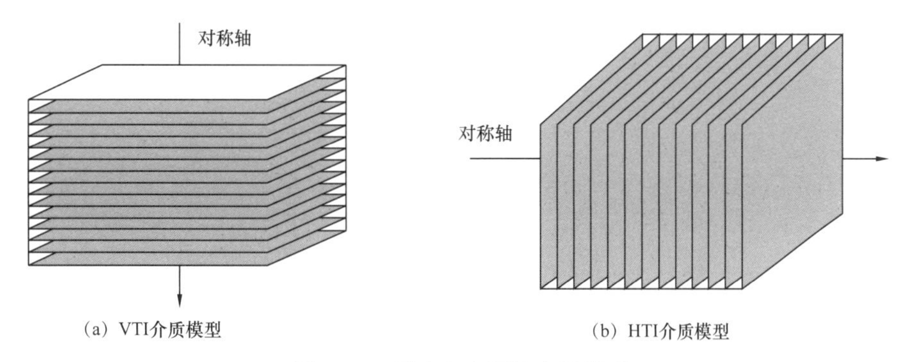

图 2–19　横向各向同性介质模型

（二）正交各向异性（OA）介质

目前普遍认为，如果周期性薄层（Periodic Thin Layers，以下简称 PTL）各向异性介质模型、介质与扩张型裂隙各向异性（Extensive Dilatancy Anisotropy，以下简称 EDA），以及介质同时存在时（图 2-20），当地震波通过该种地层时就会表现出正交各向异性（Orthotropic Anisotropy，以下简称 OA）特征。另外，如果地层中发育了两套相互正交、不同对称轴的定向排列裂缝及裂隙时，地震波同样会表现出正交各向异性特征。

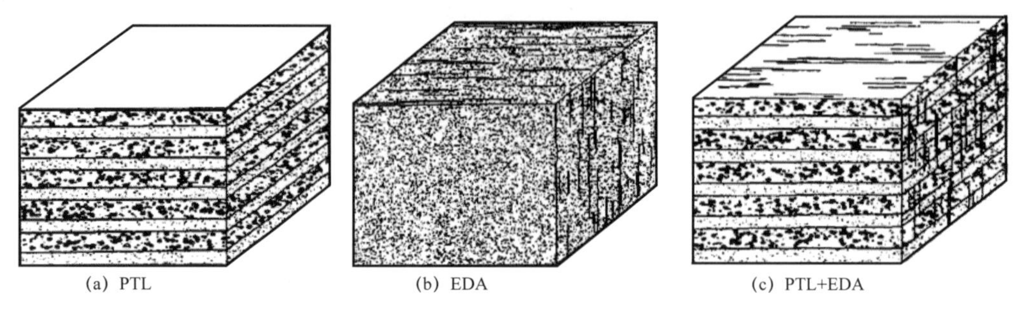

(a) PTL　(b) EDA　(c) PTL+EDA

图 2-20　各向异性地层模型（据董敏煜，2002）

三、各向异性岩石物理模型

当前有众多关于各向异性岩石物理模型的研究，较为常用的是 Thomsen 各向异性理论、Hudson 各向异性模型及 Schoenberg 线性滑动模型。

（一）Thomsen 各向异性参数

1986 年，Thomsen 提出了能够表征地层各向异性强弱的各向异性参数，从而使得地震勘探领域的各向异性研究得到快速发展，下面对 Thomsen 各向异性参数的定义和特征进行介绍。

1. VTI 中 Thomsen 各向异性参数

地震波在 VTI 中传播时，其速度会随传播方向而改变，针对该变化规律，建立了 Thomsen 各向异性参数（Thomsen，1986），参数表示形式如下：

$$\left.\begin{aligned} \varepsilon &= \frac{C_{11}-C_{33}}{2C_{33}} \\ \gamma &= \frac{C_{66}-C_{44}}{2C_{44}} \\ \delta &= \frac{(C_{13}+C_{44})^2-(C_{33}-C_{44})^2}{2C_{33}(C_{33}-C_{44})} \end{aligned}\right\} \tag{2-112}$$

其中，ε 和 γ 通常是非负的，δ 可能为正或负。

同时，VTI 中纵横波速表达式为

$$\left.\begin{aligned} v_{\mathrm{P0}} &= \sqrt{\frac{C_{33}}{\rho}} \\ v_{\mathrm{S0}} &= \sqrt{\frac{C_{44}}{\rho}} \end{aligned}\right\} \tag{2-113}$$

如果 $|\varepsilon| \ll 1$、$|\delta| \ll 1$ 和 $|\gamma| \ll 1$，利用弱各向异性近似原则，VTI 中准 P（qP）波和准 SV（qSV）波、准 SH（qSH）波的速度表达式为

$$\left.\begin{aligned} v_{\mathrm{qP}}(\theta) &\approx v_{\mathrm{P0}}\left(1+\delta\sin^2\theta\cos^2\theta+\varepsilon\sin^4\theta\right) \\ v_{\mathrm{qSV}}(\theta) &\approx v_{\mathrm{S0}}\left[1+\frac{v_{\mathrm{P0}}^2}{v_{\mathrm{S0}}^2}(\varepsilon-\delta)\sin^2\theta\cos^2\theta\right] \\ v_{\mathrm{qSH}}(\theta) &\approx v_{\mathrm{S0}}\left(1+\gamma\sin^2\theta\right) \end{aligned}\right\} \tag{2-114}$$

式中　θ——入射角，(°)。

根据地震波在不同平面内传播速度的不同，定义 Thomsen 各向异性参数如下：

$$\left.\begin{aligned} \varepsilon &= \frac{C_{11}-C_{33}}{2C_{33}} \approx \frac{v_{\mathrm{P}}(90°)-v_{\mathrm{P}}(0°)}{v_{\mathrm{P}}(0°)} \\ \gamma &= \frac{C_{66}-C_{44}}{2C_{44}} \approx \frac{v_{\mathrm{SH}}(90°)-v_{\mathrm{SH}}(0°)}{v_{\mathrm{SH}}(0°)} \end{aligned}\right\} \tag{2-115}$$

从式（2-115）可以清楚地看出各向异性参数 ε 和 γ 的物理意义：

（1）ε 描述了水平方向和垂直方向 P 波传播速度的不同；

（2）γ 可以用来表征水平方向和垂直方向上 SH 波传播速度的差异。

因此，可以将 ε 称为纵波各向异性参数，将 γ 称为横波各向异性参数。然而，δ 的物理意义并不明确，其中，δ 的准确获得对地震数据的处理具有重要影响（Tsvankin，2005）。

当介质为各向同性时，所有各向异性参数均为零。如果 $\varepsilon=\delta$，准 P 波和准 SV 波速度变为

$$\left.\begin{aligned} v_{\mathrm{qP}}(\theta) &\approx v_{\mathrm{P0}}\left(1+\varepsilon\sin^2\theta\right) \\ v_{\mathrm{qSV}}(\theta) &\approx v_{\mathrm{S0}} \end{aligned}\right\} \tag{2-116}$$

从式（2-116）可以看出，P 波的传播速度随角度变化，且波前面是一个椭圆，而 SV 波的波前面是一个圆，波速保持不变。因此，称 $\varepsilon=\delta$ 的各向异性介质具有椭圆各向异性特征。20 世纪 80 年代，椭圆各向异性一直是地球物理学家们研究的热点（Levin，1978，1979，1980；Helbig，1983）。由于椭圆各向异性在实际地层中并不普遍，椭圆各向异性越来越被冷落。然而，通过模型预测由应力引起的各向异性特征发现，地应力引起的各向异性多为椭圆各向异性或近似椭圆各向异性（Madadi，2012）。描述各向异性的参数 σ（Tsvankin 和 Thomsen，1994）和另一个表征各向异性的参数 η（Alkhalifah，

1997）的定义式分别为

$$\sigma = \left(\frac{v_{P0}}{v_{S0}}\right)^2 (\varepsilon - \delta) \tag{2-117}$$

$$\eta = \frac{\varepsilon - \delta}{1 + 2\delta} \tag{2-118}$$

对于椭圆各向异性介质（即 $\varepsilon=\delta$），$\sigma=0$ 且 $\eta=0$。根据椭圆各向异性的定义，可建立椭圆各向异性介质的反射系数方程，在此基础上可进行椭圆各向异性分析（Goodway等，2007）。

2. Thomsen 各向异性参数间相互关系

根据弱各向异性定义的三个 Thomsen 各向异性参数并不是相互独立的，它们之间有时会存在一定的相关性。因此，在地震处理和解释过程中，Thomsen 各向异性参数的选择显得较为重要。通过收集岩石物理实验数据，对 Thomsen 各向异性参数进行交会分析，展示 Thomsen 各向异性参数之间的相关性，为后续的裂缝型储层 Thomsen 各向异性参数地震反演估测提供一定的基础。表 2-2 展示了实验室所测量不同岩性样品各向异性结果（Thomsen，1986）。

表 2-2　不同岩心样品的各向异性参数

参数	样品测量值
ε	0.1100；0.0340；0.0970；0.0770；0.0560；0.0910；0.3340；0.0600；0.0910；0.0230；0.1890；0；0.0530；0.0800；0.0100；0.0330；0.0810；0.0650；0.0810；0.1370；0.0360；0.0630；−0.0260；0.1720；0.0550；0.1280；0.2250；0.2150；0.0850；0.1350；0.1100；0.1950；0.0150；0.2550；0.2000；0.2000；0.0400；0.0250；0.0020；0.0300；0.1950；−0.0050；0.0450；0.0200；1.1200；−0.0960；0.3690；0；0.0970；−0.0380；0；0.0130；0.0590；0.1340；0.1690；0.1030；0.0220；1.1610
δ	−0.0350；0.2110；0.0910；0.0100；−0.0030；0.1480；0；0.1430；0.5650；0.0020；0.2040；0；0.1580；−0.0030；0.0120；0.0400；0.1290；0.0590；0.0570；−0.0120；−0.0390；0.0080；−0.0330；0；−0.0890；0.0780；0.1000；0.3150；0.1200；0.2050；0.0900；0.1750；0.0600；−0.0500；−0.0750；0.1000；0.0100；0.0550；0.0200；0.0450；0；−0.0150；−0.0450；−0.0300；0；0.2730；0.5790；0；0.5860；−0.1640；−0.0900；−0.0010；−0.0010；0；0；−0.0010；0.0180；−0.1400
γ	0.2550；0.0460；0.0510；0.0660；0.0670；0.1050；0.5750；0.0450；0.0460；0.0130；0.1750；−0.0070；0.1330；0.0930；−0.0050；−0.0190；0.0480；0.0710；0；0.0260；0.0300；0.0280；0.0350；0.1570；0.0410；0.1000；0.3450；0.2800；0.1850；0.1800；0.1650；0.3000；0.0300；0.4800；0.5100；0.1450；0.0300；0.0200；0.0050；0.0300；0.1800；0.0050；0.0400；0.1050；0；−0.1590；0.1690；0；0.0790；0.0310；0；0.0350；0.1630；0.1560；0.2710；0.3450；0.0040；0

表 2-3 展示了不同地区干岩石的各向异性参数结果（Vernik 和 Liu，1997）。同时，表 2-4 展示了 200 多个不同岩性样品的各向异性参数平均值结果（Wang，1992）。

分别利用表 2-2 和表 2-3 中岩石样品的测量数据制作 Thomsen 各向异性参数交会图。如图 2-21a 所示，ε 和 δ 之间并不存在较好的相关性。图中直线代表 $\varepsilon=\delta$，即椭圆各向异性线，可见，实际岩石样品中存在椭圆各向异性特征的较少。图 2-21b 为 ε 和 γ 之间的交会图，图中看出 ε 和 γ 之间具有较好的相关性，这也表明纵波各向异性和横波各向异性之间通常具有相关性。如图 2-21c 所示，δ 和 γ 之间也并不存在较好的相关性。

表 2-3 干样品的各向异性参数

参数	样品测量值
ε	0.4400；0.2400；0.2700；0.3900；0.2900；0.5100；0.2000；0.1900；0.2600；0.3900；0.5300；0.4000；0.5800；0.3200；0.4900；0.4000；0.3400；0.2000；0.1300；0.1200；0.2200；0.0500；0.1800；0.1300；0.1100；0.0500；0.1200；0.3600；0.2300；0.1200；0.2000；0.1800；0.2100；0.1900；0.1900；0.1100；0.2400；0.2900；0.1700；0.1300；0.0900；0.1600；0.0900；0.3500
δ	0.0300；0.1200；0.0400；0.0800；0.1800；0.3000；0.0200；0.0300；0.1300；0.1400；0.0300；0.2300；0；0.2400；0.1600；0.2400；0.2200；−0.0600；0；0.1200；0.0500；0.0200；0.2400；0.0600；0.1900；0.0200；0；0.1100；0.0600；−0.0100；−0.0500；0.0400；0.0200；0；−0.1000；0.1800；0.0200；0.1900；0.0900；0；−0.0400；−0.0400；−0.0300；0.1100
γ	0.5100；0.2400；0.2300；0.2700；0.4200；0.5900；0.1700；0.1600；0.1800；0.3200；0.4800；0.3600；0.3900；0.2200；0.3600；0.2700；0.2400；0.0800；0.0600；0.0800；0.1600；0.1100；0.1200；0.0400；0.1200；0.0400；0.1000；1.2000；0.1300；0.1000；0.1600；0.1900；0.2600；0.2100；0.1900；0.1100；0.2200；0.2100；0.1400；0.1600；0.0400；0.2100；0.0600；0.4300

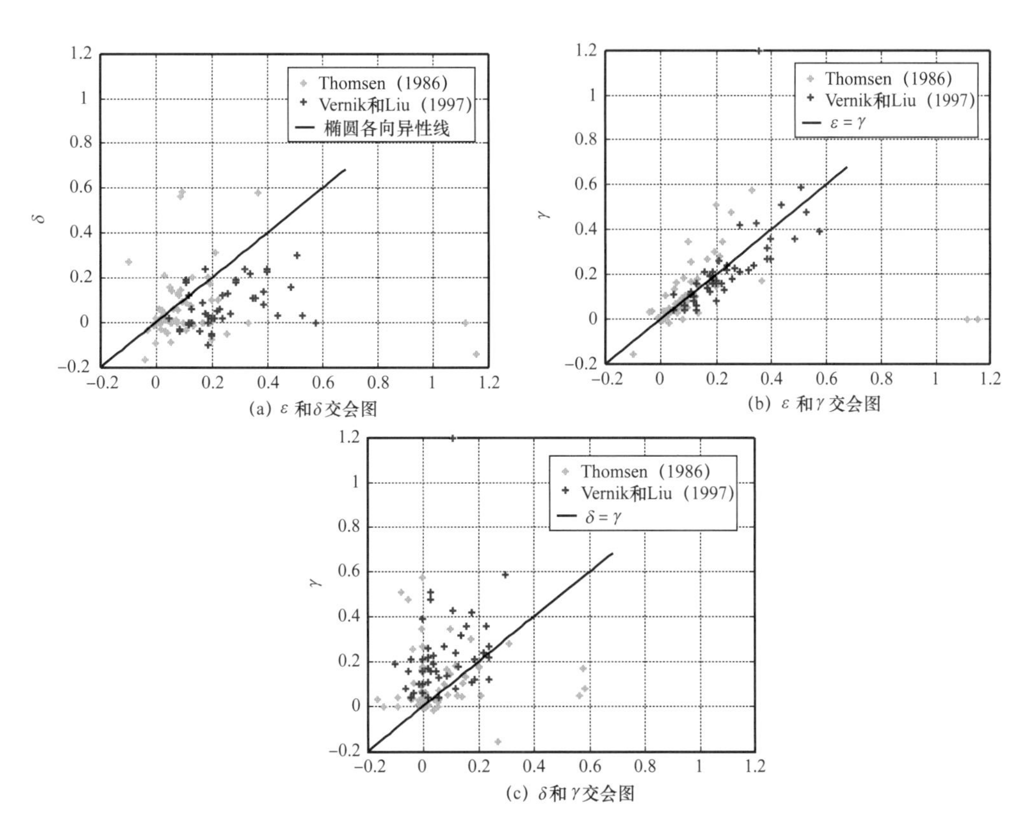

图 2-21 三个 Thomsen 各向异性参数之间的交会图

从表 2–2 可以看出，三个 Thomsen 各向异性参数值大都低于 0.2。然而，从表 2–4 所测量的不同岩石的 Thomsen 各向异性参数可以看出，砂岩和碳酸盐岩所测的各向异性参数值也都小于 0.2，但泥岩的各向异性参数值变大。因此，弱各向异性假设在泥页岩中的适用性有待进一步验证。同时，根据三个 Thomsen 各向异性参数之间的关系，在后续地震反演中可以选择性估测，减少所需预测未知数的数量，降低未知数的相关性，提高地震反演的精度。

表 2–4 测量样品的各向异性参数平均值

岩性	ε	γ	δ
砂岩	0.069	0.037	0.046
碳酸盐岩	0.017	0.014	–0.016
泥岩	0.232	0.226	0.046

3. HTI 中各向异性参数

任何 HTI 都可以用其等效 VTI 旋转对称轴得到。根据 VTI 中 Thomsen 各向异性参数的定义，经过重新推导可得到 HTI 中的各向异性参数 $\varepsilon^{(V)}$、$\delta^{(V)}$ 及 $\gamma^{(V)}$（Ruger，1996），表示如下：

$$\left.\begin{aligned}\varepsilon^{(V)}&=\frac{C_{11}-C_{33}}{2C_{33}}\\ \delta^{(V)}&=\frac{\left(C_{13}+C_{55}\right)^{2}-\left(C_{33}-C_{55}\right)^{2}}{2C_{33}\left(C_{33}-C_{55}\right)}\\ \gamma^{(V)}&=\frac{C_{66}-C_{44}}{2C_{44}}\end{aligned}\right\}\tag{2–119}$$

HTI 介质中各向异性参数与 VTI 介质中各向异性参数的变换关系见表 2–5。利用表 2–5（Ruger，1996）中的变化关系公式，以 VTI 介质反射系数近似公式为基础，进行 Thomsen 各向异性参数代换，实现 HTI 介质反射系数近似公式的推导。

表 2–5 HTI 介质与 VTI 介质中各向异性参数的关系

各向异性参数	精确关系式	近似关系式
$\delta^{(V)}$	$\left[\delta-2\varepsilon\left(1+\varepsilon/f\right)\right]/\left[\left(1+2\varepsilon\right)\left(1+2\varepsilon/f\right)\right]$	$\delta-2\varepsilon$
$\varepsilon^{(V)}$	$-\dfrac{\varepsilon}{1+2\varepsilon}$	$-\varepsilon$
$\gamma^{(V)}$	$-\dfrac{\gamma}{1+2\gamma}$	$-\gamma$

注：$f=1-\dfrac{v_{S0}^{2}}{v_{P0}^{2}}$。

4. OA 介质中各向异性参数

不同对称面的各向异性参数定义如下，其中上标（1）、（2）、（3）分别表示对应面的法线方向为 x、y、z 方向。

$$\left.\begin{aligned}
\varepsilon^{(2)} &= \frac{C_{11}-C_{33}}{2C_{33}} \\
\delta^{(2)} &= \frac{\left(C_{13}+C_{55}\right)^2-\left(C_{33}-C_{55}\right)^2}{2C_{33}\left(C_{33}-C_{55}\right)} \\
\gamma^{(2)} &= \frac{C_{66}-C_{44}}{2C_{44}} \\
\varepsilon^{(1)} &= \frac{C_{22}-C_{33}}{2C_{33}} \\
\delta^{(1)} &= \frac{\left(C_{23}+C_{44}\right)^2-\left(C_{33}-C_{44}\right)^2}{2C_{33}\left(C_{33}-C_{44}\right)} \\
\gamma^{(1)} &= \frac{C_{66}-C_{55}}{2C_{55}} \\
\delta^{(3)} &= \frac{\left(c_{12}+c_{66}\right)^2-\left(c_{11}-c_{66}\right)^2}{2c_{11}\left(c_{11}-c_{66}\right)}
\end{aligned}\right\} \tag{2-120}$$

如果将 OA 分别退化为 VTI 和 HTI，其各向异性参数的变化见表 2-6（Tsvankin，1997）。

表 2-6　OA 介质中各向异性参数转换

OA 介质	VTI 介质	HTI 介质
$\varepsilon^{(1)}$	ε	0
$\varepsilon^{(2)}$	ε	$\varepsilon^{(V)}$
$\delta^{(1)}$	δ	0
$\delta^{(2)}$	δ	$\delta^{(V)}$
$\gamma^{(1)}$	γ	0
$\gamma^{(2)}$	γ	$-\gamma$

（二）Hudson 模型

Hudson 模型主要是描述弹性固体中包含薄硬币形状的椭球裂隙的等效介质模型（图 2-22）。

在 Hudson 模型中，主要采用裂隙密度（e）和裂隙纵横比（χ）表征裂隙系统。其中，裂隙的高宽比指椭球裂隙的短轴和长轴之间的比值，如图 2-23 所示。

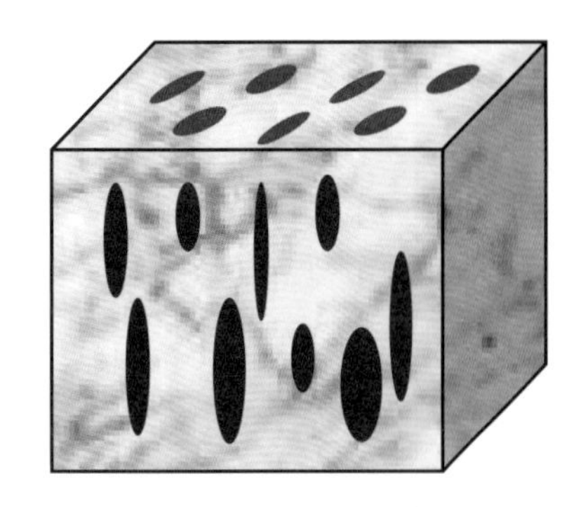

图 2-22　Hudson 薄硬币形状裂隙模型

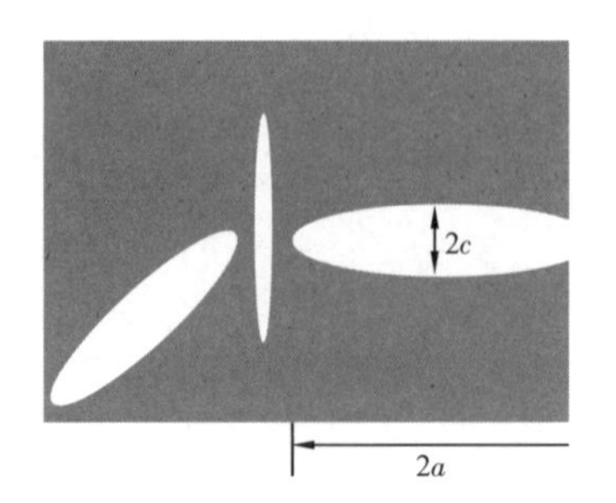

图 2-23　裂隙纵横比定义模型（$\chi=c/a$）

Hudson 模型中所使用的裂缝密度采用了裂缝体积密度的定义方式：

$$e=\frac{N}{V}a^3=\frac{3\phi}{4\pi\chi} \tag{2-121}$$

式中　a——裂隙的半径，m；

N/V——单位体积内裂隙的数量，个；

ϕ——裂隙诱导的孔隙度，%；

χ——裂隙纵横比。

利用 Hudson 模型可以计算含裂隙岩石的等效模量 C_{ij}^{eff}：

$$C_{ij}^{\text{eff}}=C_{ij}^{\text{iso}}+C_{ij}^{\text{ani}}=C_{ij}^{\text{iso}}+C_{ij}^{1}+C_{ij}^{2} \tag{2-122}$$

式中　C_{ij}^{iso}——各向同性背景岩石的弹性系数，GPa；

C_{ij}^{ani}——由于裂隙引起的各向异性扰动项，包括一阶校正项 C_{ij}^{1} 和二阶校正项 C_{ij}^{2}，GPa。

若各向同性岩石中包含了对称轴平行于 x_1 轴，选取 Hudson 一阶校正项，该岩石的弹性系数矩阵如下所示：

$$C^{\text{iso}}=\begin{bmatrix}\lambda+2\mu & \lambda & \lambda & 0 & 0 & 0\\ \lambda & \lambda+2\mu & \lambda & 0 & 0 & 0\\ \lambda & \lambda & \lambda+2\mu & 0 & 0 & 0\\ 0 & 0 & 0 & \mu & 0 & 0\\ 0 & 0 & 0 & 0 & \mu & 0\\ 0 & 0 & 0 & 0 & 0 & \mu\end{bmatrix} \tag{2-123}$$

$$C^{\mathrm{ani}}=-\frac{e}{\mu}\begin{bmatrix}(\lambda+2\mu)^2U_{33} & \lambda(\lambda+2\mu)U_{33} & \lambda(\lambda+2\mu)U_{33} & 0 & 0 & 0\\ \lambda(\lambda+2\mu)U_{33} & \lambda^2U_{33} & \lambda^2U_{33} & 0 & 0 & 0\\ \lambda(\lambda+2\mu)U_{33} & \lambda^2U_{33} & \lambda^2U_{33} & 0 & 0 & 0\\ 0 & 0 & 0 & 0 & 0 & 0\\ 0 & 0 & 0 & 0 & \mu^2U_{11} & 0\\ 0 & 0 & 0 & 0 & 0 & \mu^2U_{11}\end{bmatrix} \tag{2-124}$$

式中　λ 和 μ——不含裂隙各向同性岩石的拉梅常数，GPa；

e——裂隙密度；

U_{11} 和 U_{33}——与裂隙特征（裂隙纵横比和充填物类型）有关的重要弹性参数。

$$U_{11}=\frac{16(\lambda+2\mu)}{3(3\lambda+4\mu)}\frac{1}{1+M} \tag{2-125}$$

$$U_{33}=\frac{4(\lambda+2\mu)}{3(\lambda+\mu)}\frac{1}{1+k} \tag{2-126}$$

其中，M 和 k 是与裂缝特征有关的参数：

$$M=\frac{4\mu'(\lambda+2\mu)}{\pi\chi\mu(\lambda+\mu)} \tag{2-127}$$

$$k=\frac{\left[K'+(4/3)\mu'\right](\lambda+2\mu)}{\pi\chi\mu(\lambda+\mu)} \tag{2-128}$$

式中　K'——缝隙中充填物的体积模量，GPa；

μ'——缝隙中充填物的剪切模量，GPa。

（三）Schoenberg 线性滑动模型

用来描述裂缝的 Schoenberg 线性滑动模型是基于 Backus 细层层状介质模型提出的。该模型面向岩石裂缝研究，适用于具有线性连续边界的、充满弱强度（充填物模量小）介质的平行层模型（图 2-24）。

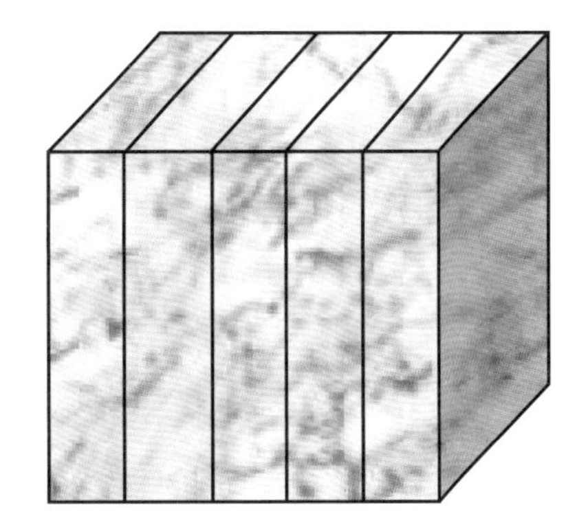

图 2-24　Schoenberg 线性滑动模型

线性滑动模型研究了含裂缝岩石的等效柔度矩阵 S：

$$S=S_0+S_{\mathrm{f}} \tag{2-129}$$

式中　S_0——不含裂缝岩石的等效柔度，1/GPa；

S_{f}——由于裂缝引起的等效柔度，1/GPa。

对于对称轴平行于 x_1 轴的裂缝，由裂缝引起的等效柔度为 S_{f}：

$$S_{\mathrm{f}}=\begin{bmatrix} K_{\mathrm{N}} & 0 & 0 & 0 & K_{\mathrm{NV}} & K_{\mathrm{NH}} \\ 0 & 0 & 0 & 0 & 0 & 0 \\ 0 & 0 & 0 & 0 & 0 & 0 \\ 0 & 0 & 0 & 0 & 0 & 0 \\ K_{\mathrm{NV}} & 0 & 0 & 0 & K_{\mathrm{V}} & K_{\mathrm{VH}} \\ K_{\mathrm{NH}} & 0 & 0 & 0 & K_{\mathrm{VH}} & K_{\mathrm{H}} \end{bmatrix} \tag{2-130}$$

式中 K_{N}——正向柔度，1/GPa；

K_{H}——沿坐标轴和 x_2 方向的切向柔度，1/GPa；

K_{V}——沿坐标轴和 x_3 方向的切向柔度，1/GPa；

K_{NV}、K_{NH}、K_{NV} 和 K_{NH}——分别为描述不同坐标轴方向应力和应变之间相互关系的柔度，1/GPa。

若岩石中发育着一组沿对坐标轴平行、定向排列的、无交叉耦合的裂缝，该类型的裂缝称为旋转不变裂缝（Schoenberg 和 Sayers，1995）。此时裂缝等效柔度 S_{f} 中参数关系为：

$$\begin{aligned} &K_{\mathrm{NV}}=K_{\mathrm{NH}}=K_{\mathrm{VH}}=0 \\ &K_{\mathrm{V}}=K_{\mathrm{H}}=K_{\mathrm{T}} \end{aligned} \tag{2-131}$$

式中 K_{T}——平行于裂缝面的柔度，1/GPa。

因此，此时裂缝引起的等效柔度矩阵变为

$$S_{\mathrm{f}}=\begin{bmatrix} K_{\mathrm{N}} & 0 & 0 & 0 & 0 & 0 \\ 0 & 0 & 0 & 0 & 0 & 0 \\ 0 & 0 & 0 & 0 & 0 & 0 \\ 0 & 0 & 0 & 0 & 0 & 0 \\ 0 & 0 & 0 & 0 & K_{\mathrm{T}} & 0 \\ 0 & 0 & 0 & 0 & 0 & K_{\mathrm{T}} \end{bmatrix} \tag{2-132}$$

根据刚度和柔度矩阵之间的转换关系，裂缝岩石由裂缝引起的刚度矩阵为

$$C_{\mathrm{f}}=\begin{bmatrix} (\lambda+2\mu)/(1+E_{\mathrm{N}}) & 0 & 0 & 0 & 0 & 0 \\ 0 & 0 & 0 & 0 & 0 & 0 \\ 0 & 0 & 0 & 0 & 0 & 0 \\ 0 & 0 & 0 & 0 & 0 & 0 \\ 0 & 0 & 0 & 0 & \mu/E_{\mathrm{T}} & 0 \\ 0 & 0 & 0 & 0 & 0 & \mu/E_{\mathrm{T}} \end{bmatrix} \tag{2-133}$$

其中，E_{N} 和 E_{T} 为非负的、无量纲的与裂缝有关的柔度参数。

为描述由于裂缝引起的岩石刚度变化特征提出了两个无量纲的参数（Hsu 和 Schoenberg，1993）：

$$\left.\begin{aligned}\Delta_{\mathrm{N}}&=\frac{E_{\mathrm{N}}}{1+E_{\mathrm{N}}}=\frac{(\lambda+2\mu)K_{\mathrm{N}}}{1+(\lambda+2\mu)K_{\mathrm{N}}}\\\Delta_{\mathrm{T}}&=\frac{E_{\mathrm{T}}}{1+E_{\mathrm{T}}}=\frac{\mu K_{\mathrm{T}}}{1+\mu K_{\mathrm{T}}}\end{aligned}\right\}\tag{2-134}$$

Δ_{N} 和 Δ_{T} 分别代表垂直于裂缝面方向和平行于裂缝面方向的由裂缝引起的弹性参数差值，它们的变化范围为 0～1。

将含对称轴平行于坐标轴 x_1 裂缝的岩石等效为 HTI，则该裂缝型岩石的弹性系数矩阵见式（2-135）。

$$C=C_0+C_{\mathrm{f}}\tag{2-135}$$

其中，C_0 为各向同性背景岩石的弹性系数矩阵，C_{f} 为裂缝引起的岩石弹性系数变化值：

$$C_0=\begin{bmatrix}\lambda+2\mu&\lambda&\lambda&0&0&0\\\lambda&\lambda+2\mu&\lambda&0&0&0\\\lambda&\lambda&\lambda+2\mu&0&0&0\\0&0&0&\mu&0&0\\0&0&0&0&\mu&0\\0&0&0&0&0&\mu\end{bmatrix}\tag{2-136}$$

$$C_{\mathrm{f}}=\begin{bmatrix}-(\lambda+2\mu)\Delta_{\mathrm{N}}&-\lambda\Delta_{\mathrm{N}}&-\lambda\Delta_{\mathrm{N}}&0&0&0\\-\lambda\Delta_{\mathrm{N}}&\dfrac{-\lambda^2}{\lambda+2\mu}\Delta_{\mathrm{N}}&\dfrac{-\lambda^2}{\lambda+2\mu}\Delta_{\mathrm{N}}&0&0&0\\-\lambda\Delta_{\mathrm{N}}&\dfrac{-\lambda^2}{\lambda+2\mu}\Delta_{\mathrm{N}}&\dfrac{-\lambda^2}{\lambda+2\mu}\Delta_{\mathrm{N}}&0&0&0\\0&0&0&0&0&0\\0&0&0&0&-\mu\Delta_{\mathrm{T}}&0\\0&0&0&0&0&-\mu\Delta_{\mathrm{T}}\end{bmatrix}\tag{2-137}$$

（四）三种模型间的关系

在 Hudson 模型一阶校正情况下，线性滑动模型和 Hudson 裂隙模型之间的相互关系（Schoenberg 和 Douma，1988）为

$$\Delta_{\mathrm{N}}=\frac{\lambda+2\mu}{\mu}U_{33}e\tag{2-138}$$

$$\Delta_{\mathrm{T}}=U_{11}e\tag{2-139}$$

式中　Δ_{N}，Δ_{T}——分别为线性滑动模型中的重要参数；

U_{33}、U_{11}、e——分别为薄币状裂隙模型中的参数。

将式（2–124）至式（2–127）代入式（2–138）和式（2–139）中，得到 Δ_N 和 Δ_T 与裂缝参数之间的关系：

$$\Delta_N = \frac{4e}{3g(1-g)\left[1+\dfrac{1}{\pi(1-g)}\left(\dfrac{K'+4/3\mu'}{\mu\chi}\right)\right]} \tag{2-140}$$

$$\Delta_T = \frac{16e}{3(3-2g)\left[1+\dfrac{4}{\pi(3-2g)}\left(\dfrac{\mu'}{\mu\chi}\right)\right]} \tag{2-141}$$

式（2–140）和式（2–141）中，$g=\mu/(\lambda+2\mu)$。

同样可建立HTI介质中各向异性参数（$\delta^{(V)}$、$\varepsilon^{(V)}$ 及 $\gamma^{(V)}$）与Schoenberg裂缝模型岩石物理参数（Δ_N 和 Δ_T）之间的关系（Bakulin等，2000）。如式（2–142）至式（2–144）所示：

$$\varepsilon^{(V)} = -2g(1-g)\Delta_N \tag{2-142}$$

$$\delta^{(V)} = -2g\left[(1-2g)\Delta_N + \Delta_T\right] \tag{2-143}$$

$$\gamma^{(V)} = -\frac{\Delta_T}{2} \tag{2-144}$$

根据Hudson模型和Schoenberg裂缝模型之间的关系［式（2–138）至式（2–141）］，分析不同裂缝密度及充填物时裂缝岩石物理参数的变化特征，为地下裂缝密度及缝隙流体预测提供理论依据。

第四节　地震响应理论基础

随着地震勘探的发展，常规反射波模拟方法已经得到了巨大的发展，方法日趋成熟和完善。对于大尺度的构造，反射波模拟方法取得了较好的成果，但在页岩储层中，对于孔缝等小尺度的非均质及小的构造，常规反射波模拟方法则出现了局限性。于是，针对页岩储层的地震散射波模拟方法开始逐步发展。本节首先介绍了地震散射波基本理论，并利用波动方程积分数值模拟方法，解决了均匀介质背景下的非均匀地质体产生波场的计算问题，其核心是计算Green函数。并根据页岩储层地质特征，重点分析页岩储层中地震反射波场在不同方位的特征差异，阐明了影响地震反射特征的主要因素，为页岩储层各向异性反演奠定基础。

一、地震散射波的基本理论

（一）地震散射波产生机理

散射波的传播机制与反射波相同。根据惠更斯—菲涅尔原理，任意时刻波前面的每一个点都可以看作是一个新的点源，由它产生二次扰动，形成新的波前，而以后新波前的位置是各原波前的包络，由新波前各点所形成的新扰动，在观测点上相互干涉叠加，其叠加结果是在该点观测到的总扰动。这种波动是由入射波与地下非均匀体相互作用而产生的散射波，它含有地下的不均匀性信息。假设入射波为平面波，图 2-25 显示了产生散射波的简要过程。

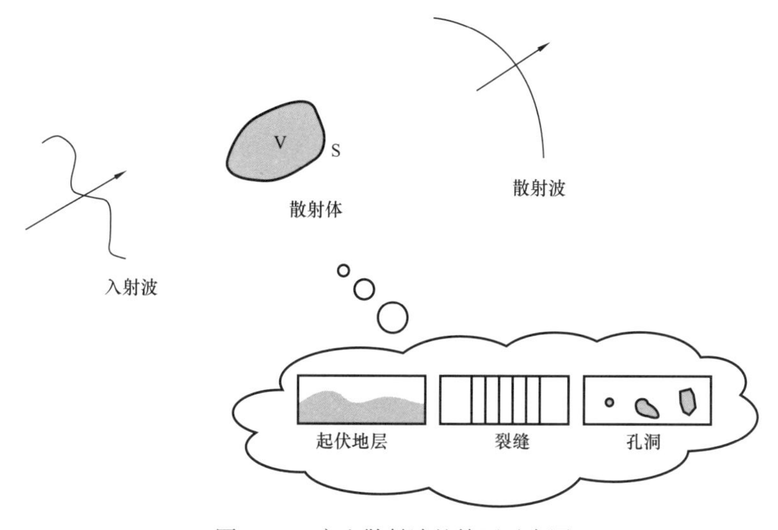

图 2-25 产生散射波的简要示意图

（二）地震散射波动方程的建立

散射被认为是由地下介质非均质性所产生的，首先要建立一个地下非均质介质参数（最主要的为速度参数）与地震散射波之间的波动方程关系式，需要从均匀介质的波动方程出发，来寻找这个关系式。

为了简化问题，利用声波方程来近似纵波的弹性波方程。将总波场分解为背景波场和散射波场两部分。参考波场或背景波场被认为是入射声波在某种均匀参考介质中的波场，如果背景参考介质中的介质参数发生变化，或者说发生扰动，那么此时观测到的波场与之前参考波场的差就是扰动所导致的波场，称之为散射波场。

在声学近似中，地震波在弹性介质中，其传播规律符合弹性介质纵波波动方程：

$$\nabla^2 u(r) - \frac{1}{C^2(r)} \frac{\partial^2 u(r)}{\partial t^2} = 0 \tag{2-145}$$

其在频率域中，弹性介质的 Helmholtz 方程：

$$\nabla^2 u(r,\omega)+\frac{\omega^2}{C^2(r)}u(r,\omega)=0 \tag{2-146}$$

根据地震波散射理论，把压力波场 u 分解成两个部分，即入射波场 u_0，满足参考介质中的齐次波动方程；散射波场 U：

$$u(x,y,z;\omega)=u_0(x,y,z;\omega)+U(x,y,z;\omega) \tag{2-147}$$

其中 u_0 是背景参考介质无扰动量时方程的解，即 u_0 满足方程：

$$\left(\nabla^2+k_0^2\right)u_0(x,y,z;\omega)=0 \tag{2-148}$$

则可得到散射波场满足的波动方程：

$$\left(\nabla^2+k_0^2\right)u_s(x,y,z;\omega)=-k_0^2\varepsilon(x,y,z)u(x,y,z;\omega) \tag{2-149}$$

$$k_0(z)=\frac{\omega}{C_0(z)} \tag{2-150}$$

可得到总波场的表达式：

$$\begin{aligned}u(x,y,z;\omega)&=u_0(x,y,z;\omega)+u_s(x,y,z;\omega)\\&=u_0(x,y,z;\omega)+\iiint_V G(x,y,z;x_1,y_1,z_1;\omega)\,k_0^2\varepsilon(x_1,y_1,z_1)u(x_1,y_1,z_1;\omega)\mathrm{d}V\end{aligned} \tag{2-151}$$

二、地震散射波场正演模拟方法

（一）基于 Green 函数的散射波积分解

（1）在均匀二维各向同性介质中，声波 Green 函数满足下述方程：

$$\frac{\partial^2 G}{\partial x^2}+\frac{\partial^2 G}{\partial y^2}+\frac{\partial^2 g}{\partial z^2}=\frac{1}{v_0^2}\frac{\partial^2 g}{\partial t^2}-\delta(x-x_0)\delta(y-y_0)\delta(z-z_0)\delta(t) \tag{2-152}$$

对上式做关于 x、y、z、t 的傅里叶变换，得

$$\tilde{G}\left(k_x,k_y,k_z;x_0,y_0,z_0;\omega\right)=\frac{\exp\left(-\mathrm{i}k_x x_0-\mathrm{i}k_y y_0-\mathrm{i}k_z z_0\right)}{k_x^2+k_y^2+k_z^2-\dfrac{\omega^2}{v_0^2}} \tag{2-153}$$

分母的零点为

$$k_z=\pm\sqrt{{k_0}^2-{k_x}^2-{k_y}^2} \tag{2-154}$$

经过傅里叶逆变换，得

$$G\left(k_x,k_y,z;x_0,y_0,z_0;\omega\right)=\frac{1}{2\pi}\int\frac{e^{-ik_xx_0-ik_yy_0-ik_zz_0}}{k_x^2+k_y^2+k_z^2-\frac{\omega^2}{v_0^2}}e^{-ik_zz}dk_z$$

$$=\frac{1}{2\pi}e^{-ik_xx_0-ik_yy_0}\int\frac{e^{ik_z(z-z_0)}}{k_x^2+k_y^2+k_z^2-k_0^2}dk_z \tag{2-155}$$

采用留数定律，可得均匀各向同性介质上行、下行的 Green 函数：

$$G\left(k_x,k_y,z;x_0,y_0,z_0;\omega\right)=\frac{1}{2\pi}e^{-ik_xx_0-ik_yy_0}\int\frac{e^{ik_z(z-z_0)}}{k_x^2+k_y^2+k_z^2-k_0^2}dk_z$$

$$=2\pi i\cdot\frac{1}{2\pi}e^{-ik_xx_0-ik_yy_0}\left\{\mathrm{Re}s\left[\frac{e^{ik_z(z-z_0)}}{k_x^2+k_y^2+k_z^2-\rho\frac{\omega^2}{v_0^2}},\sqrt{k_0{}^2-k_x{}^2-k_y{}^2}\right]+\right.$$

$$\left.\mathrm{Re}s\left[\frac{e^{ik_z(z-z_0)}}{k_x^2+k_y^2+k_z^2-\rho\frac{\omega^2}{v_0^2}},-\sqrt{k_0{}^2-k_x{}^2-k_y{}^2}\right]\right\}$$

$$=\frac{i}{2k_z}e^{-ik_xx_0-ik_yy_0}e^{ik_z(z_0-z)} \tag{2-156}$$

其中，$k_z=\pm\sqrt{k_0^2-k_x^2-k_y^2}$ 分别代表上行、下行的 Green 函数。

（2）单程散射波 Green 函数积分解表达式。

将式（2-156）代入式（2-153）中，可以得到最终的波场表达式，注意此时的公式是一个非线性的方程，无法求解。根据 Born 近似、薄板近似、小角度近似，求出最终的散射波表达式（图 2-25）。

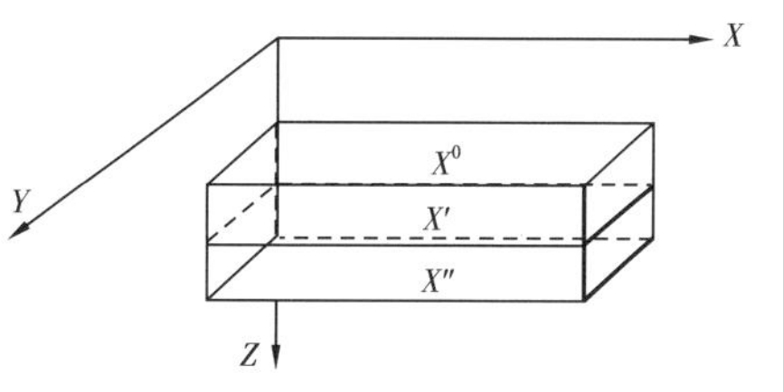

图 2-26　模型剖分示意图

前向散射场：

$$u_s^f\left(x'',y'',z'',\omega\right)=F_{k_{x''},k_{y''}}^{-1}\left\{e^{ik_z\Delta z}F_{x,y}\left[\left(i\omega\Delta s\Delta z\right)u_0\left(x,y,z;\omega\right)\right]\right\} \tag{2-157}$$

其中，$k_z=\sqrt{k_0^2-k_x^2-k_y^2}$。

背向散射场：

$$u_s^b\left(x',y',z',\omega\right)=F_{k_{x'},k_{y'}}^{-1}\left\{\sin c(\Delta z)e^{ik_0\Delta z}e^{ik_z\Delta z}F_{x,y}\left[\left(i\omega\Delta s\Delta z\right)u_0\left(x,y,z;\omega\right)\right]\right\} \tag{2-158}$$

其中，$k_z=-\sqrt{k_0^2-k_x^2-k_y^2}$。

总的向前传播的场为：

$$\begin{aligned} u^{\mathrm{f}}\left(x'',y'',z'',\omega\right) &= F_{k_{x''},k_{y''}}^{-1}\left\{\mathrm{e}^{\mathrm{i}k_z\Delta z}F_{x,y}\left[u_0\left(x,y,z;\omega\right)\left(1+\mathrm{i}\omega\Delta s\Delta z\right)\right]\right\} \\ &= F_{k_{x''},k_{y''}}^{-1}\left\{\mathrm{e}^{\mathrm{i}k_z\Delta z}F_{x,y}\left[u_0\left(x,y,z;\omega\right)\exp\left(\mathrm{i}\omega\Delta s\Delta z\right)\right]\right\} \end{aligned} \tag{2-159}$$

其中，$k_z=\sqrt{k_0^2-k_x^2-k_y^2}$ 。

（二）Green 积分法模拟流程

根据 Green 函数的思想和屏近似算法的模拟流程，声波正演模拟的实现可以具体分为以下步骤，如图 2-27 所示。

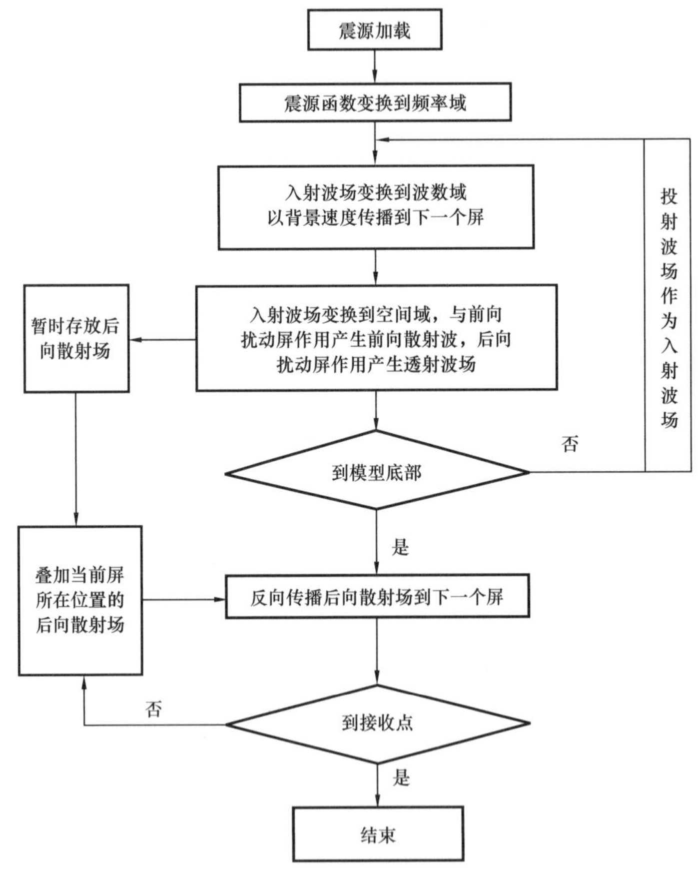

图 2-27　Green 函数积分法模拟流程

（三）可变网格的散射波 Green 函数积分正演模拟算法

为了得到一些精细构造的波场特征，需要使用精细网格来正演模拟，要求网格间距很小，因此提出可变网格的思想，对于不同构造采取不同大小的网格来进行计算，如图 2-28 所示。其流程图如图 2-29 所示。

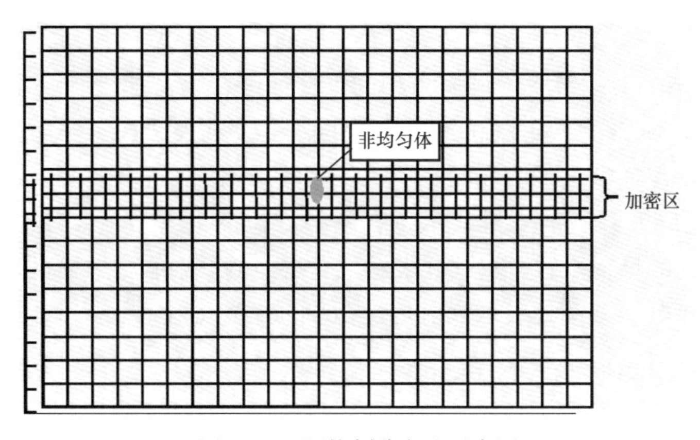

图 2-28　网格剖分方法示意图

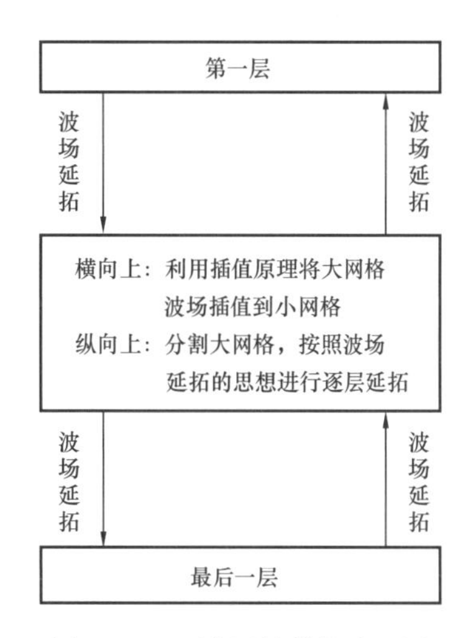

图 2-29　可变网格模拟流程图

（四）衰减边界

采取衰减边界，利用设置边界阻尼带的方法来消除回绕和反射能量。在计算网格外设置了一系列吸收区域，如图 2-30 所示。在每一步的计算区域过程中，吸收区域的每一个网格上的波动振幅乘以一个逐渐递减的高斯函数：

$$G(i)=\exp\left[-a^2\left(i_0-i\right)^2\right], i=0,1,6,L,i_0 \qquad (2\text{-}160)$$

图 2-30　衰减边界网格

式中　i——计算点距离边界的网格点数目，个；

L——衰减区域宽度；

i_0——阻尼边界的宽度（即所占网格点数目），个；

a——衰减系数。

这种衰减边界使用范围广泛，使用方法简单，可以很好地吸收回绕及反射能量（印兴耀，2014）。

三、页岩储层地震响应特征分析

页岩储层的方位各向异性与裂缝密度、流体填充和岩性等物性参数有关。地震波在不同物性参数组合的裂缝地层中传播的地震波速度大小、极化方向等也不同，则地震反射波振幅和旅行时也会存在一定的差异。通过研究这种差异，可以反演裂缝地层的裂缝密度、走向和发育带等参数。页岩储层弹性矩阵是连接裂缝参数和地震响应的桥梁，裂缝密度、流体填充和岩性等物性参数直接影响页岩储层的弹性参数，同时弹性参数又决定了地震响应特征。因此页岩储层地震反射振幅随入射角和方位角的变化特征

（Amplitude variation with incident and azimuthal angle，以下简称 AVAZ）研究对预测裂缝性储层具有非常重要的意义。

将近垂直定向分布的裂缝介质嵌入四类含气砂岩（Castagna 等，1998）中，结合 Thomsen 理论建立裂缝介质弹性矩阵，四类含气砂岩模型的纵波速度、横波速度和密度见表 2–7；假设这四类含气砂岩是由石英、孔隙和气体构成的，参数见表 2–8；裂缝密度 0.15，裂缝纵横比 0.005。四类含气砂岩的方位反射系数分别如图 2–31 至图 2–35 所示。其中，每幅图的左图是方位反射系数的三维显示，右图是方位反射系数的二维显示。每幅图的右图 a 表示裂缝倾向的反射系数，右图 b 表示裂缝走向的反射系数，右图 c 表示入射角是 10° 时的方位反射系数，右图 d 表示入射角是 30° 的方位反射系数。

表 2–7　四类含气砂岩弹性参数

地层		v_p（m/s）	v_s（m/s）	ρ（kg/m³）
上覆地层	各向同性	4000	1760	2400
下伏四类含气砂岩	Ⅰ	5800	3712	2000
	Ⅱ–1	5000	3200	2000
	Ⅱ–2	4500	2880	2000
	Ⅲ	3950	2528	2000
	Ⅳ	3950	1600	2000

表 2–8　常见矿物弹性参数

介质	K（GPa）	ρ（kg/m³）
石英	37	2650
黏土	25	2400
干酪根	2.9	1300
水	2.2	1100
油	1.4	900
气	0.133	336

第一类高阻抗含气砂岩被嵌入近垂直定向分布的裂缝等效为 HTI 介质，HTI 介质精确解和近似解反射系数变化趋势一致，即自激自收情况反射系数为正并且随着入射角增大反射系数逐渐降低；随着方位角增大，反射系数近似为一条周期为 π 的余弦曲线，这是由于 HTI 介质关于观测系统原点球对称，导致方位反射系数也是关于原点球对称。

第二类近零正波阻抗差含气砂岩的精确解和近似解反射系数变化趋势一致，即自激自收情况反射系数为正并且接近 0，随着入射角增大反射系数逐渐降低；随着方位角增大，反射系数近似为一条周期为 π 的余弦曲线。

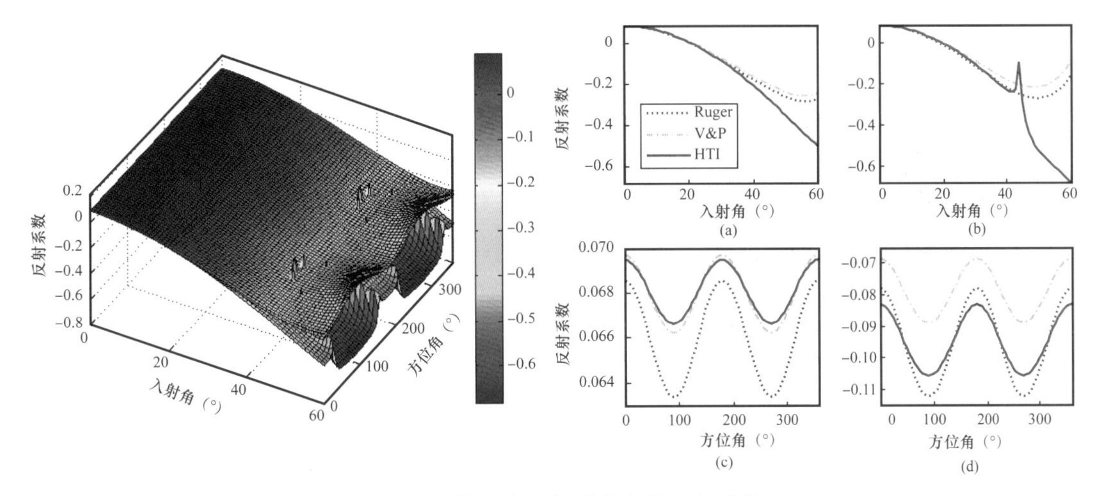

图 2-31　第Ⅰ类含气砂岩方位反射系数

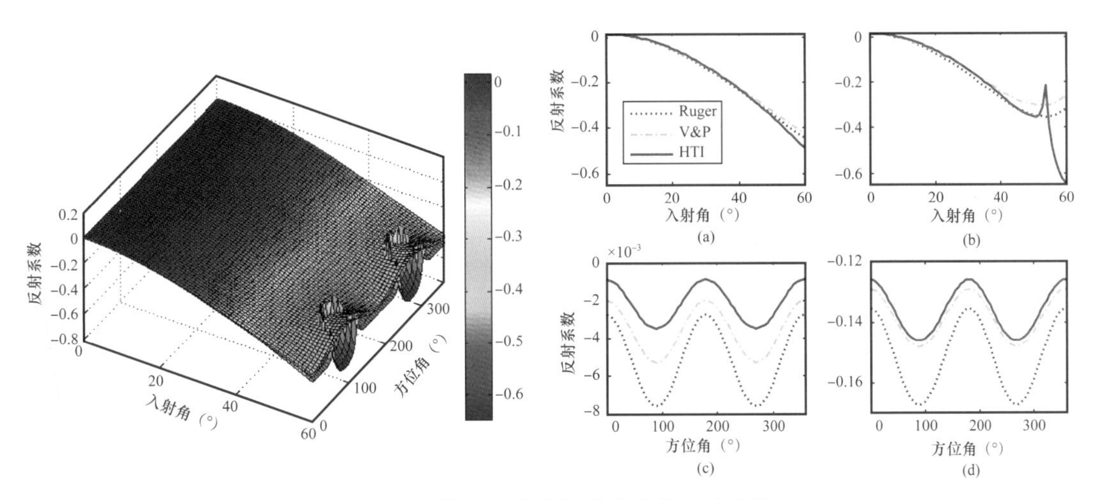

图 2-32　第Ⅱ-1 类含气砂岩方位反射系数

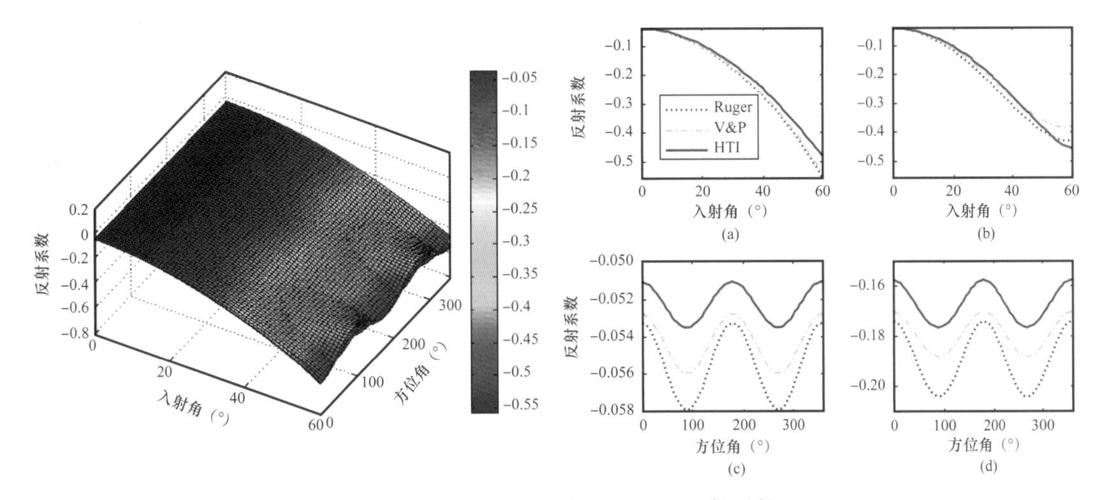

图 2-33　第Ⅱ-2 类含气砂岩方位反射系数

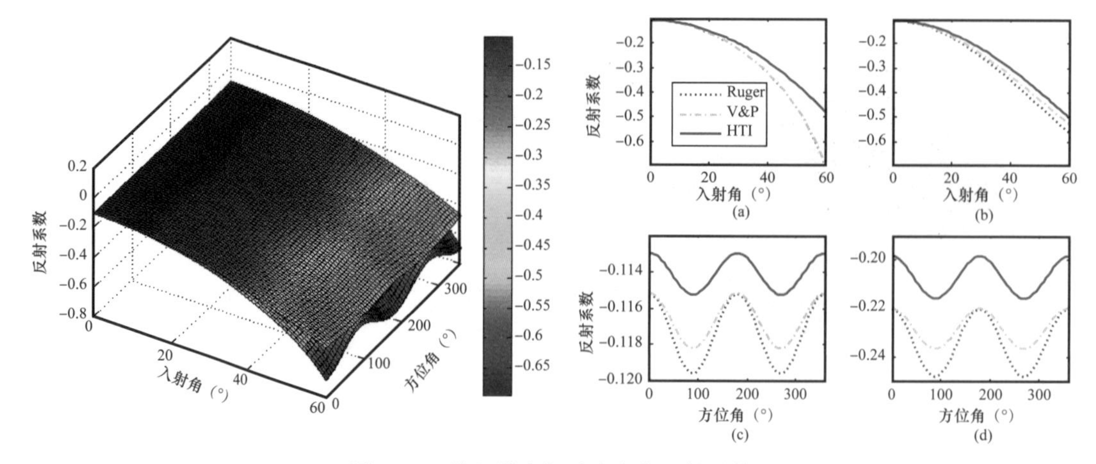

图 2-34　第Ⅲ类含气砂岩方位反射系数

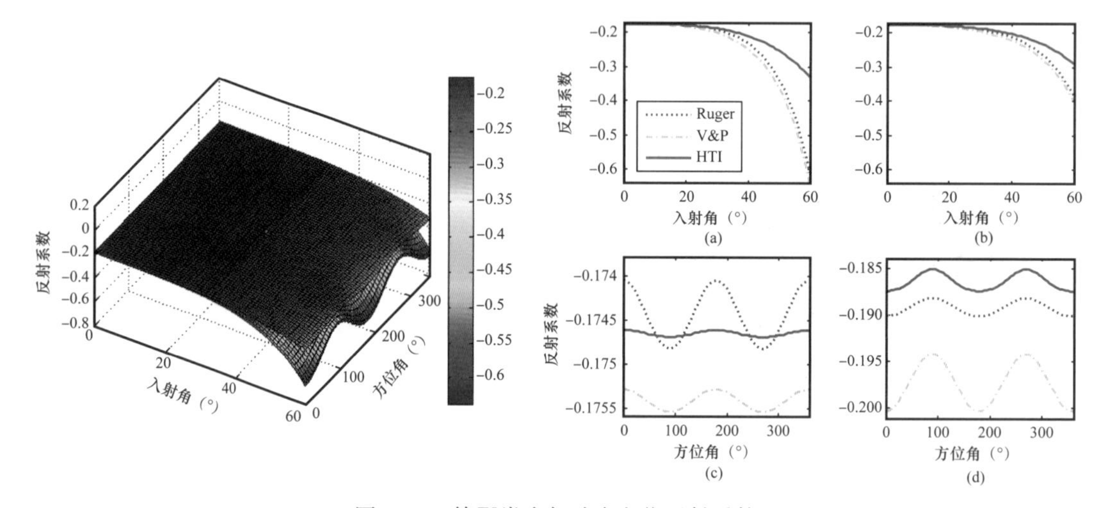

图 2-35　第Ⅳ类含气砂岩方位反射系数

第二类近零负波阻抗差含气砂岩的精确解和近似解反射系数变化趋势一致，即自激自收情况反射系数为负并且接近 0，随着入射角增大反射系数逐渐降低；随着方位角增大，反射系数近似为一条余弦曲线。

第三类负波阻抗差含气砂岩的精确解和近似解反射系数变化趋势一致，即自激自收情况反射系数为负并且随着入射角增大反射系数逐渐降低；随着方位角增大，反射系数近似为一条周期为 π 的余弦曲线。

第四类含气砂岩与第三类含气砂岩都是负波阻抗差，但是第四类含气砂岩横波速度比较小，嵌入近垂直定向分布裂缝的精确解和近似解反射系数变化趋势一致，即自激自收情况反射系数为负并且随着入射角增大反射系数逐渐降低；随着方位角增大，反射系数近似为一条周期为 π 的余弦曲线。但是常规的第四类含气砂岩反射系数随着入射角增大反射系数是增加的，说明裂缝的存在改变了岩石弹性性质，相应的也改变了反射系数。

第五节　地震反演理论基础

地球物理反演理论与方法在常规油气勘探开发中发挥了重要作用，然而页岩储层具有诸多不同于常规储层的地球物理特征，即页岩储层具有致密、微裂缝发育、各向异性、骨架及流体分布不均匀等特征；且需要反演地层脆性、地应力、裂缝参数，甚至是TOC含量等储层特征参数。基于常规储层孔隙弹性理论建立的地球物理反演方法已不适应页岩储层油气检测与识别，应建立适用于页岩储层的地球物理反演理论方法。

本节针对该问题，首先基于页岩储层各向异性介质地震波特点，建立了入射波、反射波与透射波的波函数，根据斯奈尔定律与介质分界面处的应力连续和位移连续边界条件，建立qP波入射任意各向异性介质、HTI介质以及各向同性介质弹性分界面的三维佐普里兹（Zoeppritz）方程。并基于弱各向异性近似假设与弹性界面的相似近似假设分别推导了qP波入射的线性近似反射表达式，根据反演目标参数的不同，建立了多种页岩储层物性直接表征的地震反射特征方程。在此基础上，发展了页岩储层叠前地震各向异性反演预测理论方法，通过建立各向异性与各向同性地震振幅差异正反演算子，增加了待反演各向异性参数对观测数据的贡献度，增强了反演稳定性，形成了各向异性参数稳定反演技术，提高了页岩储层描述与预测精度。

一、qP波入射精确Zoeppritz方程

（一）任意各向异性介质中qP波入射的精确Zoeppritz方程

1. qP波入射产生的六种波的波函数

地震波在遇到弹性分界面时会产生6种反射和透射波，当qP波U_{iP1}以极化角θ，方位角φ入射至介质弹性分界面时，将在上层介质中产生反射qP波U_2、反射qSV波U_3和反射SH波U_4，在下半空间中产生透射qP波U_5、透射qSV波U_6和透射SH波U_7，如图2-36所示。

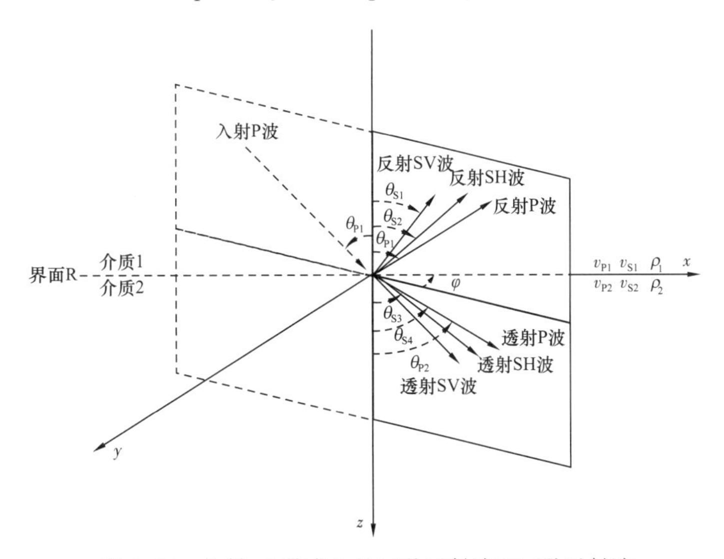

图2-36　入射qP波产生的三种反射波和三种透射波

选择位移函数为基本求解函数，根据三维各向异性介质弹性波的相速度和偏振方向，可以写出入射 qP 波、反射 qP 波、反射 qSV 波、反射 SH 波、透射 qP 波、透射 qSV 波和透射 SH 波的位移波函数：

$$
\begin{aligned}
&U_{\mathrm{iP1}}=A\left(\sin\alpha_{\mathrm{iP1}}\cos\beta_{\mathrm{iP1}},\sin\alpha_{\mathrm{iP1}}\sin\beta_{\mathrm{iP1}},\cos\alpha_{\mathrm{iP1}}\right)\exp\left[\mathrm{i}\omega\left(\frac{\sin\theta_{\mathrm{iP1}}\cos\varphi}{v_{\mathrm{iP1}}}x+\frac{\sin\theta_{\mathrm{iP1}}\sin\varphi}{v_{\mathrm{iP1}}}y+\frac{\cos\theta_{\mathrm{iP1}}}{v_{\mathrm{iP1}}}z-t\right)\right]\\
&U_{2}=R_{\mathrm{PP}}A\left(\sin\alpha_{\mathrm{P1}}\cos\beta_{\mathrm{P1}},\sin\alpha_{\mathrm{P1}}\sin\beta_{\mathrm{P1}},-\cos\alpha_{\mathrm{P1}}\right)\exp\left[\mathrm{i}\omega\left(\frac{\sin\theta_{\mathrm{P1}}\cos\varphi}{v_{\mathrm{P1}}}x+\frac{\sin\theta_{\mathrm{P1}}\sin\varphi}{v_{\mathrm{P1}}}y-\frac{\cos\theta_{\mathrm{P1}}}{v_{\mathrm{P1}}}z-t\right)\right]\\
&U_{3}=R_{\mathrm{PS1}}A\left(\cos\alpha_{\mathrm{S1}}\cos\beta_{\mathrm{S1}},\cos\alpha_{\mathrm{S1}}\sin\beta_{\mathrm{S1}},\sin\alpha_{\mathrm{S1}}\right)\exp\left[\mathrm{i}\omega\left(\frac{\sin\theta_{\mathrm{S1}}\cos\varphi}{v_{\mathrm{S1}}}x+\frac{\sin\theta_{\mathrm{S1}}\sin\varphi}{v_{\mathrm{S1}}}y-\frac{\cos\theta_{\mathrm{S1}}}{v_{\mathrm{S1}}}z-t\right)\right]\\
&U_{4}=R_{\mathrm{PS2}}A\left(\sin\alpha_{\mathrm{S2}}\cos\beta_{\mathrm{S2}},\sin\alpha_{\mathrm{S2}}\sin\beta_{\mathrm{S2}},\cos\alpha_{\mathrm{S2}}\right)\exp\left[\mathrm{i}\omega\left(\frac{\sin\theta_{\mathrm{S2}}\cos\varphi}{v_{\mathrm{S2}}}x+\frac{\sin\theta_{\mathrm{S2}}\sin\varphi}{v_{\mathrm{S2}}}y-\frac{\cos\theta_{\mathrm{S2}}}{v_{\mathrm{S2}}}z-t\right)\right]\\
&U_{5}=T_{\mathrm{PP}}A\left(\sin\alpha_{\mathrm{P2}}\cos\beta_{\mathrm{P2}},\sin\alpha_{\mathrm{P2}}\sin\beta_{\mathrm{P2}},\cos\alpha_{\mathrm{P2}}\right)\exp\left[\mathrm{i}\omega\left(\frac{\sin\theta_{\mathrm{P2}}\cos\varphi}{v_{\mathrm{P2}}}x+\frac{\sin\theta_{\mathrm{P2}}\sin\varphi}{v_{\mathrm{P2}}}y+\frac{\cos\theta_{\mathrm{P2}}}{v_{\mathrm{P2}}}z-t\right)\right]\\
&U_{6}=T_{\mathrm{PS1}}A\left(\sin\alpha_{\mathrm{S3}}\cos\beta_{\mathrm{S3}},\sin\alpha_{\mathrm{S3}}\sin\beta_{\mathrm{S3}},-\sin\alpha_{\mathrm{S3}}\right)\exp\left[\mathrm{i}\omega\left(\frac{\sin\theta_{\mathrm{S3}}\cos\varphi}{v_{\mathrm{S3}}}x+\frac{\sin\theta_{\mathrm{S3}}\sin\varphi}{v_{\mathrm{S3}}}y+\frac{\cos\theta_{\mathrm{S3}}}{v_{\mathrm{S3}}}z-t\right)\right]\\
&U_{7}=T_{\mathrm{PS2}}A\left(\sin\alpha_{\mathrm{S4}}\cos\beta_{\mathrm{S4}},-\sin\alpha_{\mathrm{S4}}\sin\beta_{\mathrm{S4}},\cos\alpha_{\mathrm{S4}}\right)\exp\left[\mathrm{i}\omega\left(\frac{\sin\theta_{\mathrm{S4}}\cos\varphi}{v_{\mathrm{S4}}}x+\frac{\sin\theta_{\mathrm{S4}}\sin\varphi}{v_{\mathrm{S4}}}y+\frac{\cos\theta_{\mathrm{S4}}}{v_{\mathrm{S4}}}z-t\right)\right]
\end{aligned}
\tag{2-161}
$$

式中 A——入射 qP 波位移振幅大小；

ω——角频率，Hz；

x、y、z——位置坐标；

t——时间，s；

v——波的相速度，m/s；

θ——波传播方向的极化角，(°)；

φ——波传播方向的方位角，(°)；

α——波偏振方向的极化角，(°)；

β——波偏振方向的方位角，(°)；

i——入射波；

P1、S1、S2——分别为上半空间中的 qP 波、qSV 波、SH 波；

P2、S3、S4——分别为下半空间中的 qP 波、qSV 波、SH 波；

R_{PP}、R_{PS1}、R_{PS2}——分别为 PP 波反射系数、PSV 波反射系数、PSH 波反射系数；

T_{PP}、T_{PS3}、T_{PS4}——分别为 PP 波透射系数、PSV 波透射系数、PSH 波透射系数。

2. 位移连续和应力连续

反射 qP 波、反射 qSV 波和反射 SH 波的传播角为 θ_{P1}、θ_{S1} 和 θ_{S2}，透射 qP 波、透射 qSV 波和透射 SH 波的传播角 θ_{P2}、θ_{S3} 和 θ_{S4}，根据斯奈尔（Snell）定律它们之间满足：

$$\frac{\sin(\pi-\theta_{P1})}{v_{P1}}=\frac{\sin\theta_{S1}}{v_{S1}}=\frac{\sin\theta_{S2}}{v_{S2}}=\frac{\sin\theta_{P2}}{v_{P2}}=\frac{\sin(\pi-\theta_{S3})}{v_{S3}}=\frac{\sin(\pi-\theta_{S4})}{v_{S4}}=\frac{\sin(\pi-\theta_{iP1})}{v_{iP1}}=p \tag{2-162}$$

根据介质分界面上的连续性条件，即位移连续和应力连续。为此，这 7 个波在弹性界面上应满足的条件如下：

$$\begin{aligned}&U_x^1\Big|_{z=0}=U_x^2\Big|_{z=0},U_y^1\Big|_{z=0}=U_y^2\Big|_{z=0},U_z^1\Big|_{z=0}=U_z^2\Big|_{z=0}\\&\tau_{xz}^1\Big|_{z=0}=\tau_{xz}^2\Big|_{z=0},\tau_{yz}^1\Big|_{z=0}=\tau_{yz}^2\Big|_{z=0},\sigma_{zz}^1\Big|_{z=0}=\sigma_{zz}^2\Big|_{z=0}\end{aligned} \tag{2-163}$$

3. qP 波入射在弹性介质分界面上拟 Zoeppritz 方程

将包括入射波在内的 7 个波的波函数表达式带入位移连续和应力连续的边界条件中，通过整理可以得任意各向异性介质 qP 波入射的三维拟 Zoeppritz 方程：

$$\boldsymbol{MR}=\boldsymbol{N} \tag{2-164}$$

其中

$$\boldsymbol{M}=\begin{bmatrix}M_{11}&M_{12}&M_{13}&M_{14}&M_{15}&M_{16}\\M_{21}&M_{22}&M_{23}&M_{24}&M_{25}&M_{26}\\M_{31}&M_{32}&M_{33}&M_{34}&M_{35}&M_{36}\\M_{41}&M_{42}&M_{43}&M_{44}&M_{45}&M_{46}\\M_{51}&M_{52}&M_{53}&M_{54}&M_{55}&M_{56}\\M_{61}&M_{62}&M_{63}&M_{64}&M_{65}&M_{66}\end{bmatrix}$$

$$\boldsymbol{R}=(R_{PP},\ R_{PS1},\ R_{PS2},\ R_{PP},\ T_{PS3},\ R_{PS4})^{T}$$

$$\boldsymbol{N}=(N_1,\ N_2,\ N_3,\ N_4,\ N_5,\ N_6)^{T}$$

式中 矩阵 $\boldsymbol{M}$ 中的各参数定义为

$M_{11}=\sin\alpha_{P1}\cos\beta_{P1}$；$M_{12}=\sin\alpha_{S1}\cos\beta_{S1}$；$M_{13}=\sin\alpha_{S2}\cos\beta_{S2}$；

$M_{14}=-\sin\alpha_{P2}\cos\beta_{P2}$；$M_{15}=-\sin\alpha_{S3}\cos\beta_{S3}$；$M_{16}=-\sin\alpha_{S4}\cos\beta_{S4}$；

$M_{21}=\sin\alpha_{P1}\cos\beta_{P1}$；$M_{22}=\sin\alpha_{S1}\cos\beta_{S1}$；$M_{23}=\sin\alpha_{S2}\cos\beta_{S2}$；

$M_{24}=-\sin\alpha_{P2}\cos\beta_{P2}$；$M_{25}=-\sin\alpha_{S3}\cos\beta_{S3}$；$M_{26}=\sin\alpha_{S4}\cos\beta_{S4}$；

$M_{31}=\cos\alpha_{P1}$；$M_{32}=-\sin\alpha_{S1}$；$M_{33}=-\cos\alpha_{S2}$；$M_{34}=\cos\alpha_{P2}$；

$M_{35}=-\sin\alpha_{S3}$；$M_{36}=\cos\alpha_{S4}$；

$$M_{41}=-\frac{1}{v_{P1}}\begin{bmatrix}c_{13}^1\sin\alpha_{P1}\cos\beta_{P1}\sin\theta_{P1}\cos\varphi+c_{23}^1\sin\alpha_{P1}\sin\beta_{P1}\sin\theta_{P1}\sin\varphi\\+c_{33}^1\sin\alpha_{P1}\cos\theta_{P1}-c_{43}^1(\sin\alpha_{P1}\cos\beta_{P1}\cos\theta_{P1}+\cos\alpha_{P1}\sin\theta_{P1}\sin\varphi)\\-c_{53}^1(\sin\alpha_{P1}\cos\beta_{P1}\cos\theta_{P1}+\cos\alpha_{P1}\sin\theta_{P1}\cos\varphi)\\+c_{63}^1(\sin\alpha_{P1}\cos\beta_{P1}\sin\theta_{P1}\sin\varphi+\sin\alpha_{P1}\sin\beta_{P1}\sin\theta_{P1}\cos\varphi)\end{bmatrix};$$

$$M_{42}=-\frac{1}{v_{S1}}\begin{bmatrix} c_{13}^{1}\cos\alpha_{S1}\cos\beta_{S1}\sin\theta_{S1}\cos\varphi+c_{23}^{1}\cos\alpha_{S1}\sin\beta_{S1}\sin\theta_{S1}\sin\varphi \\ -c_{33}^{1}\sin\alpha_{S1}\cos\theta_{S1}+c_{43}^{1}(-\cos\alpha_{S1}\cos\beta_{S1}\cos\theta_{S1}+\sin\alpha_{S1}\sin\theta_{S1}\sin\varphi) \\ +c_{53}^{1}(-\cos\alpha_{S1}\cos\beta_{S1}\cos\theta_{S1}+\sin\alpha_{S1}\sin\theta_{S1}\cos\varphi) \\ +c_{63}^{1}(\cos\alpha_{S1}\cos\beta_{S1}\sin\theta_{S1}\sin\varphi+\cos\alpha_{S1}\sin\beta_{S1}\sin\theta_{S1}\cos\varphi) \end{bmatrix};$$

$$M_{43}=-\frac{1}{v_{S2}}\begin{bmatrix} c_{13}^{1}\sin\alpha_{S2}\cos\beta_{S2}\sin\theta_{S2}\cos\varphi+c_{23}^{1}\sin\alpha_{S2}\sin\beta_{S2}\sin\theta_{S2}\sin\varphi \\ -c_{33}^{1}\cos\alpha_{S2}\cos\theta_{S2}+c_{43}^{1}(-\sin\alpha_{S2}\sin\beta_{S2}\cos\theta_{S2}+\cos\alpha_{S2}\sin\theta_{S2}\sin\varphi) \\ +c_{53}^{1}(-\sin\alpha_{S2}\cos\beta_{S2}\cos\theta_{S2}+\cos\alpha_{S2}\sin\theta_{S2}\cos\varphi) \\ +c_{63}^{1}(\sin\alpha_{S2}\cos\beta_{S2}\sin\theta_{S2}\sin\varphi+\sin\alpha_{S2}\sin\beta_{S2}\sin\theta_{S2}\cos\varphi) \end{bmatrix};$$

$$M_{44}=\frac{1}{v_{P2}}\begin{bmatrix} c_{13}^{2}\sin\alpha_{P2}\cos\beta_{P2}\sin\theta_{P2}\cos\varphi+c_{23}^{2}\sin\alpha_{P2}\sin\beta_{P2}\sin\theta_{P2}\sin\varphi \\ +c_{33}^{2}\cos\alpha_{P2}\cos\theta_{P2}+c_{43}^{2}(\sin\alpha_{P2}\sin\beta_{P2}\cos\theta_{P2}+\cos\alpha_{P2}\sin\theta_{P2}\cos\varphi) \\ +c_{53}^{2}(\sin\alpha_{P2}\cos\beta_{P2}\cos\theta_{P2}+\cos\alpha_{P2}\sin\theta_{P2}\cos\varphi) \\ +c_{63}^{2}(\sin\alpha_{P2}\cos\beta_{P2}\sin\theta_{P2}\sin\varphi+\sin\alpha_{P2}\sin\beta_{P2}\sin\theta_{P2}\cos\varphi) \end{bmatrix};$$

$$M_{45}=\frac{1}{v_{S3}}\begin{bmatrix} c_{13}^{2}\cos\alpha_{S3}\cos\beta_{S3}\sin\theta_{S3}\cos\varphi+c_{23}^{2}\cos\alpha_{S3}\sin\beta_{S3}\sin\theta_{S3}\sin\varphi \\ -c_{33}^{2}\sin\alpha_{S3}\cos\theta_{S3}+c_{43}^{2}(\cos\alpha_{S3}\sin\beta_{S3}\cos\theta_{S3}-\sin\alpha_{S3}\sin\theta_{S3}\sin\varphi) \\ +c_{53}^{2}(\cos\alpha_{S3}\cos\beta_{S3}\cos\theta_{S3}-\sin\alpha_{S3}\sin\theta_{S3}\cos\varphi) \\ +c_{63}^{2}(\cos\alpha_{S3}\cos\beta_{S3}\sin\theta_{S3}\cos\varphi+\cos\alpha_{S3}\cos\beta_{S3}\sin\theta_{S3}\sin\varphi) \end{bmatrix};$$

$$M_{46}=\frac{1}{v_{S4}}\begin{bmatrix} c_{13}^{2}\sin\alpha_{S4}\cos\beta_{S4}\sin\theta_{S4}\cos\varphi-c_{23}^{2}\sin\alpha_{S4}\sin\beta_{S4}\sin\theta_{S4}\sin\varphi \\ +c_{33}^{2}\cos\alpha_{S4}\cos\theta_{S4}+c_{43}^{2}(-\sin\alpha_{S4}\sin\beta_{S4}\cos\theta_{S4}+\cos\alpha_{S4}\sin\theta_{S4}\sin\varphi) \\ +c_{53}^{2}(\sin\alpha_{S4}\cos\beta_{S4}\cos\theta_{S4}+\cos\alpha_{S4}\sin\theta_{S4}\cos\varphi) \\ +c_{63}^{2}(\sin\alpha_{S4}\cos\beta_{S4}\sin\theta_{S4}\sin\varphi-\sin\alpha_{S4}\sin\beta_{S4}\sin\theta_{S4}\cos\varphi) \end{bmatrix};$$

$$M_{51}=-\frac{1}{v_{P1}}\begin{bmatrix} c_{15}^{1}\sin\alpha_{P1}\cos\beta_{P1}\sin\theta_{P1}\cos\varphi+c_{25}^{1}\sin\alpha_{P1}\cos\beta_{P1}\sin\theta_{P1}\sin\varphi \\ +c_{35}^{1}\cos\alpha_{P1}\cos\theta_{P1}-c_{45}^{1}(\sin\alpha_{P1}\cos\beta_{P1}\cos\theta_{P1}+\cos\alpha_{P1}\sin\theta_{P1}\sin\varphi) \\ -c_{55}^{1}(\sin\alpha_{P1}\cos\beta_{P1}\cos\theta_{P1}+\cos\alpha_{P1}\sin\theta_{P1}\cos\varphi) \\ +c_{65}^{1}(\sin\alpha_{P1}\cos\beta_{P1}\sin\theta_{P1}\sin\varphi+\sin\alpha_{P1}\cos\beta_{P1}\sin\theta_{P1}\cos\varphi) \end{bmatrix};$$

$$M_{52}=-\frac{1}{v_{S1}}\begin{bmatrix} c_{15}^{1}\cos\alpha_{S1}\cos\beta_{S1}\sin\theta_{S1}\cos\varphi+c_{25}^{1}\cos\alpha_{S1}\sin\beta_{S1}\sin\theta_{S1}\sin\varphi \\ -c_{35}^{1}\sin\alpha_{S1}\cos\theta_{S1}+c_{45}^{1}(-\cos\alpha_{S1}\cos\beta_{S1}\cos\theta_{S1}+\sin\alpha_{S1}\sin\theta_{S1}\sin\varphi) \\ +c_{55}^{1}(-\cos\alpha_{S1}\cos\beta_{S1}\cos\theta_{S1}+\sin\alpha_{S1}\sin\theta_{S1}\cos\varphi) \\ +c_{65}^{1}(\cos\alpha_{S1}\cos\beta_{S1}\sin\theta_{S1}\sin\varphi+\cos\alpha_{S1}\sin\beta_{S1}\sin\theta_{S1}\cos\varphi) \end{bmatrix};$$

$$M_{53}=-\frac{1}{v_{S2}}\begin{bmatrix}c_{15}^{1}\sin\alpha_{S2}\cos\beta_{S2}\sin\theta_{S2}\cos\varphi+c_{25}^{1}\sin\alpha_{S2}\sin\beta_{S2}\sin\theta_{S2}\sin\varphi\\-c_{35}^{1}\cos\alpha_{S2}\cos\theta_{S2}+c_{45}^{1}(-\sin\alpha_{S2}\sin\beta_{S2}\cos\theta_{S2}+\cos\alpha_{S2}\sin\theta_{S2}\sin\varphi)\\+c_{55}^{1}(-\sin\alpha_{S2}\cos\beta_{S2}\cos\theta_{S2}+\cos\alpha_{S2}\sin\theta_{S2}\cos\varphi)\\+c_{65}^{1}(\sin\alpha_{S2}\cos\beta_{S2}\sin\theta_{S2}\sin\varphi+\sin\alpha_{S2}\sin\beta_{S2}\sin\theta_{S2}\cos\varphi)\end{bmatrix};$$

$$M_{54}=\frac{1}{v_{P2}}\begin{bmatrix}c_{15}^{2}\sin\alpha_{P2}\cos\beta_{P2}\sin\theta_{P2}\cos\varphi+c_{25}^{2}\sin\alpha_{P2}\sin\beta_{P2}\sin\theta_{P2}\sin\varphi\\+c_{35}^{2}\cos\alpha_{P2}\cos\theta_{P2}+c_{45}^{2}(\sin\alpha_{P2}\sin\beta_{P2}\cos\theta_{P2}+\cos\alpha_{P2}\sin\theta_{P2}\cos\varphi)\\+c_{55}^{2}(\sin\alpha_{P2}\cos\beta_{P2}\cos\theta_{P2}+\cos\alpha_{P2}\sin\theta_{P2}\cos\varphi)\\+c_{65}^{2}(\sin\alpha_{P2}\cos\beta_{P2}\sin\theta_{P2}\sin\varphi+\sin\alpha_{P2}\sin\beta_{P2}\sin\theta_{P2}\cos\varphi)\end{bmatrix};$$

$$M_{55}=\frac{1}{v_{S3}}\begin{bmatrix}c_{15}^{2}\cos\alpha_{S3}\cos\beta_{S3}\sin\theta_{S3}\cos\varphi+c_{25}^{2}\cos\alpha_{S3}\sin\beta_{S3}\sin\theta_{S3}\sin\varphi\\-c_{35}^{2}\sin\alpha_{S3}\cos\theta_{S3}+c_{45}^{2}(\cos\alpha_{S3}\sin\beta_{S3}\cos\theta_{S3}-\sin\alpha_{S3}\sin\theta_{S3}\sin\varphi)\\+c_{55}^{2}(\cos\alpha_{S3}\cos\beta_{S3}\cos\theta_{S3}-\sin\alpha_{S3}\sin\theta_{S3}\cos\varphi)\\+c_{65}^{2}(\cos\alpha_{S3}\cos\beta_{S3}\sin\theta_{S3}\cos\varphi+\cos\alpha_{S3}\cos\beta_{S3}\sin\theta_{S3}\sin\varphi)\end{bmatrix};$$

$$M_{56}=\frac{1}{v_{S4}}\begin{bmatrix}c_{15}^{2}\sin\alpha_{S4}\cos\beta_{S4}\sin\theta_{S4}\cos\varphi-c_{25}^{2}\sin\alpha_{S4}\sin\beta_{S4}\sin\theta_{S4}\sin\varphi\\+c_{35}^{2}\cos\alpha_{S4}\cos\theta_{S4}+c_{45}^{2}(-\sin\alpha_{S4}\sin\beta_{S4}\cos\theta_{S4}+\cos\alpha_{S4}\sin\theta_{S4}\sin\varphi)\\+c_{55}^{2}(\sin\alpha_{S4}\cos\beta_{S4}\cos\theta_{S4}+\cos\alpha_{S4}\sin\theta_{S4}\cos\varphi)\\+c_{65}^{2}(\sin\alpha_{S4}\cos\beta_{S4}\sin\theta_{S4}\sin\varphi-\sin\alpha_{S4}\sin\beta_{S4}\sin\theta_{S4}\cos\varphi)\end{bmatrix};$$

$$M_{61}=-\frac{1}{v_{P1}}\begin{bmatrix}c_{14}^{1}\sin\alpha_{P1}\cos\beta_{P1}\sin\theta_{P1}\cos\varphi+c_{24}^{1}\sin\alpha_{P1}\cos\beta_{P1}\sin\theta_{P1}\sin\varphi\\+c_{34}^{1}\cos\alpha_{P1}\cos\theta_{P1}-c_{45}^{1}(\sin\alpha_{P1}\cos\beta_{P1}\cos\theta_{P1}+\cos\alpha_{P1}\sin\theta_{P1}\sin\varphi)\\-c_{54}^{1}(\sin\alpha_{P1}\cos\beta_{P1}\cos\theta_{P1}+\cos\alpha_{P1}\sin\theta_{P1}\cos\varphi)\\+c_{64}^{1}(\sin\alpha_{P1}\cos\beta_{P1}\sin\theta_{P1}\sin\varphi+\sin\alpha_{P1}\cos\beta_{P1}\sin\theta_{P1}\cos\varphi)\end{bmatrix};$$

$$M_{62}=-\frac{1}{v_{S1}}\begin{bmatrix}c_{14}^{1}\cos\alpha_{S1}\cos\beta_{S1}\sin\theta_{S1}\cos\varphi+c_{24}^{1}\cos\alpha_{S1}\sin\beta_{S1}\sin\theta_{S1}\sin\varphi\\-c_{34}^{1}\sin\alpha_{S1}\cos\theta_{S1}+c_{45}^{1}(-\cos\alpha_{S1}\cos\beta_{S1}\cos\theta_{S1}+\sin\alpha_{S1}\sin\theta_{S1}\sin\varphi)\\+c_{54}^{1}(-\cos\alpha_{S1}\cos\beta_{S1}\cos\theta_{S1}+\sin\alpha_{S1}\sin\theta_{S1}\cos\varphi)\\+c_{64}^{1}(\cos\alpha_{S1}\cos\beta_{S1}\sin\theta_{S1}\sin\varphi+\cos\alpha_{S1}\sin\beta_{S1}\sin\theta_{S1}\cos\varphi)\end{bmatrix};$$

$$M_{63}=-\frac{1}{v_{S2}}\begin{bmatrix}c_{14}^{1}\sin\alpha_{S2}\cos\beta_{S2}\sin\theta_{S2}\cos\varphi+c_{24}^{1}\sin\alpha_{S2}\sin\beta_{S2}\sin\theta_{S2}\sin\varphi\\-c_{34}^{1}\cos\alpha_{S2}\cos\theta_{S2}+c_{44}^{1}(-\sin\alpha_{S2}\sin\beta_{S2}\cos\theta_{S2}+\cos\alpha_{S2}\sin\theta_{S2}\sin\varphi)\\+c_{54}^{1}(-\sin\alpha_{S2}\cos\beta_{S2}\cos\theta_{S2}+\cos\alpha_{S2}\sin\theta_{S2}\cos\varphi)\\+c_{64}^{1}(\sin\alpha_{S2}\cos\beta_{S2}\sin\theta_{S2}\sin\varphi+\sin\alpha_{S2}\sin\beta_{S2}\sin\theta_{S2}\cos\varphi)\end{bmatrix};$$

$$M_{64}=\frac{1}{v_{\mathrm{P2}}}\begin{bmatrix} c_{14}^2\sin\alpha_{\mathrm{P2}}\cos\beta_{\mathrm{P2}}\sin\theta_{\mathrm{P2}}\cos\varphi+c_{24}^2\sin\alpha_{\mathrm{P2}}\sin\beta_{\mathrm{P2}}\sin\theta_{\mathrm{P2}}\sin\varphi \\ +c_{34}^2\cos\alpha_{\mathrm{P2}}\cos\theta_{\mathrm{P2}}+c_{45}^2(\sin\alpha_{\mathrm{P2}}\sin\beta_{\mathrm{P2}}\cos\theta_{\mathrm{P2}}+\cos\alpha_{\mathrm{P2}}\sin\theta_{\mathrm{P2}}\cos\varphi) \\ +c_{54}^2(\sin\alpha_{\mathrm{P2}}\cos\beta_{\mathrm{P2}}\cos\theta_{\mathrm{P2}}+\cos\alpha_{\mathrm{P2}}\sin\theta_{\mathrm{P2}}\cos\varphi) \\ +c_{64}^2(\sin\alpha_{\mathrm{P2}}\cos\beta_{\mathrm{P2}}\sin\theta_{\mathrm{P2}}\sin\varphi+\sin\alpha_{\mathrm{P2}}\sin\beta_{\mathrm{P2}}\sin\theta_{\mathrm{P2}}\cos\varphi) \end{bmatrix};$$

$$M_{65}=\frac{1}{v_{\mathrm{S3}}}\begin{bmatrix} c_{14}^2\cos\alpha_{\mathrm{S3}}\cos\beta_{\mathrm{S3}}\sin\theta_{\mathrm{S3}}\cos\varphi+c_{24}^2\cos\alpha_{\mathrm{S3}}\sin\beta_{\mathrm{S3}}\sin\theta_{\mathrm{S3}}\sin\varphi \\ -c_{34}^2\sin\alpha_{\mathrm{S3}}\cos\theta_{\mathrm{S3}}+c_{45}^2(\cos\alpha_{\mathrm{S3}}\sin\beta_{\mathrm{S3}}\cos\theta_{\mathrm{S3}}-\sin\alpha_{\mathrm{S3}}\sin\theta_{\mathrm{S3}}\sin\varphi) \\ +c_{54}^2(\cos\alpha_{\mathrm{S3}}\cos\beta_{\mathrm{S3}}\cos\theta_{\mathrm{S3}}-\sin\alpha_{\mathrm{S3}}\sin\theta_{\mathrm{S3}}\cos\varphi) \\ +c_{64}^2(\cos\alpha_{\mathrm{S3}}\cos\beta_{\mathrm{S3}}\sin\theta_{\mathrm{S3}}\cos\varphi+\cos\alpha_{\mathrm{S3}}\cos\beta_{\mathrm{S3}}\sin\theta_{\mathrm{S3}}\sin\varphi) \end{bmatrix};$$

$$M_{66}=\frac{1}{v_{\mathrm{S4}}}\begin{bmatrix} c_{14}^2\sin\alpha_{\mathrm{S4}}\cos\beta_{\mathrm{S4}}\sin\theta_{\mathrm{S4}}\cos\varphi-c_{24}^2\sin\alpha_{\mathrm{S4}}\sin\beta_{\mathrm{S4}}\sin\theta_{\mathrm{S4}}\sin\varphi \\ +c_{34}^2\cos\alpha_{\mathrm{S4}}\cos\theta_{\mathrm{S4}}+c_{44}^2(-\sin\alpha_{\mathrm{S4}}\sin\beta_{\mathrm{S4}}\cos\theta_{\mathrm{S4}}+\cos\alpha_{\mathrm{S4}}\sin\theta_{\mathrm{S4}}\sin\varphi) \\ +c_{54}^2(\sin\alpha_{\mathrm{S4}}\cos\beta_{\mathrm{S4}}\cos\theta_{\mathrm{S4}}+\cos\alpha_{\mathrm{S4}}\sin\theta_{\mathrm{S4}}\cos\varphi) \\ +c_{64}^2(\sin\alpha_{\mathrm{S4}}\cos\beta_{\mathrm{S4}}\sin\theta_{\mathrm{S4}}\sin\varphi-\sin\alpha_{\mathrm{S4}}\sin\beta_{\mathrm{S4}}\sin\theta_{\mathrm{S4}}\cos\varphi) \end{bmatrix}$$

矩阵 $\boldsymbol{N}$ 中的各参数定义为

$N_1=-\sin\alpha_{\mathrm{iP1}}\cos\beta_{\mathrm{iP1}}$；

$N_2=-\sin\alpha_{\mathrm{iP1}}\sin\beta_{\mathrm{iP1}}$；

$N_3=\cos\alpha_{\mathrm{iP1}}$；

$$N_4=\frac{1}{v_{\mathrm{iP1}}}\begin{bmatrix} c_{13}^1\sin\alpha_{\mathrm{iP1}}\cos\beta_{\mathrm{iP1}}\sin\theta_{\mathrm{iP1}}\cos\varphi+c_{23}^1\sin\alpha_{\mathrm{iP1}}\sin\beta_{\mathrm{iP1}}\sin\theta_{\mathrm{iP1}}\sin\varphi \\ +c_{33}^1\cos\alpha_{\mathrm{iP1}}\cos\theta_{\mathrm{iP1}}+c_{43}^1(\sin\alpha_{\mathrm{iP1}}\sin\beta_{\mathrm{iP1}}\cos\theta_{\mathrm{iP1}}+\cos\alpha_{\mathrm{iP1}}\sin\theta_{\mathrm{iP1}}\sin\varphi) \\ +c_{53}^1(\sin\alpha_{\mathrm{iP1}}\cos\beta_{\mathrm{iP1}}\cos\theta_{\mathrm{iP1}}+\cos\alpha_{\mathrm{iP1}}\sin\theta_{\mathrm{iP1}}\cos\varphi) \\ +c_{63}^1(\sin\alpha_{\mathrm{iP1}}\cos\beta_{\mathrm{iP1}}\sin\theta_{\mathrm{iP1}}\sin\varphi+\sin\alpha_{\mathrm{iP1}}\sin\beta_{\mathrm{iP1}}\sin\theta_{\mathrm{iP1}}\cos\varphi) \end{bmatrix};$$

$$N_5=\frac{1}{v_{\mathrm{iP1}}}\begin{bmatrix} c_{15}^1\sin\alpha_{\mathrm{iP1}}\cos\beta_{\mathrm{iP1}}\sin\theta_{\mathrm{iP1}}\cos\varphi+c_{25}^1\sin\alpha_{\mathrm{iP1}}\sin\beta_{\mathrm{iP1}}\sin\theta_{\mathrm{iP1}}\sin\varphi \\ +c_{35}^1\cos\alpha_{\mathrm{iP1}}\cos\theta_{iP1}+c_{45}^1(\sin\alpha_{\mathrm{iP1}}\sin\beta_{\mathrm{iP1}}\cos\theta_{\mathrm{iP1}}+\cos\alpha_{\mathrm{iP1}}\sin\theta_{\mathrm{iP1}}\sin\varphi) \\ +c_{55}^1(\sin\alpha_{\mathrm{iP1}}\cos\beta_{\mathrm{iP1}}\cos\theta_{\mathrm{iP1}}+\cos\alpha_{\mathrm{iP1}}\sin\theta_{\mathrm{iP1}}\cos\varphi) \\ +c_{65}^1(\sin\alpha_{\mathrm{iP1}}\cos\beta_{\mathrm{iP1}}\sin\theta_{\mathrm{iP1}}\sin\varphi+\sin\alpha_{\mathrm{iP1}}\sin\beta_{iP1}\sin\theta_{\mathrm{iP1}}\cos\varphi) \end{bmatrix};$$

$$N_6=\frac{1}{v_{\mathrm{iP1}}}\begin{bmatrix} c_{14}^1\sin\alpha_{\mathrm{iP1}}\cos\beta_{\mathrm{iP1}}\sin\theta_{\mathrm{iP1}}\cos\varphi+c_{24}^1\sin\alpha_{\mathrm{iP1}}\sin\beta_{\mathrm{iP1}}\sin\theta_{\mathrm{iP1}}\sin\varphi \\ +c_{34}^1\cos\alpha_{\mathrm{iP1}}\cos\theta_{\mathrm{iP1}}+c_{44}^1(\sin\alpha_{\mathrm{iP1}}\sin\beta_{\mathrm{iP1}}\cos\theta_{\mathrm{iP1}}+\cos\alpha_{\mathrm{iP1}}\sin\theta_{\mathrm{iP1}}\sin\varphi) \\ +c_{54}^1(\sin\alpha_{\mathrm{iP1}}\cos\beta_{\mathrm{iP1}}\cos\theta_{\mathrm{iP1}}+\cos\alpha_{\mathrm{iP1}}\sin\theta_{\mathrm{iP1}}\cos\varphi) \\ +c_{64}^1(\sin\alpha_{\mathrm{iP1}}\cos\beta_{\mathrm{iP1}}\sin\theta_{\mathrm{iP1}}\sin\varphi+\sin\alpha_{\mathrm{iP1}}\sin\beta_{\mathrm{iP1}}\sin\theta_{\mathrm{iP1}}\cos\varphi) \end{bmatrix}$$

（二）HTI 介质中 qP 波入射的拟 Zoeppritz 方程

根据裂缝等效理论，一组垂直裂缝可以等效为 HTI，两组垂直正交裂缝可以等效为

正交各向异性介质，两组垂直斜交裂缝可以等效为单斜各向异性介质。最简单的情况就是介质中只含有一组垂直裂缝，即具有水平对称轴的横向异性介质。该介质常产生平行排列的垂直裂隙和裂缝，或者地壳中存在平行排列的流体充填的垂直裂缝、裂隙或优势定向排列的孔隙空间，研究 HTI 介质中地震反射振幅随入射角和方位角的变化特征（Amplitude variation with incident and azimuthal angle，以下简称 AVAZ）以及探索合理可靠的方位叠前地震反演方法可获得裂缝储层弹性参数和各向异性参数，并为地下裂缝预测奠定基础。

将任意各向异性介质退化为 HTI 介质，此时将 HTI 介质的刚度矩阵式（2–165）代入式（2–164），

$$\boldsymbol{C}=\begin{bmatrix} C_{11} & C_{12} & C_{12} & 0 & 0 & 0 \\ C_{12} & C_{22} & C_{22}-2C_{44} & 0 & 0 & 0 \\ C_{12} & C_{22}-2C_{44} & C_{22} & 0 & 0 & 0 \\ 0 & 0 & 0 & C_{44} & 0 & 0 \\ 0 & 0 & 0 & 0 & C_{55} & 0 \\ 0 & 0 & 0 & 0 & 0 & C_{55} \end{bmatrix} \tag{2–165}$$

式中　C_{ij}——介质刚度参数，GPa。

通过整理可得 HTI 介质 qP 波入射的三维拟 Zoeppritz 方程：

$$\boldsymbol{MR}=\boldsymbol{N} \tag{2–166}$$

其中

$$\boldsymbol{M}=\begin{bmatrix} M_{11} & M_{12} & M_{13} & M_{14} & M_{15} & M_{16} \\ M_{21} & M_{22} & M_{23} & M_{24} & M_{25} & M_{26} \\ M_{31} & M_{32} & M_{33} & M_{34} & M_{35} & M_{36} \\ M_{41} & M_{42} & M_{43} & M_{44} & M_{45} & M_{46} \\ M_{51} & M_{52} & M_{53} & M_{54} & M_{55} & M_{56} \\ M_{61} & M_{62} & M_{63} & M_{64} & M_{65} & M_{66} \end{bmatrix}$$

$$\boldsymbol{R}=(R_{\mathrm{PP}},\ R_{\mathrm{PS1}},\ R_{\mathrm{PS2}},\ T_{\mathrm{PP}},\ T_{\mathrm{PS3}},\ T_{\mathrm{PS4}})^{\mathrm{T}}$$

$$\boldsymbol{N}=(N_1,\ N_2,\ N_3,\ N_4,\ N_5,\ N_6)^{\mathrm{T}}$$

式中　矩阵 $\boldsymbol{M}$ 中的各参数定义为

$M_{11}=\sin\alpha_{\mathrm{P1}}\cos\beta_{\mathrm{P1}}$；$M_{12}=\sin\alpha_{\mathrm{S1}}\cos\beta_{\mathrm{S1}}$；$M_{13}=\sin\alpha_{\mathrm{S2}}\cos\beta_{\mathrm{S2}}$；

$M_{14}=-\sin\alpha_{\mathrm{P2}}\cos\beta_{\mathrm{P2}}$；$M_{15}=-\sin\alpha_{\mathrm{S3}}\cos\beta_{\mathrm{S3}}$；$M_{16}=-\sin\alpha_{\mathrm{S4}}\cos\beta_{\mathrm{S4}}$；

$M_{21}=\sin\alpha_{\mathrm{P1}}\sin\beta_{\mathrm{P1}}$；$M_{22}=\sin\alpha_{\mathrm{S1}}\sin\beta_{\mathrm{S1}}$；$M_{23}=\sin\alpha_{\mathrm{S2}}\sin\beta_{\mathrm{S2}}$；

$M_{24}=-\sin\alpha_{\mathrm{P2}}\sin\beta_{\mathrm{P2}}$；$M_{25}=-\sin\alpha_{\mathrm{S3}}\sin\beta_{\mathrm{S3}}$；$M_{26}=-\sin\alpha_{\mathrm{S4}}\sin\beta_{\mathrm{S4}}$；

$M_{31}=\cos\alpha_{\mathrm{P1}}$；$M_{32}=\cos\alpha_{\mathrm{S1}}$；$M_{33}=\cos\alpha_{\mathrm{S2}}$；

$M_{34}=-\cos\alpha_{P2}$；$M_{35}=-\cos\alpha_{S3}$；$M_{36}=-\cos\alpha_{S4}$；

$$M_{41}=c_{66}^{1}\left(-\sin\alpha_{P1}\cos\beta_{P1}\frac{\cos\theta_{P1}}{v_{P1}}+\cos\alpha_{P1}\frac{\sin\theta_{P1}\cos\varphi}{v_{P1}}\right);$$

$$M_{42}=c_{66}^{1}\left(-\sin\alpha_{S1}\cos\beta_{S1}\frac{\cos\theta_{sv1}}{v_{S1}}+\cos\alpha_{S1}\frac{\sin\theta_{S1}\cos\varphi}{v_{S1}}\right);$$

$$M_{43}=c_{66}^{1}\left(-\sin\alpha_{S2}\cos\beta_{S2}\frac{\cos\theta_{S2}}{v_{S2}}+\cos\alpha_{S2}\frac{\sin\theta_{S2}\cos\varphi}{v_{S2}}\right);$$

$$M_{44}=-c_{66}^{2}\left(\sin\alpha_{P2}\cos\beta_{P2}\frac{\cos\theta_{P2}}{v_{P2}}+\cos\alpha_{P2}\frac{\sin\theta_{p2}\cos\varphi}{v_{P2}}\right);$$

$$M_{45}=-c_{66}^{2}\left(\sin\alpha_{S3}\cos\beta_{S3}\frac{\cos\theta_{S3}}{v_{S3}}+\cos\alpha_{S3}\frac{\sin\theta_{S3}\cos\varphi}{v_{S3}}\right);$$

$$M_{46}=-c_{66}^{2}\left(\sin\alpha_{S4}\cos\beta_{S4}\frac{\cos\theta_{S4}}{v_{S4}}+\cos\alpha_{S4}\frac{\sin\theta_{S4}\cos\varphi}{v_{S4}}\right);$$

$$M_{51}=c_{44}^{1}\left(-\sin\alpha_{P1}\sin\beta_{P1}\frac{\cos\theta_{P1}}{v_{P1}}+\cos\alpha_{P1}\frac{\sin\theta_{P1}\sin\varphi}{v_{P1}}\right);$$

$$M_{52}=c_{44}^{1}\left(-\sin\alpha_{S1}\sin\beta_{S1}\frac{\cos\theta_{S1}}{v_{S1}}+\cos\alpha_{S1}\frac{\sin\theta_{S1}\sin\varphi}{v_{S1}}\right);$$

$$M_{53}=c_{44}^{1}\left(-\sin\alpha_{S2}\sin\beta_{S2}\frac{\cos\theta_{S2}}{v_{S2}}+\cos\alpha_{S2}\frac{\sin\theta_{S2}\sin\varphi}{v_{S2}}\right);$$

$$M_{54}=-c_{44}^{2}\left(\sin\alpha_{P2}\sin\beta_{P2}\frac{\cos\theta_{P2}}{v_{P2}}+\cos\alpha_{P2}\frac{\sin\theta_{P2}\sin\varphi}{v_{P2}}\right);$$

$$M_{55}=-c_{44}^{2}\left(\sin\alpha_{S3}\sin\beta_{S3}\frac{\cos\theta_{S3}}{v_{S3}}+\cos\alpha_{S3}\frac{\sin\theta_{S3}\sin\varphi}{v_{S3}}\right);$$

$$M_{56}=-c_{44}^{2}\left(\sin\alpha_{S4}\sin\beta_{S4}\frac{\cos\theta_{S4}}{v_{S4}}+\cos\alpha_{S4}\frac{\sin\theta_{S4}\sin\varphi}{v_{S4}}\right);$$

$$M_{61}=\left(c_{13}^{1}\sin\alpha_{P1}\cos\beta_{P1}\frac{\sin\theta_{P1}\cos\varphi}{v_{P1}}+c_{23}^{1}\sin\alpha_{P1}\sin\beta_{P1}\frac{\sin\theta_{P1}\sin\varphi}{v_{P1}}-c_{33}^{1}\cos\alpha_{P1}\frac{\cos\theta_{P1}}{v_{P1}}\right);$$

$$M_{62}=\left(c_{13}^{1}\sin\alpha_{S1}\cos\beta_{S1}\frac{\sin\theta_{S1}\cos\varphi}{v_{S1}}+c_{23}^{1}\sin\alpha_{S1}\sin\beta_{S1}\frac{\sin\theta_{S1}\sin\varphi}{v_{S1}}-c_{33}^{1}\cos\alpha_{S1}\frac{\cos\theta_{S1}}{v_{S1}}\right);$$

$$M_{63}=\left(c_{13}^{1}\sin\alpha_{S2}\cos\beta_{S2}\frac{\sin\theta_{S2}\cos\varphi}{v_{S2}}+c_{23}^{1}\sin\alpha_{S2}\sin\beta_{S2}\frac{\sin\theta_{S2}\sin\varphi}{v_{S2}}-c_{33}^{1}\cos\alpha_{S2}\frac{\cos\theta_{S2}}{v_{S2}}\right);$$

$$M_{64}=-\left(c_{13}^{2}\sin\alpha_{P2}\cos\beta_{P2}\frac{\sin\theta_{P2}\cos\varphi}{v_{P2}}+c_{23}^{2}\sin\alpha_{P2}\sin\beta_{P2}\frac{\sin\theta_{P2}\sin\varphi}{v_{P2}}+c_{33}^{2}\cos\alpha_{P2}\frac{\cos\theta_{P2}}{v_{P2}}\right);$$

$$M_{65}=-\left(c_{13}^{2}\sin\alpha_{S3}\cos\beta_{S3}\frac{\sin\theta_{S3}\cos\varphi}{v_{S3}}+c_{23}^{2}\sin\alpha_{S3}\sin\beta_{S3}\frac{\sin\theta_{S3}\sin\varphi}{v_{S3}}+c_{33}^{2}\cos\alpha_{S3}\frac{\cos\theta_{S3}}{v_{S3}}\right);$$

$$M_{66}=-\left(c_{13}^{2}\sin\alpha_{S4}\cos\beta_{S4}\frac{\sin\theta_{S4}\cos\varphi}{v_{S4}}+c_{23}^{2}\sin\alpha_{S4}\sin\beta_{S4}\frac{\sin\theta_{S4}\sin\varphi}{v_{S4}}+c_{33}^{2}\cos\alpha_{S4}\frac{\cos\theta_{S4}}{v_{S4}}\right)$$

矩阵 **N** 中各参数定义为

$N_1=-\sin\alpha_{iP1}\cos\beta_{iP1}$;

$N_2=-\sin\alpha_{iP1}\sin\beta_{iP1}$;

$N_3=-\cos\alpha_{iP1}$;

$$N_4=-c_{66}^{1}\left(\sin\alpha_{iP1}\cos\beta_{iP1}\frac{\cos\theta_{iP1}}{v_{iP1}}+\cos\alpha_{iP1}\frac{\sin\theta_{iP1}\sin\varphi}{v_{iP1}}\right);$$

$$N_5=-c_{44}^{1}\left(\sin\alpha_{iP1}\sin\beta_{iP1}\frac{\cos\theta_{iP1}}{v_{iP1}}+\cos\alpha_{iP1}\frac{\sin\theta_{iP1}\sin\varphi}{v_{iP1}}\right);$$

$$N_6=-\left(c_{13}^{1}\sin\alpha_{iP1}\cos\beta_{iP1}\frac{\sin\theta_{iP1}\cos\varphi}{v_{iP1}}+c_{23}^{1}\sin\alpha_{iP1}\sin\beta_{iP1}\frac{\sin\theta_{iP1}\sin\varphi}{v_{iP1}}+c_{33}^{1}\cos\alpha_{iP1}\frac{\cos\theta_{iP1}}{v_{iP1}}\right)$$

（三）各向同性介质中 P 波入射的 Zoeppritz 方程

将任意各向异性介质退化为各向同性介质，此时将各向同性的刚度矩阵式（2–167）代入式（2–164）：

$$C=\begin{bmatrix} C_{33} & C_{33}-2C_{44} & C_{33}-2C_{44} & 0 & 0 & 0\\ C_{33}-2C_{44} & C_{33} & C_{33}-2C_{44} & 0 & 0 & 0\\ C_{33}-2C_{44} & C_{33}-2C_{44} & C_{33} & 0 & 0 & 0\\ 0 & 0 & 0 & C_{44} & 0 & 0\\ 0 & 0 & 0 & 0 & C_{44} & 0\\ 0 & 0 & 0 & 0 & 0 & C_{44} \end{bmatrix} \tag{2–167}$$

其中，$C_{33}=\rho V_p^2$，$C_{44}=\rho V_s^2$；各向同性介质中无方位各向异性。

通过整理可得各向同性介质中 P 波入射的 Zoeppritz 方程：

$$\begin{bmatrix} \sin\alpha & \cos\beta & -\sin\alpha' & \cos\beta'\\ \cos\alpha & -\sin\beta & \cos\alpha' & \sin\beta'\\ \sin2\alpha & \frac{v_{P1}}{v_{S1}}\cos2\beta & \frac{v_{P1}}{v_{P2}}\frac{v_{S2}^2}{v_{S1}^2}\frac{\rho_2}{\rho_1}\sin2\alpha' & -\frac{\rho_2}{\rho_1}\frac{v_{P1}v_{S2}}{v_{S1}^2}\cos2\beta'\\ \cos2\beta & -\frac{v_{S1}}{v_{P1}}\sin2\beta & -\frac{\rho_2}{\rho_1}\frac{v_{P2}}{v_{P1}}\cos2\beta' & -\frac{\rho_2}{\rho_1}\frac{v_{S2}}{v_{P1}}\sin2\beta' \end{bmatrix}\begin{bmatrix} R_{PP}\\ R_{PS}\\ T_{PP}\\ T_{PS} \end{bmatrix}=\begin{bmatrix} -\sin\alpha\\ -\cos\alpha\\ \sin2\alpha\\ -\cos2\beta \end{bmatrix} \tag{2–168}$$

（四）各向同性介质 Zoeppritz 方程近似式

各向同性介质 Zoeppritz 方程是描述平面波入射各向同性介质反射与透射能量分布

的关系，它是 AVO 反演和 EI 反演的理论基础。为便于应用，很多线性化的近似式被相继推导出来。

1. Aki 和 Richards 近似方程

1980 年，Aki 和 Richards 对 Richards 和 Frasier 等的研究成果进行整理。弱反射背景，入射角不超过临界角的条件下，根据斯奈尔定理，能够得到如下近似线性化近似方程：

$$R(\bar{\theta}) \approx \frac{1}{2}\sec^2\bar{\theta}\frac{\Delta\alpha}{\bar{\alpha}} - 4\bar{\gamma}^2\sin^2\bar{\theta}\frac{\Delta\beta}{\bar{\beta}} + \frac{1}{2}(1-4\bar{\gamma}^2\sin^2\bar{\theta})\frac{\Delta\rho}{\bar{\rho}} \tag{2-169}$$

式中 $R(\bar{\theta})$——随角度变化的纵波反射系数；

$\bar{\alpha}$、$\bar{\beta}$——分别表示平均纵波速度、平均横波速度，m/s；

$\bar{\rho}$——平均密度，kg/m^3；

$\bar{\gamma}$——$\bar{\beta}/\bar{\alpha}$比值；

$\bar{\theta}$——分界面的入射角和透射角的平均角度，(°)；

$\Delta\alpha$、$\Delta\beta$——界面两侧纵波速度、横波速度，m/s；

$\Delta\rho$——密度的差值，kg/m^3。

如果将 Aki 和 Richards 的近似方程按照随入射角的大小关系，或炮检距的远近进行排序，由 $\sec^2\bar{\theta}=1+\tan^2\bar{\theta}$，式（2-169）可以变换为

$$R(\theta) = \frac{1}{2}\left(\frac{\Delta\alpha}{\bar{\alpha}} + \frac{\Delta\rho}{\bar{\rho}}\right) + \left(\frac{1}{2}\frac{\Delta\alpha}{\bar{\alpha}} - 4\frac{\beta^2}{\bar{\alpha}^2}\frac{\Delta\beta}{\bar{\beta}} - 2\frac{\beta^2}{\bar{\alpha}^2}\frac{\Delta\rho}{\bar{\rho}}\right)\sin^2\theta + \frac{1}{2}\frac{\Delta\alpha}{\bar{\alpha}}\left(\tan^2\theta - \sin^2\theta\right) \tag{2-170}$$

在角度足够的情况下，如果用背景速度求取$\bar{\gamma}$及$\bar{\theta}$，就完全能够反演 $\Delta\alpha/\bar{\alpha}$、$\Delta\beta/\bar{\beta}$、$\Delta\rho/\bar{\rho}$。

2. Shuey 近似方程

1985 年，Shuey 提出了反射系数的 AVO 截距和梯度的概念。

$$R(\bar{\theta}) \approx A + B\sin^2\bar{\theta} + C\sin^2\bar{\theta}\tan^2\bar{\theta} \tag{2-171}$$

其中

$$A = \frac{1}{2}\left(\frac{\Delta\alpha}{\bar{\alpha}} + \frac{\Delta\rho}{\bar{\rho}}\right),\quad B = \left[B_0 A + \frac{\Delta\sigma}{(1-\bar{\sigma})^2}\right],\quad B_0 = D - 2(1+D)\frac{1-2\bar{\sigma}}{1-\bar{\sigma}},$$

$$D = \frac{\dfrac{\Delta\alpha}{\bar{\alpha}}}{\dfrac{\Delta\alpha}{\bar{\alpha}} + \dfrac{\Delta\rho}{\bar{\rho}}},\quad C = \frac{1}{2}\frac{\Delta\alpha}{\bar{\alpha}}$$

式中 $\bar{\sigma}$——反射界面两侧介质的平均泊松比，即$\bar{\sigma}=(\sigma_1+\sigma_2)/2$；

$\Delta\sigma$——界面两侧泊松比之差，即 $\Delta\sigma=\sigma_2-\sigma_1$。

在式（2-171）中，第一项 A 表示纵波垂直入射（$\theta=0°$）时的反射系数；第二项 B 称为梯度项，体现地层岩性变化信息；第三项参数 C 在 $\theta>30°$ 时，影响振幅随炮检距

的变化规律。在入射角小于 30° 时，第三项可以忽略，此时 Shuey 方程可以简化为

$$R(\bar{\theta}) \approx A + B\sin^2\bar{\theta} \tag{2-172}$$

假定$\bar{\gamma}$ =1/2，对 B 重新推导得

$$\bar{\sigma} = \frac{\frac{1}{2} - \bar{\gamma}^2}{1 - \bar{\gamma}^2} = \frac{1}{3}\text{；}\quad B_0 = \frac{\frac{\Delta\alpha}{\bar{\alpha}}}{\frac{\Delta\alpha}{\bar{\alpha}} + \frac{\Delta\rho}{\bar{\rho}}} - 2\left(1 + \frac{\frac{\Delta\alpha}{\bar{\alpha}}}{\frac{\Delta\alpha}{\bar{\alpha}} + \frac{\Delta\rho}{\bar{\rho}}}\right)\frac{1}{2} = -1$$

所以梯度为

$$B = -A + \frac{9}{4}\Delta\sigma \Rightarrow 4/9(A + B) = \Delta\sigma \tag{2-173}$$

3. Smith 和 Gidlow 近似方程

1987 年，Smith 和 Gidlow 在 Aki 和 Richards 近似方程的基础上，使用 Gardener 经验公式，给出如下近似式：

$$R(\bar{\theta}) \approx \frac{1}{2}\left[\left(1 + \tan^2\bar{\theta}\right) + g\left(1 - 4\bar{\gamma}^2\sin^2\bar{\theta}\right)\right]\frac{\Delta\alpha}{\bar{\alpha}} - 4\bar{\gamma}^2\sin^2\bar{\theta}\frac{\Delta\beta}{\bar{\beta}} \tag{2-174}$$

式中　g——指数。

Gardner 认为 P 波速度与密度之间存在如下关系：

$$\bar{\rho} = a\bar{\alpha}^g \tag{2-175}$$

对于砂岩，通常给定 $g = 0.25$，所以，式（2–175）两边取微分得

$$\Delta\rho / \bar{\rho} = \Delta\alpha / 4\bar{\alpha}$$

代入式（2–174），转化得到如下形式的近似表达式：

$$R(\bar{\theta}) \approx \left[\frac{5}{8} - \frac{1}{2}\bar{\gamma}^2\sin^2\bar{\theta} + \frac{1}{2}\tan^2\bar{\theta}\right]\frac{\Delta\alpha}{\bar{\alpha}} - 4\bar{\gamma}^2\sin^2\bar{\theta}\frac{\Delta\beta}{\bar{\beta}} \tag{2-176}$$

近似式（2–176）由于减小了参数空间的维数使得反演更加稳定。

4. Gidlow 近似方程

由于 Smith 和 Gidlow 近似方法依赖于 Gardner 经验方程。1992 年，Gidlow 提出了以波阻抗反射系数表示的近似方程。

$$\begin{aligned} R(\bar{\theta}) \approx{} & \sec^2\bar{\theta} \times \frac{1}{2}\left(\frac{\Delta\alpha}{\bar{\alpha}} + \frac{\Delta\rho}{\bar{\rho}}\right) - 8\bar{\gamma}\sin^2\bar{\theta} \times \frac{1}{2}\left(\frac{\Delta\beta}{\bar{\beta}} + \frac{\Delta\rho}{\bar{\rho}}\right) + \\ & (4\bar{\gamma}^2\sin^2\bar{\theta} - \tan^2\bar{\theta}) \times \frac{1}{2}\frac{\Delta\rho}{\bar{\rho}} \end{aligned} \tag{2-177}$$

通常在小角度情况下，密度项的贡献率较小，而且密度变化不明显，可以得到下式表示的两项近似方程：

$$R(\bar{\theta}) \approx \sec^2\bar{\theta} \times \frac{1}{2}\left(\frac{\Delta\alpha}{\bar{\alpha}} + \frac{\Delta\rho}{\bar{\rho}}\right) - 8\bar{\gamma}\sin^2\bar{\theta} \times \frac{1}{2}\left(\frac{\Delta\beta}{\bar{\beta}} + \frac{\Delta\rho}{\bar{\rho}}\right) \tag{2-178}$$

5. Gray 近似方程

Goodway 分析了拉梅常数对碳氢化合物的敏感性，认为 λ/μ（压缩模量 λ 和剪切模量 μ）对含油气饱和的储层非常敏感，利用 Goodway 近似方程进行了测井数据约束下的 AVO 分析。Gray 结合前述的近似方程，在 Aki 和 Richards 近似方程式的基础上推导了以拉梅（压缩模量 λ 和剪切模量 μ）反射系数及密度反射系数表示的近似方程：

$$\left.\begin{aligned} R\left(\bar{\theta}\right) &= \left[\frac{1}{4} - \frac{1}{2}\left(\frac{\bar{\beta}}{\bar{\alpha}}\right)^2\right]\sec^2\bar{\theta}\,\frac{\Delta\lambda}{\bar{\lambda}} + \left(\frac{\bar{\beta}}{\bar{\alpha}}\right)^2\left(\frac{1}{2}\sec^2\bar{\theta} - 2\sin^2\bar{\theta}\right)\frac{\Delta\mu}{\bar{\mu}} + \\ &\quad \frac{1}{4}\left(1 - \tan^2\bar{\theta}\right)\frac{\Delta\rho}{\bar{\rho}} \\ R\left(\bar{\theta}\right) &= \left[\frac{1}{4} - \frac{1}{3}\left(\frac{\bar{\beta}}{\bar{\alpha}}\right)^2\right]\sec^2\bar{\theta}\,\frac{\Delta K}{\bar{K}} + \left(\frac{\bar{\beta}}{\bar{\alpha}}\right)^2\left(\frac{1}{3}\sec^2\bar{\theta} - 2\sin^2\bar{\theta}\right)\frac{\Delta\mu}{\bar{\mu}} + \\ &\quad \frac{1}{4}\left(1 - \tan^2\bar{\theta}\right)\frac{\Delta\rho}{\bar{\rho}} \end{aligned}\right\} \tag{2-179}$$

拉梅常数直接反映了储层含油气特性，式（2–179）具有更加实际的意义。相对于之前的纵横波速度就产生如下的转换矩阵：

$$\begin{bmatrix} R_\lambda \\ R_\mu \\ R_K \end{bmatrix} = \begin{bmatrix} \dfrac{2}{1-2\bar{\gamma}^2} & -\dfrac{4\bar{\gamma}^2}{1-2\bar{\gamma}^2} & 1 \\ 0 & 2 & 1 \\ \dfrac{6}{3-4\bar{\gamma}^2} & -\dfrac{8\bar{\gamma}^2}{3-4\bar{\gamma}^2} & 1 \end{bmatrix} \begin{bmatrix} R_\alpha \\ R_\beta \\ R_d \end{bmatrix} \tag{2-180}$$

（五）任意各向异性中 qP 波入射的近似 Zoeppritz 方程

式（2–166）为 HTI 介质 qP 波入射的精确 Zoeppritz 方程，由于方程为非线性方程且非常麻烦不便于应用，因此需要对精确方程进行线性化并进行近似。根据散射理论假设：

$$\boldsymbol{M} = \boldsymbol{M}^u + \Delta\boldsymbol{M},\ \boldsymbol{R} = \boldsymbol{R}^u + \Delta\boldsymbol{R},\ \boldsymbol{N} = \boldsymbol{N}^u + \Delta\boldsymbol{N} \tag{2-181}$$

将式（2–181）代入式（2–166）得

$$(\boldsymbol{M}^u + \Delta\boldsymbol{M})(\boldsymbol{R}^u + \Delta\boldsymbol{R}) = (\boldsymbol{N}^u + \Delta\boldsymbol{N}) \tag{2-182}$$

其中，背景矩阵满足 $\boldsymbol{M}^u\boldsymbol{R}^u = \boldsymbol{N}^u$

根据式（2–182）省略高阶项可得

$$\Delta\boldsymbol{R} = (\boldsymbol{M}^u)^{-1}(\Delta\boldsymbol{N} - \Delta\boldsymbol{M}\boldsymbol{R}^u) \tag{2-183}$$

整理可得

$$\boldsymbol{R}=1+(\boldsymbol{M}^{u})^{-1}(\Delta \boldsymbol{N}-\Delta \boldsymbol{M}\boldsymbol{R}^{u}) \tag{2-184}$$

将式（2-184）中各向展开保留低阶项，可得 HTI 介质的近似 Zoeppritz 方程：

$$\begin{aligned}R_{\mathrm{PP}}(i,\phi)=&\frac{1}{2}\left(1+\sin^2\theta+\sin^2\theta\tan^2\theta\right)\frac{\Delta v_{\mathrm{P0}}}{\bar{v}_{\mathrm{P0}}}-\left(\frac{2\bar{v}_{\mathrm{S0}}}{\bar{v}_{\mathrm{P0}}}\right)^2\sin^2\theta\frac{\Delta v_{\mathrm{S0}}}{\bar{v}_{\mathrm{S0}}}+\\&\frac{1}{2}\left[1-\left(\frac{2\bar{v}_{\mathrm{S0}}}{\bar{v}_{\mathrm{P0}}}\right)^2\sin^2\theta\right]\frac{\Delta\rho}{\bar{\rho}}+\frac{1}{2}\left(\cos^2\phi\sin^2\theta+\sin^2\phi\cos^2\phi\sin^2\theta\tan^2\theta\right)\\&\Delta\delta^{(\mathrm{V})}+4\frac{\bar{V}_{\mathrm{S}}^2}{\bar{V}_{\mathrm{P}}^2}\Delta\gamma\cos^2\phi\sin^2\theta+\frac{1}{2}\Delta\varepsilon^{(\mathrm{V})}\cos^4\phi\sin^2\theta\tan^2\theta\end{aligned} \tag{2-185}$$

其中

$$\theta=\frac{1}{2}(\theta_{\mathrm{P2}}+\theta_{\mathrm{P1}}),\Delta v_{\mathrm{P0}}=(v_{\mathrm{P2}}-v_{\mathrm{P1}}),\bar{v}_{\mathrm{P0}}=\frac{1}{2}(V_{\mathrm{P2}}+V_{\mathrm{P1}}),\Delta v_{\mathrm{S0}}=(v_{\mathrm{S2}}-v_{\mathrm{S1}}),\bar{v}_{\mathrm{S0}}=\frac{1}{2}(v_{\mathrm{S2}}+v_{\mathrm{S1}})$$

$$\Delta\rho=(\rho_2-\rho_1),\bar{\rho}=\frac{1}{2}(\rho_2+\rho_1),\Delta\varepsilon^{(\mathrm{V})}=\varepsilon_2^{(\mathrm{V})}-\varepsilon_1^{(\mathrm{V})},\Delta\delta^{(\mathrm{V})}=\delta_2^{(\mathrm{V})}-\delta_1^{(\mathrm{V})},\Delta\gamma=\gamma_2-\gamma_1$$

与各向同性介质一样，采用不同的近似方法可得到不同的一组垂直裂缝的近似方程。即用各向同性不同的近似代替式（2-185）中的各向同性部分，各向异性部分保持不变。

二、地震数据反演理论方法

本节介绍了目前常用的地球物理反演方法，并针对页岩储层各向异性特征显著以及待反演参数多的特点，基于方位弹性阻抗理论和贝叶斯理论分别构建反演目标函数，优化待反演参数对地震数据的贡献度，形成了稳定可靠的页岩储层多参数预测的方位叠前地震直接反演方法，为页岩储层“甜点”预测奠定理论和方法基础（图 2-37）。

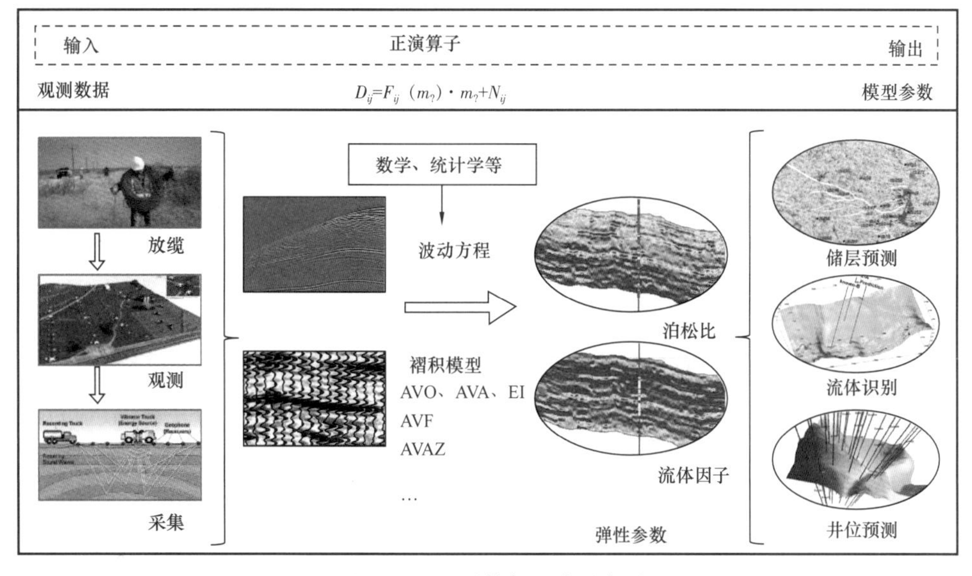

图 2-37　地震数据反演示意图

地震反演可分为随机反演（Downton，2005；Yin等，2008，2014，2016；Li等，2019）和确定性反演（Yin等，2008，2014，2016；Zong等，2012，2013，2016）两大类。

随机反演是一种以地质统计学为基础，通过充分融合测井数据、地震信息和地质资料，并将随机模拟与地球物理反演理论相结合，进而可以进行不确定性分析的反演方法。由于计算效率低的问题，随机反演在20世纪90年代才逐渐发展起来。该方法假设模型中的所有变量都为随机变量，在对已知地球物理资料（测井数据、地震信息、地质资料等）空间结构分析的基础上，通过变差函数进行随机模拟，从而建立模型参数的先验概率分布。然后运用贝叶斯理论把其他地球物理信息有效融合为地层模型参数的后验概率分布；最后通过对后验概率分布采样，综合分析研究后验概率分布的性质，来认识地下地质情况。该方法由于以测井数据为硬数据，拓宽了地震频带范围，进而可以提高反演剖面的纵向分辨率。确定性反演假定模型参数为一个确定值，通过对模型参数的不断更新来获得与实际地震记录差异最小的反演结果，该结果具有平滑性。而对于与确定性反演不同的随机反演来说，它假定模型参数为一个随机变量，任意一次产生都是反演结果的一次实现，因此随机反演也属于确定性反演的补充，能够保留更多的细节信息。

确定性反演主要包括基于波动方程的反演（层析成像、全波形反演等）、叠前AVO（AVA）反演、弹性波阻抗（EI）反演、旅行时反演等，较成熟的是叠前AVO（AVA）反演以及2000年以后迅速发展起来的EI反演。建立在EI反演和叠前AVO（AVA）反演算法的基础上，国内外专家在弹性参数提取方面开展了大量工作，主要涉及纵横波阻抗和密度（I_P–I_S–ρ）反演、纵横波速度和密度（v_P–v_S–ρ）反演、纵横波模量和密度（M–S–ρ）反演、拉梅常数和密度（λ–μ–ρ）反演、流体因子（f–μ–ρ）直接反演及杨氏模量（E–σ–ρ）直接反演等。根据采用AVO（AVA）反射系数方程类型不同，可分为基于纵波反射系数方程的纵波AVO（PP–AVO）反演和基于纵横波反射系数方程的纵横波AVO联合（PP–PS–AVO）反演方法等。目前，为了充分利用叠前地震数据中蕴含的振幅、频率及相位随偏移距的变化信息，AVP（AVF）反演方法同样获得了足够关注，地球物理学家试图利用相位和频率响应在储层油气藏位置的异常现象（如低频阴影），对储层内部孔隙含流体特征进行定量的表征和评估。针对叠前各向异性的方位弹性阻抗反演以及AVAZ反演方面，即基于HTI、TTI及OA各向异性纵波反射系数开展的各向异性参数反演、储层裂缝识别、地层应力预测及地质“甜点”和工程“甜点”评价同样得到了较快的发展。

（一）基于方位各向异性弹性阻抗的页岩储层反演算法

以方位反射系数为基础推导方位各向异性弹性阻抗方程，根据方位各向异性弹性阻抗反演的流程，综合利用页岩储层宽方位叠前地震资料、岩石物理和井数据进行反演。

1. 方位各向异性弹性阻抗方程推导

弹性阻抗理论是声波阻抗的延续（Connolly，1999），弹性阻抗方程是在Aki–Richards简化方程的基础上通过推导得到的，方位弹性阻抗就是将方位角信息纳入弹性阻抗中，以方位弹性阻抗表征的方位反射系数为

$$R(\theta,\varphi)=\frac{\mathrm{EI}(\theta,\varphi)_2-\mathrm{EI}(\theta,\varphi)_1}{\mathrm{EI}(\theta,\varphi)_2+\mathrm{EI}(\theta,\varphi)_1} \tag{2-186}$$

式中　$R(\theta,\varphi)$——方位反射系数；

$\mathrm{EI}(\theta,\varphi)_1$——界面上层介质的方位弹性阻抗，(kg/m³)·(m/s)；

$\mathrm{EI}(\theta,\varphi)_2$——界面下层介质的方位弹性阻抗，(kg/m³)·(m/s)。

如果界面上下两层介质是连续变化的，则假设界面两侧介质的弹性性质差异较小，可得

$$\mathrm{EI}(\theta,\varphi)_2+\mathrm{EI}(\theta,\varphi)_1\approx 2\mathrm{EI}(\theta,\varphi) \tag{2-187}$$

$$\Delta\mathrm{EI}(\theta,\varphi)=\Delta\mathrm{EI}(\theta,\varphi)_2-\Delta\mathrm{EI}(\theta,\varphi)_1 \tag{2-188}$$

式中　$\mathrm{EI}(\theta,\varphi)$——界面上下两层介质的弹性阻抗均值，(kg/m³)·(m/s)。

根据式（2–187）和式（2–188）可将方位反射系数方程等价为：

$$R(\theta,\varphi)\approx\frac{1}{2}\frac{\Delta\mathrm{EI}(\theta,\varphi)}{\mathrm{EI}(\theta,\varphi)} \tag{2-189}$$

在界面上下两层介质的弹性性质差异较小的情况下，利用微分转换关系：

$$\frac{\Delta x}{x}=\Delta\ln x \tag{2-190}$$

可得

$$R(\theta,\varphi)\approx\frac{1}{2}\frac{\Delta\mathrm{EI}(\theta,\varphi)}{\mathrm{EI}(\theta,\varphi)}\approx\frac{1}{2}\Delta\ln\left[\mathrm{EI}(\theta,\varphi)\right] \tag{2-191}$$

在此以 HTI 为例，将其反射方程代入式（2–191）得

$$\begin{aligned}\frac{1}{2}\Delta\ln\left[\mathrm{EI}(\theta,\varphi)\right]=&\frac{1}{2}\left(1+\tan^2\theta\right)\frac{\Delta\alpha}{\overline{\alpha}}-4k^2\sin^2\theta\frac{\Delta\beta}{\overline{\beta}}+\frac{1}{2}\left(1-4k^2\sin^2\theta\right)\frac{\Delta\rho}{\overline{\rho}}+\\&\frac{1}{2}\sin^2\theta\cos^2\varphi\left(1+\tan^2\theta\sin^2\varphi\right)\Delta\delta^{(\mathrm{V})}+\\&\frac{1}{2}\cos^4\varphi\sin^2\theta\tan^2\theta\Delta\varepsilon^{(\mathrm{V})}-4k^2\sin^2\theta\cos^2\varphi\Delta\gamma^{(\mathrm{V})}\end{aligned} \tag{2-192}$$

根据式（2–190）所示的微分转换关系，将公式（2–192）进行变换可得

$$\begin{aligned}\Delta\ln\left[\mathrm{EI}(\theta,\varphi)\right]=&\left(1+\tan^2\theta\right)\Delta\ln(\alpha)-8k^2\sin^2\theta\Delta\ln(\beta)+\left(1-4k^2\sin^2\theta\right)\Delta\ln(\rho)+\\&\sin^2\theta\cos^2\varphi\left(1+\tan^2\theta\sin^2\varphi\right)\Delta\delta^{(\mathrm{V})}+\cos^4\varphi\sin^2\theta\tan^2\theta\Delta\varepsilon^{(\mathrm{V})}-\\&8k^2\sin^2\theta\cos^2\varphi\Delta\gamma^{(\mathrm{V})}\end{aligned} \tag{2-193}$$

对式（2–193）两侧取积分，舍去常数项得

$$\ln\left[\mathrm{EI}(\theta,\varphi)\right]=\left(1+\tan^2\theta\right)\ln(\alpha)-8k^2\sin^2\theta\ln(\beta)+\left(1-4k^2\sin^2\theta\right)\ln(\rho)+\\\left[\sin^2\theta\cos^2\varphi\left(1+\tan^2\theta\sin^2\varphi\right)\right]\delta^{(\mathrm{V})}+\left(\cos^4\varphi\sin^2\theta\tan^2\theta\right)\varepsilon^{(\mathrm{V})}-\\\left(8k^2\sin^2\theta\cos^2\varphi\right)\gamma^{(\mathrm{V})} \quad (2\text{–}194)$$

再对式（2–194）两侧取指数，则 HTI 介质的方位各向异性弹性阻抗方程表示为

$$\mathrm{EI}(\theta,\varphi)=(\alpha)^{a(\theta)}(\beta)^{b(\theta)}(\rho)^{c(\theta)}\exp\left[d(\theta,\varphi)\delta^{(\mathrm{V})}+e(\theta,\varphi)\varepsilon^{(\mathrm{V})}+f(\theta,\varphi)\gamma^{(\mathrm{V})}\right] \quad (2\text{–}195)$$

其中，$a=(1+\tan^2\theta)$，$b=-8k^2\sin^2\theta$，$c=(1-4k^2\sin^2\theta)$，$d=\sin^2\theta\cos^2\varphi(1+\tan^2\theta\sin^2\varphi)$，$e=\cos^4\varphi\sin^2\theta\tan^2\theta$，$f=8k^2\sin^2\theta\cos^2\varphi$

由于方位各向异性弹性阻抗方程的量纲会随着入射角和方位角的变化出现剧烈变化的不稳定现象，因此为了得到可靠预测地应力的弹性参数和各向异性参数，需要对方位各向异性弹性阻抗做标准化处理（Whitcombe，2002），得到标准化的方位弹性阻抗方程为：

$$\mathrm{EI}(\theta,\varphi)=\alpha_0\rho_0\left(\frac{\alpha}{\alpha_0}\right)^{a(\theta)}\left(\frac{\beta}{\beta_0}\right)^{b(\theta)}\left(\frac{\rho}{\rho_0}\right)^{c(\theta)}\exp\left(d(\theta,\varphi)\delta^{(\mathrm{V})}+e(\theta,\varphi)\varepsilon^{(\mathrm{V})}+f(\theta,\varphi)\gamma^{(\mathrm{V})}\right) \quad (2\text{–}196)$$

式中　α_0、β_0——分别为纵波速度、横波速度的均值，m/s。

ρ_0——密度的平均值，kg/m^3。

利用经过标准化的方位弹性阻抗方程进行叠前方位地震反演，能够得到稳定且可靠的反演结果。

2. 基于方位各向异性弹性阻抗的反演流程

为了能够从弹性阻抗数据体中反演出稳定的弹性参数和各向异性参数数据体，式（2–192）两端取对数进行线性化处理，即

$$\ln\frac{\mathrm{EI}}{\mathrm{EI}_0}=a(\theta)\ln\frac{\alpha}{\alpha_0}+b(\theta)\ln\frac{\beta}{\beta_0}+c(\theta)\ln\frac{\rho}{\rho_0}+d(\theta,\varphi)\delta^{(\mathrm{V})}+e(\theta,\varphi)\varepsilon^{(\mathrm{V})}+f(\theta,\varphi)\gamma^{(\mathrm{V})} \quad (2\text{–}197)$$

其中

$$\mathrm{EI}_0=\alpha_0\rho_0$$

从式（2–197）可以看出利用线性化后的方位弹性阻抗方程至少需要 6 个不同方位角、不同入射角的弹性阻抗数据体以提取储层的弹性参数（α、β 和 ρ）和各向异性参数（$\delta^{(\mathrm{V})}$、$\varepsilon^{(\mathrm{V})}$ 和 $\gamma^{(\mathrm{V})}$）。为了求解未知数将弹性阻抗简化成

$$\boldsymbol{d}=\boldsymbol{G}\boldsymbol{X} \quad (2\text{–}198)$$

其中，$\boldsymbol{d}$、$\boldsymbol{G}$ 及 $\boldsymbol{X}$ 分别代表：

$$\boldsymbol{d}=\begin{bmatrix}\ln\left[\dfrac{\mathrm{EI}(\theta_1,\varphi_1)}{\mathrm{EI}_0}\right]\\ \ln\left[\dfrac{\mathrm{EI}(\theta_2,\varphi_1)}{\mathrm{EI}_0}\right]\\ \ln\left[\dfrac{\mathrm{EI}(\theta_3,\varphi_1)}{\mathrm{EI}_0}\right]\\ \ln\left[\dfrac{\mathrm{EI}(\theta_1,\varphi_2)}{\mathrm{EI}_0}\right]\\ \ln\left[\dfrac{\mathrm{EI}(\theta_2,\varphi_2)}{\mathrm{EI}_0}\right]\\ \ln\left[\dfrac{\mathrm{EI}(\theta_3,\varphi_2)}{\mathrm{EI}_0}\right]\end{bmatrix};\quad \boldsymbol{X}=\begin{bmatrix}\ln\left(\dfrac{\alpha}{\alpha_0}\right)\\ \ln\left(\dfrac{\beta}{\beta_0}\right)\\ \ln\left(\dfrac{\rho}{\rho_0}\right)\\ \delta^{(\mathrm{V})}\\ \varepsilon^{(\mathrm{V})}\\ \gamma^{(\mathrm{V})}\end{bmatrix};$$

$$\boldsymbol{G}=\begin{bmatrix}a(\theta_1) & b(\theta_1) & c(\theta_1) & d(\theta_1,\varphi_1) & e(\theta_1,\varphi_1) & f(\theta_1,\varphi_1)\\ a(\theta_2) & b(\theta_2) & c(\theta_2) & d(\theta_2,\varphi_1) & e(\theta_2,\varphi_1) & f(\theta_2,\varphi_1)\\ a(\theta_3) & b(\theta_3) & c(\theta_3) & d(\theta_3,\varphi_1) & e(\theta_3,\varphi_1) & f(\theta_3,\varphi_1)\\ a(\theta_1) & b(\theta_1) & c(\theta_1) & d(\theta_1,\varphi_2) & e(\theta_1,\varphi_2) & f(\theta_1,\varphi_2)\\ a(\theta_2) & b(\theta_2) & c(\theta_2) & d(\theta_2,\varphi_2) & e(\theta_2,\varphi_2) & f(\theta_2,\varphi_2)\\ a(\theta_3) & b(\theta_3) & c(\theta_3) & d(\theta_3,\varphi_2) & e(\theta_3,\varphi_2) & f(\theta_3,\varphi_2)\end{bmatrix}$$

已知目标工区的地质和测井信息，可以作为未知数的先验信息加入模型的反演中，考虑先验信息约束的反演方法称为基于模型先验约束的阻尼最小二乘反演方法。

$$\boldsymbol{X}=\boldsymbol{X}_{\mathrm{mod}}+\left[\boldsymbol{G}^{\mathrm{T}}\boldsymbol{G}+\sigma I\right]^{-1}\boldsymbol{G}^{\mathrm{T}}\left(\boldsymbol{d}-\boldsymbol{G}\boldsymbol{X}_{\mathrm{mod}}\right) \tag{2-199}$$

式中　$\boldsymbol{X}_{\mathrm{mod}}$——待反演参数的测井先验信息。

（二）基于贝叶斯理论的叠前地震方位各向异性反演算法

基于贝叶斯理论的叠前地震方位各向异性反演算法是以贝叶斯理论为基础，根据已有的信息设定待估计参数的先验分布，然后将得到的观测信息（即样本信息）融入待估计参数的先验信息中，最后利用方位部分角度叠加地震数据估计方位反射系数，进而实现页岩储层地震叠前反演。

根据页岩储层叠前道集数据可由褶积模型表示为

$$\boldsymbol{d}=\boldsymbol{G}\boldsymbol{m} \tag{2-200}$$

式中　$\boldsymbol{d}$——叠前地震数据矩阵；

$\boldsymbol{G}$——方位叠前道集的正演映射算子矩阵，为子波矩阵和反射系数矩阵的联合矩阵；

$\boldsymbol{m}$——待反演模型参数的反射系数矩阵。

多参数同时反演是页岩储层叠前反演的一个重要特点，而且，模型参数间一般具有相关性，可通过协方差矩阵实现模型去相关，对于 L 个待反演参数，协方差矩阵 $\boldsymbol{C}_m$ 可以表示为

$$\boldsymbol{C}_m=\begin{bmatrix}\sigma_{m_1}^2 & \sigma_{m_1m_2} & \cdots & \sigma_{m_1m_L}\\ \sigma_{m_2m_1} & \sigma_{m_2}^2 & \cdots & \sigma_{m_2m_L}\\ \vdots & \vdots & \ddots & \vdots\\ \sigma_{m_Lm_1} & \sigma_{m_Lm_2} & \cdots & \sigma_{m_L}^2\end{bmatrix} \tag{2-201}$$

式中 $\sigma_{m_i}^2$——第 i 模型参数方差；

$\sigma_{m_im_j}$——模型参数 m_i 和 m_j 之间的协方差，反映模型参数之间的相关性。

利用奇异值分解可以得到消去非对角线元素后的方差矩阵 Σ，实现模型参数去相关处理：

$$\boldsymbol{C}_m=\boldsymbol{S}\Sigma\boldsymbol{S}^{\mathrm{T}}=\boldsymbol{S}\begin{bmatrix}\sigma_{m_1}^2 & 0 & \cdots & 0\\ 0 & \sigma_{m_2}^2 & \cdots & 0\\ \vdots & \vdots & \ddots & \vdots\\ 0 & 0 & \cdots & \sigma_{m_L}^2\end{bmatrix}\boldsymbol{S}^{\mathrm{T}} \tag{2-202}$$

得到特征向量矩阵 $\boldsymbol{S}$，$\boldsymbol{S}$ 为正交矩阵，可以表示为

$$\boldsymbol{S}=\begin{bmatrix}S_{11} & S_{12} & \cdots & S_{1L}\\ S_{21} & S_{22} & \cdots & S_{2L}\\ \vdots & \vdots & \ddots & \vdots\\ S_{L1} & S_{L2} & \cdots & S_{LL}\end{bmatrix} \tag{2-203}$$

对式（2-200）中参数去相关：

$$\begin{aligned}\boldsymbol{G}'&=\boldsymbol{G}\boldsymbol{S}\\ \boldsymbol{m}'&=\boldsymbol{S}^{-1}\boldsymbol{m}\end{aligned} \tag{2-204}$$

可得

$$\boldsymbol{d}=\boldsymbol{G}'\boldsymbol{m}' \tag{2-205}$$

式中 $\boldsymbol{G}'$——去相关后子波系数矩阵；

$\boldsymbol{m}'$——去相关后待反演参数反射系数矩阵。

在实际应用中，可以通过测井数据或者实验数据估算目标层段协方差矩阵，即

$$\boldsymbol{C}_m = \frac{\boldsymbol{m}^{\mathrm{T}}\boldsymbol{m}}{N} \tag{2-206}$$

式中　N——样点数。

根据贝叶斯公式，将似然函数赋给噪声分布函数，假设方位部分角度地震数据的背景噪声服从高斯分布且待估计参数服从 Cauchy 分布，则待反演参数的后验概率分布表示为

$$p\left(\boldsymbol{m}',\sigma_n \mid \boldsymbol{d},I\right) \propto \prod_{i=1}^{M}\left[\frac{1}{1+m'^2_i/\sigma_m^2}\right]\cdot \exp\left[-\frac{\left(\boldsymbol{G}'\boldsymbol{m}'-\boldsymbol{d}\right)^{\mathrm{T}}\left(\boldsymbol{G}'\boldsymbol{m}'-\boldsymbol{d}\right)}{2\sigma_n^2}\right] \tag{2-207}$$

式中　I——方位部分角度地震数据发生概率。

将式（2-207）代入边缘化公式（Downton，2005）中，对公式进行对数化处理后得到基于贝叶斯理论的方位叠前地震反演目标函数为

$$\begin{aligned} F\left(\boldsymbol{m}'\right) &= F_{\mathrm{G}}\left(\boldsymbol{m}\right)' + F_{\mathrm{Cauchy}}\left(\boldsymbol{m}'\right) \\ &= \left(\boldsymbol{d}-\boldsymbol{G}'\boldsymbol{m}'\right)^{\mathrm{T}}\left(\boldsymbol{d}-\boldsymbol{G}'\boldsymbol{m}'\right) + 2\sigma_n^2\sum_{i=1}^{M}\ln\left(1+m_i'^2/\sigma_m^2\right) \end{aligned} \tag{2-208}$$

由上述目标函数反演得到的参数为方位反射系数，为了得到最合理的反演结果，需要对反射系数做进一步的约束，在目标函数中加入平滑模型约束正则项以得到准确稳定的反演结果，最终的目标函数为

$$\begin{aligned} F\left(\boldsymbol{m}'\right) &= F_{\mathrm{G}}\left(\boldsymbol{m}'\right) + F_{\mathrm{Cauchy}}\left(\boldsymbol{m}'\right) + F_{\mathrm{EI}}\left(\boldsymbol{m}'\right) \\ &= \left(\boldsymbol{d}-\boldsymbol{G}'\boldsymbol{m}'\right)^{\mathrm{T}}\left(\boldsymbol{d}-\boldsymbol{G}'\boldsymbol{m}'\right) + 2\sigma_n^2\sum_{i=1}^{M}\ln\left(1+m_i'^2/\sigma_m^2\right) + \xi \end{aligned} \tag{2-209}$$

其中

$$\begin{aligned} \xi = {} & \alpha_{v_{\mathrm{P}}}\left\|\Gamma_{v_{\mathrm{P}}} - \boldsymbol{P}R_{v_{\mathrm{P}}}\right\|_2^2 + \alpha_{v_{\mathrm{S}}}\left\|\Gamma_{v_{\mathrm{S}}} - \boldsymbol{P}R_{v_{\mathrm{S}}}\right\|_2^2 + \alpha_{\rho}\left\|\Gamma_{\rho} - \boldsymbol{P}R_{\rho}\right\|_2^2 + \\ & \alpha_{\varepsilon^{(\mathrm{V})}}\left\|\Gamma_{\varepsilon^{(\mathrm{V})}} - \boldsymbol{P}\varepsilon_0^{(\mathrm{V})}\right\|_2^2 + \alpha_{\delta^{(\mathrm{V})}}\left\|\Gamma_{\delta^{(\mathrm{V})}} - \boldsymbol{P}\delta_0^{(\mathrm{V})}\right\|_2^2 + \alpha_{\gamma^{(\mathrm{V})}}\left\|\Gamma_{\gamma^{(\mathrm{V})}} - \boldsymbol{P}\gamma_0^{(\mathrm{V})}\right\|_2^2, \end{aligned}$$

$\Gamma_{v_{\mathrm{P}}}=1/2\ln\left(v_{\mathrm{P}}/v_{\mathrm{P}_0}\right)$，$\Gamma_{v_{\mathrm{S}}}=1/2\ln\left(v_{\mathrm{S}}/v_{\mathrm{S}_0}\right)$，$\Gamma_{\rho}=1/2\ln\left(\rho/\rho_0\right)$，$\Gamma_{\varepsilon}^{(\mathrm{V})}=\Delta\varepsilon^{(\mathrm{V})}/\varepsilon_0^{(\mathrm{V})}$，$\Gamma_{\delta}^{(\mathrm{V})}=\delta^{(\mathrm{V})}/\delta_0^{(\mathrm{V})}$，$\Gamma_{\gamma}^{(\mathrm{V})}=\Delta\gamma^{(\mathrm{V})}/\gamma_0^{(\mathrm{V})}$

式中　α_i——弹性参数与各向异性参数平滑模型的约束系数，$i=v_{\mathrm{P}}, v_{\mathrm{S}}, \rho, \varepsilon^{(\mathrm{V})}, \delta^{(\mathrm{V})}, \gamma^{(\mathrm{V})}$；

$\boldsymbol{P}$——$\int_{t_0}^{t}\mathrm{d}\tau$，积分算子矩阵；

$R_{v_{\mathrm{P}}}$、$R_{v_{\mathrm{S}}}$、R_{ρ}——分别表示弹性参数反射系数；

$\varepsilon_0^{(\mathrm{V})}$、$\delta_0^{(\mathrm{V})}$、$\gamma_0^{(\mathrm{V})}$——分别表示各向异性参数的初始模型。

最优化目标函数式（2-209）可以得到基于贝叶斯理论的方位各向异性反演方程为

$$\left(\boldsymbol{G'}^{\mathrm{T}}\boldsymbol{G'}+\theta\boldsymbol{Q}+P_{\sigma}\right)\boldsymbol{m}=\left(\boldsymbol{G'}^{\mathrm{T}}\boldsymbol{d}+Q_{\sigma}\right) \tag{2-210}$$

其中

$$\theta=\lambda\frac{\left(\boldsymbol{Gm}-\boldsymbol{d}\right)^{\mathrm{T}}\left(\boldsymbol{Gm}-\boldsymbol{d}\right)/N}{\sigma_1^2}$$

$$P_{\sigma}=\alpha_{v_{\mathrm{P}}}P_{v_{\mathrm{P}}}'^{\mathrm{T}}P_{v_{\mathrm{P}}}'+\alpha_{v_{\mathrm{S}}}P_{v_{\mathrm{S}}}'^{\mathrm{T}}P_{v_{\mathrm{S}}}'+\alpha_{\rho}P_{\rho}'^{\mathrm{T}}P_{\rho}'+\alpha_{\varepsilon^{(\mathrm{V})}}P_{\varepsilon^{(\mathrm{V})}}'^{\mathrm{T}}P_{\varepsilon^{(\mathrm{V})}}'+\alpha_{\delta^{(\mathrm{V})}}P_{\delta^{(\mathrm{V})}}'^{\mathrm{T}}P_{\delta^{(\mathrm{V})}}'+\alpha_{\gamma^{(\mathrm{V})}}P_{\gamma^{(\mathrm{V})}}'^{\mathrm{T}}P_{\gamma^{(\mathrm{V})}}'$$

$$Q_{\sigma}=\alpha_{v_{\mathrm{P}}}P_{v_{\mathrm{P}}}'^{\mathrm{T}}\Gamma_{v_{\mathrm{P}}}+\alpha_{v_{\mathrm{S}}}P_{v_{\mathrm{S}}}'^{\mathrm{T}}\Gamma_{v_{\mathrm{S}}}+\alpha_{\rho}P_{\rho}'^{\mathrm{T}}\Gamma_{\rho}+\alpha_{\varepsilon^{(\mathrm{V})}}P_{\varepsilon^{(\mathrm{V})}}'^{\mathrm{T}}\Gamma_{\varepsilon^{(\mathrm{V})}}+\alpha_{\delta^{(\mathrm{V})}}P_{\delta^{(\mathrm{V})}}'^{\mathrm{T}}\Gamma_{\delta^{(\mathrm{V})}}+\alpha_{\gamma^{(\mathrm{V})}}P_{\gamma^{(\mathrm{V})}}'^{\mathrm{T}}\Gamma_{\gamma^{(\mathrm{V})}}$$

$$\boldsymbol{Q}=\mathrm{diag}\left[\frac{1}{\left(1+m_1'^2/\sigma_1^2\right)^2},\frac{1}{\left(1+m_2'^2/\sigma_2^2\right)^2},\cdots,\frac{1}{\left(1+m_L'^2/\sigma_L^2\right)^2}\right]$$

式中　λ——系数约束项。

通过求解式（2–210）可以得到代求参数的反射系数，进而得到待反演参数的数据体，实现贝叶斯框架下的地震各向异性反演。

第三章
页岩储层“甜点”地震岩石物理

本章首先介绍了页岩的矿物类型和孔隙类型等储层特征，并据此开展了页岩储层地震岩石物理建模研究，给出了详细的建模步骤。其次在测井资料约束下，利用模拟退火算法计算得到了页岩的纵横波速度、各向异性参数等弹性参数。最后分析了页岩储层微观参数的宏观岩石物理响应，为页岩储层“甜点”预测奠定了岩石物理基础。

第一节　页岩储层地震岩石物理模型构建

页岩储层基质矿物类型多样，具有结构复杂、有机质富存、孔隙类型复杂、发育大量微纳米级别的孔隙等因素（杨凤英等，2014；刘倩等，2015；化世榜等，2016），这些因素综合起来，给页岩储层地震岩石物理建模带来极大的困难。不同地质条件的页岩储层差异巨大，目前难以找到一种适用于所有页岩储层的岩石物理建模方法。在岩石物理建模过程中，需要重点考虑页岩的致密性、强各向异性、多类型孔隙等特征（印兴耀等，2013；张广智等，2013；Wang 等，2014；Liu 等，2018；潘新朋等，2018）。此外，目前很少有模型考虑到页岩储层中的干酪根成熟度和微纳米孔隙，而二者对页岩的弹性性质均有较大的影响。因此，需针对不同页岩工区，综合考虑以上几点因素，研究出能反映工区页岩实际情况的岩石物理建模方法。

一、页岩储层特征

（一）矿物类型

页岩储层是一种复杂的孔隙介质，特殊的地质条件使得页岩具有复杂的矿物成分和孔隙流体，按照双相介质理论，可将页岩储层归为一类双相各向异性介质，按物性分为由基质矿物组成的固体骨架和含页岩油、页岩气、水等流体的孔隙空间。通常，由于水平定向排列的黏土矿物和孔隙结构，页岩可视作横向各向同性（VTI）的孔隙介质，而发育的垂直排列的天然裂缝使得页岩呈现 HTI 性质，结合二者，可将页岩储层视为双相正交各向异性（OA）介质，固体骨架及裂缝体现页岩的各向异性，含流体孔隙体现其双相性质。

页岩是沉积岩的一种，是由黏土粒级的颗粒组成的。页岩以小粒径物质为主，岩性多为沥青质或富含有机质的暗色、黑色泥页岩和高碳泥页岩类，岩石组成一般为30%～50%的黏土矿物、15%～25%的粉砂质（石英颗粒）和4%～30%的有机质（图3-1）。此外还发育有长石、方解石、白云石、干酪根、黄铁矿等。横向排列的黏土矿物使得页岩呈现较强的水平层理，即VTI性质，是体现页岩各向异性的主要因素，对页岩储层整体的弹性性质影响巨大。

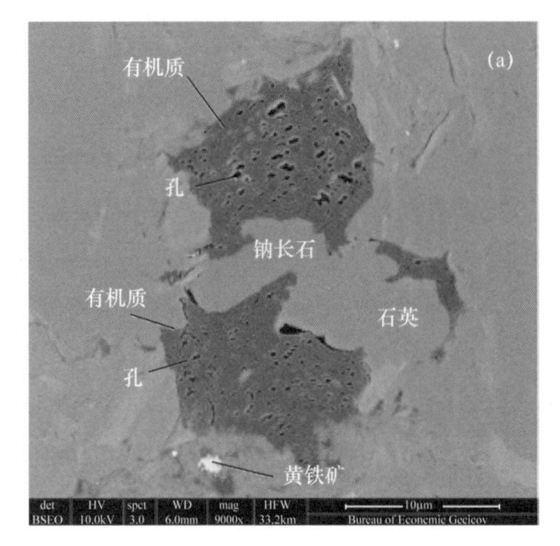

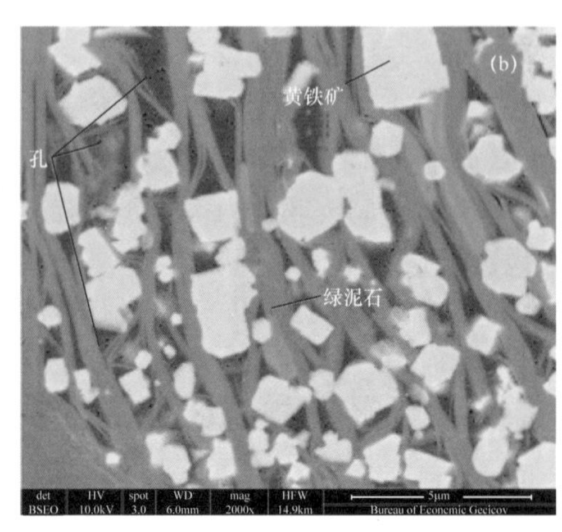

图3-1　页岩微观组分电子显微镜照片（据邹才能等，2010）

页岩油气的工业聚集需要丰富的油气源物质基础，要求生烃有机质含量达到一定标准，那些肥沃的黑色泥页岩通常是页岩油气成藏的最好岩性，它们的形成需要较快速的沉积条件和封闭性较好的还原环境。在页岩油气藏中，地层有机碳含量相对较高，一般大于2%，可以达到普通烃源岩有机碳含量的10～20倍，因此总有机碳（TOC）含量是反映页岩储层中有机质丰度的主要参数，同时也是控制页岩气汇集的主要因素之一。干酪根作为页岩中最主要的有机碳来源，是页岩储层中一类特殊的、标志性的矿物，在不同地质条件下的赋存状态存在较大差异，因此在建模过程中不能一概而论，需要根据实际情况来决定模型中干酪根的添加方式，按照发育程度的不同，既可以将其考虑为孔隙包含物，也可以考虑为背景基质矿物。

一种具有一定代表性的页岩储层地震岩石物理建模方法指出TOC含量是导致页岩纵横波速度与密度降低和各向异性特征增强的诱因之一（Zhu等，2012）。该方法主要有以下4个步骤：

（1）利用Voigt-Reuss-Hill平均计算各向同性基质矿物的等效模量；

（2）利用DEM模型或K-T模型向基质矿物中添加不含流体的硬孔隙，得到干岩石的模量模量；

（3）利用Gassmann方程添加孔隙流体，各向异性固体替换方程描述有机质对于岩石弹性特征的影响，得到饱和岩石的模量；

（4）利用Thomsen各向异性速度公式计算饱和岩石的纵波、横波速度。

在此基础上对干酪根成熟度进行定性分类，将其分为未成熟、成熟、过成熟三个

阶段，在岩石物理建模过程中分别应用不同岩石物理模型添加干酪根的影响（Zhao 等，2016）：

（1）未成熟阶段：假设干酪根为实心固体，作为页岩基质的一部分，起到承重作用，此时用 Backus 平均理论添加干酪根影响。

（2）成熟阶段：将热成熟产生的干酪根相关孔隙度假设为固体干酪根中的夹杂物，首先利用各向异性 DEM 理论得到多孔干酪根的有效弹性模量，再使用 Backus 平均理论添加孔隙内干酪根的影响。

（3）过成熟阶段：由于进一步热成熟作用，干酪根颗粒展现流体纹理的特征，趋向于悬浮在无机矿物中，此时合理地假设有机质不是基质，而是作为孔隙内的填充物质。由于干酪根—流体混合物的剪切模量不为零，因此利用固体替换方程来添加干酪根—流体混合物对页岩整体性质的综合影响。

（二）孔隙类型

页岩储层中孔隙也十分复杂，主要表现为孔隙类型多、结构复杂，孔隙尺度广、尺寸小，孔隙度、渗透率极低，孔隙中油气吸附与游离并存。按尺度和结构的不同分类，页岩中孔隙可分为三类不同的孔隙：有机质中分布的纳米级有机粒内孔隙——微纳米孔隙，无机矿物中纳米—微米级非有机粒间孔隙——常规粒间孔，发育丰富的微米—毫米级天然裂缝——垂直裂缝。页岩储层十分致密，孔隙尺寸极小，主要为微米孔隙和纳米孔隙，其中大部分为纳米孔隙。大部分北美页岩气藏的孔径分布在 5～800nm 之间，渗透率在 0.001～1mD 之间，孔隙度在 1%～5% 之间，表现为超低孔和超低渗的致密多孔介质。页岩中吸附气和游离气并存，其中吸附气可占总量的 20%～80%，通常吸附气受到固—流分子间作用力的影响，主要吸附在有机质表面，游离气主要储集在非有机粒间孔隙和微裂缝中。

在岩石物理建模过程中，与其他岩石的建模不同之处在于需要重点考虑有机质中的微纳米孔隙的影响，页岩中发育的大量纳米级孔隙会对页岩整体物理性质产生影响。物体在接近微纳米级尺度的时候，往往会产生一些反常的现象，这通常是物体表面分子间微观相互作用的宏观响应。为了更好地描述和研究页岩储层，需要寻找适用于页岩储层的微纳米孔隙理论。

当矿物内部包含物尺寸极小时（微纳米级尺度），包含物与基质界面处存在的表面效应极大地影响了介质整体的弹性性质，因此无法忽略表面效应，此时经典的 Eshelby 方法不再适用。将经典的 Eshelby 方法推广到微纳米级尺度上，得到尺寸依赖的微纳米孔隙模型，模型示意如图 3-2 所示。

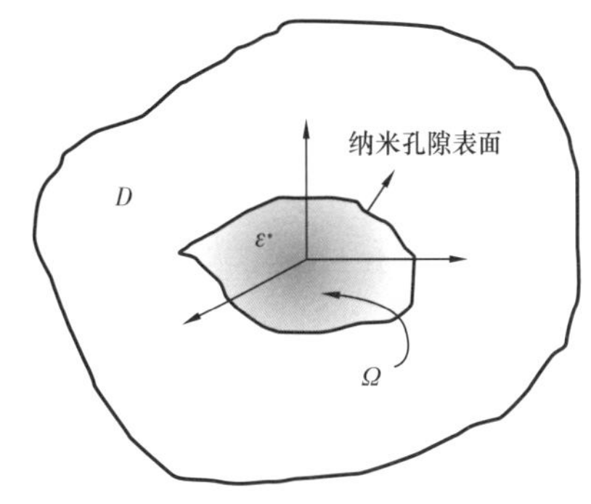

图 3-2　微纳米孔隙模型示意图

考虑一个理想的岩石模型，其中均匀分布相同孔径的微纳米球状孔隙，孔隙内填充包含物，整体孔隙度固定，设为ϕ。考虑孔隙与岩石基质的相互作用，可推导得到岩石内部位移场（Sharma 等，2004）：

$$u=\begin{cases}\mathrm{P\cdot r}, & 0\leqslant r\leqslant R_0\\ Q+\dfrac{T}{r^2}, & R_0\leqslant r\leqslant R_M\end{cases} \tag{3-1}$$

其中

$$Q=\frac{\sigma^{\infty}\left(4\mu^{\mathrm{M}}+3K^{\mathrm{H}}\right)}{3K^{\mathrm{M}}\left(4\mu^{\mathrm{M}}+3K^{\mathrm{H}}\right)-4\phi\mu^{\mathrm{M}}\left[3\Delta K+2K^{\mathrm{s}}/R_{\mathrm{o}}\right]},$$

$$\Delta K=K^{\mathrm{M}}-K^{\mathrm{H}},\quad T=\frac{3\Delta KR_{\mathrm{o}}^{3}}{4\mu^{\mathrm{M}}+3K^{\mathrm{H}}}Q,\quad P=Q+T/R_{\mathrm{o}}^{3}$$

式中　σ^{∞}——整体的外附应力，GPa；

M、H——分别代表基质、孔隙包含物；

K^{s}——定义为表面体积模量，也将其称为表面能，$\mathrm{J/m^2}$，$K^{\mathrm{s}}=2(\lambda^{\mathrm{s}}+\mu^{\mathrm{s}})$；

R_{o}——纳米孔径，nm；

K——经典的体积模量，GPa。

考虑整体外附应力和平均应变与有效体积模量K^{eff}的关系：

$$\sigma^{\infty}=K^{\mathrm{eff}}\langle\varepsilon\rangle \tag{3-2}$$

其中

$$\langle\varepsilon\rangle=\frac{1}{V}\int_{S_M}u\boldsymbol{n}\otimes\boldsymbol{n}\mathrm{d}S$$

式中　$\boldsymbol{n}$——包含物外侧法向向量。

将上式带入公式（3-1）得到岩石整体有效体积模量：

$$K^{\mathrm{eff}}=\frac{1}{3\left(Q+\dfrac{3K^{\mathrm{M}}}{4\mu^{\mathrm{M}}}Q-\dfrac{1}{4\mu^{\mathrm{M}}}\right)} \tag{3-3}$$

分析式（3-3）可发现，除岩石和孔隙包含物的弹性模量以外，含微纳米孔隙的等效岩石的体积模量受纳米孔径R_{o}、孔隙度ϕ以及表面能K^{s}三个参数共同作用。表面效应的本质是纳米孔径和表面能相互博弈的过程，在孔径较小时，表面能极大地改变宏观模量，随着孔径的增大，表面能作用逐渐减小，模型最终退化为经典的Eshelby方法。

水平排列的黏土矿物和垂向排列的裂缝使得页岩表现出较强的正交各向异性，多种孔隙类型并存和有机质干酪根体现出页岩的非均质性。因此页岩是一类非均匀、强正交各向异性、多种孔隙并存的储层，常规的岩石物理模型难以适用，需要寻找更加合理、更能反映页岩实际情况的建模方法。

二、建模思路

下面重点考虑微纳米孔隙和干酪根成熟度分类，通过对模型的进一步改进，构建了一种新的页岩储层等效介质模型。在建模过程中主要考虑以下几点因素：

（1）混合流体体积模量求取：计算常规粒间孔内混合流体模量（以孔隙只含水和气为例）；

（2）孔隙分类：按照孔隙尺寸和结构分为无机矿物间的常规硬孔，有机质干酪根内分布的微纳米孔隙和定向排列的垂直裂缝，假设常规孔隙和垂直裂缝中填充水和页岩气，微纳米孔隙中只填充页岩气，利用微纳米孔隙理论添加微纳米孔隙影响；

（3）各向同性基质矿物模量求取：包括石英、长石、方解石、黄铁矿等；

（4）添加各向异性矿物模量：包括黏土矿物和干酪根，重点在于根据三种不同类型干酪根建立三种不同成熟度模型；

（5）纵横波速度计算：利用 Thomsen 各向异性速度计算公式计算饱和岩石的纵波、横波速度。

（一）混合流体体积模量

页岩气在页岩中以吸附态和游离态两种形式赋存，以吸附态聚集在有机质和微纳米孔表面，又以游离态赋存在常规孔隙和微裂缝中。考虑常规孔隙和垂直裂缝中填充水和气，微纳米孔隙中只填充气，因此孔隙流体在页岩中呈现非均匀分布，而 Wood 公式假设流体混合物和岩石其他组分都是各向同性、线性和弹性的，因此无法应用于页岩储层的混合流体体积模量求取。这里采用 Vogit–Reuss–Hill 平均求取孔隙内气—水混合的等效体积模量。微纳米孔隙中流体可以假设为含气饱和度为 100%，体积模量为气体体积模量，所有流体的剪切模量均设为 0。

（二）岩石基质模量

页岩气储层的复杂性体现在各个方面，除开其他因素，如多孔隙类型、多相流体、非均匀、强各向异性等，页岩的各向同性背景矿物的成分也十分复杂，可根据所建模的工区，按照实际情况选取具体组分。本节参照中国某页岩气工区的测井数据，主要考虑的有石英、长石、方解石、白云石和黄铁矿。由于这些矿物在页岩中随机排列，宏观上表现出各向同性，采用各向同性 SCA 模型计算混合基质矿物的弹性模量。

（三）耦合硬孔隙

根据上面的分析，常规硬孔隙发育在无机背景矿物中，假设硬孔隙为均匀分布在页岩中的球状孔隙，孔隙内填充水和气的混合流体，这里采用 DEM 模型向基质矿物中添加含混合流体的硬孔隙。

（四）耦合层状黏土

页岩中的黏土矿物呈水平层状排列，表现出很强的横向各向同性性质，是导致页岩强各向异性的主控因素。首先构建各向同性的弹性矩阵，作为初始值，再利用各向异性 SCA–DEM 模型向第三步的等效岩石中添加黏土矿物的影响。

（五）耦合干酪根

向第四步中的等效横向各向同性岩石中添加干酪根，考虑到地层中的热演化过程，这里将干酪根分为未成熟阶段、成熟阶段、过成熟阶段三种情况，并按照分类将有机质微纳米孔隙耦合到干酪根中。

（六）耦合垂直裂缝

假设垂直裂缝为椭球状，裂缝内充填气—水混合物，采用 Eshelby–Cheng 模型向第五步得到的等效岩石中加入垂向排列的裂缝。

（七）页岩等效岩石

通过上述 6 步建模，得到了等效双相 OA 介质岩石模型，并求得了等效岩石的弹性矩阵 C_{ij}^{eff}，利用 Tsvankin 准纵波和准横波的垂向速度和 7 个表示各向异性强度的无量纲的参数来表征正交各向异性介质的弹性性质。

页岩储层地震岩石物理建模整体流程图如图 3–3 所示：

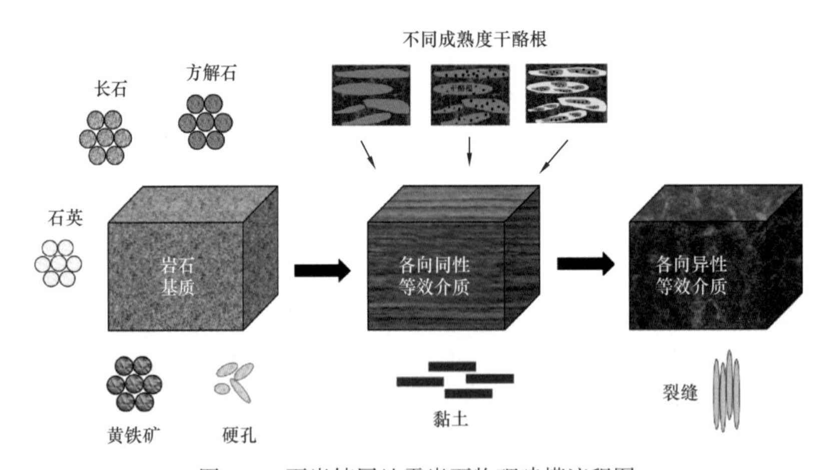

图 3–3　页岩储层地震岩石物理建模流程图

三、页岩岩石物理模型实际应用

利用 Vernik 和 Liu 的实验室测量数据对上述的横波速度估算方法进行测试，测试中选用 70MPa 下盐水饱和的页岩岩样数据——10 个岩样的孔隙度、密度、干酪根含量、纵波速度、横波速度和各向异性参数。计算所需的部分参数详见表 3–1。图 3–4 是应用页岩岩石物理模型进行速度估算的纵波速度（图 3–4a）和横波速度（图 3–4b）结果。从图 3–4 中可以看出，该模型比较适合页岩工区建模。

表 3-1 输入参数

参数名	参数值
砂岩的体积 / 剪切模量	37/33GPa
泥岩的体积 / 剪切模量	21/7GPa
干酪根的体积 / 剪切模量	2.9/2.7GPa
水的体积 / 剪切模量	2.5/0GPa
硬孔隙 / 软孔隙纵横比	1/0.01

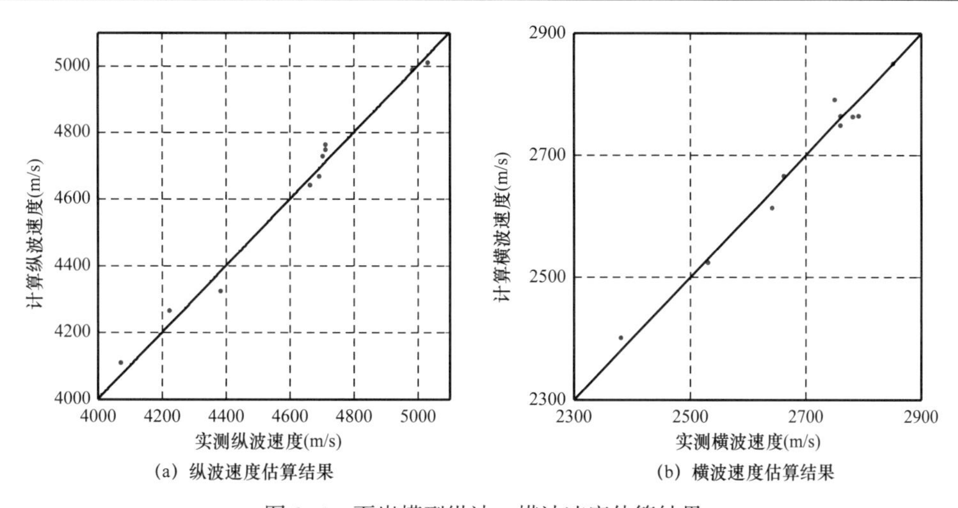

图 3-4 页岩模型纵波、横波速度估算结果

第二节 页岩储层岩石模量计算方法

一、页岩储层岩石模量计算方法

第 1 步：采用 Vogit-Reuss-Hill 平均求取孔隙内气—水混合的等效体积模量。页岩储层中含气饱和度计算公式如下所示：

$$S_g=1-S_w \tag{3-4}$$

式中 S_g——含气饱和度，%；

S_w——含水饱和度，%。

页岩气储层中孔隙度为常规硬孔隙、微纳米孔隙和裂缝三类孔隙度的总和，则常规硬孔隙和垂直裂缝中的含气饱和度如下：

$$S_{(p,f)g}=\frac{S_g\phi}{\phi_{p,f}} \tag{3-5}$$

式中 ϕ——页岩的总孔隙度，%；

$\phi_{p,f}$——常规硬孔隙和裂缝的孔隙度之和，%；

S_g——总的含气饱和度，%，则硬孔和裂缝中的含水饱和度为 $S_{(p,f)w}=1-S_{(p,f)g}$。

根据 Vogit–Reuss–Hill 平均，硬孔和裂缝中混合流体的体积模量 $K_{(p,f)f}$ 表示为

$$K_{(p,f)f}=\frac{1}{2}\left\{\left(S_{(p,f)w}K_w+S_{(p,f)g}K_g\right)+1/\left[\frac{S_{(p,f)w}}{K_w}+\frac{S_{(p,f)g}}{K_g}\right]\right\} \tag{3-6}$$

微纳米孔隙中流体含气饱和度为 100%，体积模量为气体体积模量，所有流体的剪切模量均设为 0。

第 2 步：采用各向同性 SCA 模型计算各向同性背景矿物混合基质的弹性模量；

$$\begin{aligned}&\text{Qua}\left(K_{\text{Qua}}-K_{m1}^*\right)P^{*\text{Qua}}+\text{Fel}\left(K_{\text{Fel}}-K_{m1}^*\right)P^{*\text{Fel}}+\text{Cal}\left(K_{\text{Cal}}-K_{m1}^*\right)P^{*\text{Cal}}+\\&\text{Dol}\left(K_{\text{Dol}}-K_{m1}^*\right)P^{*\text{Dol}}+\text{Pyr}\left(K_{\text{Pyr}}-K_{m1}^*\right)P^{*\text{Pyr}}=0\end{aligned} \tag{3-7}$$

$$\begin{aligned}&\text{Qua}\left(\mu_{\text{Qua}}-\mu_{m1}^*\right)Q^{*\text{Qua}}+\text{Fel}\left(\mu_{\text{Fel}}-\mu_{m1}^*\right)Q^{*\text{Fel}}+\text{Cal}\left(\mu_{\text{Cal}}-\mu_{m1}^*\right)Q^{*\text{Cal}}+\\&\text{Dol}\left(\mu_{\text{Dol}}-\mu_{m1}^*\right)Q^{*\text{Dol}}+\text{Pyr}\left(\mu_{\text{Pyr}}-\mu_{m1}^*\right)Q^{*\text{Pyr}}=0\end{aligned} \tag{3-8}$$

式中　Qua、Fel、Cal、Dol 和 Pyr——分别代表石英、长石、方解石、白云石和黄铁矿的体积百分比；

K^*_{m1}、μ^*_{m1}——分别为基质矿物的等效体积模量和剪切模量，GPa；

P^*、Q^*——包含物的几何因子。

第 3 步：采用 DEM 模型向基质矿物中添加含混合流体的硬孔隙，球状孔隙的孔隙纵横比设为 1；

$$\frac{\mathrm{d}K_{m2}^*}{\mathrm{d}\left(\phi_p\right)}=\frac{\left(K_2-K_{m2}^*\right)P^*\left(\phi_p\right)}{1-\phi_p} \tag{3-9}$$

$$\left.\begin{aligned}&\frac{\mathrm{d}\mu_{m2}^*}{\mathrm{d}\left(\phi_p\right)}=\frac{\left(\mu_2-\mu_{m2}^*\right)Q^*\left(\phi_p\right)}{1-\phi_p}\\&K_{m2}^*(0)=K_{m1}^*,\quad \mu_{m2}^*(0)=\mu_{m1}^*\end{aligned}\right\} \tag{3-10}$$

式中　ϕ_p——硬孔隙的孔隙度，%；

K^*_{m2}、μ^*_{m2}——分别为耦合硬孔隙后的等效岩石体积模量和剪切模量，GPa。

第 4 步：利用第 3 步得到的等效岩石体积模量和剪切模量构建各向同性的弹性矩阵，作为初始值，再利用各向异性 SCA–DEM 模型向第 3 步的等效岩石中添加黏土矿物的影响；

$$\underline{\boldsymbol{C}}_1^{\text{SCA}}=\sum_{n=1}^{N}v_n\underline{\boldsymbol{C}}^n\left[I+\hat{\underline{\boldsymbol{G}}}\left(\underline{\boldsymbol{C}}^n-\underline{\boldsymbol{C}}_1^{\text{SCA}}\right)\right]^{-1}\times\left\{\sum_{n=1}^{N}v_n\left[I+\hat{\underline{\boldsymbol{G}}}\left(\underline{\boldsymbol{C}}^n-\underline{\boldsymbol{C}}_1^{\text{SCA}}\right)\right]^{-1}\right\}^{-1} \tag{3-11}$$

式中　N——表示等效岩石和黏土两项，N=2；

v_n——第 3 步的各向同性等效岩石和黏土颗粒的体积含量，%；

$\underline{\boldsymbol{C}}$——基质矿物和黏土的弹性矩阵；

$\hat{\underline{\boldsymbol{G}}}$——包含物的几何张量。

第 5 步：根据干酪根成熟度不同，采用不同的方式耦合干酪根；

在未成熟阶段，干酪根表现为实心固体，考虑为页岩基质的一部分，此时与常规建模一样，不考虑微纳米孔隙的影响。直接采用各向异性 SCA–DEM 模型往等效岩石中添加干酪根。

$$\underline{\boldsymbol{C}}_2^{\mathrm{SCA}}=\sum_{n=1}^{N}v_n\underline{\boldsymbol{C}}^n\left[I+\hat{\underline{\boldsymbol{G}}}\left(\underline{\boldsymbol{C}}^n-\underline{\boldsymbol{C}}_2^{\mathrm{SCA}}\right)\right]^{-1}\times\left\{\sum_{n=1}^{N}v_n\left[I+\hat{\underline{\boldsymbol{G}}}\left(\underline{\boldsymbol{C}}^n-\underline{\boldsymbol{C}}_2^{\mathrm{SCA}}\right)\right]^{-1}\right\}^{-1} \tag{3-12}$$

式中　I——单位向量。

在成熟阶段，干酪根受地层热演化过程的影响，开始受热转化、分解，内部出现大量微纳米孔隙，孔内填充干酪根分解产生的页岩油气。此时首先采用式（3–3）的微纳米孔隙模型计算含微纳米孔隙的干酪根的弹性模量，再利用各向异性 SCA–DEM 模型向页岩基质中添加干酪根。

$$\underline{\boldsymbol{C}}_2^{\mathrm{SCA}}=\sum_{n=1}^{N}v_n\underline{\boldsymbol{C}}^n\left[I+\hat{\underline{\boldsymbol{G}}}\left(\underline{\boldsymbol{C}}^n-\underline{\boldsymbol{C}}_2^{\mathrm{SCA}}\right)\right]^{-1}\times\left\{\sum_{n=1}^{N}v_n\left[I+\hat{\underline{\boldsymbol{G}}}\left(\underline{\boldsymbol{C}}^n-\underline{\boldsymbol{C}}_2^{\mathrm{SCA}}\right)\right]^{-1}\right\}^{-1} \tag{3-13}$$

在过成熟阶段，干酪根进一步受热分解，演化为细小的颗粒，与孔隙流体混合形成悬浮物，此时孔隙内填充固—流混合物，流体剪切模量不为零，Brown–Korringa 各向异性流体替换方程不再适用。首先采用微纳米孔隙模型计算含微纳米孔隙干酪根颗粒的弹性模量，再利用 Voigt 平均计算干酪根—流体混合物的弹性模量，

$$\left.\begin{aligned}K_{\text{mixture}}&=V_{\text{kerogen}}/\left(V_{\text{kerogen}}+\phi_{\text{kerogen}}\right)K_{\text{kerogen}}+\phi_{\text{kerogen}}/\left(V_{\text{kerogen}}+\phi_{\text{kerogen}}\right)K_{\text{fluid}}\\\mu_{\text{mixture}}&=V_{\text{kerogen}}/\left(V_{\text{kerogen}}+\phi_{\text{kerogen}}\right)\mu_{\text{kerogen}}+\phi_{\text{kerogen}}/\left(V_{\text{kerogen}}+\phi_{\text{kerogen}}\right)\mu_{\text{fluid}}\end{aligned}\right\} \tag{3-14}$$

式中　V_{kerogen}——干酪根的体积分数，%；

ϕ_{kerogen}——与干酪根有关的孔隙度，%。

最后利用各向异性固体替换方程向页岩基质中添加含微纳米孔隙干酪根颗粒——孔隙流体混合物。

$$s_{ijkl}^{\text{sat}}=s_{ijkl}^{\text{dry}}-\frac{\left(s_{ijkl}^{\text{dry}}-s_{ijkl}^{0}\right)\left(s_{mnpq}^{\text{dry}}-s_{mnpq}^{0}\right)}{\left[\left(s^{\text{dry}}-s^{0}\right)+\left(V_{\text{kerogen}}+\phi_{\text{kerogen}}\right)\left(s^{\text{mixture}}-s^{\phi}\right)\right]_{mnpq}} \tag{3-15}$$

式中　s_{ijkl}^{sat}——饱和岩石的等效柔度张量，m/N；

s_{ijkl}^{dry}、s^{dry}——干岩石的等效柔度张量，m/N；

s^0——基质的等效柔度张量，m/N。

通过合理的假设，构建了三类不同成熟度干酪根模型，示意图如图 3–5 所示。在实际应用中可先判定工区内干酪根成熟度，再选择相应的干酪根添加方式。

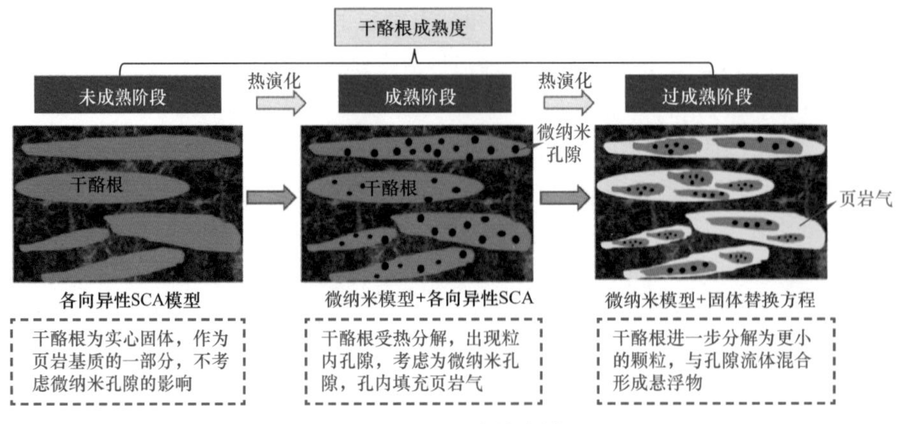

图 3-5　干酪根成熟度模型

第 6 步：假设垂直裂缝为椭球状，裂缝内充填气—水混合物，采用 Eshelby–Cheng 模型向第 5 步得到的等效岩石中加入垂向排列的裂缝，

$$\boldsymbol{C}_{ij}^{\mathrm{eff}}=\underline{\boldsymbol{C}}_{2}^{\mathrm{SCA}}-\phi\boldsymbol{C}_{ij}^{\Delta} \tag{3-16}$$

式中　$\underline{\boldsymbol{C}}_{2}^{\mathrm{SCA}}$——第 5 步求得的等效弹性矩阵；

$-\phi\boldsymbol{C}_{ij}^{\Delta}$——垂直裂缝引起的各向异性弹性矩阵。

第 7 步：利用第 6 步得到的等效刚度矩阵计算 OA 介质的 7 个各向异性参数和 2 个裂缝参数，具体表示如下：

$$v_{\mathrm{P0}}=\sqrt{\frac{c_{33}}{\rho}} \tag{3-17}$$

$$v_{\mathrm{S0}}=\sqrt{\frac{c_{55}}{\rho}} \tag{3-18}$$

$$\varepsilon^{(1)}=\frac{c_{22}-c_{33}}{2c_{33}} \tag{3-19}$$

$$\varepsilon^{(2)}=\frac{c_{11}-c_{33}}{2c_{33}} \tag{3-20}$$

$$\gamma^{(1)}=\frac{c_{66}-c_{55}}{2c_{55}} \tag{3-21}$$

$$\gamma^{(2)}=\frac{c_{66}-c_{44}}{2c_{44}} \tag{3-22}$$

$$\delta^{(1)}=\frac{(c_{23}+c_{44})^{2}-(c_{33}-c_{44})^{2}}{2c_{33}(c_{33}-c_{44})} \tag{3-23}$$

$$\delta^{(2)}=\frac{(c_{13}+c_{55})^2-(c_{33}-c_{55})^2}{2c_{33}(c_{33}-c_{55})} \tag{3-24}$$

$$\delta^{(3)}=\frac{(c_{12}+c_{66})^2-(c_{11}-c_{66})^2}{2c_{11}(c_{11}-c_{66})} \tag{3-25}$$

根据建立的岩石物理等效模型，重点考虑正交各向异性、孔隙类型、干酪根成熟度分类及微纳米孔隙等因素，利用已知测井数据计算页岩的弹性模量。页岩弹性模量计算的流程如图 3–6 所示。

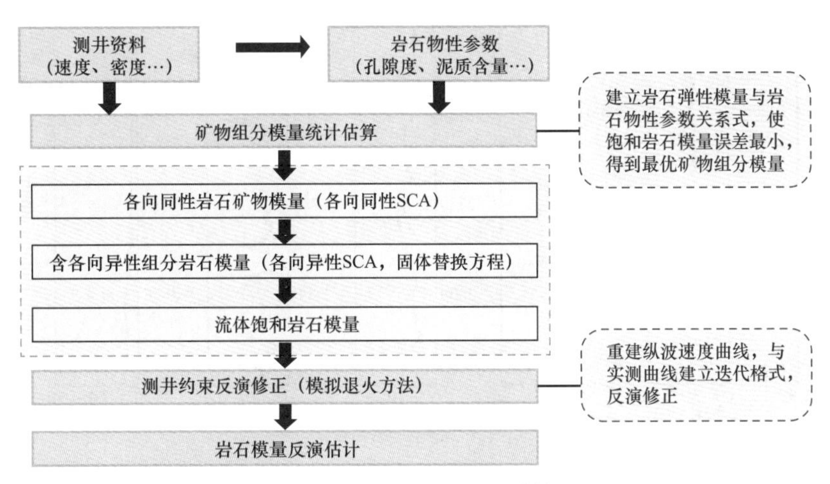

图 3–6 页岩储层弹性模量计算流程

二、基于岩石物理模型的横波速度计算方法

选取中国西南某工区页岩气 X8 井对所建模型进行验证分析。该井为一低孔低渗页岩气井，有效孔隙度和干酪根含量都小于 0.1，页岩基质矿物分布有石英、长石、黏土、方解石、白云石、干酪根、黄铁矿。各矿物组分体积模量、剪切模量和密度参数见表 3–2，图 3–7 展示各组分含量，给定微纳米孔径为 10nm，表面能为 5.5J/m^2，假设微纳米孔隙在干酪根中的等效孔隙度为 0.2。

表 3–2 X8 井页岩储层模型参数表

参数	石英	黏土	方解石	长石	白云石	干酪根	黄铁矿	水	页岩气
体积模量（GPa）	36.0	25.0	40.7	27.6	54.9	2.9	147.4	2.0	0.3
剪切模量（GPa）	39.0	11.5	35.7	21.6	43.6	2.7	132.5	0	0

上述测井数据，以实际纵波速度为约束，利用测井约束反演重新估计硬孔、垂直裂缝孔隙度的比例，最终估算出三种不同成熟度页岩模型下的横波速度。

三种成熟度模型的预测结果如图 3–8 所示。观察图 3–8，纵波速度作为建模过程中的约束条件，其在三种模型下计算得到的曲线与实际曲线拟合良好，因此验证了新模型的正

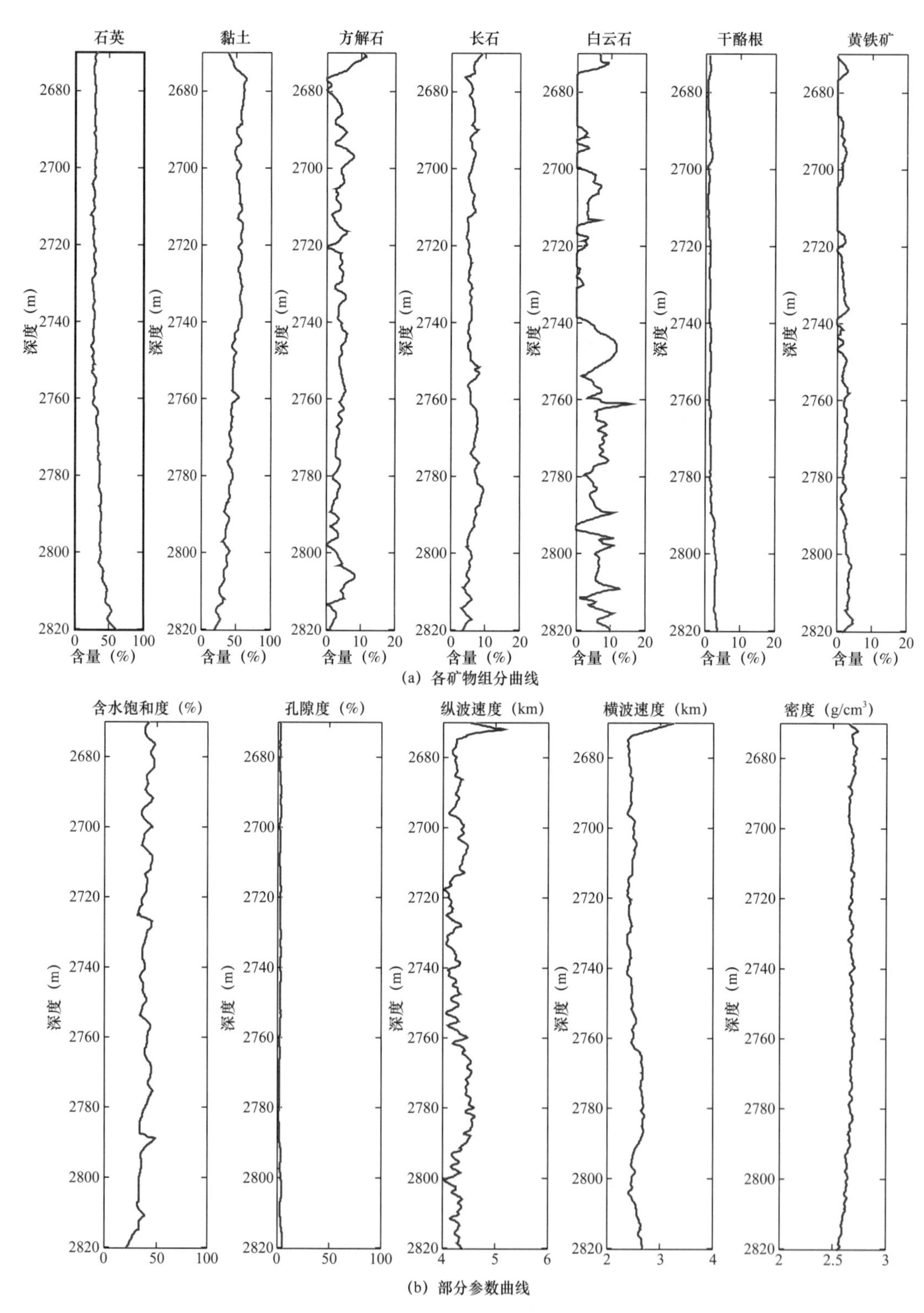

(a) 各矿物组分曲线

(b) 部分参数曲线

图 3-7　X8 井页岩相关参数

确性和适用性。同样的，在纵波速度约束下，横波速度曲线整体拟合良好，对比观察（尤其是蓝色虚线框部分）三种模型，过成熟模型的计算横波速度更拟合实际测井曲线，一定程度上反映该工区干酪根发育大致处于过成熟阶段。整体来看，建模结果准确地判定了该工区干酪根成熟度，说明此建模方法还可对工区内干酪根成熟度进行定性分析。

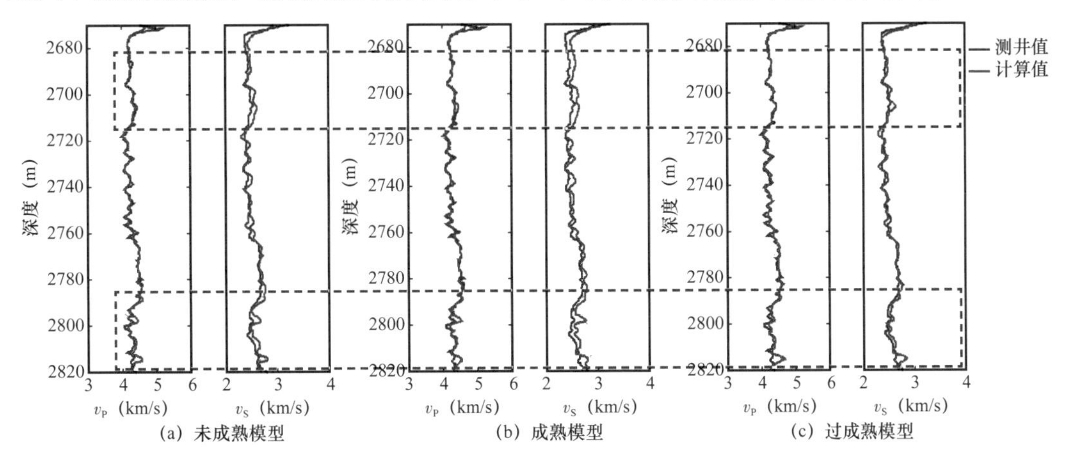

图 3-8　三种成熟度模型的横波速度预测结果

图 3-9 为利用误差计算公式 $err = \frac{v_{s-cal} - v_S}{v_S}$ 计算并统计得到的横波速度误差分布图。图 3-9 更直观地展示了三种模型下横波速度的计算值和实测值的差异，显然，过成熟模型的横波速度误差要小于未成熟模型和成熟模型下的横波速度误差。

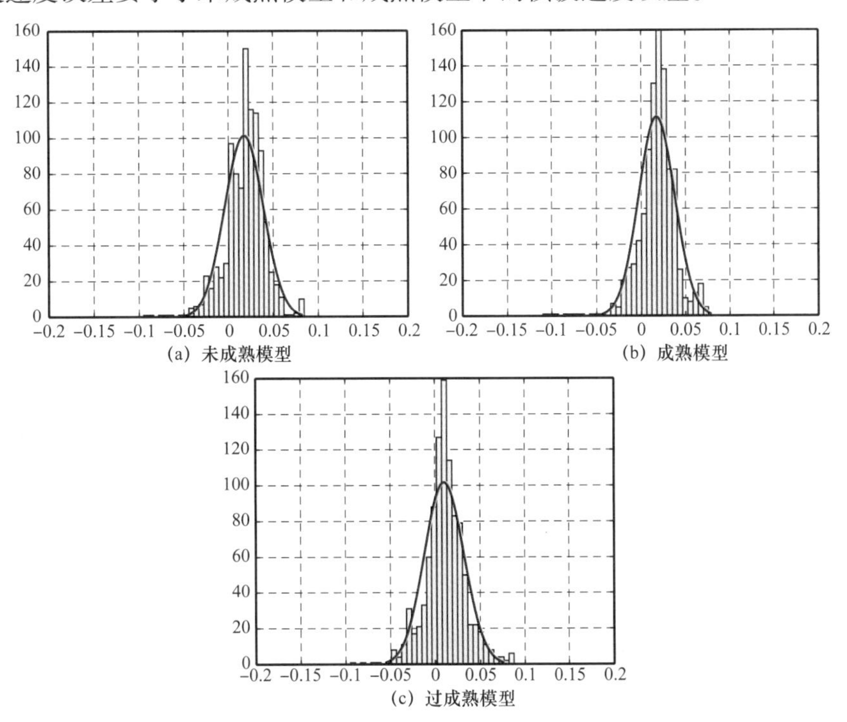

图 3-9　三种成熟度模型下的横波速度误差分布

根据 OA 介质各向异性参数计算公式，可以计算出三种干酪根成熟度模型下的各向异性参数以及裂缝的切向柔度 ΔT 和法向柔度 ΔN。

图 3-10 为预测的 OA 介质各向异性参数，可以很明显地观察到，过成熟模型预测到的值表现出最强的各向异性特征，而未成熟模型则预测到最弱的各向异性特征，成熟模型居中。

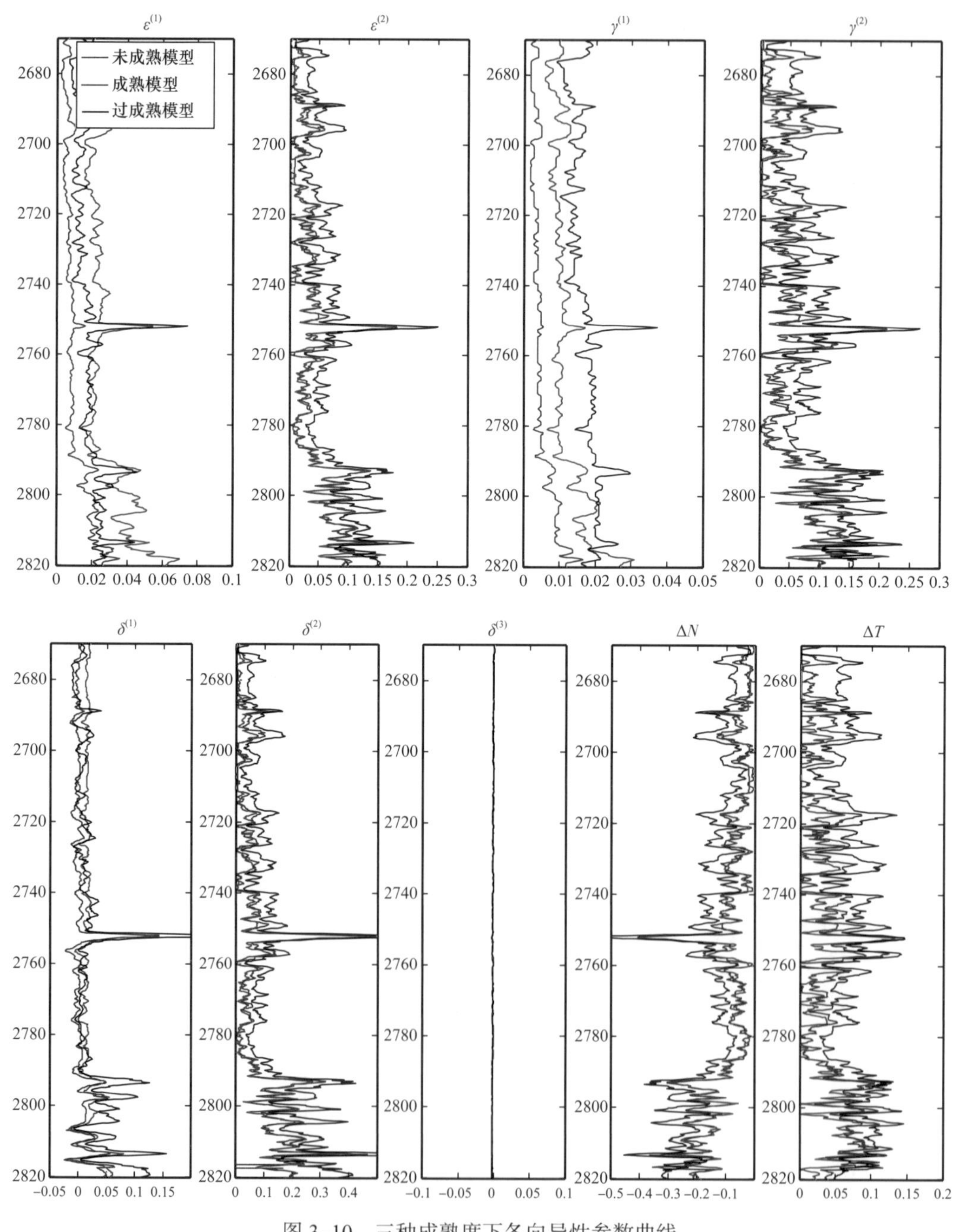

图 3-10　三种成熟度下各向异性参数曲线

第三节　页岩储层“甜点”岩石物理响应及其影响因素

一、页岩岩石物理模型影响因素

页岩储层各向异性岩石物理模型可用来估算岩石的等效弹性模量、裂缝密度和各向异性参数。所需要已知的模型参数包括岩石的孔隙度、密度、含水饱和度、石英含量、方解石含量、泥质含量等，这些参数均由实际工区的测井数据得到。除了实际工区的测井数据，还应已知岩石及流体弹性模量等实验参数，对于有条件的情况下可以通过实验室测量得到，条件不足的情况下可以用经验值代替。各向异性页岩岩石物理模型的部分参数见表3-2。

分析页岩储层特征，针对页岩不同组分采用不同等效介质理论进行耦合，使建模得到的等效页岩模型不断逼近、拟合实际页岩，这实际上是一个不断迭代的过程。按照构思，最终得到的页岩模型应该与实际页岩十分接近，则计算的等效弹性参数也应该反映实际页岩的情况。等效弹性参数还依赖于物性参数，因此有必要分析物性参数变化对弹性参数的响应。分析等效纵横波速度和微纳米孔径参数间的关系，并分析不同成熟度模型下各向异性参数和页岩储层工程“甜点”随储层物性参数变化的趋势。在分析某一具体参数时，假设其他参数固定不变，这一假设尽管不完全满足实际情况，但不影响曲线整体趋势。

（一）微纳米孔径参数

孔径和表面能是本章探讨的微纳米孔隙模型中最重要的两个参数，二者的取值直接影响到岩石整体的弹性性质。

这里取一组数据，其中有效孔隙度为0.05，假设常规硬孔（孔隙纵横比为0.8）的孔隙度占80%，垂直裂缝孔隙度占20%（裂缝纵横比为0.01），有效孔隙含水饱和度为0.4。只考虑石英、黏土以及干酪根三种矿物，各矿物组分含量分别为石英0.4、黏土0.5、干酪根0.1。

图3-11　微纳米孔孔隙度示意图

一般来说，微纳米孔隙不存在所谓的孔隙度的概念，为表述方便，用等效孔隙度来表示微纳米孔隙占背景基质的百分比，等效孔隙度的计算方式如图3-11所示。对于测井来讲，微纳米孔隙的百分比属于无效的孔隙度，无法通过测井手段获得。本章建立的页岩模型中，考虑微纳米孔隙只存在有机质干酪根中，因此假设微纳米孔的孔隙度占干酪根的一部分，这里合理地给定微纳米孔在干酪根中的等效孔隙度为0.2。具体的数值可能需要通过扫描隧道显微镜或分子动力学实验等手段获得。

图3-12、图3-13、图3-14分别为等效纵横波速度及其速度比随微纳米孔径 R_o 和

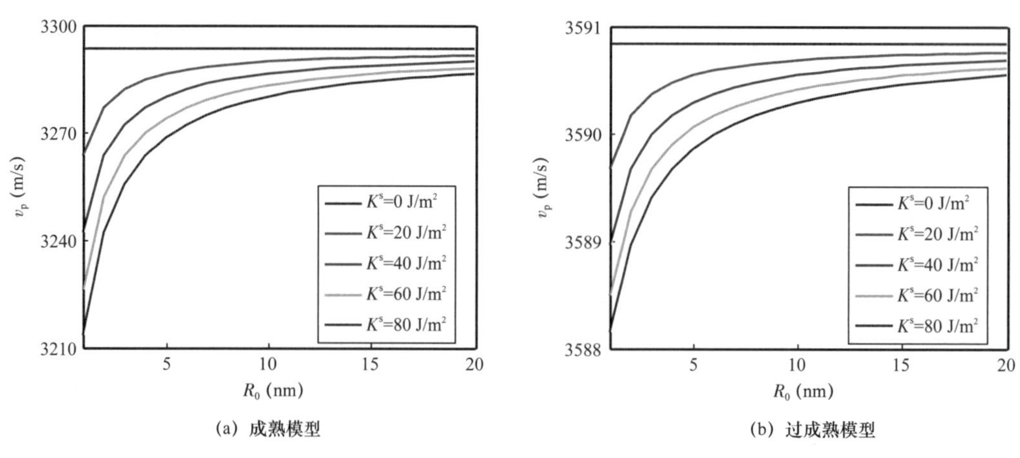

(a) 成熟模型　　(b) 过成熟模型

图 3-12　两种模型下等效纵波速度随纳米孔径参数变化

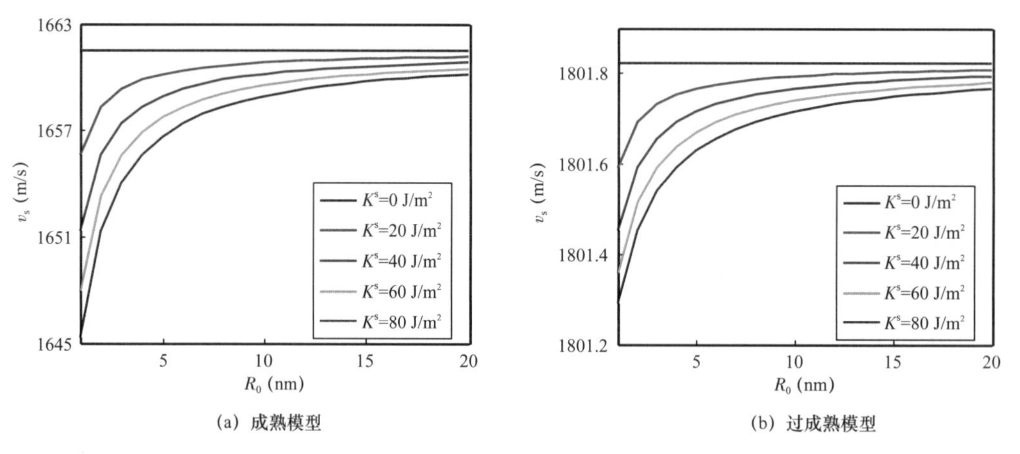

(a) 成熟模型　　(b) 过成熟模型

图 3-13　两种模型下等效横波速度随纳米孔径参数变化

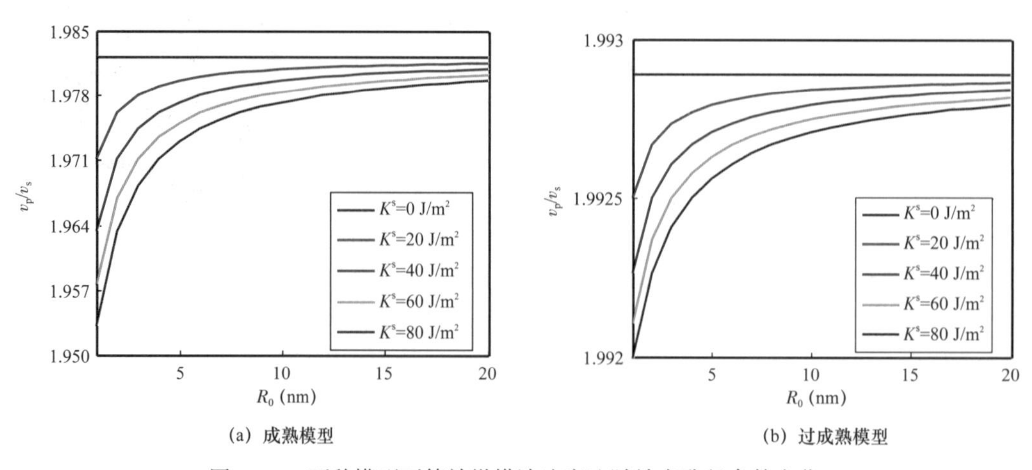

(a) 成熟模型　　(b) 过成熟模型

图 3-14　两种模型下等效纵横波速度比随纳米孔径参数变化

表面能 K_s 变化曲线。从图中可以看出，两种模型下等效纵横波速度及其速度比随微纳米孔径增大而增大，随表面能增大而减小。当孔径较小时，等效纵横波速度及其速度比随纳米孔径的增大快速增大，该趋势在微纳米孔径大于 10nm 后逐渐趋于平缓；表面能为零时速度不随孔径变化而变化，说明表面能是纳米孔效应的主控因素之一。微纳米孔径和表面能的存在减小了等效纵横波速度，同时也说明了在微纳米级尺度下表面效应是影响页岩宏观弹性性质的重要因素。

下面分析微纳米孔径参数对 7 个正交各向异性参数的响应特征。

整体观察图 3-12、图 3-13、图 3-14，相比于等效横波，等效纵波对纳米孔参数的变化更加敏感，这是因为表面效应主要影响孔隙流体的体积模量，而对控制横波速度的剪切模量则影响较小；对比成熟模型和过成熟模型，过成熟模型中等效纵横波速度及其速度比随纳米孔径参数的变化幅度远小于成熟模型中的变化幅度，造成这一现象的原因可能是在过成熟阶段，干酪根受到热演化作用进一步发生分解，大量原有的微纳米孔径（1～20nm）演化为新的孔径更大的孔隙（＞20nm），而这部分新孔隙对速度变化影响相对较小。

图 3-15 显示了两种成熟度模型下岩石等效各向异性参数随微纳米孔径参数变化的趋势。各向异性参数变化趋势与速度变化趋势类似，成熟模型下各向异性参数随纳米孔径参数变化幅度要远大于过成熟模型，甚至有部分参数基本不随纳米孔径参数变化而变化。

（二）页岩储层工程“甜点”参数随微纳米孔径参数变化

进一步分析微纳米孔径参数对页岩气工程“甜点”造成的影响。这里分析的页岩工程“甜点”包括脆性和水平地应力差异比两种，脆性表明页岩是否易压裂，而水平地应力差异比是评价页岩气储层是否可压裂成网的重要参数。

按照需求不同，脆性可以定义成不同形式，这里将脆性指数（BI）定义为杨氏模量（E）和密度（ρ）的乘积，如下所示：

$$\mathrm{BI} = E\rho \tag{3-26}$$

考虑页岩 OA 特征的正交各向异性水平地应力差异比（ODHSR）表示为（马妮等，2017）

$$\mathrm{ODHSR} = \frac{(C_{12}C_{23}-C_{22}C_{13})\left[C_{13}(C_{23}-C_{13})+C_{33}(C_{11}-C_{12})\right]-(C_{12}C_{13}-C_{11}C_{23})\left[C_{33}(C_{22}-C_{12})+C_{23}(C_{13}-C_{23})\right]}{(C_{23}C_{13}-C_{12}C_{33})(C_{12}C_{23}-C_{22}C_{13})-(C_{22}C_{33}-C_{23}^2)(C_{12}C_{13}-C_{11}C_{23})} \tag{3-27}$$

其中 $\boldsymbol{C}_{ij}$ 为等效 OA 介质的弹性矩阵，ODHSR 同时考虑了各向异性垂向和水平方向的地应力作用，更符合实际页岩气储层，它的值越低表明地层越容易压裂成网状结构。

图 3-16、图 3-17 表现出不同成熟度下工程“甜点”参数随微纳米孔径参数的变化

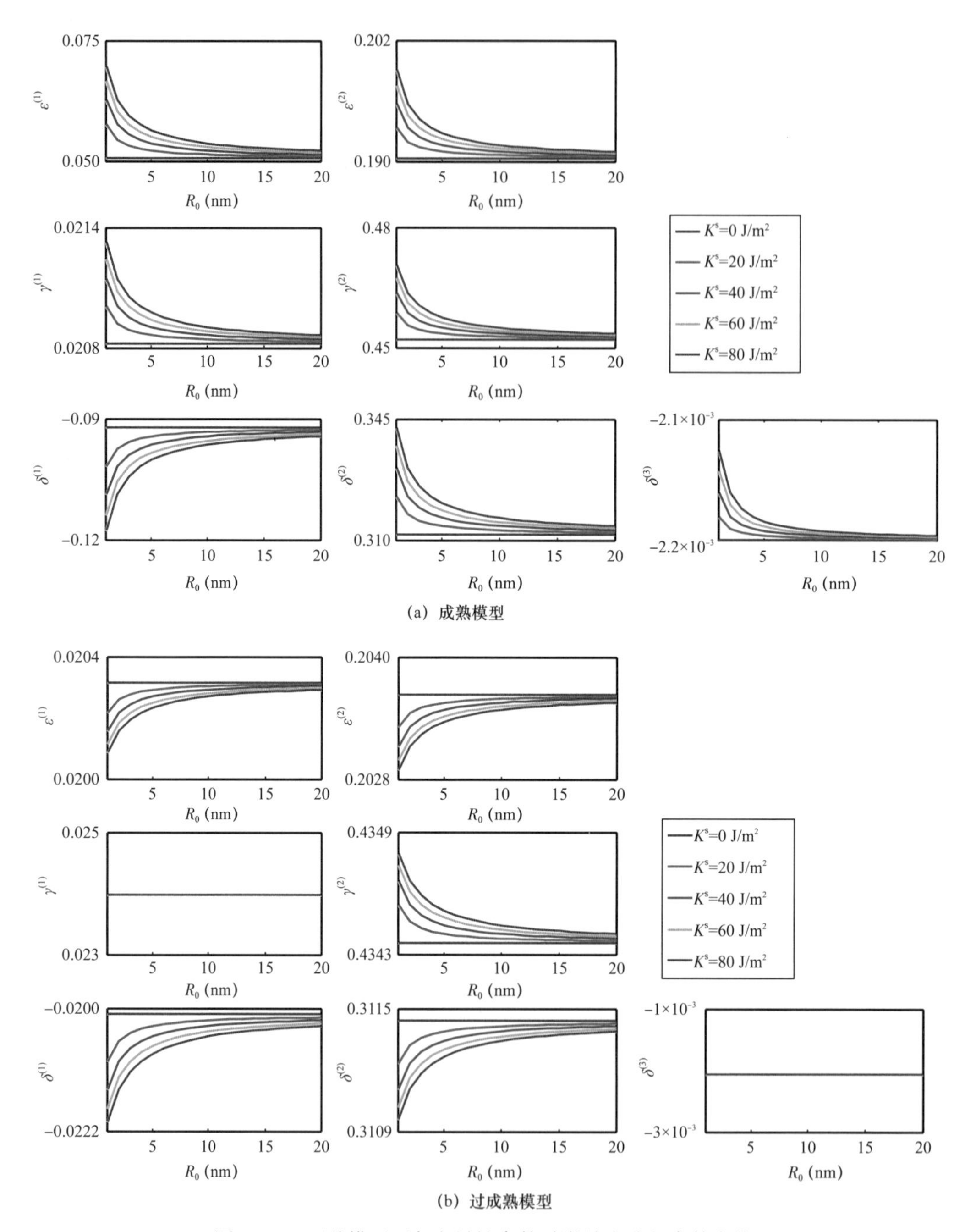

(a) 成熟模型

(b) 过成熟模型

图 3-15 两种模型下各向异性参数随微纳米孔径参数变化

趋势。对于脆性，其值随孔径的增大而增大，随表面能增大而减小，说明微纳米孔隙的表面效应使得岩石脆性减小，也就是说，在相同微纳米孔隙含量下，微纳米孔径越小，则表面效应越突出，岩石整体脆性越低。对于 ODHSR，其值的变化趋势与脆性一致，分别随着孔径增大而增大，随着表面能增大而减小，从而说明微纳米孔隙的表面效应增

加了岩石能压裂成网的概率。成熟模型中的脆性和 ODHSR 随微纳米孔径参数变化趋势比过成熟模型更敏感，而过成熟模型预测的脆性和 ODHSR 绝对值更高。

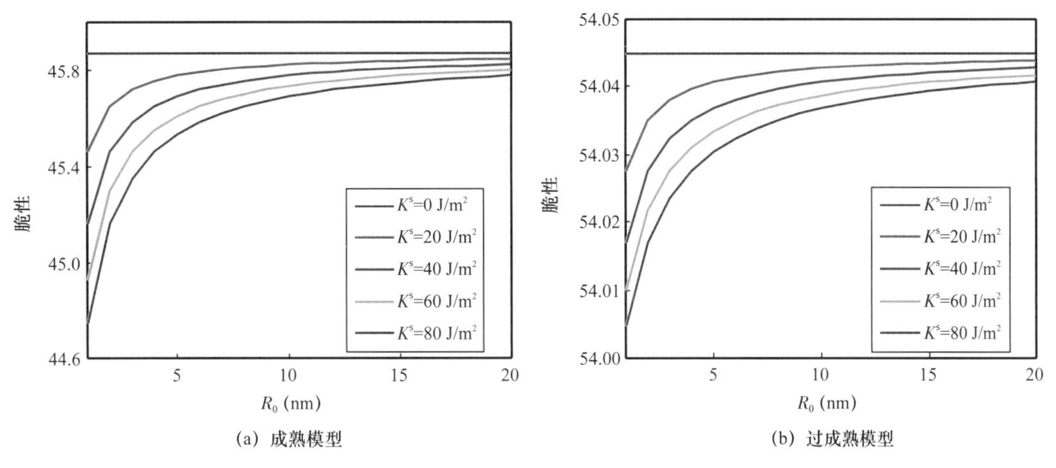

(a) 成熟模型　　(b) 过成熟模型

图 3-16　两种模型情况下脆性参数随微纳米孔径参数变化

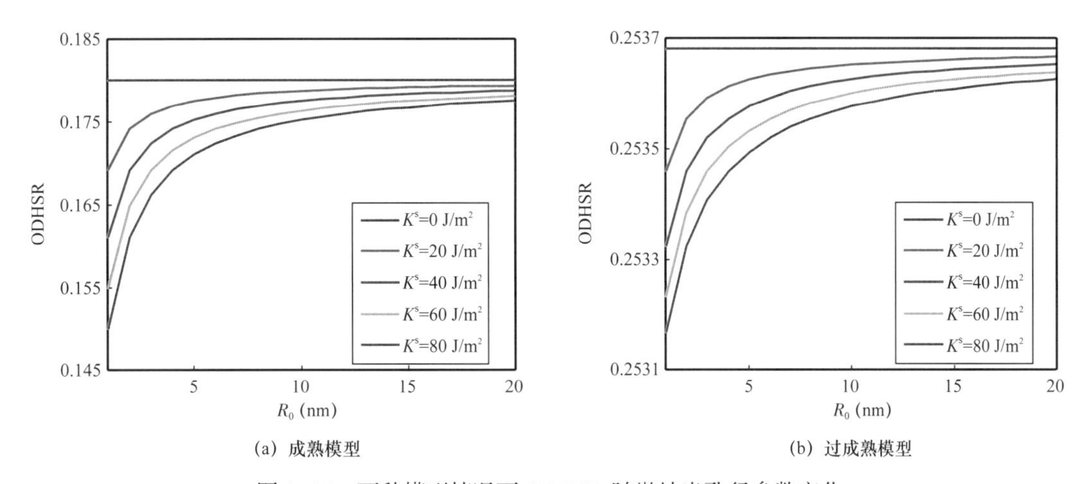

(a) 成熟模型　　(b) 过成熟模型

图 3-17　两种模型情况下 ODHSR 随微纳米孔径参数变化

（三）微纳米孔隙含量

上面分析表明微纳米孔径参数的变化会引起页岩整体弹性性质的改变，这里进一步分析微纳米孔隙在干酪根中含量的相对变化对页岩各向异性性质和工程“甜点”参数的响应。

给定石英、黏土和 TOC 体积分数分别为 0.4、0.5、0.1。孔隙度为 0.05，设微纳米孔径为 10nm，表面能为 5.5J/m²，微纳米孔隙在 TOC 中的等效孔隙度为 0.2，改变 TOC 含量，相应改变石英含量，观察不同微纳米孔隙含量下弹性参数随 TOC 含量变化的趋势。图 3-18、图 3-19 分别为成熟与过成熟模型下不同微纳米孔隙含量下 9 个弹性参数随 TOC 含量变化曲线。

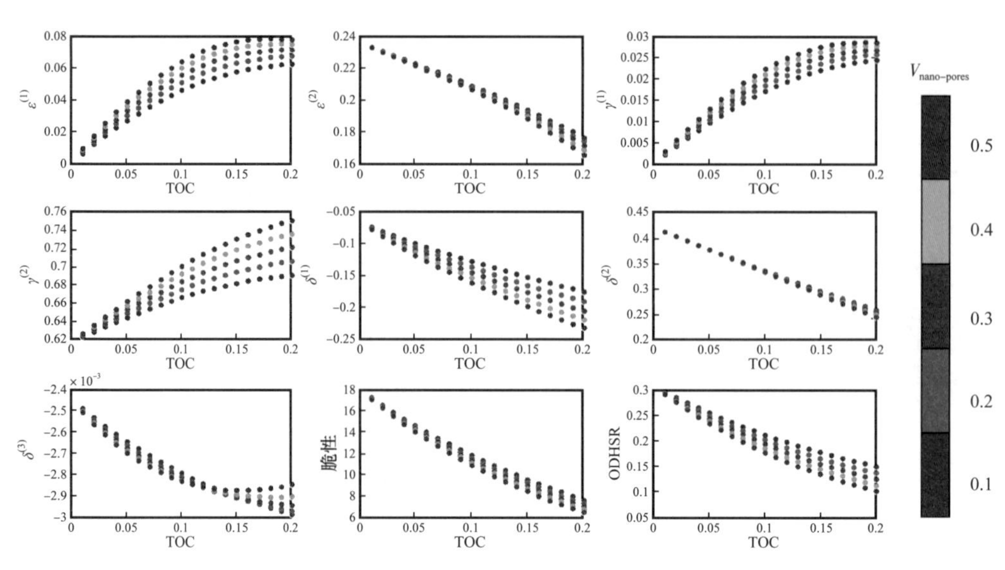

图 3–18　不同微纳米孔隙含量下等效弹性参数随 TOC 含量变化（成熟模型）

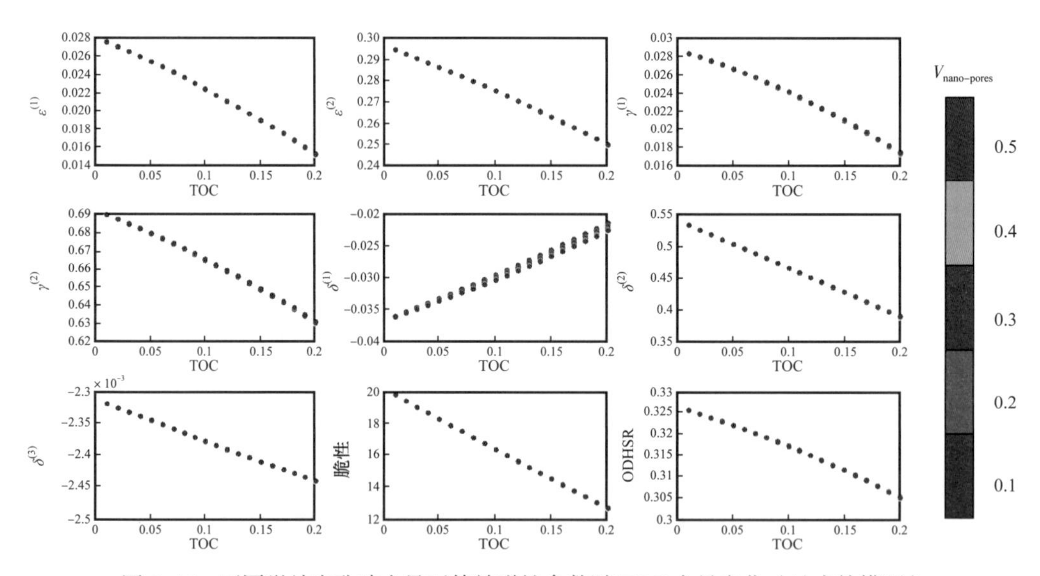

图 3–19　不同微纳米孔隙含量下等效弹性参数随 TOC 含量变化（过成熟模型）

观察图 3–18 可以发现，7 个各向异性参数随微纳米孔隙含量的增加变化趋势不尽相同，其中 $\varepsilon^{(1)}$、$\gamma^{(1)}$、$\gamma^{(2)}$ 随孔隙含量的增加呈增大趋势，而 $\varepsilon^{(2)}$、$\delta^{(1)}$、$\delta^{(2)}$、$\delta^{(3)}$ 4 个参数呈减小趋势。此外，脆性随着 TOC 含量增加而减小，随着微纳米孔隙含量增加而增加；ODHSR 随着 TOC 含量增加而减小，随着微纳米孔隙含量增加而减小，说明 TOC 含量越大，微纳米孔隙含量越高，页岩越容易压裂成网。

再观察图 3–19 的过成熟模型，很显然 9 个弹性参数随着微纳米孔隙含量变化而变化的趋势很小，基本可以忽略不计，即在过成熟模型中微纳米孔隙的存在对弹性性质的影响很小。此外，各向异性参数随 TOC 含量变化的趋势与成熟模型不尽相同，可能

是建模流程的不同导致的，但两种模型下的脆性和 ODHSR 随 TOC 含量变化趋势基本一致。

（四）泥质和有机质干酪根

仍设页岩气储层的矿物组分只含有石英、黏土和 TOC，有效孔隙度为 0.05，假设微纳米孔径为 10nm，表面能为 5.5J/m^2，微纳米孔隙在 TOC 中的等效孔隙度为 0.2，常规硬孔占有效孔隙度的 80%。改变 TOC 含量从 0～0.2，泥质含量从 0.1～0.5，相应减少石英含量，观察三种干酪根成熟度模型下，不同泥质含量的岩石模型等效弹性参数随 TOC 含量变化的趋势。

图 3–20、图 3–21、图 3–22 分别为未成熟、成熟、过成熟模型下不同泥质含量情况下 9 个页岩等效弹性参数随 TOC 含量变化的曲线。观察上述三组图可以发现，7 个各向异性参数随着 TOC 和泥质的增加变化十分复杂。其中未成熟和成熟两种模型的参数变化趋势十分接近，成熟模型参数变化趋势略平滑，过成熟模型的参数变化更为平滑。这是因为相比于未成熟模型，成熟模型仅多考虑了干酪根内含有微纳米孔隙，而不改变干酪根的结构，这一部分微纳米孔隙不存在各向异性，而过成熟模型不仅考虑了微纳米孔隙，且改变了干酪根形态，将其作为流体混合物的一部分，因此随 TOC 含量增加，各向异性变化不大。脆性随着 TOC 含量增加而减小，随着泥质含量增加而减小，这是由于石英是主要的脆性矿物，其含量的减小必然带来脆性的降低；ODHSR 随着 TOC 含量的增加而减小，随着泥质含量的增加而减小，这说明随着泥质含量增加，页岩的各向异性程度增加，岩石更容易压裂成网。基于直观的数据分析，以上分析有一定的合理性，但认识比较浅显，有待进一步的研究。

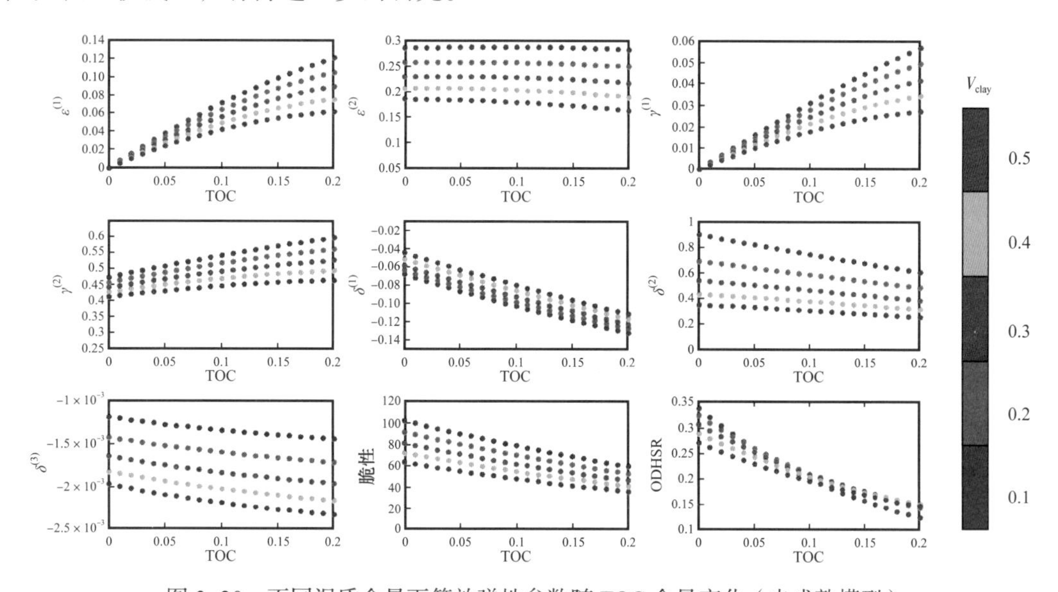

图 3–20　不同泥质含量下等效弹性参数随 TOC 含量变化（未成熟模型）

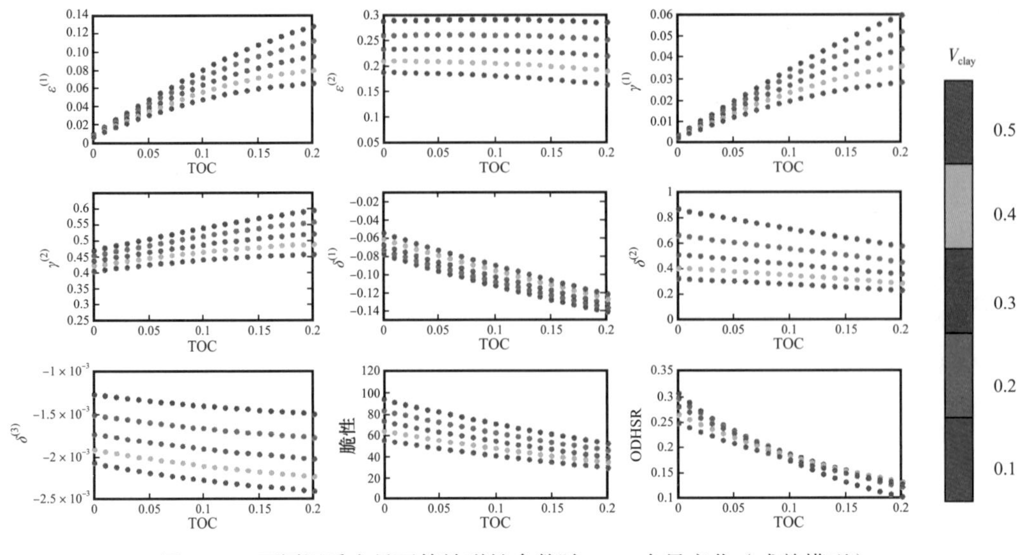

图 3-21 不同泥质含量下等效弹性参数随 TOC 含量变化（成熟模型）

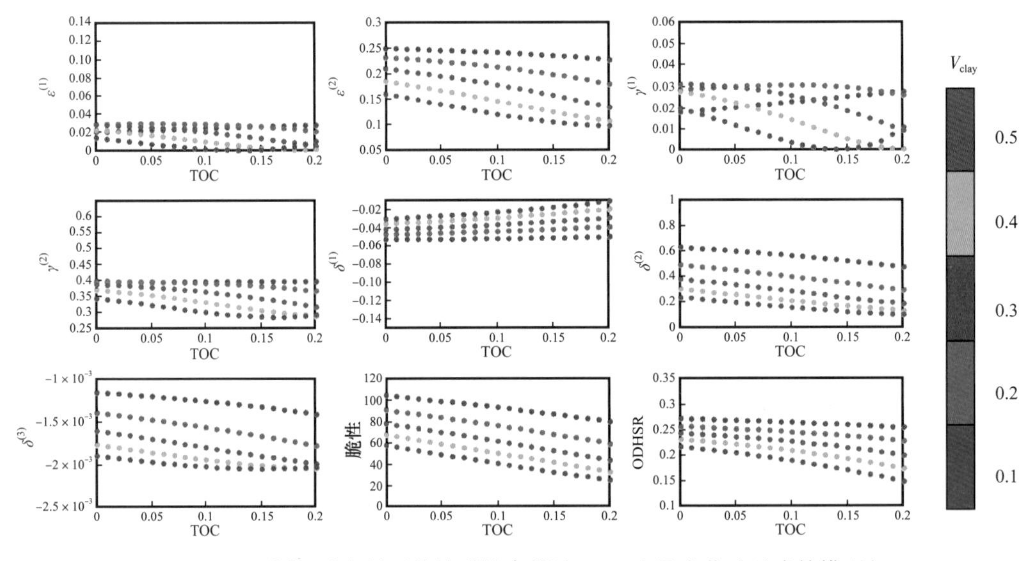

图 3-22 不同泥质含量下等效弹性参数随 TOC 含量变化（过成熟模型）

二、页岩 AVO 正演模拟

从矿物成分、孔隙度、流体类型、时间常数等方面可探究页岩储层参数对于储层弹性特征和地震记录的影响。输入参数见表 3-3。

（一）岩石矿物

模型中假设页岩岩石骨架矿物由砂岩、方解石、黏土组成，砂岩、方解石和黏土的百分比含量之和为 90%，砂岩和方解石的含量相等。干酪根的百分比含量为 5%。岩石

中硬孔隙度为5%，软孔隙度为0.01%，孔隙中充填的流体为气、油和水，含水饱和度为50%，含油饱和度为30%。方位角为30°。假设黏土的百分比含量分别占骨架矿物的70%、50%、30%，分析对正演结果的影响。假设非储层为各向同性，由页岩模型计算得到的参数见表3–4。

表3–3　输入参数

参数名	参数值	参数名	参数值
石英的体积 / 剪切模量	37/44GPa	石英密度	2650kg/m³
长石的体积 / 剪切模量	37.5/15GPa	长石密度	2620kg/m³
方解石的体积 / 剪切模量	63.7/31.7GPa	方解石密度	2700kg/m³
黏土的体积 / 剪切模量	21/7GPa	黏土密度	2600kg/m³
干酪根的体积 / 剪切模量	2.9/2.7GPa	干酪根密度	1300kg/m³
水的体积 / 剪切模量	2.5/0GPa	水的密度	1000kg/m³
油的体积 / 剪切模量	2.0/0GPa	油的密度	750kg/m³
气的体积 / 剪切模量	0.3/0GPa	气的密度	0.65kg/m³
随机分布孔隙纵横比	0.8	垂直裂缝纵横比	0.01

表3–4　介质模型参数

介质	泥质含量（%）	顶层深度（m）	纵波速度（m/s）	横波速度（m/s）	密度（g/cm³）
非储层	—	3350	3400	2010	2580
储层	70	3380	3821	2031	2461
非储层	—	3450	3400	2010	2580
储层	50	3510	4145	2304	2475
非储层	—	3580	3400	2010	2580
储层	30	3640	4520	2618	2488

从图3–23中可以看出，与致密储层模型相似，页岩岩石物理模型随着储层岩石中泥质含量的降低，弹性模量较高的砂岩含量增多，储层的弹性模量增大，从而使地震反射记录的振幅增强。并且泥质颗粒的体积含量对于地震记录的影响比较明显。

（二）干酪根含量

假设页岩岩石骨架矿物由砂岩、方解石、黏土组成，砂岩、方解石和黏土的百分比含量之和为90%，其中黏土的百分比含量为65%，砂岩和方解石的含量相等，为10%。

岩石中硬孔隙度为 5%，软孔隙度为 0.1%，孔隙中充填的流体为气、油和水，含水饱和度为 50%，含油饱和度为 30%。方位角为 30°。假设干酪根百分比含量分别为 3%、6%、9%。假设非储层为各向同性，由页岩模型计算得到的参数见表 3–5。

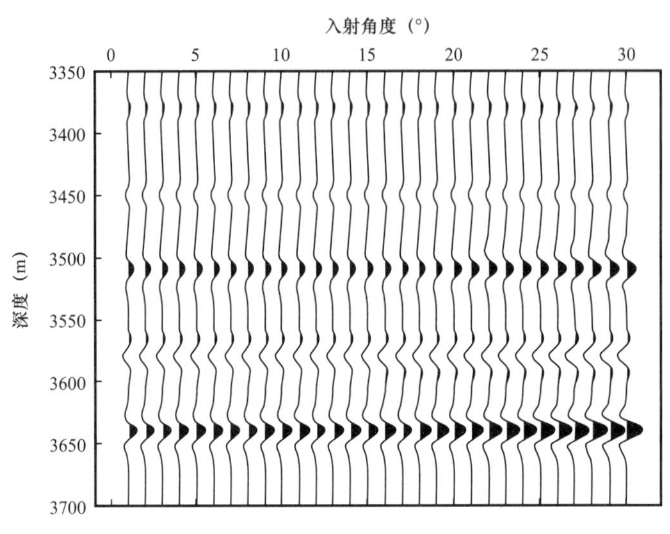

图 3–23　矿物成分模型地震道集

表 3–5　介质模型参数

介质	干酪根含量（%）	顶层深度（m）	纵波速度（m/s）	横波速度（m/s）	密度（g/cm^3）
非储层	—	3350	3400	2010	2580
储层	3	3380	4114	2229	2438
非储层	—	3450	3400	2010	2580
储层	6	3510	3909	2126	2476
非储层	—	3580	3400	2010	2580
储层	9	3640	3713	2028	2516

从图 3–24 中可以看出，干酪根百分比含量对于地震振幅的影响比较大，页岩储层中的干酪根含量与非储层相比通常有区别，因此在地震振幅上可以显示出来。

（三）干酪根形状

假设页岩岩石骨架矿物由砂岩、方解石、黏土组成，砂岩、方解石和黏土的百分比含量之和为 90%，其中黏土的百分比含量为 70%，砂岩和方解石的含量相等，为 10%。干酪根的百分比含量为 5%。岩石中硬孔隙度为 5%，软孔隙度为 0.01%，孔隙中充填的流体为气、油和水，含水饱和度为 50%，含油饱和度为 20%。方位角为 30°。假设干酪

根的纵横比分别为0.01、0.1、1，分析对正演结果的影响。假设非储层为各向同性，由页岩模型计算得到的参数见表3-6。

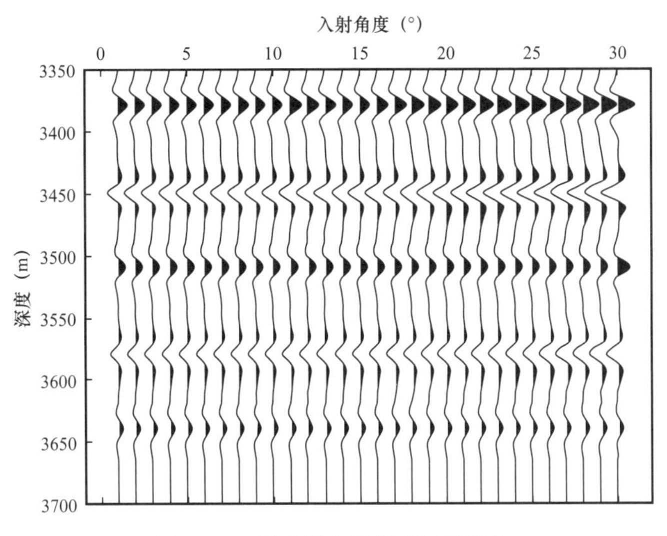

图3-24 干酪根介质模型地震道集

表3-6 介质模型参数

介质	干酪根纵横比	顶层深度（m）	纵波速度（m/s）	横波速度（m/s）	密度（g/cm^3）
非储层	—	3350	3400	2010	2580
储层	0.01	3380	3754	1947	2456
非储层	—	3450	3400	2010	2580
储层	0.1	3510	3751	1956	2456
非储层	—	3580	3400	2010	2580
储层	1	3640	3760	1980	2456

从图3-25中可以看出，干酪根纵横比对于AVO分析的结果影响不大，地震振幅随泥质颗粒纵横比的变化较小。

（四）硬孔隙度

假设页岩岩石骨架矿物由砂岩、方解石、黏土组成，砂岩、方解石和黏土的百分比含量之和为90%，其中黏土的百分比含量为70%，砂岩和方解石的百分比含量相等，为10%。干酪根的百分比含量为5%。岩石中软孔隙度为0.01%，孔隙中充填的流体为气、油和水，含水饱和度为50%，含油饱和度为30%。方位角为30°。假设硬孔隙度分别为3%、5%、7%。假设非储层为各向同性，由页岩模型计算得到的参数见表3-7。

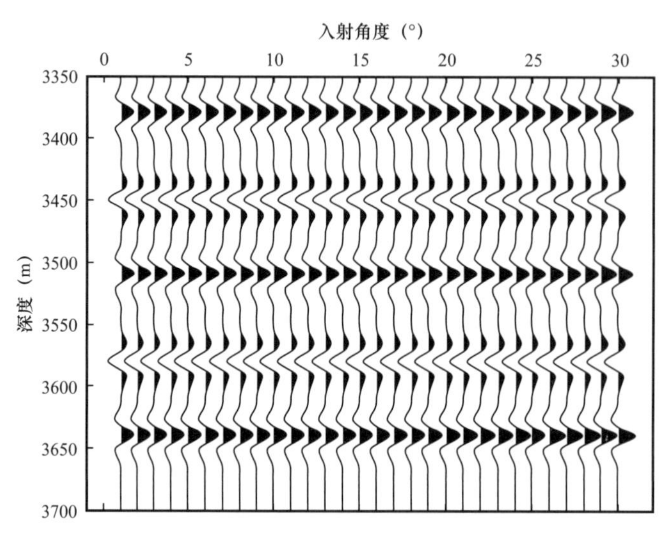

图 3–25　干酪根纵横比介质模型地震道集

表 3–7　介质模型参数

介质	硬孔隙度（%）	顶层深度（m）	纵波速度（m/s）	横波速度（m/s）	密度（g/cm^3）
非储层	—	3350	3400	2010	2580
储层	3	3380	3780	1989	2442
非储层	—	3450	3400	2010	2580
储层	5	3510	3754	1974	2456
非储层	—	3580	3400	2010	2580
储层	7	3640	3725	1959	2470

AVO 正演结果如图 3–26 所示，随着储层岩石中硬孔隙度的增大，岩石中的孔隙成分增加，孔隙流体的含量增多，岩石弹性模量减小，从而使地震反射记录的振幅减弱。

（五）软孔隙度

假设页岩岩石骨架矿物由砂岩、方解石、黏土组成，砂岩、方解石和黏土的百分比含量之和为 90%，其中黏土的百分比含量为 70%，砂岩和方解石的含量相等，为 10%。干酪根的百分比含量为 5%。岩石中硬孔隙度为 5%，孔隙中充填的流体为气、油和水，含水饱和度为 50%，含油饱和度为 30%。方位角为 30°。假设软孔隙度分别为 0.1%、0.3%、0.5%。假设非储层为各向同性，由页岩模型计算得到的参数见表 3–8。

AVO 正演结果从图 3–27 中可以看出，地震记录随软孔隙度的变化也比较明显。可见，孔隙度对地震记录的影响也比较大。

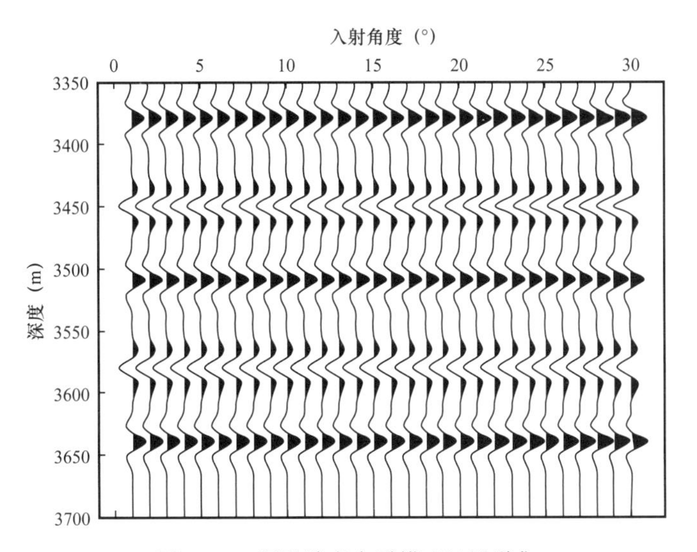

图 3–26 硬孔隙度介质模型地震道集

表 3–8 介质模型参数

介质	软孔隙度（%）	顶层深度（m）	纵波速度（m/s）	横波速度（m/s）	密度（g/cm^3）
非储层	—	3350	3400	2010	2580
储层	0.1	3380	3754	1974	2456
非储层	—	3450	3400	2010	2580
储层	0.3	3510	3747	1964	2456
非储层	—	3580	3400	2010	2580
储层	0.5	3640	3741	1953	2456

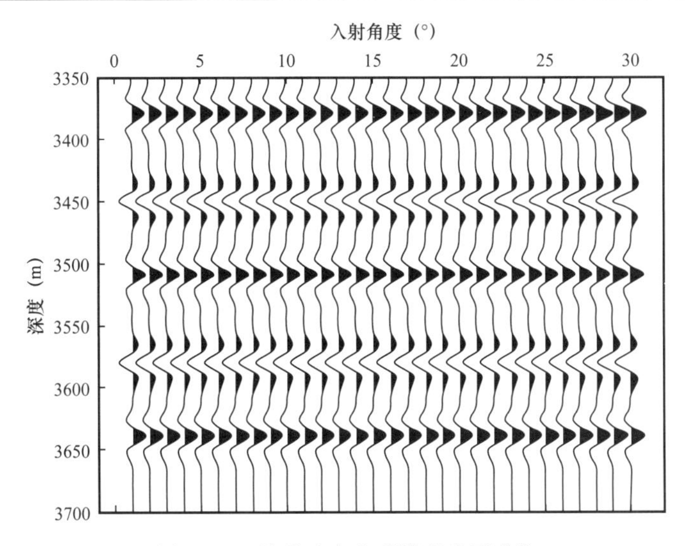

图 3–27 软孔隙度介质模型地震道集

（六）含水饱和度

假设页岩岩石骨架矿物由砂岩、方解石、黏土组成，砂岩、方解石和黏土的体积含量之和为90%，其中黏土的体积含量为70%，砂岩和方解石的含量相等，为10%。干酪根的体积含量为5%。岩石中硬孔隙度为5%，软孔隙度为0.1%，孔隙中充填的流体为气、油和水。方位角为30°。假设含水饱和度分别为30%、60%、90%，含油饱和度为30%。假设非储层为各向同性，由页岩模型计算得到的参数见表3–9。

表3–9　介质模型参数

介质	含水饱和度（%）	顶层深度（m）	纵波速度（m/s）	横波速度（m/s）	密度（g/cm^3）
非储层	—	3350	3400	2010	2580
储层	20	3380	3748	1970	2437
非储层	—	3450	3400	2010	2580
储层	40	3510	3759	1978	2447
非储层	—	3580	3400	2010	2580
储层	60	3640	3770	1986	2457

AVO正演结果从图3–28中可以看出，随着储层岩石中含水饱和度的增大，孔隙流体中气体的成分减小，混合流体的体积模量和密度均增大，从而导致岩石弹性模量和密度也随之增大，因而影响地震振幅。

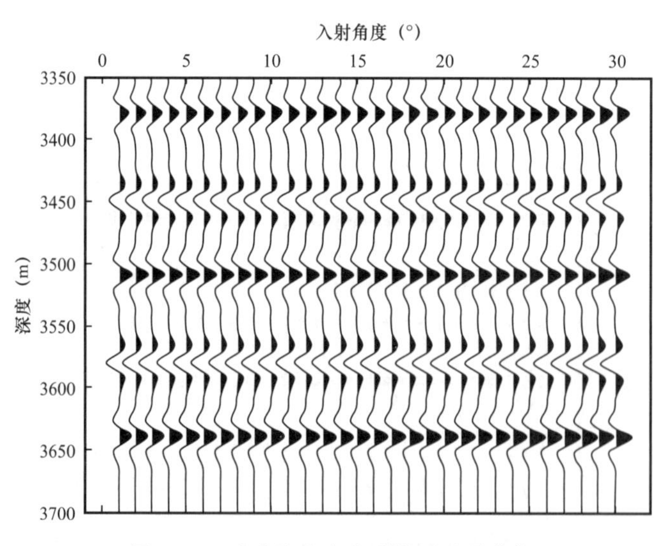

图3–28　含水饱和度介质模型地震道集

第四章 页岩储层总有机碳含量叠前地震预测方法

在查明页岩层的构造与沉积特征后，需要在页岩的构造—层序格架内寻找优质页岩发育区域。相对于非烃源岩，作为“自生自储”类储层的页岩油气储层，通常具有相对较高的有机质含量。当页岩中含有十分丰富的有机物质时，对它加热可以驱出油气。因此对于页岩储层，有机质丰度是评价一个层段是否有利于开发的重要指标，而总有机碳（TOC）含量可以在一定程度上反应储层有机质丰度。因此，在页岩储层 TOC 含量地震岩石物理、响应模式及反演方法研究基础上，建立页岩储层 TOC 含量岩石物理定量解释量版，研究 TOC 敏感参数评价方法；以地质及岩石物理定量解释量版为先验约束，结合岩石物理驱动下页岩储层 TOC 含量地球物理预测方法，实现页岩储层 TOC 含量预测。

第一节　总有机碳含量简介

总有机碳（total organic carbon，TOC）含量是衡量岩石有机质丰度的重要指标，有工业开采价值的页岩油气远景区带，最低 TOC 含量一般在 2.0% 以上。如北美地区的 Antrim、Barnett、Eagle Ford、Fayetteville、Haynesville、Horn River、Marcellus、Montney 和 Woodford 等主要页岩气产层的 TOC 含量为 0.45%～25.0%，含气量为 0.4～9.91m^3/t。中国上杨子地区的寒武系筇竹寺组页岩 TOC 含量为 0.14%～22.15%、平均为 3.50%～4.71%，志留系龙马溪组黑色页岩 TOC 含量为 0.51%～25.73%、平均为 2.46%～2.59%，有机碳含量大于 2% 的富集段位于页岩地层中下部—底部，富集段所占地层比例为 30%～45%；中国鄂尔多斯盆地三叠系延长组的页岩油含油性特征的 TOC 含量为 3%～28%；渤海湾盆地沙河街组的页岩油含油性特征的 TOC 含量为 2%～17%（邹才能等，2013）。

页岩中含油气量一般与有机碳含量呈正比，较高 TOC 含量的页岩地层通常具有较高的油气含量和页岩油气资源。如鄂尔多斯盆地中生界延长组 7 段页岩的可溶烃量（S_1）与 TOC 含量具有良好的正相关性。

TOC 含量的测井计算方法主要包括单因素法（Schmoker，1981）、多元回归法（朱光有等，2003）、$\Delta \lg R$ 法（Passey 等，1990）和神经网络法（王贵文等，2002），其中 $\Delta \lg R$ 法是常用的一种方法（杨涛涛等,2018）。$\Delta \lg R$ 法是埃克森（Exxon）和埃索（Esso）公司于 1979 年开发实验的适用于碳酸盐岩和碎屑岩的技术，能够预测不同成熟度条件

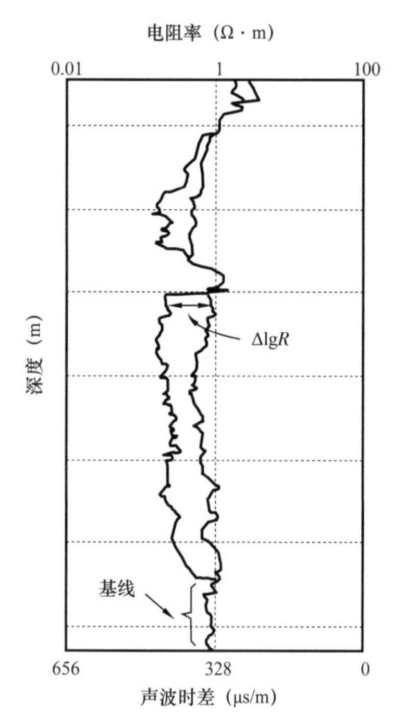

图 4-1　ΔlgR 方法的原理图
（据张佳佳，2010）

下的 TOC 含量（张佳佳，2010）。该方法把刻度合适的声波时差曲线叠加在电阻率曲线上，在非烃源岩层段，两条曲线重叠为基线（图 4-1）；在未成熟、富含有机质的岩石中，两条曲线之间存在差异，该差异由孔隙度造成；在成熟烃源岩中，由于烃类存在使电阻率增加，因而曲线间的差异由孔隙度和油气共同影响造成（Passey 等，1990）。

应用时，声波时差和电阻率曲线刻度为每两个对数电阻率刻度对应的声波时差，即 328μs/m。两条曲线重叠段为基线，确定基线后，两条曲线的间距为 ΔlgR，ΔlgR 方法的原理如图 4-1 所示。也可以用密度—电阻率或中子孔隙度—电阻率重叠来计算 ΔlgR，计算步骤如下：

（1）选取基线，并确定基线对应的刻度值，如 R_{baseline} 和 $\Delta t_{\text{baseline}}$；

（2）计算间距 ΔlgR；

声波时差—电阻率重叠的计算方程为

$$\Delta \lg R = \lg\left(R / R_{\text{baseline}}\right) + 1/164\left(\Delta t - \Delta t_{\text{baseline}}\right) \tag{4-1}$$

式中　ΔlgR——曲线间距；

R——实测电阻率，Ω·m；

Δt——实测声波时差，μs/m；

R_{baseline}——基线对应的电阻率，Ω·m；

$\Delta t_{\text{baseline}}$——基线对应的声波时差，μs/m；

1/164——尺度参数，即每 1 个电阻率刻度对应声波时差 164μs/m 的比值。

密度—电阻率重叠的计算方程为

$$\Delta \lg R_{\text{DEN}} = \lg\left(R / R_{\text{baseline}}\right) - 2.5\left(\rho - \rho_{\text{baseline}}\right) \tag{4-2}$$

式中　$\Delta \lg R_{\text{DEN}}$——曲线间距；

ρ——实测密度，g/cm^3；

ρ_{baseline}——基线对应的密度，g/cm^3；

2.5——尺度参数，即每 1 个电阻率刻度对应密度 $2.5g/cm^3$ 的比值。

中子孔隙度—电阻率重叠的计算方程为

$$\Delta \lg R_{\text{CN}} = \lg\left(R / R_{\text{baseline}}\right) + 4.0\left(\phi - \Delta\phi_{\text{baseline}}\right) \tag{4-3}$$

式中　$\Delta \lg R_{\text{CN}}$——曲线间距；

ϕ——实测中子孔隙度，%；

$\phi_{baseline}$——基线对应的中子孔隙度，%；

4.0——尺度参数，即每 1 个电阻率刻度对应中子孔隙度 4.0 的比值。

（3）计算 TOC 含量，利用经验公式：

$$\mathrm{TOC}=\left(\Delta \lg R\right)\times 10^{\left(2.297-0.1688\mathrm{LOM}\right)}+\Delta\mathrm{TOC} \tag{4-4}$$

式中　LOM——干酪根成熟度，通过岩样分析或演化史估算得到，且 LOM 与 $\Delta\lg R$ 有很好的线性关系；

ΔTOC——基线段含有的有机碳背景值。

通过岩心的实验室测量可以得到精确的 TOC 含量，但岩心测量只能测得特定点处的 TOC 含量，整个井段或部分井段的 TOC 值还需测井解释和计算来获得。

第二节　页岩储层地质“甜点”地震预测的岩石物理基础

岩石物理是连接岩石物性参数和弹性参数的桥梁。在一个物理系统中，对系统参数化后，需要建立正演模型来试图模拟因观测而产生的一系列响应，然后才能反演系统参数。页岩储层地质“甜点”地震预测的岩石物理基础，相当于一个正演过程，寻找对 TOC 敏感的弹性参数，然后建立 TOC 含量和该弹性参数的关系函数，继而才能从地震响应预测地层的 TOC 含量。

一般通过交会分析来寻找敏感参数。图 4-2 至图 4-4 是中国某页岩气工区的 H 井数据交会图。从图 4-2 可以看出，密度和泊松比可以较好地评价 TOC，因为密度和泊

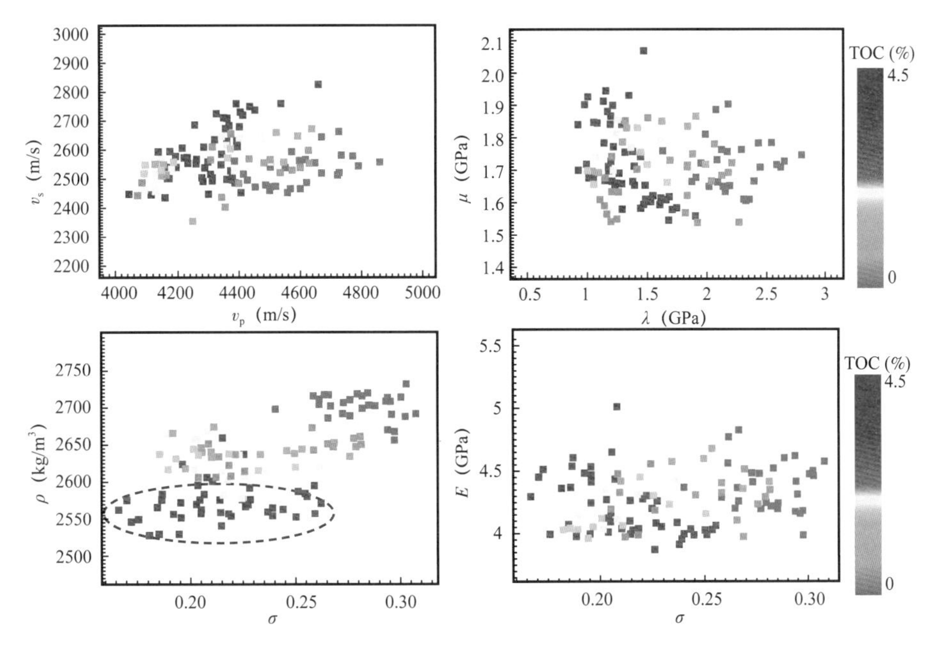

图 4-2　中国某页岩气工区 H 井数据交会图

松比的交会可以区分高值 TOC 和低值 TOC。从图 4-3 可以看出，密度与 TOC 含量的相关性较好，因为密度和 TOC 含量的交会更加趋近线性；TOC 含量和含水饱和度负相关，因为与 6 个参数的交会中，高的 TOC 含量都对应低的含水饱和度。从图 4-4 可以看出，优质页岩储层的 TOC 为高值，因为与不同参数的交会中，含一类页岩气的储层都对应高的 TOC 含量。

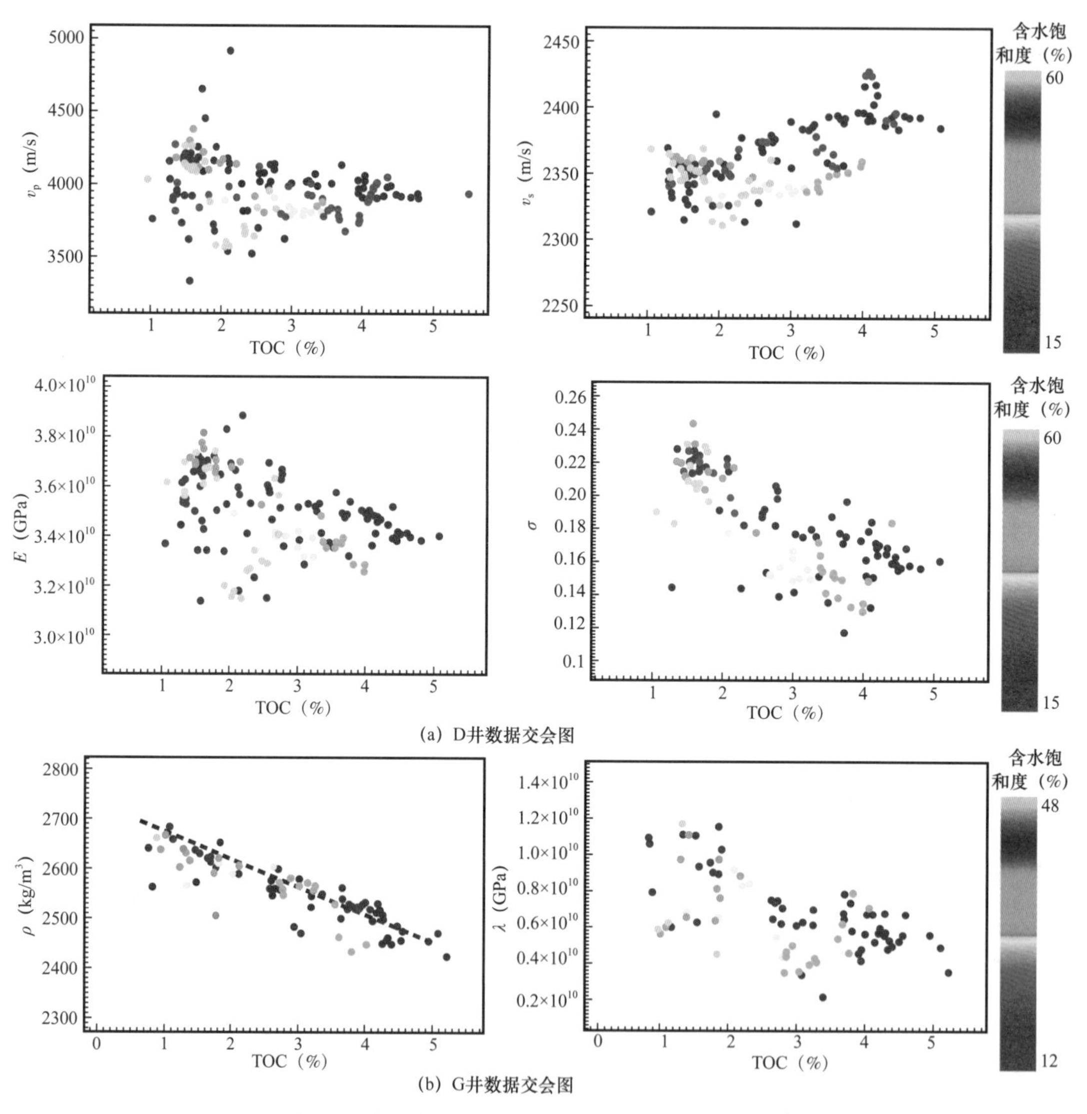

图 4-3　中国某页岩气工区 D 井和 G 井数据交会图

现有的方法大多通过拟合 TOC 含量与密度值来建立二者之间的关系方程，并综合利用地震数据和测井数据对页岩储层 TOC 含量进行反演，以实现页岩含油气性的评价。但常规反演方法中，密度的反演结果是不精确的，造成无法正确指示储层含油气性情况。为解决这一问题，笔者用弹性阻抗数据来实现页岩 TOC 含量的预测，该方法能够

有效避免在密度信息参与的反演中，反演精度不高的问题。

具体实现时，先拟合 v_p、v_s、ρ 和 TOC、黏土含量 V_{sh}、含水饱和度 S_w 之间的关系，然后通过 Whitcombe（2002）推导的标准化弹性阻抗方程，建立三个角度弹性阻抗 EI_1、EI_2、EI_3 与 TOC、V_{sh}、S_w 之间的岩石物理关系，则可以用弹性阻抗直接反演 TOC 含量，避免了密度的反演，具体请参看本章第三节的内容（图 4–4）。

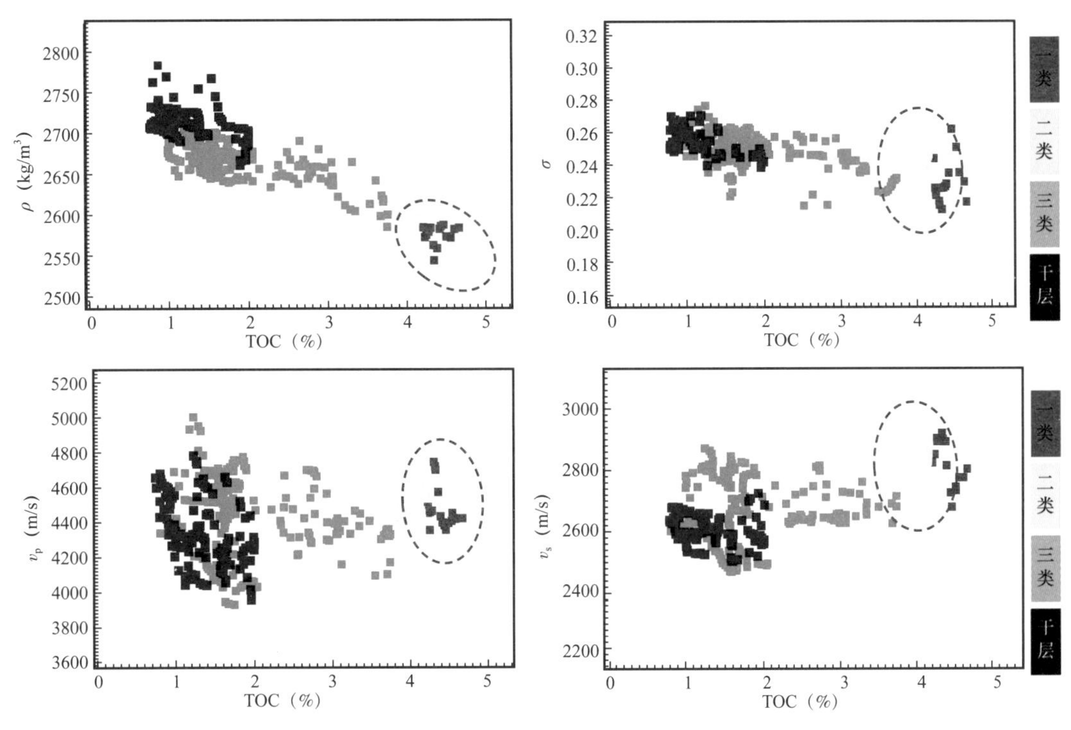

图 4–4 中国某页岩气工区 K 井数据交会图

红色代表一类页岩气，黄色代表二类页岩气，绿色代表三类页岩气，黑色为干层含气

建立三个角度弹性阻抗 EI_1、EI_2、EI_3 和 TOC、V_{sh}、S_w 之间岩石物理关系的验证，如图 4–5 所示。图中蓝色线是用标准化弹性阻抗方程计算的弹性阻抗，红色线是用 TOC、V_{sh}、S_w 通过建立的岩石物理关系计算得到的弹性阻抗，对比发现，二者间的差距小，这说明建立的岩石物理关系是可以使用的。

为了使物性参数能够涵盖从井孔横向延伸到毗邻地层，首先需对测井曲线进行统计分析，接着建立页岩物性参数的先验分布，接着采用蒙特卡洛仿真模拟技术进行随机抽样，得到更大范围的物性参数的随机样本空间。如图 4–6 所示，经蒙特卡洛仿真模拟得到的样本空间比先验分布有更大的范围和更多的数据。

用经过蒙特卡洛仿真模拟实现的物性参数的样本空间，建立弹性阻抗和物性参数的岩石物理关系，可以计算得弹性阻抗的样本空间，然后画出弹性阻抗与 TOC 的联合概率分布图，如图 4–7 所示。这样建立的弹性阻抗和物性参数的岩石物理关系，便为地震反演 TOC 含量奠定了基础。

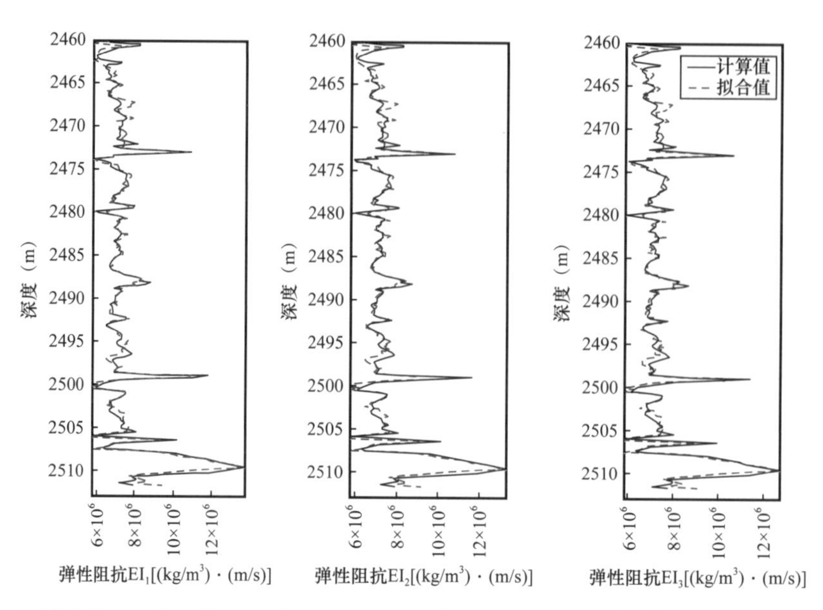

图 4-5　建立的三个角度弹性阻抗 EI_1、EI_2、EI_3 和 TOC、V_{sh}、S_w 之间岩石物理关系的验证

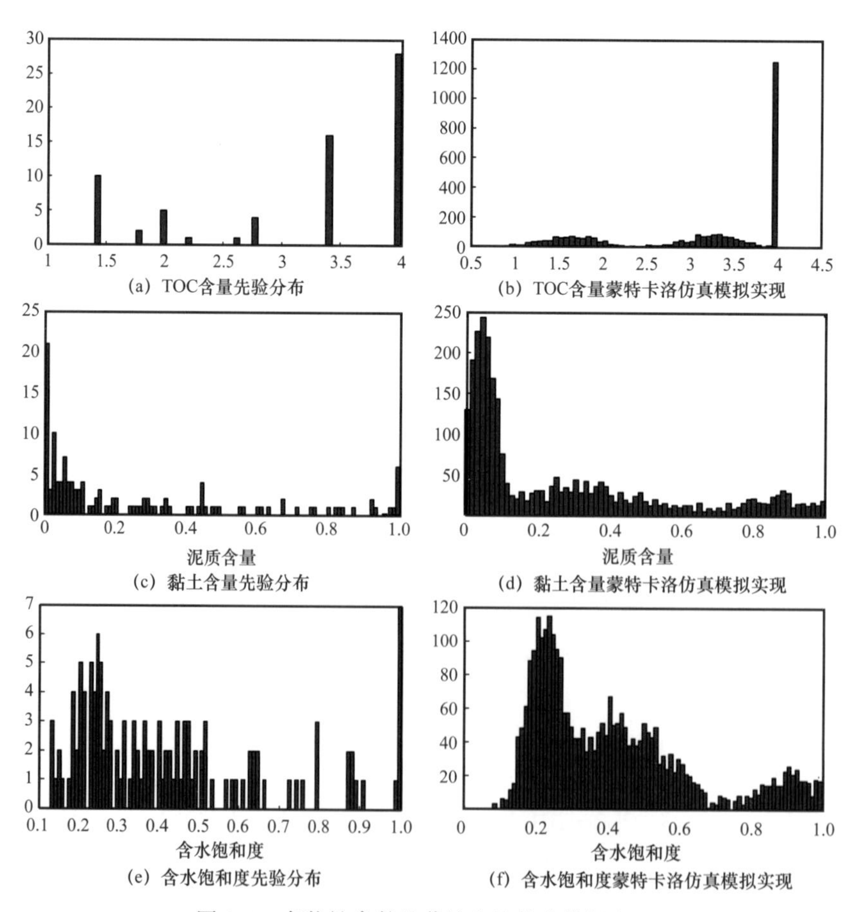

图 4-6　各物性参数的蒙特卡洛仿真模拟实现

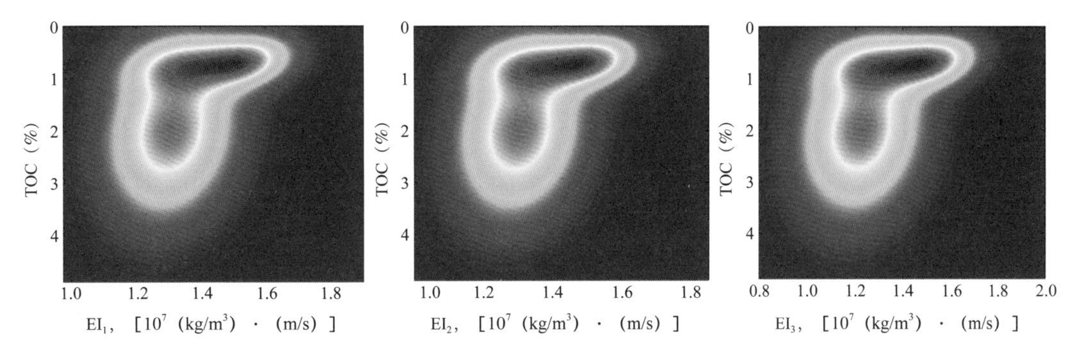

图 4-7　弹性阻抗与 TOC 含量的联合概率分布图

第三节　页岩储层总有机碳含量叠前地震直接反演预测方法

本节将详细讲述一种 TOC 的地震预测方法，该方法主要利用贝叶斯理论推导出待反演的目标函数。首先，使用蒙特卡洛随机抽样技术通过对储层 TOC 含量的先验分布做随机抽样获取储层 TOC 含量的随机分布样本空间，同时综合应用多元拟合的方法和 Connolly 弹性阻抗方程建立能够表征弹性参数和储层 TOC 含量之间关系的统计岩石物理模型，并采取最大期望算法估计待反演的 TOC 含量的后验概率分布，最后寻找到 TOC 含量后验概率分布中最大后验概率的位置，该位置所对应的储层 TOC 含量就是最终的反演结果。

一、贝叶斯理论

贝叶斯定理由英国著名学者 Thomas Bayes 提出的，也常被称为贝叶斯推理，是概率论中的重要理论之一。贝叶斯定理涉及三个基本概念：先验分布、后验分布及联系二者的似然函数（Tarantola，2005）。

贝叶斯公式可以表示为

$$P(B|A)=\frac{P(B)P(A|B)}{\int P(B)P(A|B)\mathrm{d}B} \tag{4-5}$$

式中　A——观测样本信息；

B——待估计参数；

$P(B)$——待估计参数 B 的先验分布，一般来说，在已有先验信息的情况下，根据已有的先验信息对待估计参数 B 做一定的认知总结归纳等，并利用前面的总结归纳做出合适的假设来概括参数总体的概率分布情况，即先验分布 $P(B)$；在没有任何先验信息的情况下，也可以凭借主观意识来假设某一种先验分布，使其概括参数总体的概率分布情况，以便接下来后验概率的求取（Buland 和 Omre，2003；Yin 等，2014b）；

$P(A|B)$——联系随机事件 A 和随机事件 B 的似然函数，通常可以根据 A 和 B 的关系来获取；

$\int P(B)P(A|B)\mathrm{d}B$——观测样本的全概率，贝叶斯理论认为，在通过贝叶斯公式求取后验概率的过程中，$\int P(B)P(A|B)\mathrm{d}B$ 对后验分布仅起到正则化因子的作用（印兴耀等，2014），因此可以将它看作是一个常数，记为 $\int P(B)P(A|B)\mathrm{d}B=\frac{1}{\alpha}$，那么式（4-5）可表示为

$$P(B|A)=\alpha\cdot P(B)P(A|B) \tag{4-6}$$

从上述贝叶斯理论及其公式表达式，可以看出。贝叶斯理论实际上是通过对某对象的先验概率，利用贝叶斯公式计算出其后验概率的过程。即该待估计对象是属于某一类的概率，选择具有最大后验概率的类作为该对象所属的类（胡华锋等，2012）。

二、目标函数的推导

通过上一节贝叶斯理论及其公式的论述，可以将其应用于储层 TOC 含量反演过程中目标函数的推导，在此假设 A 代表待反演的目标函数，用 R 来表示；假设 B 代表观测数据（已知），用 m 来表示，利用贝叶斯公式将二者联系起来，表达式如下所示：

$$P(R|m)=\frac{P(R)P(m|R)}{\int P(R)P(m|R)\mathrm{d}R} \tag{4-7}$$

式中 R——TOC 的信息，即 $R=[\mathrm{TOC}, V_{\mathrm{sh}}, S_{\mathrm{w}}]$，$V_{\mathrm{sh}}$、$S_{\mathrm{w}}$ 依次表示泥质含量、含水饱和度；

m——弹性阻抗，即 $m=[\mathrm{EI}_1, \mathrm{EI}_2, \mathrm{EI}_3]$，$\mathrm{EI}_1$、$\mathrm{EI}_2$、$\mathrm{EI}_3$ 分别表示三个不同角度的弹性阻抗；

$P(\cdot)$——概率密度函数。

上式中，$\int P(R)P(m|R)\mathrm{d}R$ 代表弹性阻抗参数的全概率，对后验概率 $P(R|m)$ 的求取仅起到正则化因子的作用，因此将其假定为一常数，记为 α，即

$$\begin{aligned}&P\left([\mathrm{TOC},V_{\mathrm{sh}},S_{\mathrm{w}}]\middle|[\mathrm{EI}_1,\mathrm{EI}_2,\mathrm{EI}_3]\right)=\\&\alpha\cdot P([\mathrm{TOC},V_{\mathrm{sh}},S_{\mathrm{w}}])P\left([\mathrm{EI}_1,\mathrm{EI}_2,\mathrm{EI}_3]\middle|[\mathrm{TOC},V_{\mathrm{sh}},S_{\mathrm{w}}]\right)\end{aligned} \tag{4-8}$$

一般情况下，三个不同角度的弹性阻抗之间存在一定的相关性，并且当三个角度之间的差异越小，其相关性越高，反演的稳定性就越差；反之，三个角度之间的差异越大，其相关性越低，反演的稳定性就越高（Yin 等，2014）。因此，在合理范围内，选取弹性阻抗参数的角度差异尽可能较大，并对三个角度的弹性阻抗做去相关处理，使三者彼此之间相互独立，在这种前提下，可对式（4-8）做变形得到下式：

$$
P\left(\left[\mathrm{EI}_1,\mathrm{EI}_2,\mathrm{EI}_3\right]\middle|\left[\mathrm{TOC},V_{\mathrm{sh}},S_{\mathrm{w}}\right]\right)=
P\left(\mathrm{EI}_1\middle|\left[\mathrm{TOC},V_{\mathrm{sh}},S_{\mathrm{w}}\right]\right)P\left(\mathrm{EI}_2\middle|\left[\mathrm{TOC},V_{\mathrm{sh}},S_{\mathrm{w}}\right]\right)P\left(\mathrm{EI}_3\middle|\left[\mathrm{TOC},V_{\mathrm{sh}},S_{\mathrm{w}}\right]\right) \tag{4-9}
$$

式中　EI_1、EI_2、EI_3——分别为经去相关处理后的弹性阻抗参数。

寻找后验分布中最大后验概率的所在位置，该位置所对应的参数值即为储层 TOC 的最终反演结果：

$$
\left[\mathrm{TOC},V_{\mathrm{sh}},S_{\mathrm{w}}\right]=\arg\mathrm{Max}P\left(\left[\mathrm{TOC},V_{\mathrm{sh}},S_{\mathrm{w}}\right]\middle|\left[\mathrm{EI}_1,\mathrm{EI}_2,\mathrm{EI}_3\right]\right) \tag{4-10}
$$

将式（4–8）和式（4–9）代入式（4–10）中，由于常数 α 对最终的反演结果没有作用，故将其舍弃，从而获得最终反演的目标函数，即

$$
\left[\mathrm{TOC},V_{\mathrm{sh}},S_{\mathrm{w}}\right]=\arg\mathrm{Max}P\left(P\left(\left[\mathrm{TOC},V_{\mathrm{sh}},S_{\mathrm{w}}\right]\right)*
P\left(\mathrm{EI}_1\middle|\left[\mathrm{TOC},V_{\mathrm{sh}},S_{\mathrm{w}}\right]\right)P\left(\mathrm{EI}_2\middle|\left[\mathrm{TOC},V_{\mathrm{sh}},S_{\mathrm{w}}\right]\right)P\left(\mathrm{EI}_3\middle|\left[\mathrm{TOC},V_{\mathrm{sh}},S_{\mathrm{w}}\right]\right)\right) \tag{4-11}
$$

上式中，P（[TOC，V_{sh}，S_{w}]）为储层 TOC 的先验分布，一般根据对测井数据的统计分析而建立（Yin 和 Zhang，2014；Yin 等，2016）。P（EI_1|[TOC，V_{sh}，S_{w}]）、P（EI_2|[TOC，V_{sh}，S_{w}]）、P（EI_3|[TOC，V_{sh}，S_{w}]）为联系先验分布和后验概率分布的似然函数，可以通过统计岩石物理模型和蒙特卡洛随机抽样技术联合实现。

三、预测方法

本节所论述的基于弹性阻抗的储层 TOC 含量叠前地震联合预测方法主要由以下几个步骤构成：（1）由地震数据到弹性阻抗数据体的反演；（2）先验分布的建立；（3）统计岩石物理模型的构建；（4）最大期望算法的引入；（5）蒙特卡洛随机抽样技术的应用；（6）地震数据与测井采样尺度上的统一。

（一）先验分布的建立

贝叶斯理论涉及三个基本概念，其中之一就是先验分布。先验分布是贝叶斯学派的根本观点。贝叶斯学派认为，在通过观察获得观测样本前，要对待估计参数有一定的认知，这种认知可以是根据客观依据，也可以是根据主观意识。

在储层 TOC 预测过程中，一般通过对测井资料进行统计分析，初步了解测井资料中所提供的 TOC 的具体分布情况，然后以对储层 TOC 的先验认识作为根据，建立先验分布。这里采用混合高斯分布方法（Grana 和 Rossa，2010）：假定测井资料中所提供的各储层 TOC 均服从混合高斯分布，并且每个混合高斯分布都是由 N 个高斯分量通过加权平均构成，利用最大期望算法（Expectation–Maximization algorithm，EM 算法）求出混合高斯分布中每一个高斯分量中的各项统计参数，即均值、方差及权重；然后根据各项统计参数分别建立 N 个高斯分布，并按照它们各自的权重进行加权平均；最终得出储层 TOC 含量的混合高斯分布。其表达式如下：

$$P(R)=\sum_{k=1}^{N}\alpha_k N\left(R,\mu_R^k,\sum\nolimits_R^k\right) \tag{4-12}$$

式中 R——储层TOC含量；

N——高斯分量的个数；

α_k——第 k 个高斯分量的权重，满足 $\sum_{k=1}^{N}\alpha_k=1$；

μ_R^k——高斯分量的均值；

$\sum\nolimits_R^k$——高斯分量的方差。

（二）统计岩石物理模型的构建

由于地下储层条件千变万化，简单的确定性岩石物理模型不能够较为准确地描述出弹性阻抗参数与储层TOC含量之间的关系，因此引入随机误差，构成统计性岩石物理模型（Mukerji等，2001；Bachrach，2006），其表达式如下：

$$m=f_{\mathrm{RPM}}(R)+\varepsilon \tag{4-13}$$

式中 m——弹性阻抗，（$\mathrm{kg/m^3}$）·（m/s）；

f_{RPM}——弹性参数与TOC含量之间的某一种岩石物理关系；

ε——随机误差项，用来削弱地下复杂地质结构对二者关系的影响。

一般来说，利用确定性岩石物理模型与实际测井资料之间的相对差异来计算随机误差，通常选取均值为零的高斯截断误差。

（三）最大期望算法

最大期望算法（EM算法）是由Arthur Dempster、Nan Laird和Donald Rubin于1977年发表的经典论文中提出的。最大期望算法可以认为在部分相关变量已知时，通过这种算法来预测未知变量的一种迭代技术。

EM算法，可以视为两个过程：第一个过程是计算期望值（即E步）；第二个过程是求取上一步骤中期望值的最大值（即M步），M步中找到的期望最大值用于下一个E步的计算，通过上述两个步骤的交替进行计算，直到最终得到满足条件的结果为止。因此，EM算法最大的优点就是操作简单、通用性强、稳定性高，可以广泛用于各个领域的研究计算中。

在实际的地震勘探中，由于实际条件的限制约束，如观测方法的局限性等因素，往往无法得到完整的观测数据集，那么可以引入最大期望算法用于这种不完整的观测数据集的相关计算。

假定某一非完整数据集，里面包含有观测数据 X 和非观测数据 Y，同时假定观测数据 X 和非观测数据 Y 之间符合一种多对一的映射关系；用 Z 表示完整数据集，则 Z 可表示为 $Z=(X,\ Y)$。

假定待估计参数 θ 已知，Z 的概率密度函数为：

$$P(Z|\theta)=P(X,Y|\theta)=P(Y|X,\theta)P(X|\theta) \tag{4-14}$$

式中 Z——完整数据集；

Y——非完整数据集中的隐含样本（未观测到的数据集）；

X——观测数据；

θ——待估计参数。

那么通过式（4–14）可以看出 $P(Z|\theta)$ 与 Y、θ 以及 X 与 Y 之间存在的某种映射关系有关。

在此引入对数似然函数 $L(\theta|Z)$，对参数 θ 进行极大似然估计：

$$L(\theta|Z)=L(\theta|X,Y)=\lg P(\theta|X,Y) \tag{4-15}$$

最大期望算法是以 $L(\theta|Z)$ 为起点，通过逐步迭代的手段最终完成对参数 θ 的估计。最大期望算法分为 E 步和 M 步。

1. E 步

假定观测样本 X 已知，在第 i–1 次迭代过程中参数 θ 的估计值为 $\theta(i-1)$，已知；那么在第 i 次迭代中，完整数据对数似然函数的期望值可表示为如下形式：

$$Q[\theta,\theta(i-1)]=E[\lg P(\theta|X,Y)|X,\theta(i-1)] \tag{4-16}$$

在上式中，由于观测样本 X 和第 i–1 次迭代的参数估计值 $\theta(i-1)$ 均已知，所以视为常数，而隐含样本 Y 为未观测数据，将其视为一随机变量，上式可转化为

$$\begin{aligned}Q[\theta,\theta(i-1)]&=E[\lg P(\theta|X,Y)|X,\theta(i-1)]\\&=\int\lg[P(\theta|X,Y)]P[Y|X,\theta(i-1)]\mathrm{d}Y\end{aligned} \tag{4-17}$$

经上述步骤可以求出待估计参数的期望值。

2. M 步

将上面求取的期望值 $Q[\theta,\theta(i-1)]$ 极大化，寻找一适当的参数 $\theta(i)$，使 $Q[\theta,\theta(i-1)]$ 取得最大值，即：

$$Q[\theta(i),\theta(i-1)]=\max Q[\theta,\theta(i-1)] \tag{4-18}$$

也可以表示为

$$\theta(i)=\arg\max Q[\theta,\theta(i-1)] \tag{4-19}$$

至此完成期望值最大化的过程，将求出的 $\theta(i)$ 用于下一个 E 步的计算，这样，通过 E 步和 M 步的不断迭代，交替进行，就可以逐步改进模型的参数，使得参数和训练样本之间的似然概率逐步增大，最终达到最优。也就是说，当 $\|\theta(i)-\theta(i-1)\|$ 充分小时，说明 $\theta(i)$ 和 $\theta(i-1)$ 无限接近，说明此时完成了极大似然估计。

在利用弹性阻抗预测储层 TOC 含量时，引入最大期望算法用于计算 TOC 含量先验分布中的各项参数以及 TOC 含量和弹性阻抗的联合分布中的各项参数。

（四）蒙特卡洛仿真模拟

蒙特卡洛随机抽样技术是一种以概率统计理论为指导思想的一类非常重要的数据计算方法。蒙特卡洛随机抽样技术依据于大数定理，其基本思想是通过对待求解问题的特征进行分析了解，建立与之具有某种相同特征的概率模型，并对其进行反复实验（即随机抽样），然后通过统计理论对实验结果进行统计特征参数的求取（Pan 等，2017）。

通过蒙特卡洛基本思想的描述，可以看出其核心就是随机抽样技术，因此蒙特卡洛仿真模拟技术计算简单，容易掌握。在储层 TOC 预测过程中，充分应用了蒙特卡洛仿真模拟技术的优越性：（1）利用蒙特卡洛仿真模拟技术对 TOC 的先验分布进行随机抽样，获取 TOC 的随机样本空间分布；（2）另外还用于对 TOC 和弹性阻抗联合分布做随机抽样并获得其随机样本空间，为最终 TOC 后验概率的求取奠定基础。

（五）地震与测井采样尺度匹配

前面已经介绍了利用弹性参数预测储层 TOC 的大致过程，在反演过程中，建立的统计岩石物理模型紧密联系着弹性参数和 TOC，而事实上，弹性参数是由地震数据反演得到的，属于时间域的，而储层 TOC 是根据测井资料得到的，属于深度域的，可见二者的域不同，其分辨率也不同，测井数据的分辨率要高于地震数据的分辨率。基于以上分析，不同的信息来源，其有效数据尺度也不同，如果直接应用，会给后续的反演问题带来影响，因此，对地震资料以及测井资料做尺度匹配。在尺度匹配处理的过程中，通常有两个问题需要重点考虑：（1）不同尺度的情况下，物理量之间的等价计算；（2）在做尺度匹配处理时，误差的转移问题。

针对上述提出的两个问题，依次采用 Backus 平均和条件概率的方法分别加以解决。

首先针对不同尺度的问题，采用 Backus 平均。

Backus 平均是基于有效介质理论的，其假设条件是：（1）所有介质均是线性弹性的；（2）由摩擦或者液体黏度而造成的内部能量损耗是不存在的；（3）地层的厚度要远远小于地震的波长。基于以上三点假设，可以推导出层状介质有效弹性参数的精确解。

在横向各向同性介质中，一个对称轴的方向与 x_3 的方向重合，其弹性刚度张量可以用如下矩阵来表示，即

$$\begin{bmatrix} a & b & f & 0 & 0 & 0 \\ b & a & f & 0 & 0 & 0 \\ f & f & c & 0 & 0 & 0 \\ 0 & 0 & 0 & d & 0 & 0 \\ 0 & 0 & 0 & 0 & d & 0 \\ 0 & 0 & 0 & 0 & 0 & m \end{bmatrix}, m = \frac{1}{2}(a-b) \tag{4-20}$$

式中　a、b、c、d、f——均为独立的弹性常数。

Backus 于 1962 年提出，在长波极限条件下，如果层状介质由多层横向各向同性材料构成（即每一层的对称轴所在的方向均是垂直于层面），那么该层状介质是等效各向异性的，其等效刚度可以表示为

$$\begin{bmatrix} A & B & F & 0 & 0 & 0 \\ B & A & F & 0 & 0 & 0 \\ F & F & C & 0 & 0 & 0 \\ 0 & 0 & 0 & D & 0 & 0 \\ 0 & 0 & 0 & 0 & D & 0 \\ 0 & 0 & 0 & 0 & 0 & M \end{bmatrix}, M=\frac{1}{2}(A-B) \tag{4-21}$$

其中

$$\left.\begin{aligned} &A=\langle a-f^2c^{-1}\rangle+\langle c^{-1}\rangle^{-1}\langle fc^{-1}\rangle^2, \\ &B=\langle b-f^2c^{-1}\rangle+\langle c^{-1}\rangle^{-1}\langle fc^{-1}\rangle^2, \\ &C=\langle c^{-1}\rangle^{-1}, D=\langle d^{-1}\rangle^{-1}, F=\langle c^{-1}\rangle^{-1}\langle fc^{-1}\rangle, M=\langle m\rangle \end{aligned}\right\} \tag{4-22}$$

上式中的$\langle\cdot\rangle$表示括号内的各变量按照它们的体积分数进行加权平均，这就是用于尺度匹配的 Backus 平均。

针对误差转移的问题，采用条件概率估计 P（$m^f \mid m^c$）。

对于条件概率估计方法，用 m^f 代表测井资料尺度下的弹性阻抗参数，m^c 代表地震资料尺度下的弹性阻抗参数，可以根据条件概率估计，利用 m^f 求取 m^c。

以岩石物理为理论基础建立的统计岩石物理模型具有较强的说服力，但是，在应用上述方法建立统计岩石物理模型时需要求取的参数较多，并且大多数理论岩石物理模型都是以砂泥岩为基础建立的。针对实际工区，通常会根据不同工区的实际地质状况以及不同的反演目标，在理论岩石物理模型难以准确表达弹性参数与 TOC 含量之间关系的情况下，可以选择基于统计学的手段来完成统计岩石物理模型的构建（Spikes 等，2007）。

实际资料处理中，弹性参数与 TOC 含量之间的关系往往是非线性的，难以用经典的岩石物理模型或者总结的经验关系来准确描述（Yin 等，2013）。在此，笔者以岩石物理理论作为指导，通过对弹性参数与 TOC 含量做统计分析，以数据拟合为手段，选取一种最佳的拟合方式进行拟合。

（1）在误差可接受的范围内，能够将二者之间的关系近似为线性时，其表达式为

$$\begin{aligned} &v_{\mathrm{p}}=a_{11}\cdot\mathrm{TOC}+a_{12}\cdot V_{\mathrm{sh}}+a_{13}\cdot S_{\mathrm{w}}+d_{11} \\ &v_{\mathrm{s}}=a_{21}\cdot\mathrm{TOC}+a_{22}\cdot V_{\mathrm{sh}}+a_{23}\cdot S_{\mathrm{w}}+d_{12} \\ &\rho=a_{31}\cdot\mathrm{TOC}+a_{32}\cdot V_{\mathrm{sh}}+a_{33}\cdot S_{\mathrm{w}}+d_{13} \end{aligned} \tag{4-23}$$

转化成矩阵的形式：

$$\begin{bmatrix} v_{\mathrm{p}} \\ v_{\mathrm{s}} \\ \rho \end{bmatrix} = \begin{bmatrix} a_{11} & a_{12} & a_{13} \\ a_{21} & a_{22} & a_{23} \\ a_{31} & a_{32} & a_{33} \end{bmatrix} \begin{bmatrix} \mathrm{TOC} \\ V_{\mathrm{sh}} \\ S_{\mathrm{w}} \end{bmatrix} + \begin{bmatrix} d_{11} \\ d_{12} \\ d_{13} \end{bmatrix} \tag{4-24}$$

式中 v_{p}——纵波速度，m/s；

v_{s}——横波速度，m/s；

ρ——密度，kg/m^3；

V_{sh}——黏土含量，%；

S_{w}——含水饱和度，%。

矩阵系数 $a_{i,\,j}$（$i=1$，2，3；$j=1$，2，3）以及常数项 d_{1j}（$j=1$，2，3）是通过对测井资料进行多元回归得到的。

（2）在误差允许范围内，无法将弹性参数与 TOC 含量之间的函数关系近似看成线性关系时，采用多项式拟合，那么上述方程则变为多元高次方程组，如下所示：

$$\left.\begin{aligned}
v_{\mathrm{p}} = {} & a_{1,n}\mathrm{TOC}^n + a_{1,n-1}\mathrm{TOC}^{n-1} + \cdots + a_{1,1}\mathrm{TOC} + \\
& b_{1,n}V_{\mathrm{sh}}^n + b_{1,n-1}V_{\mathrm{sh}}^{n-1} + \cdots + b_{1,1}V_{\mathrm{sh}} + \\
& c_{1,n}S_{\mathrm{w}}^n + c_{1,n-1}S_{\mathrm{w}}^{n-1} + \cdots + c_{1,1}S_{\mathrm{w}} + d_{11} \\
v_{\mathrm{s}} = {} & a_{2,n}\mathrm{TOC}^n + a_{2,n-1}\mathrm{TOC}^{n-1} + \cdots + a_{2,1}\mathrm{TOC} + \\
& b_{2,n}V_{\mathrm{sh}}^n + b_{2,n-1}V_{\mathrm{sh}}^{n-1} + \cdots + b_{2,1}V_{\mathrm{sh}} + \\
& c_{2,n}S_{\mathrm{w}}^n + c_{2,n-1}S_{\mathrm{w}}^{n-1} + \cdots + c_{2,1}S_{\mathrm{w}} + d_{12} \\
\rho = {} & a_{3,n}\mathrm{TOC}^n + a_{3,n-1}\mathrm{TOC}^{n-1} + \cdots + a_{3,1}\mathrm{TOC} + \\
& b_{3,n}V_{\mathrm{sh}}^n + b_{3,n-1}V_{\mathrm{sh}}^{n-1} + \cdots + b_{3,1}V_{\mathrm{sh}} + \\
& c_{3,n}S_{\mathrm{w}}^n + c_{3,n-1}S_{\mathrm{w}}^{n-1} + \cdots + c_{3,1}S_{\mathrm{w}} + d_{13}
\end{aligned}\right\} \tag{4-25}$$

同理，通过最小二乘拟合获得系数 $a_{i,j}$、$b_{i,j}$、$c_{i,j}$、$d_{1,i}$，其中 $i=1,2,3,j=1,2,\cdots,n$。通过上述步骤，可以得到弹性参数与 TOC 含量之间的某种确定性关系，接下来结合弹性阻抗方程进一步构建弹性阻抗参数与储层 TOC 含量之间的关系。

Connolly（1999）推导的弹性阻抗方程表达式如下：

$$\mathrm{EI}(\theta) = v_{\mathrm{p}}^{1+\tan^2\theta} v_{\mathrm{s}}^{-8K\sin^2\theta} \rho^{1-4K\sin^2\theta} \tag{4-26}$$

式中 K——常数，$K=(v_{\mathrm{s}}/v_{\mathrm{p}})^2$。

2002 年，Whitcombe 对上式的弹性阻抗方程做归一化处理：

$$\mathrm{EI}(\theta) = v_{\mathrm{p}_0}\rho_0 (v_{\mathrm{p}}/v_{\mathrm{p}_0})^{1+\tan^2\theta} (v_{\mathrm{s}}/v_{\mathrm{s}_0})^{-8K\sin^2\theta} (\rho/\rho_0)^{1-4K\sin^2\theta} \tag{4-27}$$

进一步对上述方程两边同时取对数，得

$$\ln\mathrm{EI} = a\cdot\ln v_{\mathrm{p}} + b\cdot\ln v_{\mathrm{s}} + c\cdot\ln\rho + d \tag{4-28}$$

其中，$a = 1 + \tan^2\theta$；$b = -8K\sin^2\theta$；$c = 1 - 4K\sin^2\theta$；d 为常数项，$d = -\tan^2\theta \cdot \ln v_{\mathrm{p}_0} + 8K\sin^2\theta \cdot \ln v_{\mathrm{s}_0} + 4K\sin^2\theta \cdot \ln \rho_0$；$v_{\mathrm{p}_0}$、$v_{\mathrm{s}_0}$、$\rho_0$ 分别为纵波速度曲线、横波速度曲线、密度测井曲线的平均值。

假定有三个不同角度 θ_1、θ_2、θ_3 的弹性阻抗，分别记为 EI_1、EI_2、EI_3，则

$$\mathrm{TOC} \rightarrow \begin{bmatrix} \ln \mathrm{EI}_1 \\ \ln \mathrm{EI}_2 \\ \ln \mathrm{EI}_3 \end{bmatrix} = \begin{bmatrix} a_1 & b_1 & c_1 \\ a_2 & b_2 & c_2 \\ a_3 & b_3 & c_3 \end{bmatrix} \begin{bmatrix} \ln v_{\mathrm{p}} \\ \ln v_{\mathrm{s}} \\ \ln \rho \end{bmatrix} + \begin{bmatrix} d_1 \\ d_2 \\ d_3 \end{bmatrix} \tag{4-29}$$

其中，a_i，b_i，c_i，d_i 分别为上述方程中 $\ln v_{\mathrm{p}}$，$\ln v_{\mathrm{s}}$，$\ln \rho$ 所对应的系数以及常数项，$i = 1$，2，3。

综合上述方程，就可以得到最终的用于描述弹性阻抗与储层 TOC 之间关系的确定性岩石物理模型，进而可以得到各种弹性参数与 TOC 含量的关系。

四、页岩储层 TOC 含量叠前地震综合预测

中国某页岩气工区目的层的实际资料数据，由于地震资料与测井资料分别属于不同的域，并且分辨率也相差很大，为此采用 Backus 平均做一致性处理，以削弱因不同尺度资料对后续储层 TOC 反演所造成的影响。Backus 平均频率就是频谱分析后的频率值，从而将地震资料与测井资料归一到相同的域内。图 4-8 为原始测井曲线与经过 Backus 平均后的测井曲线对比图。如图 4-8 所示，蓝线是原始的测井曲线，红线是经过 Backus 平均后的测井曲线，可见，利用 Backus 平均处理后的测井曲线，与原始测井曲线相比，其分辨率明显下降。

分析实际资料，建立弹性参数与储层 TOC 含量间的联系，在反演的准备阶段，对给定的测井资料和地震数据进行统计分析，并建立物性参数与 TOC 含量间的先验分布。然后利用蒙特卡洛随机抽样技术对先验分布随机抽样，得到其样本空间，经过处理后，获得的信息相较于之前的实际测井数据而言，分布更加均匀，包含信息更加丰富，删去不符合取值范围的数据。再对于给定的物性参数的混合高斯分布参数最大期望计算，统计各项物性参数及弹性参数，以此估计储层 TOC 含量的联合概率分布。

基于储层 TOC 含量统计性岩石物理模型，结合弹性阻抗反演，进行储层 TOC 含量的预测。图 4-9 为确定性岩石物理模型验证图，图中蓝色实线代表利用测井曲线中的弹性参数曲线计算的三个角度的弹性阻抗值，记为计算值；红色虚线代表利用确定性岩石物理关系和 TOC 曲线拟合的三个角度的弹性阻抗值，记为拟合值；从图 4-9 中观察可知，利用所建立的确定性岩石物理关系拟合的弹性阻抗参数与储层 TOC 含量之间的关系的准确度较高，说明确定性岩石物理关系建立的准确性与合理性。

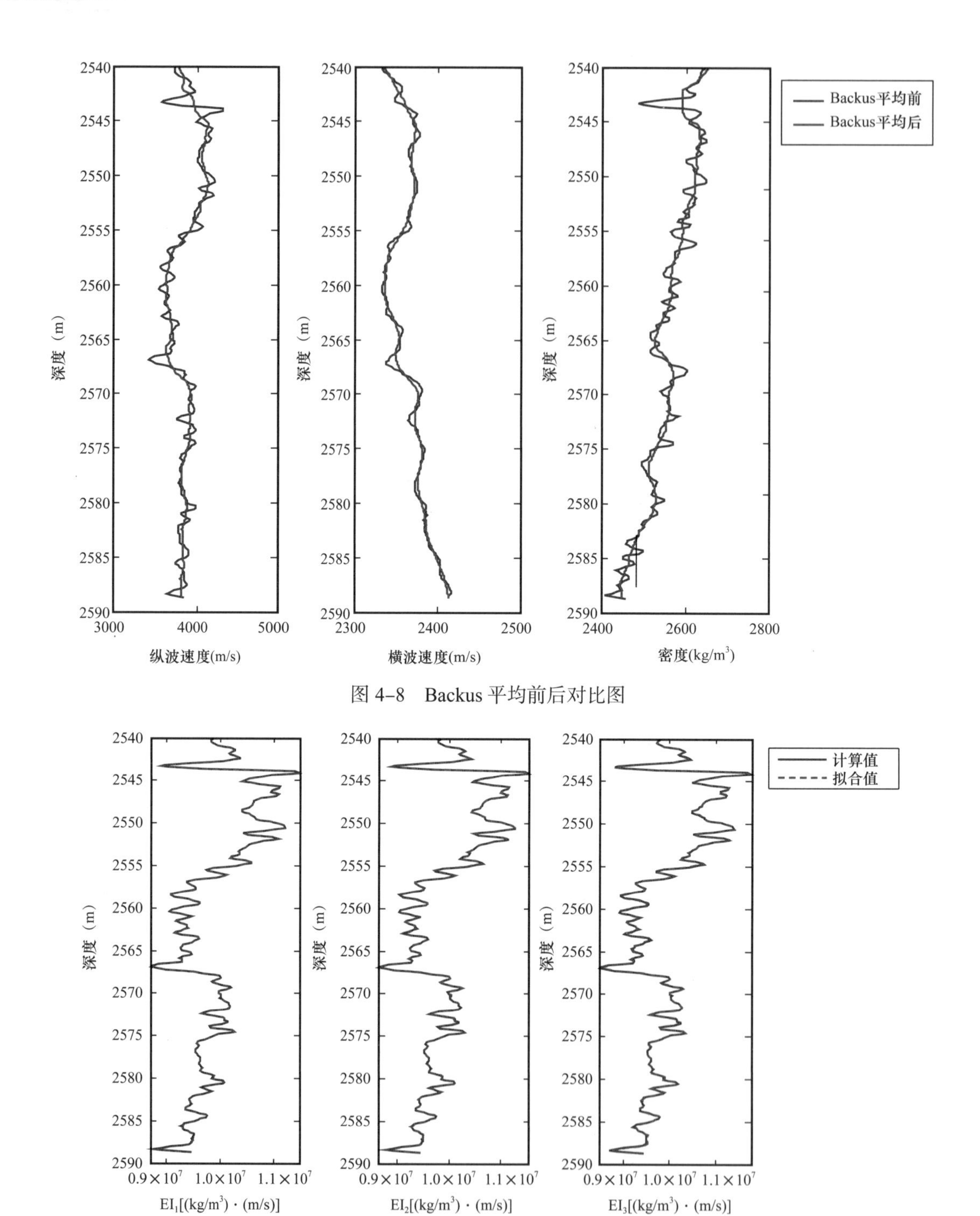

图 4-8　Backus 平均前后对比图

图 4-9　确定性岩石物理模型验证

在已知小、中、大三个角度的弹性阻抗数据的前提下，能计算得到储层 TOC 含量的条件概率，借助 EM 算法估计 TOC 含量后验概率的最大值，最大后验概率位置处所对应的储层 TOC 含量就是要求的反演结果，如图 4-10 所示。利用实际工区所提供的地

震数据和测井资料信息弹性阻抗的反演和最大后验概率分布，最终求得反演的储层 TOC 含量。

图 4-11 为中国某页岩气工区 K 井的地震剖面及 TOC 含量剖面图，反演结果与实际测井解释结果对应较好，深红色部分对应着储层中含油高值处、含水低值处，而随着颜色逐渐由深红色变为深蓝色，储层中的含油属性越来越低，深蓝色代表含油低值处、含水高值处，同时将反演的 TOC 含量剖面与由物性参数构建得到的 TOC 含量曲线进行对比分析，发现剖面的反演结果与测井曲线也较吻合，即 TOC 含量曲线上较大值处与反演剖面中的高值处相对应，较小值处与反演剖面中的低值处相对应，TOC 含量反演出的含油气热点区域与实际含油气特征吻合程度较好。

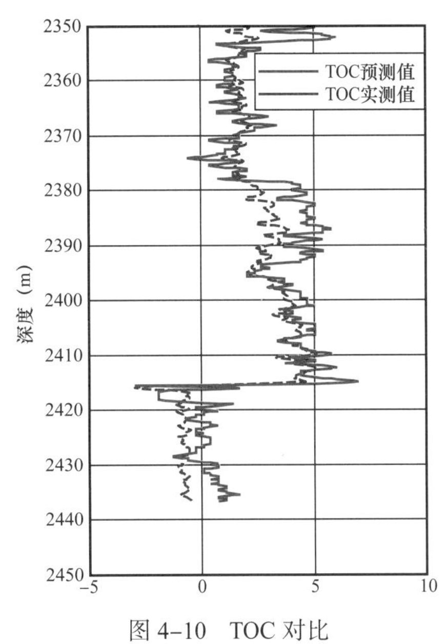

图 4-10　TOC 对比

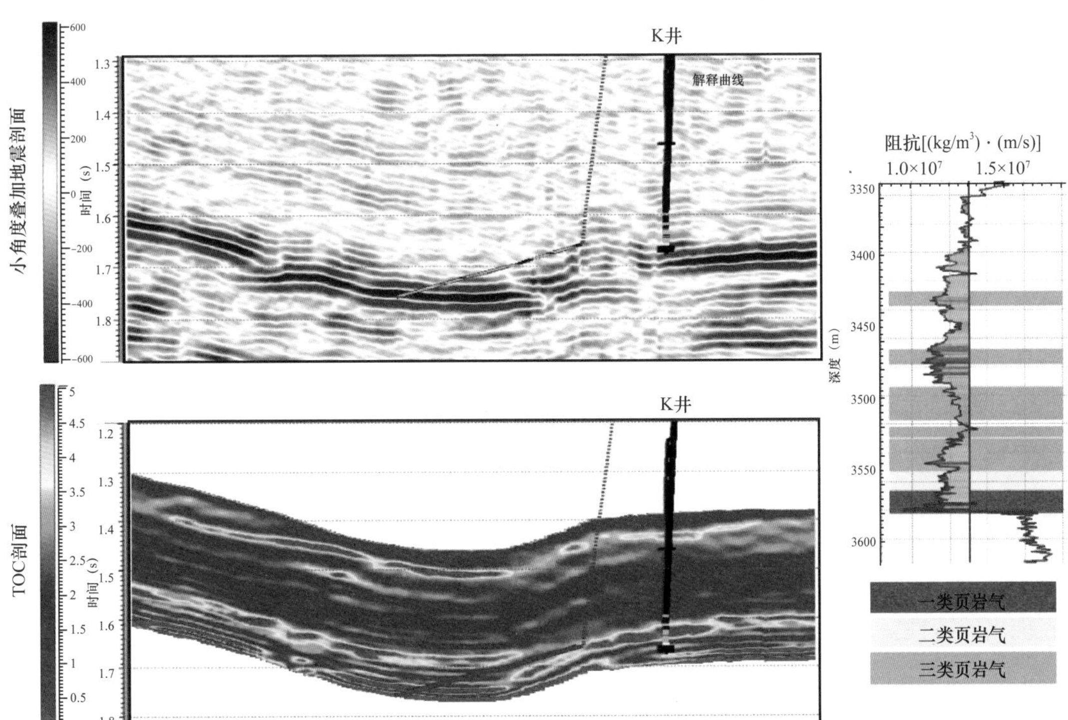

图 4-11　过 K 井地震剖面以及 TOC 剖面

第五章

页岩储层脆性叠前地震预测方法

本章基于页岩储层特征和岩石物理研究，详细介绍了页岩储层脆性敏感参数评价方法，分析了不同弹性参数的敏感性，选择较好的脆性敏感参数，建立页岩储层敏感参数与地震反射特征方程之间的关系，推导出一种基于脆性敏感参数的弹性阻抗方程。最后，利用叠前地震反演方法预测了页岩储层脆性，该方法避免了传统方法中的间接计算带来的误差。

第一节　岩石脆性简介

岩石脆性是指岩石受力破坏时所表现出的一种固有性质，表现为岩石在宏观破裂前发生很小的应变，破裂时全部以弹性能的形式释放出来。脆性指数表征岩石发生破裂前的瞬态变化快慢（难易）程度，反映的是储层压裂后形成裂缝的复杂程度。通常，脆性指数高的地层性质硬脆，对压裂作业反应敏感，能够迅速形成复杂的网状裂缝。因此，岩石脆性指数是表征储层可压裂性必不可少的参数。岩石脆性与储层改造密切相关，是储层力学特性评价、井壁稳定性评价及水力压裂效果评价的重要指标脆性，是岩性、成分、碳含量、有效应力、温度、成岩作用、成熟度和孔隙度等的复合函数，有证据显示二氧化硅和方解石成分会增加脆性。目前表征脆性强度的因子种类繁多，且来自不同学科领域，尚未达成统一形成明确的定义式。岩石脆性主要表现在以下几个独特方面：

（1）岩石的脆性不同于像弹性模量、泊松比这样的单一力学参数，它受多个因素共同制约，想要表征脆性，需建立特定的脆性指标。

（2）脆性受内外因素共同作用，脆性是以内在非均质性为前提，在特定加载条件下表现出的特性。

（3）脆性破坏是在非均匀应力作用下，产生局部断裂，并形成多维破裂面的过程；在外力作用下，岩石发生脆性破坏，内部微裂纹的萌生、裂纹稳定扩展至非稳定交联的过程都与岩石的脆性密切相关。

页岩脆性室内测试有20种基本方法，主要分为强度法、应力—应变曲线法、加卸载实验、硬度测试、脆性矿物法和岩石模量法等（李庆辉等，2012）。而这些指标有的可以反映岩石的脆性差异，有的测试方法不容易掌握，有的还需要更多的测试以检验其准确性。实际应用中比较常用的方法主要有两种，一种是矿物组分法，另一种是弹性参数法。

一、矿物组分法定义脆性参数

目前基于矿物组分的脆性评价方法有很多。一般情况下，砂岩和页岩中常见的有三种矿物：石英、方解石和黏土，其中石英脆性最强，方解石中等，黏土最差，因此可用三种矿物含量来进行表征。常用的几种基于矿物组分的脆性评价公式主要有

$$\mathrm{BI}=\frac{C_{石英}}{C_{石英}+C_{碳酸盐}C_{黏土}}\times 100 \quad （Jarvie，2007） \tag{5-1}$$

式中 $C_{石英}$——石英含量，%；

$C_{碳酸盐}$——碳酸盐含量，%；

$C_{黏土}$——黏土含量，%。

$$\mathrm{BI}=\frac{C_{石英}+C_{碳酸盐}}{C_{石英}+C_{碳酸盐}C_{黏土}}\times 100 \quad （李钜源，2013） \tag{5-2}$$

式中 $C_{石英}$——石英含量，%；

$C_{碳酸盐}$——碳酸盐含量，%；

$C_{黏土}$——黏土含量，%。

由式（5–2）可知当泥质含量增加时，脆性降低；当石英含量增加时，脆性升高。另外干酪根的形成多是在一个放射性元素铀含量比较高的还原环境，而泥质颗粒细小，具有较大的比面，对放射性物质有较大的吸附能力，并且沉积时间长，有充分时间与溶液中的放射性物质一起沉积下来，使泥质（黏土）具有很高的放射性。因此在不含放射性矿物的情况下，高泥质含量地区，干酪根含量较高，对应的脆性较低。

这种方法简单易操作，但岩石矿物组分多种多样，仅靠这三种矿物组分含量来表征显得精确性不够。且该方法忽略了成岩作用的影响，岩石是漫长的地质历史中由不同矿物成分胶结而成，成岩过程中经历了不同的地质作用，存在压实程度、孔隙等方面的差异，因此即使矿物成分完全相同，脆性程度也不同。这种方法适用于分析同一地区经历过相同地质作用的岩石。

二、弹性参数法定义脆性参数

这种方法认为杨氏模量越高，泊松比越低的岩石脆性更强。泊松比和杨氏模量这两个弹性参数联合起来反映岩石在应力作用下的变化情况，柔性页岩并不是很好的储层，因为它会弥合自然或水压裂纹，是很好的盖层岩石，阻止下方脆性页岩中渗出的碳氢化合物。脆性页岩在自然状态下容易破裂，在水力压裂过程中有很好的响应效果。

杨氏模量表示材料纵向上应力与应变的比值，泊松比表示材料横向应变与纵向应变的比值。杨氏模量越大，泊松比越小则脆性越大。杨氏模量和泊松比作为岩石物理学中重要的两个弹性参数，在一定程度上表现了岩石中结构、孔隙、流体等在一定情况下的综合响应。杨氏模量反映了页岩被压裂后保持裂缝的能力，泊松比反映了页岩在压力下破裂的能力。对于脆性等级较高的页岩，其泊松比越低，则杨氏模量越高；而对于脆性

等级较低的页岩，泊松比越高，则杨氏模量越高。通过地震、测井等方法可以得到地下岩石的信息，从而获得地层内部特征与其在当前地质环境中的综合响应。近些年来，许多国内外专家学者提出了多种使用弹性模量表征脆性的方法（Sharm 和 Chopra，2012；吴涛，2015；李先锋和汪磊，2016）。常用的几种使用弹性参数表示脆性的公式有

$$\mathrm{BI}=\frac{E_0+\sigma_0}{2} \quad \text{（Rickman 等，2008）} \tag{5-3}$$

式中 E_0——归一化的杨氏模量，GPa；

σ_0——归一化后的泊松比。

$$\mathrm{BI}=\frac{E_0}{\sigma_0} \quad \text{（刘致水和孙赞东，2015）} \tag{5-4}$$

式中 E_0——归一化的杨氏模量，GPa；

σ_0——归一化后的泊松比。

图 5-1 是综合泊松比和杨氏模量关于脆性的交会图。泊松比的低值对应更脆的岩石，随着杨氏模量的增加，岩石将会变得更脆。因为泊松比和杨氏模量的单位不同，在计算脆性前需将各个量归一化，然后以相同百分比的形式平均作用到脆性系数上。对于储层来说，塑性页岩不仅是一个好的裂缝屏蔽层，还是一个好的封堵层。

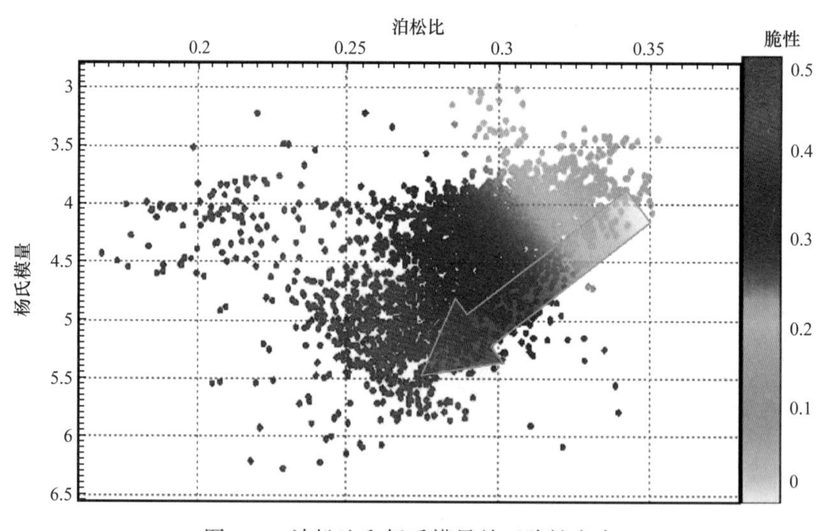

图 5-1　泊松比和杨氏模量关于脆性交会

三、脆性敏感参数分析

页岩储层的有机质类型和有机碳含量对纵波速度、横波速度、密度和各向异性参数都有一定的影响，可以从地震资料和测井资料中建立页岩气藏特征工作流程（Chopra 和 Sharma，2012）。页岩气的岩性和脆性的定量研究表明，页岩气储层的杨氏模量可以反映页岩气藏的脆性，可以作为较好的脆性指标（Sharma 等，2013）。Sharma 提出了

一种新的脆性敏感参数（$E\rho$），并通过分析表明该参数能够更好地识别页岩储层的脆性（Sharma 和 Chopra，2015）。

Barnett 页岩气的成功开发推动了美国甚至是全球页岩气工业革命，其成功的经验值得我们学习，但是应该注意所有的页岩储层不都是 Barnett 页岩的克隆，即使是 Barnett 页岩，本身的变化也相当大。岩石的硬度或脆性很大程度上取决于岩石的矿物成分，应该根据工区特征因地制宜地构建一个矿物含量定义相对脆性指数，来帮助评估岩石的可压裂性。根据学者对 Barnett 页岩测量的脆性指数和矿物之间关系进行分析总结，发现石英—碳酸盐岩—黏土含量影响着观测结果，Barnett 页岩脆性最强的部分具有大量的石英，脆性最弱的部分富集黏土矿物，富集碳酸盐岩的页岩脆性一般（Jarvie 等，2007；Rickman 等，2008）。根据石英—碳酸盐岩—黏土含量定义脆性指数：

脆性指数（%）= 石英 /（石英 + 碳酸盐岩 + 黏土）

典型的 Haynesville 页岩中以碳酸盐岩为主，而不是硅质矿物（石英），相对脆性指数（Relative Brittleness Index，以下简称 RBI）的公式如下（Buller 等，2010）：

$$\left.\begin{aligned}&\text{RBI}=\left(\text{Brittle Mineral Proxies}\right)/\left(\text{Brittle + ductile Mineral Proxies}\right)\\&\text{RBI}=\left(\text{abM1+abM2+}\cdots\right)/\left(\text{abM1+abM2+abM3+}\cdots\right)\end{aligned}\right\}\qquad(5\text{-}5)$$

式中　abM1、abM2、abM3——分别表示各类矿物含量，%。

基于上述结论，为了验证杨氏模量和泊松比等弹性参数对脆性的敏感性，对某工区 M 井进行脆性分析。图 5-2 为 M 井部分井曲线，从左至右分别是纵波阻抗、TOC 含量、杨氏模量、泊松比曲线，依照式（5-5）脆性计算方法可以计算出脆性曲线（绿色曲线），蓝色曲线为实测矿物脆性，可以发现二者差异较大。而如果将泊松比的权重增大（按照 TOC 含量权重），使用式（5-6），则可得到用红色曲线表示的新定义的脆性值，可见新定义的脆性曲线与真实的矿物脆性更加接近。

$$\text{BI}=\left[\frac{\left(E-E_{\min}\right)}{\left(E_{\max}-E_{\min}\right)}+\frac{\left(\sigma-\sigma_{\max}\right)}{\left(\sigma_{\min}-\sigma_{\max}\right)}\right]/2\qquad(5\text{-}6)$$

式中　E——杨氏模量，GPa；

$E_{\max}$、$E_{\min}$——分别为杨氏模量的最大值、最小值；

σ——泊松比；

$\sigma_{\max}$、$\sigma_{\max}$——分别为泊松比的最大值、最小值。

为了更加深入进行了杨氏模量、泊松比、矿物脆性因子以及含气性解释等曲线的关系，对工区进行脆性交会分析。图 5-3 至图 5-6 分别为中国某页岩气工区的 H 井、J 井、K 井和 M 井目的层的含气性解释结果与矿物脆性指数和弹性参数交会图，红色代表一类页岩气、黄色代表二类页岩气、绿色代表三类页岩气、黑色为干层含气，一类页岩气高脆性、低阻抗、低泊松比。其中，H 井目的层厚度 74m，J 井目的层厚度 133m，K 井目的层厚度 154m，M 井目的层厚度 280m，并且可以看到脆性指数与泊松比负相关，与杨氏模量的正相关关系不明显，一类页岩气脆性为高值，脆性对于区分三类页岩气有一定指示，干层（含气）的脆性指数较低。

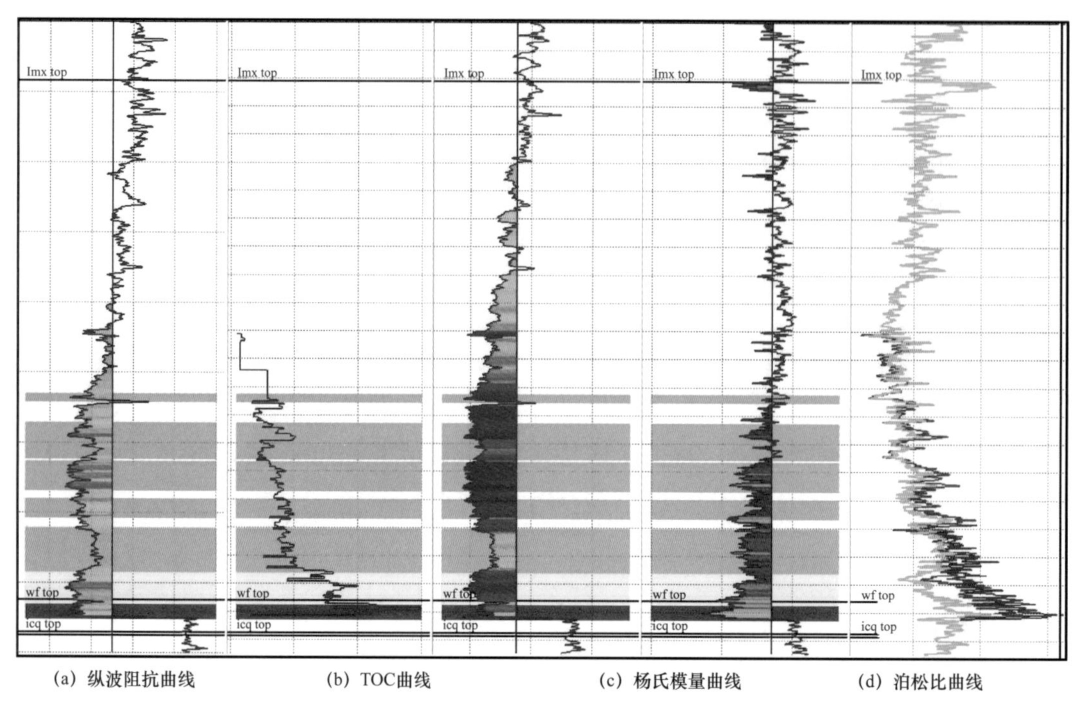

(a) 纵波阻抗曲线　(b) TOC曲线　(c) 杨氏模量曲线　(d) 泊松比曲线

图 5-2　M 井部分测井曲线

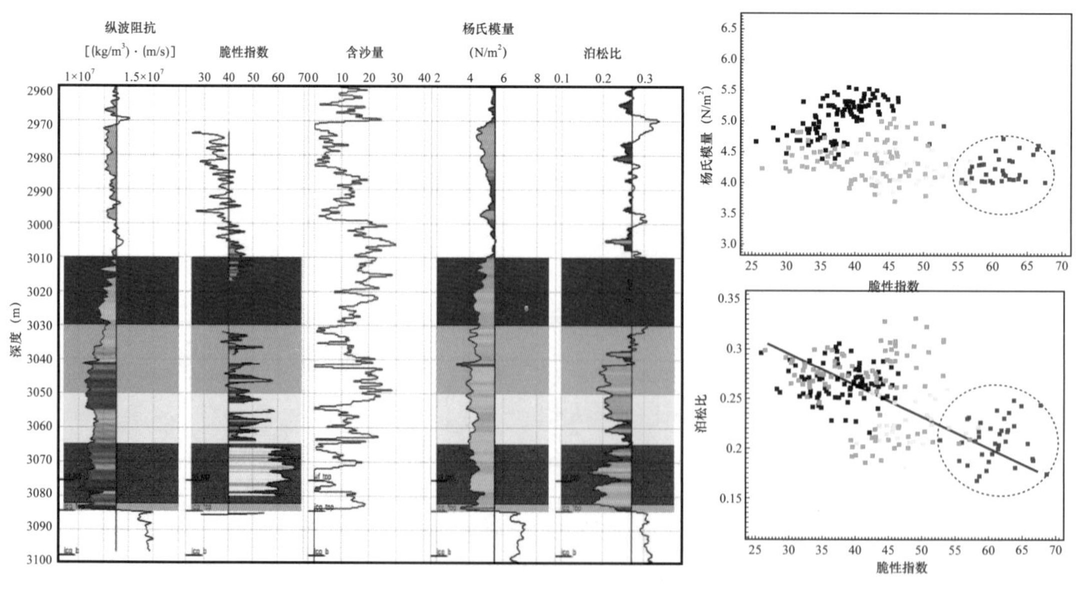

图 5-3　H 井含气性解释结果与脆性指数和弹性参数交会图

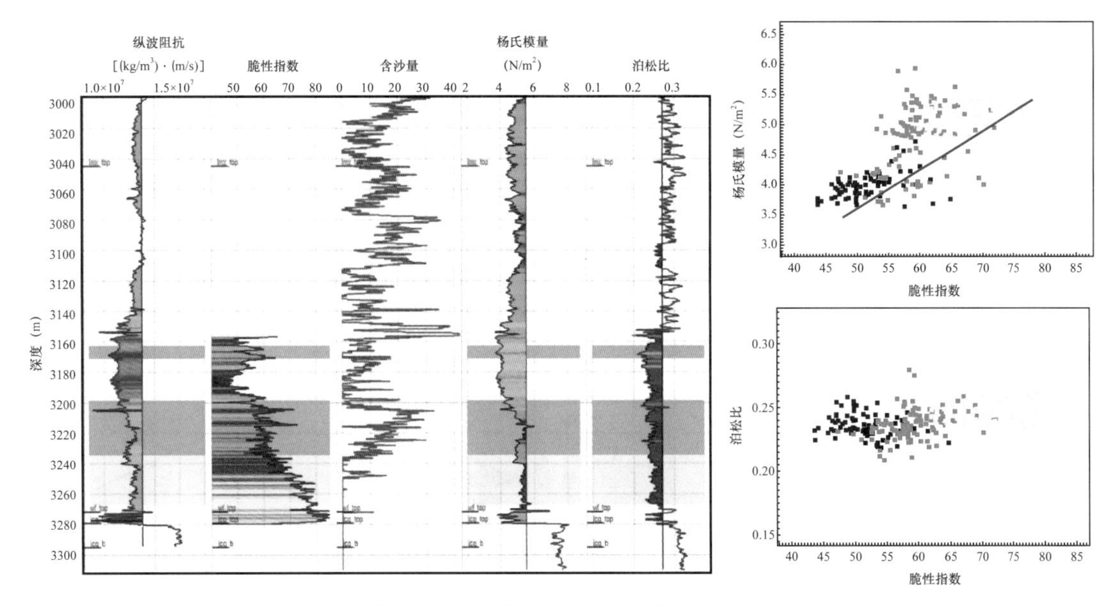

图 5-4　J 井含气性解释结果与脆性指数和弹性参数交会图

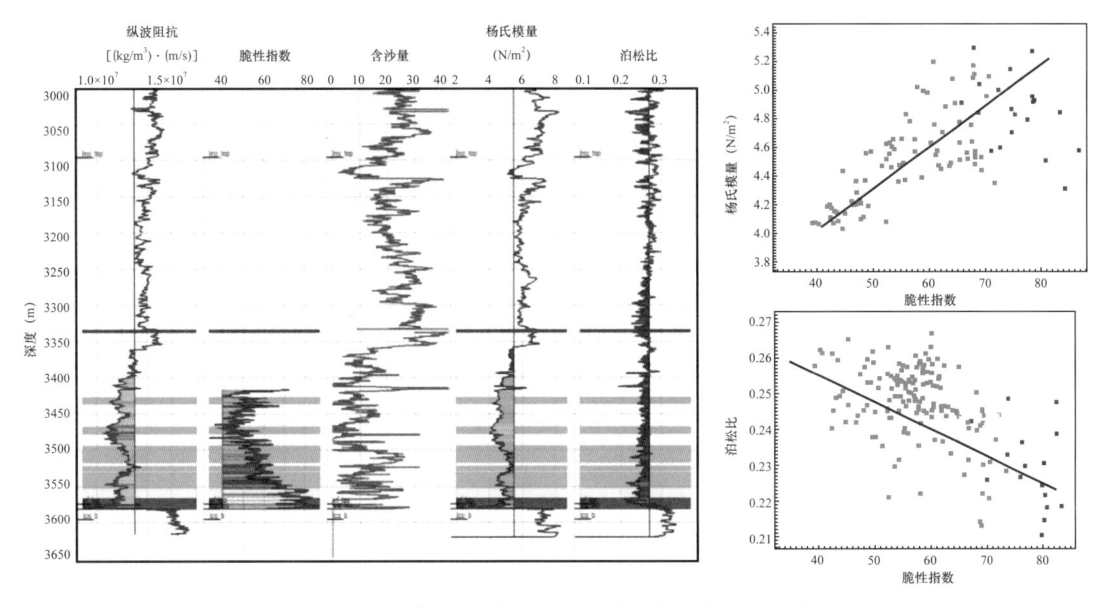

图 5-5　K 井含气性解释结果与脆性指数和弹性参数交会图

除此之外，为了研究脆性的统计特征，进行了多井分析，如图 5-7 所示。可以看到 H 井的脆性整体上比 M 井更低，而且矿物脆性几乎与泊松比呈负相关，一类页岩气脆性为相对高值，二类、三类次之。

分析了杨氏模量与泊松比对脆性的敏感程度后，在 Retish 的基础上，笔者进一步分析了杨氏模量与密度的乘积（$E\rho$）对脆性的敏感程度，如图 5-8 所示。由图 5-8b 显示知，引入了密度之后，新组成的脆性敏感参数 $E\rho$ 能更加清晰地识别优质页岩。在此基础上，笔者提出一种新的脆性评价方法，该方法使用新参数 $E\rho$ 来替代式（5-6）中的杨

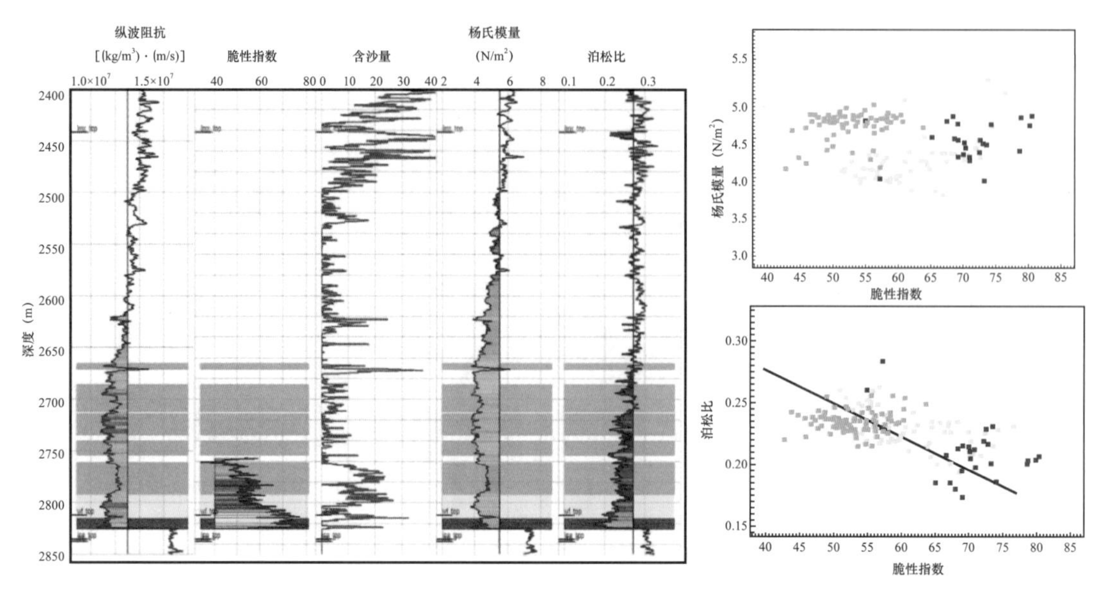

图 5-6　M 井含气性解释结果与脆性指数和弹性参数交会图

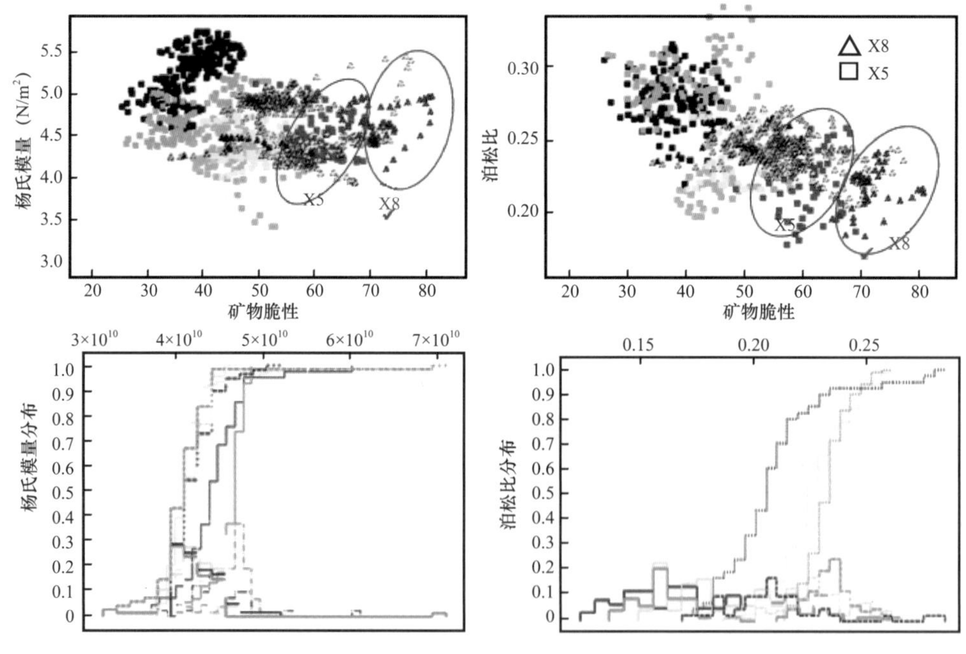

图 5-7　中国某页岩气工区脆性指数统计性特征

红色代表一类页岩气，黄色代表二类页岩气，绿色代表三类页岩气，黑色为干层含气

氏模量，具体表达式如下：

$$\mathrm{BI}=\left[\frac{(E\rho-E\rho_{\min})}{(E\rho_{\max}-E\rho_{\min})}+\frac{(\sigma-\sigma_{\max})}{(\sigma_{\min}-\sigma_{\max})}\right]/2 \tag{5-7}$$

式中　$E\rho$——杨氏模量 E 与密度 ρ 的乘积，GPa·（kg/m^3）；

$E\rho_{max}$、$E\rho_{min}$——分别为杨氏模量 E 与密度 ρ 乘积的最大值、最小值，GPa·（kg/m^3）；

σ——泊松比；

σ_{max}、σ_{min}——分别为泊松比的最大值、最小值。

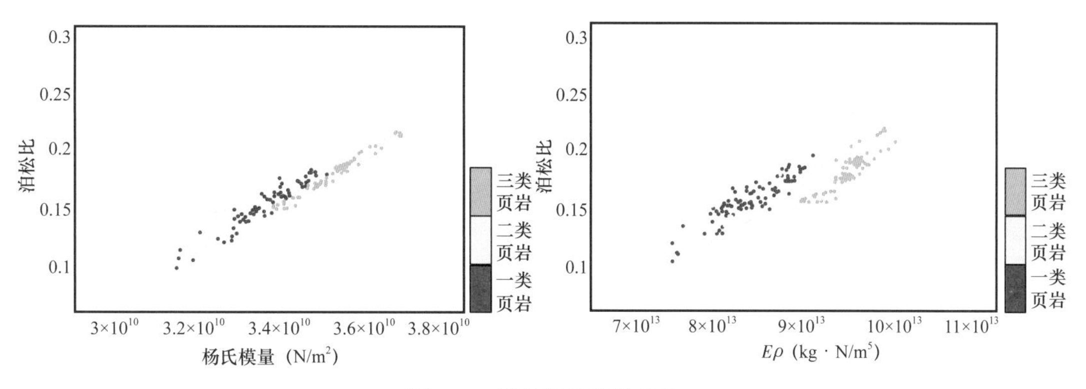

图 5-8　脆性敏感参数对比

在建立新的脆性评价公式之后，如何准确的利用叠前地震反演技术获取 $E\rho$ 参数则成为研究的重点。

第二节　脆性弹性阻抗方程

页岩储层可压裂性评价研究的一项重要工作是对地下储层脆性的预测。前面已经得到脆性指数与弹性参数之间的关系，因此可以通过地球物理方法获取地层弹性参数来评价目标区域地层的脆性特征，从而识别优质可压裂区域，这对后续岩石油气的开发工作具有实际意义。脆性指数，建立了脆性敏感弹性参数与反射系数之间的关系，它是由脆性敏感弹性参数来计算的。

一、页岩储层的敏感参数与地震反射特征方程构建

上节在实际工区的基础上讨论了页岩脆性与脆性敏感参数之间的关系（杨氏模量、泊松比），在此基础上验证了新提出的弹性敏感参数 $E\rho$ 对优质页岩更加敏感。根据 Aki-Richard 公式，建立反射系数与杨氏模量、泊松比和密度的线性关系，即 YPD 方程（宗兆云，2012）：

$$R(\theta)=\left(\frac{1}{4}\sec^2\theta-2k\sin^2\theta\right)\frac{\Delta E}{E}+\left[\frac{1}{4}\sec^2\theta\frac{(2k-3)(2k-1)^2}{k(4k-3)}+2k\sin^2\theta\frac{1-2k}{3-4k}\right]\frac{\Delta\sigma}{\sigma}+\left(\frac{1}{2}-\frac{1}{4}\sec^2\theta\right)\frac{\Delta\rho}{\rho}\tag{5-8}$$

其中

$$k = \frac{\beta^2}{\alpha^2}$$

式中 θ——入射角，(°)。

引入一个近似表达式（张广智，2014）：

$$\frac{\Delta(E\rho)}{(E\rho)} = \frac{\Delta E}{E} + \frac{\Delta\rho}{\rho} \tag{5-9}$$

将式（5–9）代入式（5–8）中，可以得到基于 $E\rho$、泊松比和密度的纵波近似系数方程：

$$\begin{aligned} R(\theta) = &\left(\frac{1}{4}\sec^2\theta - 2k\sin^2\theta\right)\frac{\Delta E\rho}{E\rho} + \\ &\left[\frac{1}{4}\sec^2\theta\frac{(2k-3)(2k-1)^2}{k(4k-3)} + 2k\sin^2\theta\frac{1-2k}{3-4k}\right]\frac{\Delta\sigma}{\sigma} + \\ &\left(\frac{1}{2}2k\sin^2\theta - \frac{1}{2}\sec^2\theta\right)\frac{\Delta\rho}{\rho} \end{aligned} \tag{5-10}$$

式（5–10）首次建立了 $E\rho$ 与反射系数之间的关系，该式由张广智于 2014 年推导。

同 AVO 反演相比，CGG（Compagnie Généralede Géophysique）公司认为，叠前弹性阻抗反演（EI）在反演效果上要优于 AVO 反演且在抗噪性方面更具优势。1999 年，Connolly 在 Aki–Richards 近似方程和入射角为任意方向的反射系数的基础上，定义了弹性阻抗方程，如下所示：

$$R(\theta) \approx \frac{\mathrm{EI}(\theta)_{n+1} - \mathrm{EI}(\theta)_n}{\mathrm{EI}(\theta)_{n+1} + \mathrm{EI}(\theta)_n} \approx \frac{1}{2}\frac{\Delta\mathrm{EI}}{\mathrm{EI}} \approx \frac{1}{2}\Delta\ln(\mathrm{EI}) \tag{5-11}$$

将式（5–10）向弹性阻抗方向扩展，可以引入两个简单的近似公式：

$$R_{\mathrm{pp}} = \frac{1}{2}\Delta\ln(\mathrm{EI}) \tag{5-12}$$

$$\Delta\ln(x) = \frac{\Delta x}{x} \tag{5-13}$$

将式（5–12）和式（5–13）代入式（5–10）中，方程改写为

$$\begin{aligned} \Delta\ln(\mathrm{EI}) = &\left(\frac{1}{2}\sec^2\theta - 4k^2\sin\theta\right)\Delta\ln(E\rho) + \\ &\left[\frac{1}{2}\sec^2\theta\frac{(2k-3)(2k-1)^2}{k(4k-3)} + 4k\sin^2\theta\frac{1-2k}{3-4k}\right]\Delta\ln(\sigma) + \\ &\left(1 + 4k\sin^2\theta - \sec^2\theta\right)\Delta\ln(\rho) \end{aligned} \tag{5-14}$$

将式（5–14）等号两边取积分并忽略积分常数项，整理后得

$$\ln(\mathrm{EI})=\left(\frac{1}{2}\sec^2\theta-4k\sin\theta\right)\ln(E\rho)+\left[\frac{1}{2}\sec^2\theta\frac{(2k-3)(2k-1)^2}{k(4k-3)}+4k\sin^2\theta\frac{1-2k}{3-4k}\right]\ln(\sigma)+\left(1+4k\sin^2\theta-\sec^2\theta\right)\ln(\rho) \tag{5–15}$$

对式（5–15）等号两边同时取指数，就可以得到基于 $E\rho$ 的叠前弹性阻抗方程：

$$\mathrm{EI}(\theta)=\mathrm{EI}_0\left[\frac{E\rho}{(E\rho)_0}\right]^A\left(\frac{\sigma}{\sigma_0}\right)^B\left(\frac{\rho}{\rho_0}\right)^C \tag{5–16}$$

其中

$$\mathrm{EI}_0=\left[(E\rho)^{-2}(8\sigma)\right]^{-\frac{1}{4}}$$

$$A=\frac{1}{2}\sec^2\theta-4k\sin\theta$$

$$B=\frac{1}{2}\sec^2\theta\frac{(2k-3)(2k-1)^2}{k(4k-3)}+4k\sin^2\theta\frac{1-2k}{3-4k}$$

$$C=1+4k\sin^2\theta-\sec^2\theta$$

式（5–16）中，$(E\rho)_0$、σ_0 和 ρ_0 分别为 $E\rho$、σ 和 ρ 的平均值。通过 EI_0 的标定，可以将弹性阻抗的值换算到声阻抗的量纲上，消除量纲尺度随入射角变化的问题，使计算结果更加稳定。

二、脆性敏感参数提取方法

提取杨氏模量和泊松比、密度等岩性参数的过程和弹性阻抗反演一样，均是叠前反演中重要的一环。提取岩性参数需对方程进行求解，由于方程式（5–16）是非线性的，若直接求解，势必带来不少的麻烦，为此对方程进行变换，使之成为线性形式。将方程（5–16）两边取对数，则有

$$\ln\frac{\mathrm{EI}(\theta)}{\mathrm{EI}_0}=a(\theta)\ln\frac{E\rho}{(E\rho)_0}+b(\theta)\ln\frac{\sigma}{\sigma_0}+c(\theta)\ln\frac{\rho}{\rho_0} \tag{5–17}$$

为得到 $\ln\frac{E\rho}{(E\rho)_0}$、$\ln\frac{\sigma}{\sigma_0}$ 和 $\ln\frac{\rho}{\rho_0}$ 需三个不同角度的弹性阻抗体。将三个角度值分别代入方程（5–17）可以得到如下方程组：

$$\left.\begin{aligned}\ln\frac{\mathrm{EI}(t,\theta_1)}{A_0}=a(\theta_1)\ln\frac{E\rho(t)}{(E\rho)_0}+b(\theta_1)\ln\frac{\sigma(t)}{\sigma_0}+c(\theta_1)\ln\frac{\rho(t)}{\rho_0}\\ \ln\frac{\mathrm{EI}(t,\theta_2)}{A_0}=a(\theta_2)\ln\frac{E\rho(t)}{(E\rho)_0}+b(\theta_2)\ln\frac{\sigma(t)}{\sigma_0}+c(\theta_2)\ln\frac{\rho(t)}{\rho_0}\\ \ln\frac{\mathrm{EI}(t,\theta_3)}{A_0}=a(\theta_3)\ln\frac{E\rho(t)}{(E\rho)_0}+b(\theta_3)\ln\frac{\sigma(t)}{\sigma_0}+c(\theta_3)\ln\frac{\rho(t)}{\rho_0}\end{aligned}\right\}\tag{5-18}$$

若直接对式（5-18）进行求解，所得到的 $\ln\frac{E\rho}{(E\rho)_0}$、$\ln\frac{\sigma}{\sigma_0}$ 和 $\ln\frac{\rho}{\rho_0}$ 值在某些采样点处极不稳定，并且可能与实际的物理和地质意义相悖。为此，还需将上式做进一步变换。

由式（5-18）可知，在角度相同的情况下，同一岩石物性参数 $\left[\ln\frac{E\rho}{(E\rho)_0}、\ln\frac{\sigma}{\sigma_0}\right.$ 和 $\left.\ln\frac{\rho}{\rho_0}\right]$ 在各采样点处所对应 $a(\theta)$、$b(\theta)$、$c(\theta)$ 相同，它们不随时间变化，因此，式（5-18）变为

$$\ln\frac{\mathrm{EI}(t,\theta)}{\mathrm{EI}_0}=a(\theta)\ln\frac{E\rho(t)}{(E\rho)_0}+b(\theta)\ln\frac{\sigma(t)}{\sigma_0}+c(\theta)\ln\frac{\rho(t)}{\rho_0}\tag{5-19}$$

对于同一道的不同采样点（即不同时间）有

$$\begin{bmatrix}\ln\frac{E\rho(t_1)}{E\rho_0} & \ln\frac{\sigma(t_1)}{\sigma_0} & \ln\frac{\rho(t_1)}{\rho_0}\\ \ln\frac{E\rho(t_2)}{E\rho_0} & \ln\frac{\sigma(t_2)}{\sigma_0} & \ln\frac{\rho(t_2)}{\rho_0}\\ \vdots & \vdots & \vdots\\ \ln\frac{E\rho(t_n)}{E\rho_0} & \ln\frac{\sigma(t_n)}{\sigma_0} & \ln\frac{\rho(t_n)}{\rho_0}\end{bmatrix}\begin{bmatrix}a(\theta)\\ b(\theta)\\ c(\theta)\end{bmatrix}=\begin{bmatrix}\ln\frac{\mathrm{EI}(\theta_1)}{\mathrm{EI}_0}\\ \ln\frac{\mathrm{EI}(\theta_2)}{\mathrm{EI}_0}\\ \ln\frac{\mathrm{EI}(\theta_3)}{\mathrm{EI}_0}\end{bmatrix}\tag{5-20}$$

由于在提取岩性参数时所用的弹性阻抗体来自反演所得值，因此，可选取反演得到的井旁道脆性弹性阻抗数据和井曲线（杨氏模量、泊松比和密度曲线）来建立上面的关系，这种岩性参数与脆性弹性阻抗之间的关系最为密切，得到的 $a(\theta)$、$b(\theta)$、$c(\theta)$ 也最有代表性。

采用井旁道脆性弹性阻抗曲线 $E\rho$、α 和 β 曲线，对某个角度的各采样点可得到系数 $a(\theta)$、$b(\theta)$、$c(\theta)$。因此对三个不同角度 θ_1、θ_2 和 θ_3 的弹性阻抗数据，同理可得到 9 个常系数 $a(\theta_1)$、$b(\theta_1)$、$c(\theta_1)$、$a(\theta_2)$、$b(\theta_2)$、$c(\theta_2)$、$a(\theta_3)$、$b(\theta_3)$、$c(\theta_3)$，罗列成下列方程组：

$$\left.\begin{aligned}
\ln\frac{\mathrm{EI}(t,\theta_1)}{A_0}=a(\theta_1)\ln\frac{E\rho(t)}{(E\rho)_0}+b(\theta_1)\ln\frac{\sigma(t)}{\sigma_0}+c(\theta_1)\ln\frac{\rho(t)}{\rho_0}\\
\ln\frac{\mathrm{EI}(t,\theta_2)}{A_0}=a(\theta_2)\ln\frac{E\rho(t)}{(E\rho)_0}+b(\theta_2)\ln\frac{\sigma(t)}{\sigma_0}+c(\theta_2)\ln\frac{\rho(t)}{\rho_0}\\
\ln\frac{\mathrm{EI}(t,\theta_3)}{A_0}=a(\theta_3)\ln\frac{E\rho(t)}{(E\rho)_0}+b(\theta_3)\ln\frac{\sigma(t)}{\sigma_0}+c(\theta_3)\ln\frac{\rho(t)}{\rho_0}
\end{aligned}\right\}\tag{5-21}$$

将反演所得的各角度流体弹性阻抗体代入式（5–21），从而可获得各道任意一个采样点处的 $E\rho$、α 和 ρ。

为验证页岩气脆性叠前弹性阻抗方程的可行性与稳定性。本节选用经典地层模型对方程进行精度分析，模型数据见表 5–1。

表 5–1　含气砂岩与页岩模型（据 Goodway 等，1997）

地层	v_p（m/s）	v_s（m/s）	ρ（g/cm^3）	σ	v_p/v_s
页岩	2898	1290	2.425	0.38	2.25
含气砂岩	2857	1666	2.275	0.24	1.71
页岩	2898	1290	2.425	0.38	2.25

图 5–9 能更加直观地表示该地层模型。

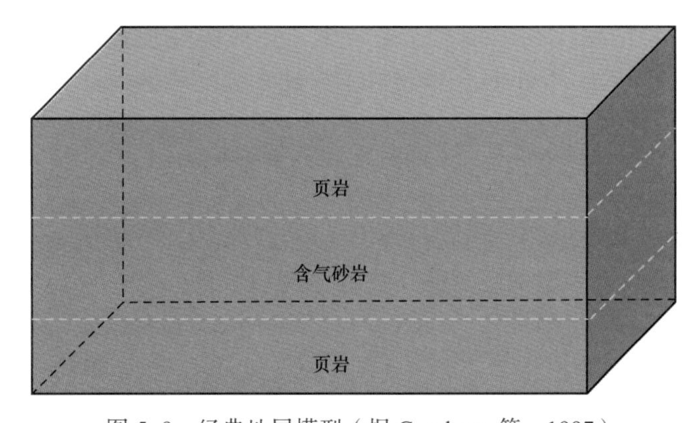

图 5–9　经典地层模型（据 Goodway 等，1997）

基于上述模型数据，对新推导的弹性阻抗方程进行精度分析，将新方程的计算结果与精确 Zoeppritz 方程、Aki–Richards 近似方程及张广智（2014）的方程进行精度对比，结果如图 5–10 所示。

根据不同地层间波阻抗的差异可知，模型中上分界面为负波阻抗界面，下分界面为正波阻抗界面。由图 5–10 可知，无论是在正波阻抗界面还是在负波阻抗界面上，新推导的弹性阻抗方程与精确 Zoeppritz 方程、Aki–Richards 近似方程等在 30° 附近具有较好的近似关系，从原理上验证了方程的有效性。

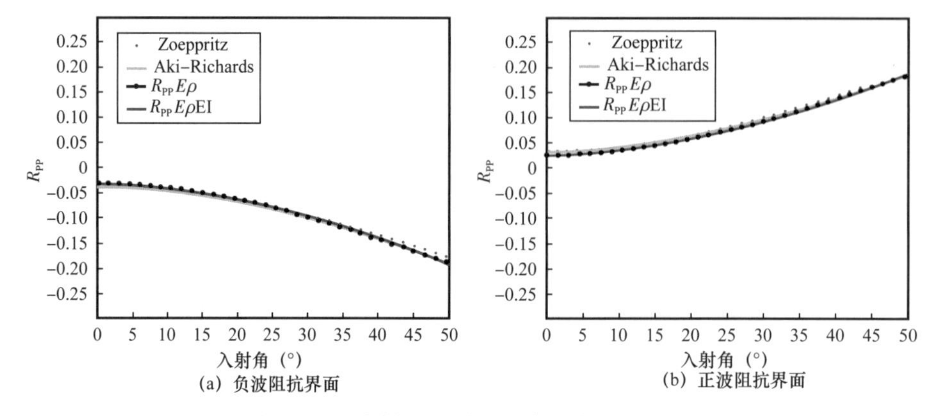

(a) 负波阻抗界面　(b) 正波阻抗界面

图 5-10　不同方程对应的反射系数曲线对比

三、页岩储层脆性指数与地震反射特征方程构建

Rickman 在对 Barnnet 页岩进行研究分析后认为，杨氏模量和泊松比可以较为准确地反映脆性，并且脆性高的地方杨氏模量呈现高值，泊松比呈现低值；脆性低的区域杨氏模量表现为低值，泊松比为高值。Rickman 的研究为使用弹性参数评价脆性指明了一个方向，在此研究基础上，脆性指数表示为

$$\mathrm{BI}=\frac{E}{\sigma}\quad（\text{Guo 等，2012}）\tag{5-22}$$

由于杨氏模量与泊松比在量纲上差距较大，造成脆性指数在数值范围上不便于观察，一般来说可以使用归一化的杨氏模量和泊松比来表征脆性：

$$\mathrm{BI}=\frac{E_{\mathrm{BI}}}{\sigma_{\mathrm{BI}}}\quad（\text{刘致水和孙赞东，2015}）\tag{5-23}$$

其中 E_{BI} 和 σ_{BI} 分别表示归一化后的杨氏模量与归一化后的泊松比。推导方法与上一章节类似，基于下述反射系数方程（张广智等，2014）：

$$\begin{aligned}R(\theta)=&\left(\frac{1}{4}\sec^2\theta-2k\sin^2\theta\right)\frac{\Delta E\rho}{E\rho}+\\&\left[\frac{1}{4}\sec^2\theta\frac{(2k-3)(2k-1)^2}{k(4k-3)}+2k\sin^2\theta\frac{1-2k}{3-4k}\right]\frac{\Delta\sigma}{\sigma}+\\&\left(\frac{1}{2}+2k\sin^2\theta-\frac{1}{2}\sec^2\theta\right)\frac{\Delta\rho}{\rho}\end{aligned}\tag{5-24}$$

引入一个数学近似式：

$$\ln(x)=\frac{\Delta x}{x}\tag{5-25}$$

通过式（5-25），可以将目标参数的关系转换为

$$\frac{\Delta\left(E\rho/\sigma\right)}{\overline{E\rho/\sigma}}=\frac{\Delta \mathrm{BI}}{\overline{\mathrm{BI}}}=\frac{\Delta E\rho}{\overline{E\rho}}-\frac{\Delta\sigma}{\overline{\sigma}} \tag{5-26}$$

将式（5–26）代入式（5–24）中，可以建立脆性指数与反射系数之间的 AVO 近似方程：

$$\begin{aligned}R(\theta)=&\left(\frac{1}{4}\sec^2\theta-2k\sin^2\theta\right)\frac{\Delta \mathrm{BI}}{\overline{\mathrm{BI}}}+\\&\left[\frac{1}{4}\sec^2\theta\frac{8k^3-16k^2+11k-3}{k\left(4k-3\right)}+2k\sin^2\theta\frac{2k-2}{3-4k}\right]\frac{\Delta\sigma}{\sigma}+\\&\left(\frac{1}{2}+2k\sin^2\theta-\frac{1}{2}\sec^2\theta\right)\frac{\Delta\rho}{\rho}\end{aligned} \tag{5-27}$$

四、脆性指数提取方法

为获取更加稳定的反演效果，将式（5–27）向弹性阻抗方向扩展，把式（5–12）和式（5–13）代入（5–27）中得

$$\begin{aligned}\Delta\ln\left(\mathrm{EI}\right)=&\left(\frac{1}{2}\sec^2\theta-4k\sin^2\theta\right)\Delta\ln\left(\mathrm{BI}\right)+\\&\left[\frac{1}{2}\sec^2\theta\frac{8k^3-16k^2+11k-3}{k\left(4k-3\right)}+4k\sin^2\theta\frac{2k-2}{3-4k}\right]\Delta\ln\left(\sigma\right)+\\&\left(1+4k\sin^2\theta-\sec^2\theta\right)\Delta\ln\left(\rho\right)\end{aligned} \tag{5-28}$$

将式（5–28）等号两边取积分并忽略积分常数项，整理后得

$$\begin{aligned}\ln\left(\mathrm{EI}\right)=&\left(\frac{1}{2}\sec^2\theta-4k\sin^2\theta\right)\ln\left(\mathrm{BI}\right)+\\&\left(\frac{1}{2}\sec^2\theta\frac{8k^3-16k^2+11k-3}{k\left(4k-3\right)}+4k\sin^2\theta\frac{2k-2}{3-4k}\right)\ln\left(\sigma\right)+\\&\left(1+4k\sin^2\theta-\sec^2\theta\right)\ln\left(\rho\right)\end{aligned} \tag{5-29}$$

对方程（5–29）两侧同时去对数，可以得到能直接表示脆性的弹性阻抗方程：

$$\mathrm{EI}\left(\theta\right)=\left(\mathrm{BI}\right)^A\left(\sigma\right)^B\left(\rho\right)^C \tag{5-30}$$

其中

$$A=\frac{1}{2}\sec^2\theta-4k\sin^2\theta$$

$$B=\frac{1}{2}\sec^2\theta\frac{8k^3-16k^2+11k-3}{k\left(4k-3\right)}+4k\sin^2\theta\frac{2k-2}{3-4k}$$

$$C=1+4k\sin^2\theta-\sec^2\theta$$

式（5–30）即为基于脆性指数的弹性阻抗方程，由于该式中弹性阻抗量纲会随目

标参数的变化而变化，若直接用于叠前弹性阻抗反演方法，势必会在一定程度上影响反演结果的稳定性且不能获取较为准确的脆性指数反演结果。因此，对式（5–30）表示的基于脆性指数的弹性阻抗方程需要进行标准化处理，引入纵波阻抗的均值作为标准化常数，标准化后的脆性指数弹性阻抗方程为

$$\mathrm{EI}(\theta)=\mathrm{EI}_0\left(\frac{\mathrm{BI}}{\mathrm{BI}_0}\right)^A\left(\frac{\sigma}{\sigma_0}\right)^B\left(\frac{\rho}{\rho_0}\right)^C \tag{5–31}$$

其中

$$\mathrm{EI}_0=\left[\left(E\rho/\sigma\right)^2\left(8\sigma^3\right)\right]^{-0.25}$$

且 BI_0、σ_0 和 ρ_0 分别取脆性指数、泊松比和密度的平均值。

标准化将脆性指数弹性阻抗方程的量纲进行了校正，使之不会随目标参数和入射角的变化而发生剧烈的变化。因此，基于脆性指数的弹性阻抗反演方法可以获得稳定且可靠的脆性指数反演结果。

参数提取是叠前弹性阻抗反演中的重要步骤，由于式（5–31）是非线性的，直接求解将会存在很大困难，为简化计算，将式（5–31）进行变换，使其变为线性公式，对式（5–31）两边取对数，可得：

$$\ln\frac{\mathrm{EI}(\theta)}{\mathrm{EI}_0}=A(\theta)\ln\left(\frac{\mathrm{BI}}{\mathrm{BI}_0}\right)+B(\theta)\ln\left(\frac{\sigma}{\sigma_0}\right)+C(\theta)\ln\left(\frac{\rho}{\rho_0}\right) \tag{5–32}$$

在相同角度的情况下，采样点处岩石物理参数相同。因此，对于三个不同角度的弹性阻抗数据体，通过代入三个不同角度的角度值，可以组成 9 个不同常数 $A(\theta_1)$、$A(\theta_2)$、$A(\theta_3)$、$B(\theta_1)$、$B(\theta_2)$、$B(\theta_3)$、$C(\theta_1)$、$C(\theta_2)$、$C(\theta_3)$。

$$\left.\begin{aligned}\ln\frac{\mathrm{EI}(t,\theta_1)}{\mathrm{EI}_0}&=A(\theta_1)\ln\frac{\mathrm{BI}}{\mathrm{BI}_0}+B(\theta_1)\ln\frac{\sigma}{\sigma_0}+C(\theta_1)\ln\frac{\rho}{\rho_0}\\\ln\frac{\mathrm{EI}(t,\theta_2)}{\mathrm{EI}_0}&=A(\theta_2)\ln\frac{\mathrm{BI}}{\mathrm{BI}_0}+B(\theta_2)\ln\frac{\sigma}{\sigma_0}+C(\theta_2)\ln\frac{\rho}{\rho_0}\\\ln\frac{\mathrm{EI}(t,\theta_3)}{\mathrm{EI}_0}&=A(\theta_3)\ln\frac{\mathrm{BI}}{\mathrm{BI}_0}+B(\theta_3)\ln\frac{\sigma}{\sigma_0}+C(\theta_3)\ln\frac{\rho}{\rho_0}\end{aligned}\right\} \tag{5–33}$$

运用最小二乘法提取脆性指数，矩阵形式为

$$\begin{bmatrix}\ln\frac{\mathrm{BI}(t_1)}{\mathrm{BI}_0} & \ln\frac{\sigma(t_1)}{\sigma_0} & \ln\frac{\rho(t_1)}{\rho_0}\\\ln\frac{\mathrm{BI}(t_2)}{\mathrm{BI}_0} & \ln\frac{\sigma(t_2)}{\sigma_0} & \ln\frac{\rho(t_2)}{\rho_0}\\\vdots & \vdots & \vdots\\\ln\frac{\mathrm{BI}(t_n)}{\mathrm{BI}_0} & \ln\frac{\sigma(t_n)}{\sigma_0} & \ln\frac{\rho(t_n)}{\rho_0}\end{bmatrix}\begin{bmatrix}A(\theta_1) & A(\theta_2) & A(\theta_3)\\B(\theta_1) & B(\theta_2) & B(\theta_3)\\C(\theta_1) & C(\theta_2) & C(\theta_3)\end{bmatrix}=\begin{bmatrix}\ln\frac{\mathrm{EI}(\theta_1)}{\mathrm{EI}_0}\\\ln\frac{\mathrm{EI}(\theta_2)}{\mathrm{EI}_0}\\\ln\frac{\mathrm{EI}(\theta_3)}{\mathrm{EI}_0}\end{bmatrix} \tag{5–34}$$

将不同角度的弹性阻抗数据体代入式（5-34），即可提取脆性指数，从而实现页岩储层脆性的直接预测。

为验证页岩气脆性指数叠前弹性阻抗方程的可行性与稳定性。本节选用与上一节相同的经典地层模型对方程进行精度分析（表 5-1、图 5-9）。

基于上述模型数据，对新推导的弹性阻抗方程进行精度分析，将新方程的计算结果与精确 Zoeppritz 方程、Aki-Richards 近似方程与基于脆性指数的 AVO 方程（5-28）进行精度对比，结果如图 5-11 所示。

图中绿色曲线表示精确 Zoeppritz 方程，红色曲线表示 Aki-Ricards 近似方程，黑色带点曲线表示基于脆性指数的 AVO 方程，蓝色点状线表示基于脆性指数的弹性阻抗方程。根据不同地层间波阻抗的差异可知，模型中上分界面为负波阻抗界面，下分界面为正波阻抗界面。由图 5-11 可知，无论是在正波阻抗界面还是在负波阻抗界面上，基于脆性指数的弹性阻抗方程与精确 Zoeppritz 方程、Aki-Richards 近似方程和基于脆性指数的 AVO 方程在 30° 附近具有较好的近似关系，从原理上验证了方程的有效性。

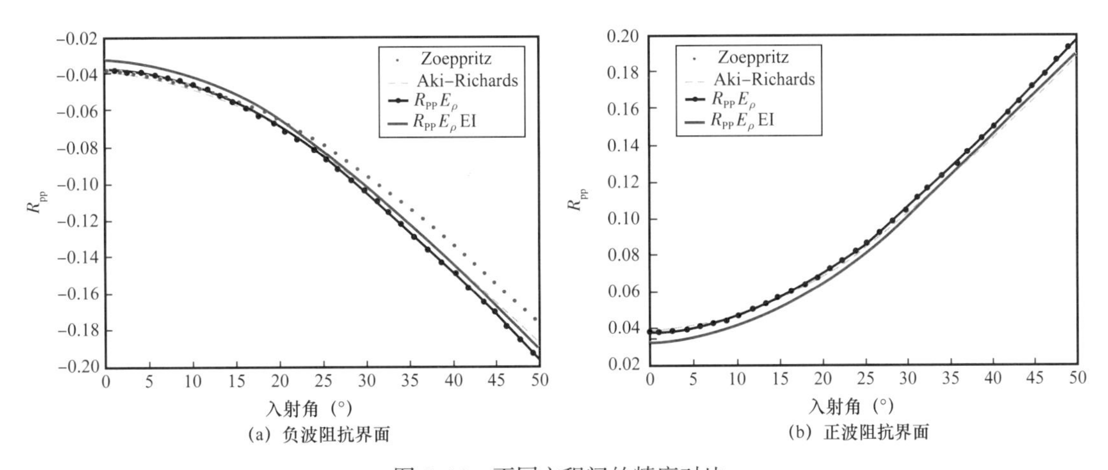

(a) 负波阻抗界面　　(b) 正波阻抗界面

图 5-11　不同方程间的精度对比

第三节　页岩储层脆性叠前地震实例

页岩储层与常规储层存在很大差别，主要表现在：储层均由细粒物质组成，岩石成分复杂，不仅有无机矿物，还存在有机质，并且有大量吸附油气，储层孔隙空间多样。在常规油气勘探开发过程中，页岩均被认为是无渗透性的封盖层（或烃源岩），不作为主要研究对象，在测井和地震解释评价过程中也不作详细解释。而且许多理论和方法都是针对孔隙性常规储层建立的，不适用于裂缝发育的页岩储层。目前解决页岩气储层预测和流体识别使用的地震反演方法，主要是常规储层假设条件下地震反演技术的延伸使用，缺乏理论支撑，有必要从理论上探索面向页岩气储层的新的地震反演方法。针对页岩气储层的岩石物理特征，本节介绍了面向地层脆性状态的页岩气储层地震反演，该方法有助于页岩气储层“甜点”识别，指导页岩气储层压裂，优化页岩气勘探开发，在实际工区上的应用得到了良好的效果。

脆性弹性阻抗反演需要综合地质、测井和地震多个方面的资料，以包含丰富地下信息的地震反射资料为主，以地质和测井资料作为约束，来识别有利脆性区域。测井资料的特点是纵向精细、横向稀疏，地震资料的特点是纵向上虽然比测井资料分辨率低，但横向密集，脆性弹性阻抗反演技术把二者的优势有机地结合了起来。

页岩储层脆性反演的整个流程可以描述为AI反演地再继续，对每个角度体数据的反演均可看作是AI反演的再现。和AI反演一样，页岩储层脆性反演同样需要测井资料和地质模型来约束，这样可以减少页岩储层脆性的不确定性。页岩储层脆性反演的流程可简单地概括为以下几个部分：（1）地震资料处理；（2）测井资料处理；（3）层位标定与角度子波的提取；（4）不同角度道集的反演。

页岩储层脆性反演是将地震反射系数表示为杨氏模量、泊松比、密度和入射角的函数，反演采用的叠加数据体通常是角度叠加的数据。在常规的采集、处理之后仅能得到反射振幅与偏移距关系的CMP道集，因此角度道集叠加是叠前反演中关键的一环。

角度叠加道集的提取可分为如下两步。

一、角度道集

常规资料处理得到的动校正道集记录中，道与道之间是炮检距的函数，为了便于观测和分析地震反射振幅随入射角的变化，往往需要把固定炮检距道的记录转换成固定入射角（或一定角度范围内的叠加）的角度道集记录。

所谓一个角度道是指来自某一反射角或某一反射角范围内的所有不同时刻的反射能量的一道记录。把属于期望反射角（或反射角范围）的和固定炮检距记录的相应部分合并，就可以得到该反射角的角度道。

对于不同的反射角，重复这一过程，就得到不同的角度道集。在一个CDP道集中，不同炮检距的记录经过动校正后构成一个普通的动校正道集，经角度道转换后，不同角度道的集合，构成一个角度道道集。这两种道集对于AVO分析来说是一致的，即在同一时刻近炮检距对应小角度道，远炮检距对应大角度道。

二、CMP道集向角度道集的转化

由于角度道集部分叠加处理的目的是为AVO或弹性阻抗等叠前反演提供地震资料，所以它对CMP道集资料有一些特殊的要求：（1）精细的波前扩散处理；（2）震源组合与检波器组合效应的校正；（3）反Q滤波；（4）地表一致性处理（地表一致性反褶积，地表一致性振幅校正和地表一致性静校正）；（5）叠前去噪处理；（6）叠前剩余振幅补偿；（7）精细的初至切除。这些处理过程直接影响着地震资料的AVO（或AVA）属性。

有了精细的速度分析和高精度的动静校正等处理后的CMP道集地震资料之后就可以进行角度道集处理，角度道集处理流程（图5-12）主要包括以下6步。

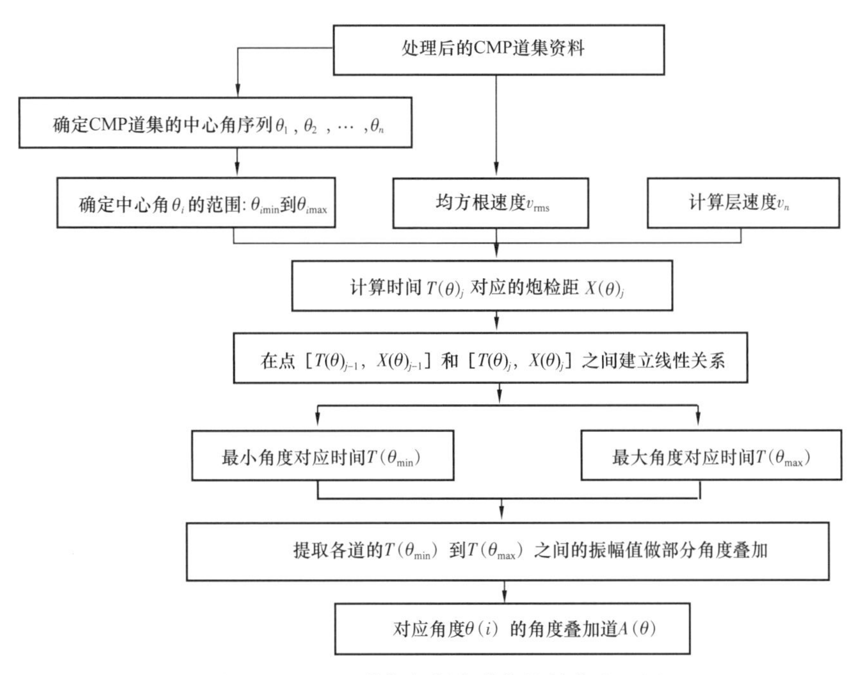

图 5-12　CMP 道集向角度道集的转化流程图

（1）角度范围的确定。这里所指的角度范围有两层意思：① 将某个 CMP 道集转化为多个角度道所定义的角度范围，表示为 RI；② 将某个 CMP 道集转化为一个角度道所定义的角度范围，在此表示成 RII。这里角度道所包含的角度是一个中心角，通常可以用角度扫描的办法来获得这两个范围。具体做法是：假设确定 RI 为 $\theta(1)=8°$、$\theta(2)=12°$、$\theta(3)=16°$、…、$\theta(n)=40°$；RI 为 6°，这样就确定了一系列的范围为 RII 的角度序列：5°～11°、9°～15°、13°～19°、…、37°～43°。

（2）层速度计算。在叠加速度的基础上采用 Dix 公式递推的办法来获取层速。

（3）计算出某个特定角度 θ 对应的一系列的特定层位（或时间 $T(\theta)_j$）对应的炮检距 $X(\theta)_j$，θ 表示各个不同的角度（中心角），j 表示各层位。

（4）由于上一步获得的 T–X 对间隔非常大，它们跨越了多个 RII 范围，因此很难得到如 5°～11°、9°～15°、13°～19°、…、37°～43° 中某个中心角所对应的 T–X 对。为此必须对有限的 T–X 对作内插。对于层状介质，需对各层采用不同的线性关系作内插。

（5）分别求取每个 RII 范围的 $\theta(i)_{min}$ 和 $\theta(i)_{max}$ 所对应的 $T(\theta_{min})-X(\theta_{min})$ 和 $T(\theta_{max})-X(\theta_{max})$。

（6）叠加生成角度叠加道。将同一个 CMP 道集中各炮检距的相同角度部分叠加，这样就形成了一个角度叠加道，不同 CMP 道集的相同角度叠加道一起便构成了某个中心角为 θ 的角度叠加道。依此类推，将 RII 范围内的各中心角均做同样的处理便得到许多角度的角度道叠加道。

与传统的叠后资料和 CMP 道集资料相比，角度道集资料有自身的特征和用途。它比叠后资料提供的信息量多，包含了更丰富的反映岩性及含油气性的属性，而且能反映振幅随入射角变化的 AVA 特征；由于它是角度范围内的部分叠加，因此具有比 CMP 道集更高的信噪比。图 5-13 所示为从 CMP 道集向角度道集转化的示意图。

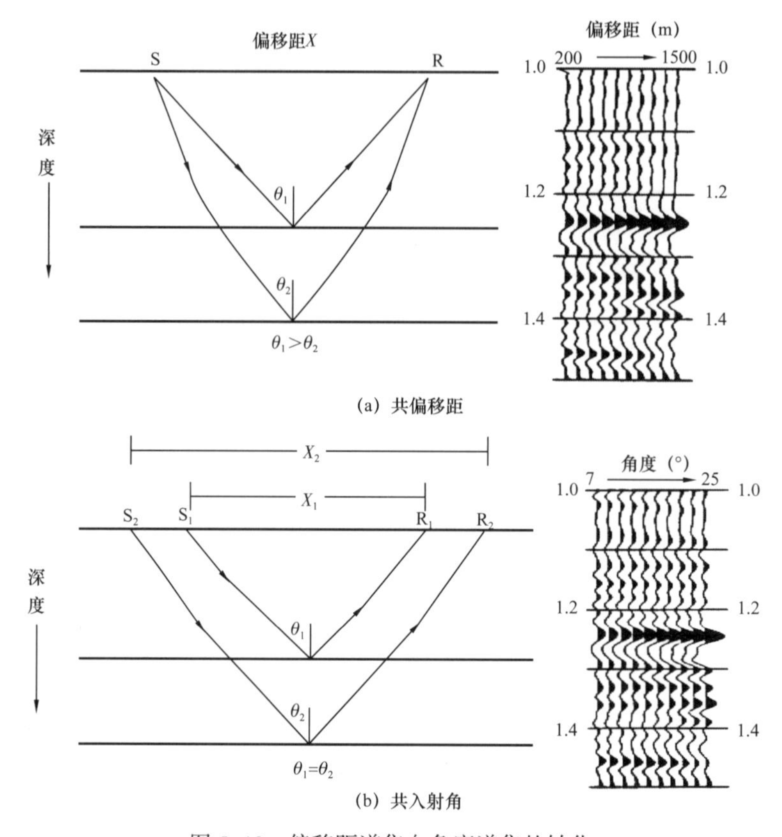

图 5-13　偏移距道集向角度道集的转化

脆性弹性阻抗体的反演是综合井震标定、子波提取、建立低频模型多个步骤的综合，总结为以下几步。首先根据实际地震数据划分不同的角度范围，叠加得到不同角度数据体。根据划分的不同角度计算井中不同的伪测井曲线。接下来利用不同的地震角叠加数据体和相应角度的 FEI 井曲线分别提取不同角度子波并进行层位标定。最后利用约束稀疏脉冲反演对不同角度道集数据体进行反演。

以中国某页岩工区为例开展脆性预测，结果如图 5-14 所示。反演结果显示脆性由浅至深有逐渐增大的趋势，目的层位的脆性较小，但是一类页岩气的脆性最高，这一特点与测井曲线保持一致。可见，得到的脆性因子剖面与测井解释结果基本吻合，说明了此方法在该地区适用且可行。

图 5-15 为平均脆性沿层切片，红色代表高值，可以看到在横向对比中，就该工区地层而言，脆性有自南向北方向逐渐减弱的趋势，东西分带现象比较明显，断层出脆性较低。

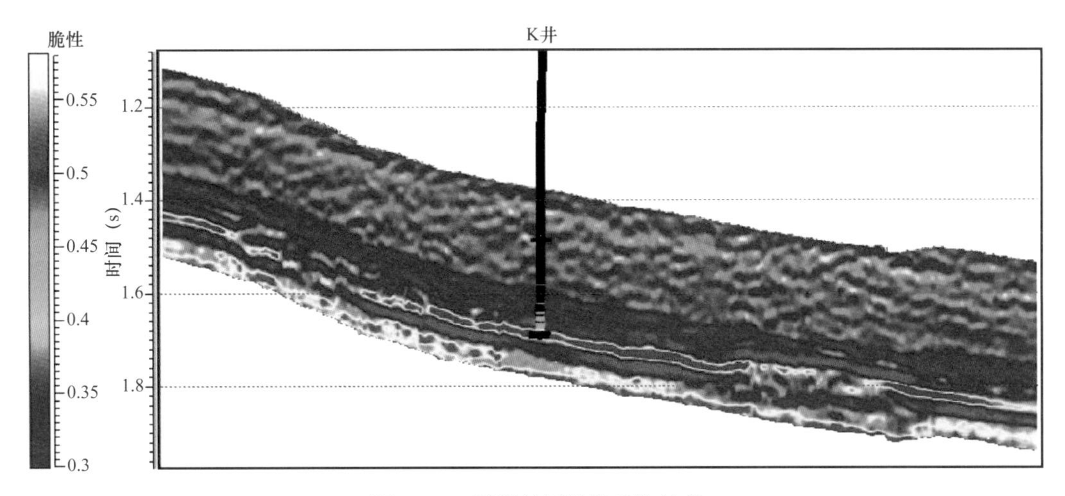

图 5-14　页岩储层脆性反演结果

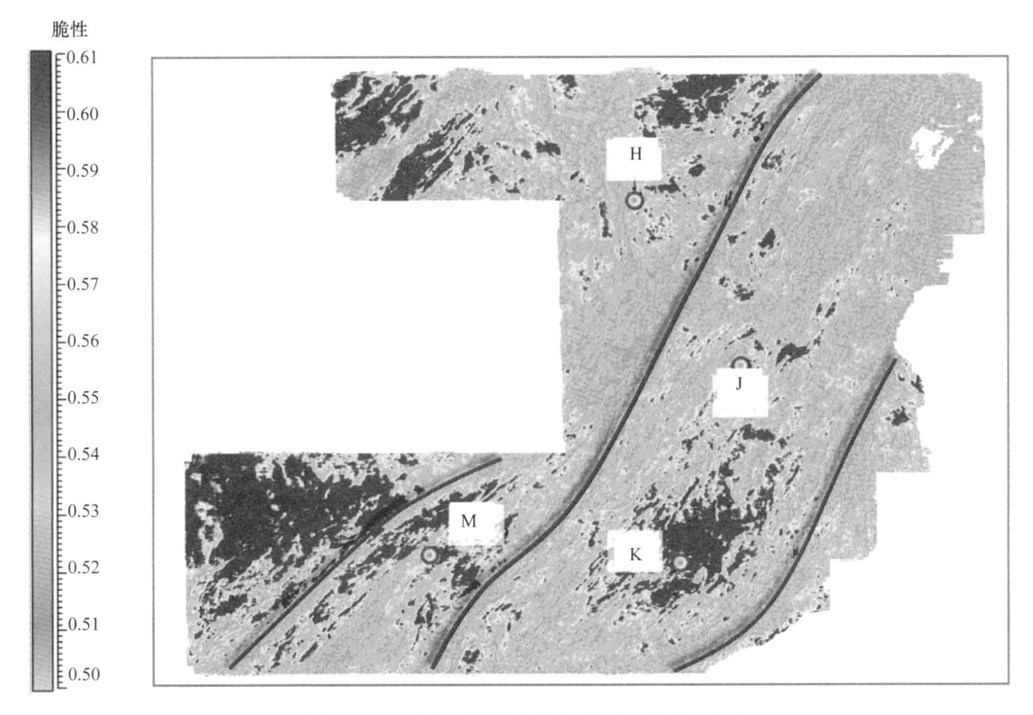

图 5-15　页岩储层脆性沿层切片（平均值）

第六章

页岩储层裂缝参数方位叠前地震预测

页岩储层不同于常规储层，页岩既是储层也是烃源岩，低孔低渗的特性是其勘探开发的一大难点。裂缝在页岩油气成藏中具有两方面作用：一方面裂缝是页岩油气的运移通道和储集空间，有助于页岩油气储层总含油气量的增加。另外一方面，如果裂缝尺寸过大，有可能导致页岩油气散失，不利于油气保存，准确预测页岩储层中裂缝的发育特征和分布规律，对页岩油气勘探和开发中的水平井的设计部署、水力压裂设计、井网布局等提供重要的依据，因此页岩储层的裂缝研究具有重要意义。本章将从方位地震数据出发，基于地震各向异性理论，分别从 AVO 梯度、方位杨氏模量椭圆分析及各向异性梯度的 AVAZ 直接反演实现裂缝储层的精细预测。

第一节　裂缝储层评价方法简介

检测裂缝的方法有很多种，有通过野外露头和岩心观察的方式来识别裂缝，也有利用地球物理技术来识别裂缝。基于裂缝成因机制与影响因素的复杂性，采用单一方法或单一参数很难准确描述裂缝的空间分布。近年来裂缝的识别和描述趋向于精细化、定量化，并逐渐形成了多种方法综合的储层裂缝描述技术。裂缝描述主要包括从野外露头入手的地质与岩石学法，到以测井、地震勘探等为主的地球物理方法。

地质与岩石学法主要通过野外露头、岩心和其他样品直接观测裂缝的形态，以及结合少量钻孔构建地下连续的裂缝网络模型。野外露头法是根据地下裂缝层在地表的出露特征，直接实现裂缝发育状态的观察和描述，进而预测地下对应层的裂缝发育状态。野外露头法简单、直接、易操作，但很容易受到地表风化、剥蚀等外界因素的影响。岩心观察法是对井中取得的岩心样本进行直接观察、分析，获得相应层的裂缝描述。随着 CT、扫描电镜等技术的发展，岩心裂缝的精细描述有了很大的发展。地质与岩石学法表征裂缝朝着更微观、更立体和更精细的方向发展。

地球物理技术裂缝识别法主要包括地球物理测井技术和地震勘探技术。地球物理测井技术是利用测井仪器对地下井孔环境的响应获得测井曲线，然后根据测井曲线的异常值实现裂缝储层的预测，包括电阻率测井识别裂缝法、成像测井识别裂缝等。地球物理测井技术识别裂缝具有分辨率高、保持地层特征基本不变等优势，但其只能获得井周的裂缝分布情况且预测结果容易受到钻井液和井眼环境的影响。地震勘探技术预测裂缝发

育区域是以地震数据为主，以相应的测井和地质先验为约束条件，采用合理的数学物理手段，实现地下裂缝的描述。虽然其分辨率不如测井技术高，操作方法和原理不如地质露头法和岩心观察法简易，但其预测范围广。地震预测的方法比较多，可分为叠后预测和叠前预测。叠后预测主要采用边缘检测、相干数据体、曲率分析等几何属性计算地质体在几何空间上的分布形态，从而实现对褶皱、裂缝、弯曲和断层等的定性描述。本章主要讨论叠前方位地震数据进行裂缝预测。

叠前方位地震数据进行裂缝预测主要分为三大类。

第一类是基于速度随方位变化的特征来进行裂缝预测。Craft（1997）等对纵波速度的旅行时进行分析，得到纵波群速度随方位角和入射角的变化而变化的规律，因此可利用纵波速度的方位变化特征来进行裂缝检测；Li X. Y.（1999）认为裂缝地层反射波动校正速度随方位角余弦变化；Grechka 等（1998，1999）得出不同方位角下地层动校正速度也不同，且对动校正速度进行椭圆分析时，裂缝密度用拟合得到的椭圆率表示，裂缝走向用椭圆长轴方向表示；Bakulin 等（2000）指出根据等效裂缝介质，可以通过地震数据的动校正椭圆估计裂缝参数。根据动校正速度随方位变化特征预测裂缝的结果分辨率较低，难以满足裂缝型储层预测所需的精度。

第二类是基于 P 波反射振幅随方位变化而提出的一系列裂缝型储层预测方法。Ruger（1996，1997）得到在弱各向异性时，上下层均为 HTI 介质的 P 波反射系数近似公式，利用该公式，对振幅随方位角和入射角的变化（AVAZ）特征来进行裂缝参数预测；Mallick 等（1998）认为方位 P 波反射振幅近似是一条周期为 π 的余弦曲线，即 $R=A+B\cos 2\phi$；Gray 等（2000）研究三维地震数据的 AVO 及方位来判定井附近的裂缝走向和密度；Al-Marzoug 等（2004）分析不同方位角和入射角下的 AVO 梯度，并对 AVO 梯度做椭圆拟合，其裂缝密度用拟合得到的椭圆率表示，裂缝走向用椭圆长轴方向表示；Bachrach 等（2009）从方位 P 波数据中重建地层各向异性弹性参数和高分辨率的裂缝特征；张广智等（2012）和 Chen 等（2012）分别基于 Fatti 波阻抗形式和 Gildlow 流体特征形式的 AVOA 反演获取裂缝的弹性参数以及流体因子；Mahmoudian 等（2012）利用基于模拟的物理模型介质获得多方位多偏移距反射数据，将这些数据进行 AVAZ 反演，获得裂缝方向以及以各向异性参数表述的裂缝强度。利用 P 波反射振幅随方位变化特征的 AVOA 裂缝预测方法具有较高的分辨率，但是受噪声的影响比较严重，对地震资料要求的信噪比较高，并且预测裂缝走向时存在裂缝走向 90° 模糊的问题。

第三类是利用波阻抗、弹性参数、频率属性等随方位变化特征来进行裂缝预测。曲寿利等（2001）分析了全方位的 P 波属性，对 P 波弹性参数进行方位特征分析表明，P 波属性随方位角近似为一条余弦曲线，并提出了利用不同方位角下的 P 波阻抗进行裂缝预测；Sayers（2010，2013）通过实验发现，杨氏模量沿着裂缝走向最大，沿着裂缝对称轴的杨氏模量最小；Wang（2012，2013）理论分析了 HTI 介质弹性阻抗与裂隙填充物之间的关系，可从 HTI 介质弹性阻抗中获取裂缝物性参数；陈怀震等（2014）通过推导裂缝储层的方位各向异性弹性阻抗方程，探讨了基于方位各向异性弹性阻抗的裂缝预测方法。此类方法不仅满足裂缝预测的精度需求，而且不存在预测裂缝走向的 90° 不确定性问题。

第二节　基于椭圆分析的储层裂缝预测

页岩裂缝导致地层的弹性性质随着方位变化而变化，利用弹性参数的方位变化性质可以反推地下裂缝地层的裂缝密度、走向和发育带等参数。

一、稳定椭圆拟合方法

近垂直分布的裂缝性地层体现方位各向异性特征，通过对方位弹性参数椭圆拟合可以预测裂缝密度、走向和发育带等参数，因此稳定的椭圆拟合方法对研究裂缝地层至关重要。

椭圆是一种二次曲线，二次曲线还包括双曲线、抛物线、圆等，它具有式（6–1）表示的一般形式：

$$\left.\begin{aligned} &\boldsymbol{f}(\boldsymbol{a},\boldsymbol{x})=a_0x^2+a_1xy+a_2y^2+a_3x+a_4y+a_5=\boldsymbol{ax}\\ &\boldsymbol{a}=\begin{pmatrix}a_0 & a_1 & a_2 & a_3 & a_4 & a_5\end{pmatrix}\\ &\boldsymbol{x}=\begin{pmatrix}x^2 & xy & y^2 & x & y & 1\end{pmatrix}^{\mathrm{T}}\end{aligned}\right\} \tag{6–1}$$

$\boldsymbol{f}(\boldsymbol{a},\boldsymbol{x})=0$ 表示二次曲线方程，$\boldsymbol{f}(\boldsymbol{a},\boldsymbol{x}_i)$ 表示点 $p_i=(x_i,y_i)$ 到二次曲线的距离。如果已知 N 个点的坐标，通过最小二乘拟合方法可以得到二次曲线方程的系数（Fitzgibbon 等，1999；闫蓓等，2008）。

当系数满足式（6–2）时，二次曲线方程表示椭圆，

$$4a_0a_2-a_1^2>0 \tag{6–2}$$

假设对 $4a_0a_2-a_1^2=1$ 进行椭圆拟合，对于一系列的已知点集，将目标函数写成矩阵形式如下：

$$\boldsymbol{d}(\boldsymbol{a})=\boldsymbol{a}^{\mathrm{T}}\boldsymbol{D}^{\mathrm{T}}\boldsymbol{D}\boldsymbol{a}=\boldsymbol{a}^{\mathrm{T}}\boldsymbol{S}\boldsymbol{a},\quad \boldsymbol{D}=\begin{bmatrix} x_1^2 & x_1y_1 & y_1^2 & x_1 & y_1 & 1\\ x_2^2 & x_2y_2 & y_2^2 & x_2 & y_2 & 1\\ x_3^2 & x_3y_3 & y_3^2 & x_3 & y_3 & 1\\ \vdots & \vdots & \vdots & \vdots & \vdots & \vdots\\ x_N^2 & x_Ny_N & y_N^2 & x_N & y_N & 1\end{bmatrix} \tag{6–3}$$

其中，$\boldsymbol{S}=\boldsymbol{D}^{\mathrm{T}}\boldsymbol{D}$。

$4a_0a_2-a_1^2=1$ 也可以写成如下形式：

$$\boldsymbol{a}^{\mathrm{T}}\boldsymbol{C}\boldsymbol{a}=1,\quad \boldsymbol{C}=\begin{bmatrix} 0 & 0 & 2 & 0 & 0 & 0\\ 0 & -1 & 0 & 0 & 0 & 0\\ 2 & 0 & 0 & 0 & 0 & 0\\ 0 & 0 & 0 & 0 & 0 & 0\\ 0 & 0 & 0 & 0 & 0 & 0\\ 0 & 0 & 0 & 0 & 0 & 0\end{bmatrix} \tag{6–4}$$

$\boldsymbol{C}$ 是约束矩阵，结合式（6–3）和式（6–4）并且根据拉格朗日乘法器和除法器，得到式（6–5）所示的广义特征系统，

$$\left.\begin{aligned}\boldsymbol{Sa}=\lambda\boldsymbol{Ca}\\ \boldsymbol{a}^{\mathrm{T}}\boldsymbol{Ca}=1\end{aligned}\right\} \tag{6–5}$$

$\boldsymbol{S}$ 是正定的并且只有唯一的实数解，因此根据式（6–5）可以获得稳定的椭圆拟合结果。可以将式（6–5）分解成式（6–6）所示的 3×3 矩阵形式，得到更加简单的形式，

$$\left.\begin{aligned}&\begin{bmatrix}\boldsymbol{S}_{11} & \boldsymbol{S}_{12}\\ \boldsymbol{S}_{21} & \boldsymbol{S}_{22}\end{bmatrix}\begin{bmatrix}\boldsymbol{a}_1\\ \boldsymbol{a}_2\end{bmatrix}=\lambda\begin{bmatrix}\boldsymbol{C}_{11} & 0\\ 0 & 0\end{bmatrix}\begin{bmatrix}\boldsymbol{a}_1\\ \boldsymbol{a}_2\end{bmatrix}\\ &\boldsymbol{a}_1=\begin{pmatrix}a_0 & a_1 & a_2\end{pmatrix}^{\mathrm{T}}\\ &\boldsymbol{a}_2=\begin{pmatrix}a_3 & a_4 & a_5\end{pmatrix}^{\mathrm{T}}\end{aligned}\right\} \tag{6–6}$$

对式（6–6）进行求解，得到式（6–7）所示的 $\boldsymbol{a}_2$ 表达式，只要将 $\boldsymbol{a}_1$ 求解出来就可以得到椭圆方程的系数，

$$\boldsymbol{a}_2=-\boldsymbol{S}_{22}^{-1}\boldsymbol{S}_{12}^{\mathrm{T}}\boldsymbol{a}_1 \tag{6–7}$$

考虑到 $\boldsymbol{S}$ 是正定的，则 $\boldsymbol{S}_{22}$ 是非奇异的并且也是正定的。又由于 $\boldsymbol{S}$ 是对称阵，则 $\boldsymbol{S}_{21}=\boldsymbol{S}^{\mathrm{T}}_{12}$。所以求解 $\boldsymbol{a}_1$ 等于求解式（6–8）所示的方程，

$$\left.\begin{aligned}&\left[\lambda\boldsymbol{I}-\boldsymbol{E}\right]\boldsymbol{a}_1=0\\ &\boldsymbol{E}=\boldsymbol{C}_{11}^{-1}\left[\boldsymbol{S}_{11}-\boldsymbol{S}_{12}\boldsymbol{S}_{22}^{-1}\boldsymbol{S}_{12}^{\mathrm{T}}\right]\end{aligned}\right\} \tag{6–8}$$

其中，$\boldsymbol{I}$ 是 3×3 的单位矩阵，λ 是 $\boldsymbol{E}$ 的特征值。将式（6–5）第一个式子左边乘以 $\boldsymbol{a}^{\mathrm{T}}$ 得到式（6–9），

$$\boldsymbol{a}^{\mathrm{T}}\boldsymbol{Sa}=\lambda\boldsymbol{a}^{\mathrm{T}}\boldsymbol{Ca} \tag{6–9}$$

式（6–9）左边是正定的并且 $\boldsymbol{a}^{\mathrm{T}}\boldsymbol{Ca}=1$，所以必有 $\lambda>0$。因此 $\boldsymbol{E}$ 只有一个正的实特征值，另外两个是负实特征值。假设 $\boldsymbol{v}$ 是 $\boldsymbol{E}$ 正特征值对应的一个特征向量，$\boldsymbol{a}_1=k\boldsymbol{v}$ 也是 $\boldsymbol{E}$ 正特征值对应的一个特征向量，k 是常数。式（6–5）可以分解成式（6–10）的形式，

$$\boldsymbol{a}_1^{\mathrm{T}}\boldsymbol{Ca}_1=1 \tag{6–10}$$

根据式（6–10）可以将 k 解出，

$$k=\sqrt{\frac{1}{\boldsymbol{v}^{\mathrm{T}}\boldsymbol{C}_{11}\boldsymbol{v}}} \tag{6–11}$$

得到 $\boldsymbol{a}_1$ 再结合式（6–7）可以得到 $\boldsymbol{a}_2$。

现在的关键问题是如何求解式（6–8）所示方程的特征值和特征向量。观察式（6–8）发现 $\boldsymbol{E}$ 是 3×3 矩阵，因此系数行列式是关于 λ 的一元三次方程，根据盛金公式可以将 λ 解出。

为了得到稳定的结果需要先将进行归一化，假设

$$\boldsymbol{E}=\begin{bmatrix}E_{11} & E_{12} & E_{13}\\ E_{21} & E_{22} & E_{23}\\ E_{31} & E_{32} & E_{33}\end{bmatrix}$$

则式（6–8）的系数行列式可以写成

$$\begin{aligned}
&a\lambda^3+b\lambda^2+c\lambda+d=0\\
&a=1\\
&b=E_{11}+E_{22}+E_{33}\\
&c=E_{11}E_{22}+E_{11}E_{33}+E_{22}E_{33}-E_{12}E_{21}-E_{13}E_{31}-E_{23}E_{32}\\
&d=E_{11}E_{23}E_{32}+E_{22}E_{13}E_{31}+E_{33}E_{12}E_{21}+E_{21}E_{13}E_{32}+E_{31}E_{12}E_{23}-E_{11}E_{22}E_{33}
\end{aligned}$$

根据盛金公式，重根判别式

$$A=b^2-3ac,\ B=bc-9ad,\ C=c^2-3bd$$

$$\Delta=B^2-4AC$$

（1）当满足 $A=B=0$ 时，

$$\lambda_1=\lambda_2=\lambda_3=-\frac{b}{3a}=-\frac{c}{b}=-\frac{3d}{c}$$

（2）当满足 $\Delta=B^2-4AC>0$ 时，

$$\lambda_1=\frac{-b-\sqrt[3]{Y_1}-\sqrt[3]{Y_2}}{3a}$$

$$\lambda_{2,3}=\frac{-2b+\sqrt[3]{Y_1}+\sqrt[3]{Y_2}\pm\sqrt{3}\left(\sqrt[3]{Y_1}-\sqrt[3]{Y_2}\right)\mathrm{i}}{3a}$$

$$Y_{1,2}=Ab+3a\frac{-B\pm\sqrt{B^2-4AC}}{2},\ \mathrm{i}^2=-1$$

（3）当满足 $\Delta=B^2-4AC>0$、$A\neq 0$ 时，

$$\lambda_1=-\frac{b}{a}+\frac{B}{A}$$

$$\lambda_2=\lambda_3=-\frac{B}{2A}$$

（4）当满足 $\Delta=B^2-4AC<0$、$A>0$ 时，

$$\lambda_1=\frac{-b-2\sqrt{A}\cos\frac{\theta}{3}}{3a}$$

$$\lambda_{2,3}=\frac{-b+\sqrt{A}\left(\cos\frac{\theta}{3}\pm\sqrt{3}\sin\frac{\theta}{3}\right)}{3a}$$

$$\theta=\arccos T,T=\frac{2Ab-3aB}{2\sqrt{A^3}}$$

从中甄别出正的实特征值，代入式（6–8）并且假设

$$[\lambda \boldsymbol{I}-\boldsymbol{E}]=\begin{bmatrix} e_{11} & e_{12} & e_{13} \\ e_{21} & e_{22} & e_{23} \\ e_{31} & e_{32} & e_{33} \end{bmatrix}$$

则可得

$$\boldsymbol{a}_1=\begin{bmatrix} a_0 \\ a_1 \\ a_2 \end{bmatrix}=k\begin{bmatrix} \dfrac{e_{33}e_{22}-e_{32}e_{23}}{e_{32}e_{21}-e_{31}e_{22}} \\ \dfrac{e_{23}e_{11}-e_{21}e_{13}}{e_{21}e_{12}-e_{22}e_{11}} \\ 1 \end{bmatrix}$$

椭圆有 5 个基本参数，即椭圆中心点坐标（x_0，y_0）、椭圆两个半轴 a、b 以及椭圆走向 θ。已知以上 5 个椭圆基本参数可以构建式（6–12）所示的椭圆参数方程：

$$\left.\begin{aligned} x=x_0+a\cos\varphi\cos\theta-b\sin\varphi\sin\theta \\ y=y_0+a\cos\varphi\sin\theta+b\sin\varphi\cos\theta \end{aligned}\right\} \tag{6–12}$$

其中（x，y）是椭圆轨迹坐标，φ 是方位角。式（6–1）表示的椭圆一般方程，需要通过坐标平移和旋转转化为式（6–12）表示的标准椭圆方程：

$$\frac{\left[(x-x_0)\cos\theta+(y-y_0)\sin\theta\right]^2}{a^2}+\frac{\left[-(x-x_0)\sin\theta+(y-y_0)\cos\theta\right]^2}{b^2}=1 \tag{6–13}$$

将式（6–1）的椭圆方程改造成式（6–14）的椭圆一般方程，张泽湘（1981）、闫蓓（2008）根据式（6–14）给出了椭圆 5 个基本参数与一般方程之间的关系：

$$\left.\begin{aligned} & Ax^2+Bxy+Cy^2+Dx+Ey+1=0 \\ & x_0=\frac{BE-2CD}{4AC-B^2} \quad y_0=\frac{BD-2AE}{4AC-B^2} \\ & \theta=\frac{1}{2}\arctan\left(\frac{B}{A-C}\right) \\ & a^2=2\frac{Ax_0^2+Cy_0^2+Bx_0y_0-1}{A+C-\sqrt{(A-C)^2+B^2}} \\ & b^2=2\frac{Ax_0^2+Cy_0^2+Bx_0y_0-1}{A+C+\sqrt{(A-C)^2+B^2}} \end{aligned}\right\} \tag{6–14}$$

根据式（6–1）至式（6–14）可以得到椭圆 5 个基本参数，但是实际应用中会出现“实际待拟合点中可能存在奇异点，影响拟合效果”的问题，本书也相应地针对这个问题提出了解决办法：

（1）根据最小二乘椭圆拟合方法对 N 个待拟合点进行椭圆拟合，得到椭圆一般方程系数。

（2）根据式（6-14）计算椭圆中心点位置（x_0，y_0）、长半轴（a，b）$_{max}$ 和短半轴（a，b）$_{min}$，并且计算待拟合点到椭圆中心的距离 distance：

$$\text{distance}=\sqrt{\left(x-x_0\right)^2+\left(y-y_0\right)^2}$$

（3）选择 distance $\in$［0.5（a，b）$_{min}$，1.5（a，b）$_{max}$］的点作为新的拟合点，如果新拟合点数 $N_0=N$ 并且 $N_0>5$ 则退出循环取出本次计算结果；否则 $N=N_0$ 并且转到（1）。

图 6-1 是移除坏点椭圆拟合结果和未移除坏点椭圆拟合结果比较，从图中可以看出通过移除坏点得到了比较好的结果。

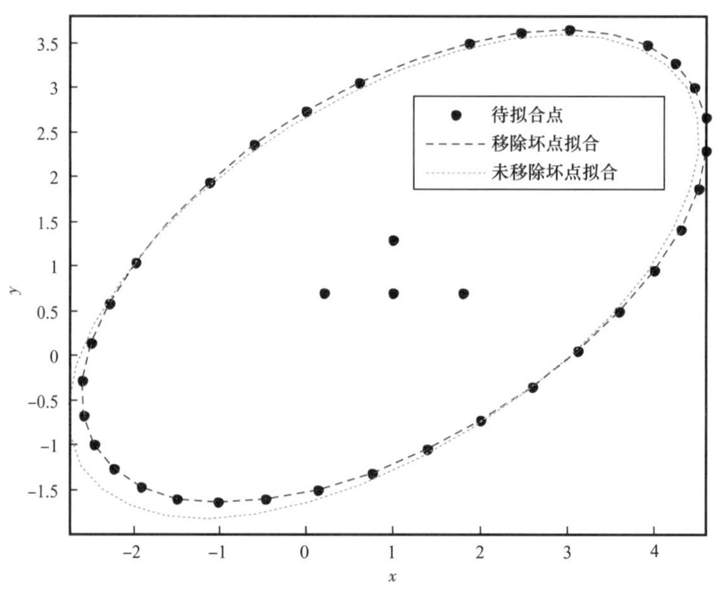

图 6-1　移除坏点椭圆拟合结果

二、方位杨氏模量预测方法

Ruger（1996）指出裂缝走向纵波速度大于裂缝倾向纵波速度，根据纵波信息的方位特征可以预测地层裂缝参数。Sayers（2010）总结前人实验结果，发现裂缝走向杨氏模量大于裂缝倾向杨氏模量。因此可以利用方位弹性阻抗提取杨氏模量（Zong 等，2012），然后对方位杨氏模量椭圆拟合，椭圆长轴指示裂缝走向，椭圆率指示裂缝密度。Gray（2011）针对页岩气地层提出延展性指示因子，页岩气地层延展性指示地层是否具有压裂成网的特征，与地层应力具有直接关系。贝克休斯公司（Baker Hughes）针对全球大概 200 个致密（页岩气）地层建立了地质力学模型。通过地质力学模型可以分析岩石的各向应力，找出射孔的最佳位置，适于造缝。裂缝高度主要由纵向的最小主应力差控制；在

应力一定的情况下裂缝宽度主要受杨氏模量控制。因此发展稳定的方位杨氏模量分析方法不仅可以得到裂缝参数，而且可以用于计算地层延展性，具有非常重要的现实意义。

东部某工区 A 井已经钻探到一个裂缝地层，图 6-2 显示了该井的纵波速度、横波速度、密度、石英含量、泥质含量和干酪根含量测井曲线。通过计算知道该井在 3060～3080m 深度段，平均纵波速度 3476m/s、平均横波速度 1935m/s、平均密度 2500kg/m^3、平均石英含量 11.2826%、平均黏土含量 17.8568%、平均干酪根含量 5.24508%，结合 Thomsen 理论可以得到裂缝地层弹性矩阵，根据裂缝地层弹性矩阵可以计算杨氏模量。假设坐标系为观测系统坐标系，测线与裂缝倾向的夹角为方位角，则方位角等于 0° 或 180° 指示裂缝倾向，方位角等于 90° 或 270° 指示裂缝走向。

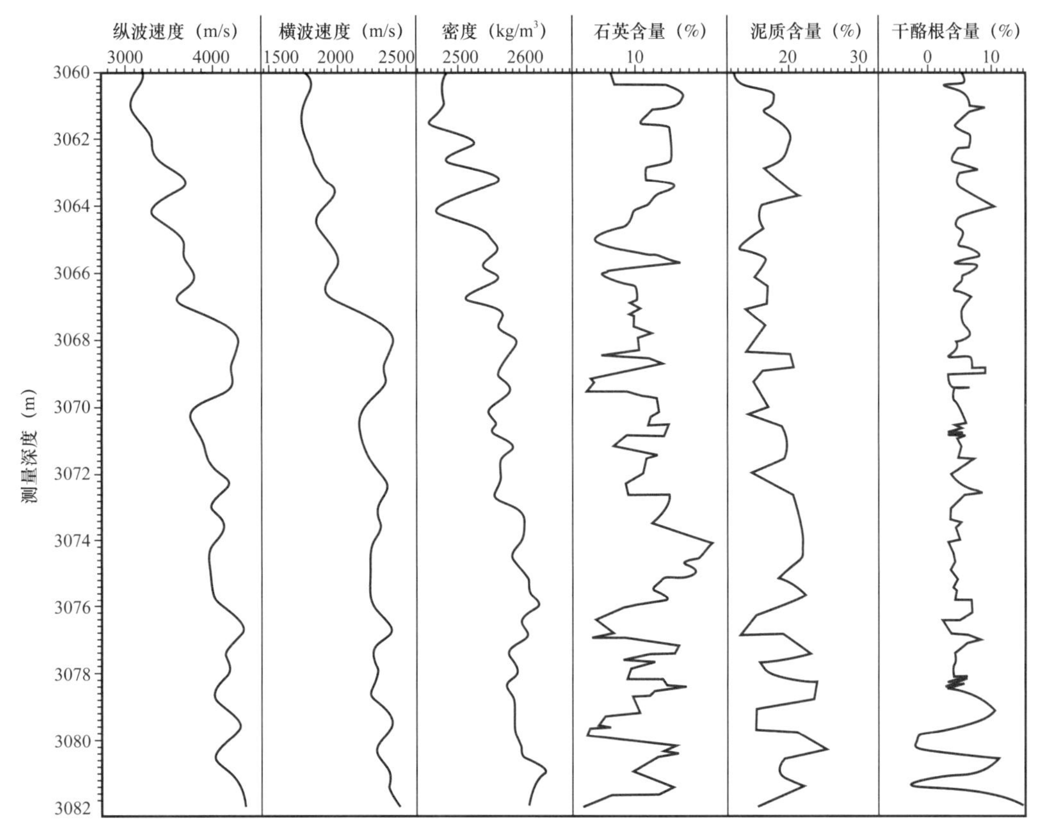

图 6-2 A 井测井曲线

图 6-3a 显示裂缝密度和裂缝纵横比分别变化 -50% 和 +50% 时的杨氏模量曲线，从中可以看出杨氏模量对裂缝密度比较敏感，且随着裂缝密度的增大，杨氏模量逐渐变下，但方位变化更加剧烈；杨氏模量基本不随裂缝纵横比变化而变化；裂缝走向的杨氏模量最大，裂缝倾向的杨氏模量最小；因此可以通过分析不同方位杨氏模量预测裂缝型储层的裂缝密度、走向和发育带等参数。

图 6-3b 表示弹性波入射角分别是 0°、30°、60°、90° 时的杨氏模量二维显示，杨氏模量近似为一条余弦曲线。从中可以看出杨氏模量随方位角和入射角的变化而变化；裂

缝介质杨氏模量对裂缝纵横比不太敏感。裂缝走向的杨氏模量最大，裂缝倾向的杨氏模量最小；入射角越大，杨氏模量变化范围也越大。

针对东部某工区 A 井的测井数据构建裂缝地层弹性矩阵，将不同裂缝密度的裂缝地层方位杨氏模量按照方位角分解成 X 分量和 Y 分量，并把不同方位杨氏模量拟合成椭圆。拟合结果如图 6-4 所示，图中黑点表示不同裂缝密度的裂缝地层方位杨氏模量，红线表示椭圆拟合结果，椭圆拟合参数见表 6-1。从表中可以看出随着裂缝密度增加方位杨氏模量的椭圆率也在增加，椭圆长轴方向可以指示裂缝走向。

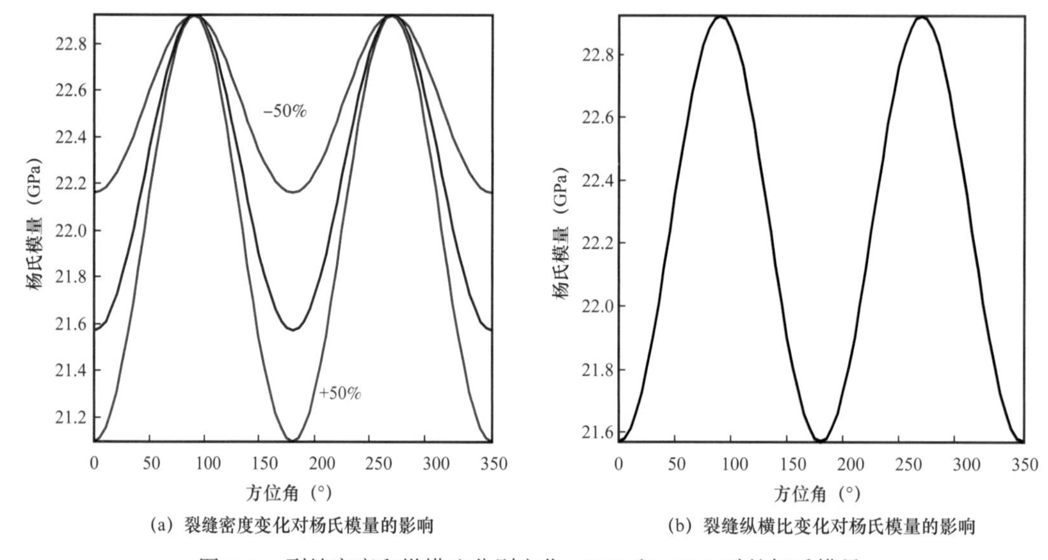

图 6-3　裂缝密度和纵横比分别变化 +50% 和 -50% 时的杨氏模量

表 6-1　不同裂缝密度的裂缝地层方位杨氏模量椭圆拟合参数

模型	裂缝密度	裂缝走向（°）	椭圆率	椭圆长轴方向（°）
1	0	—	1.6641×10^{-16}	-12.6197
2	0.05	0	0.1131	-2.9807×10^{-14}
3	0.10	45	0.1	45
4	0.15	90	0.27184	90

为了验证方位杨氏模量椭圆分析预测裂缝地层的可靠性，设计四层三维模型（图 6-5a），第一层、第二层和第四层是各向同性介质，其中第一层介质的纵波速度、横波速度、密度和深度分别为 2500m/s、1500m/s、2000kg/m^3 和 20m，第二层介质的纵波速度、横波速度、密度和深度分别是 3000m/s、1800m/s、2300kg/m^3 和 100m，第四层介质的纵波速度、横波速度和密度分别是 3200m/s、1850m/s、2350kg/m^3。第三层是裂缝介质深度为 180m 并且弹性参数取自东部某工区 A 井，第三层裂缝介质的裂缝密度、走向如下文图 6-9 第一行所示。该模型 Inline 有 100 条、Xline 有 100 条，图 6-5b 显示的

是 Inline=50、Xline=75、入射角是 35° 时单道的不同方位地震响应，方位角分别是 0°、30°、60°、90°、120°、150° 和 180°。从图中可以看出对于上下地层都是各向同性介质的反射系数与方位角无关，但是当地震波在裂缝地层界面发生反射时，地震波振幅随着方位角变化而变化。图 6-6 表示 Inline = 50、Xline 从 61 到 70 的三个入射角分别是 15°、25° 和 35° 的方位角度道集。入射角越大，方位道集之间的差异就越大，因此需要大的入射角地震数据来探测裂缝地层。

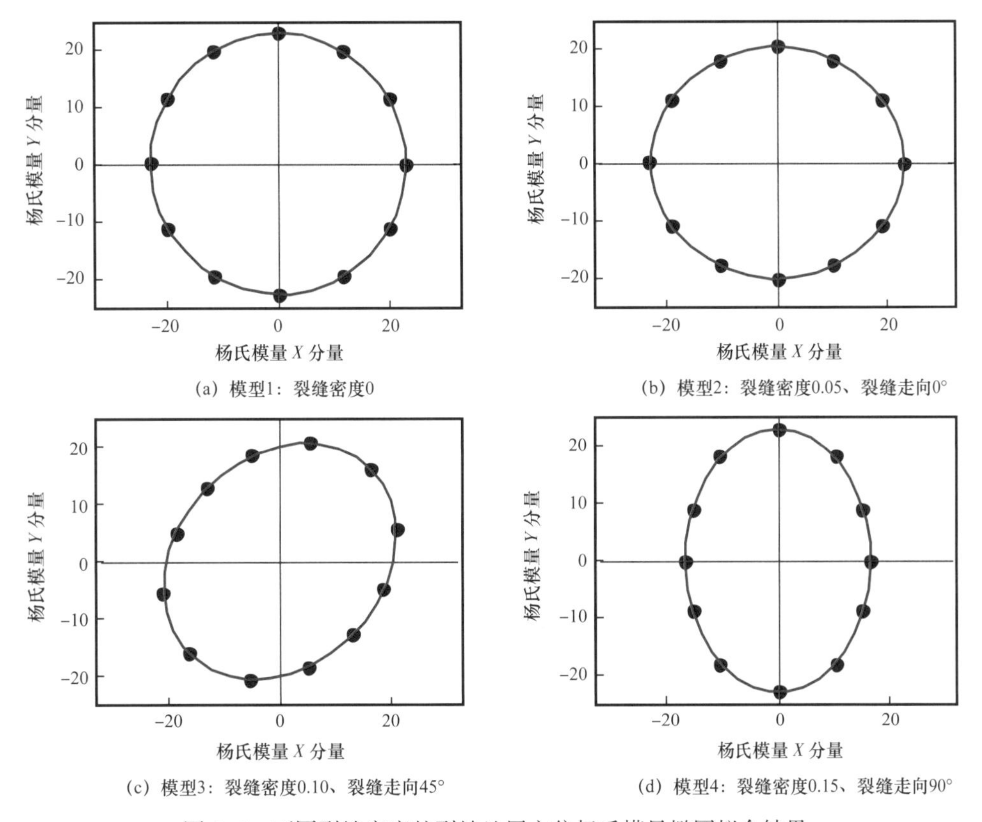

图 6-4　不同裂缝密度的裂缝地层方位杨氏模量椭圆拟合结果

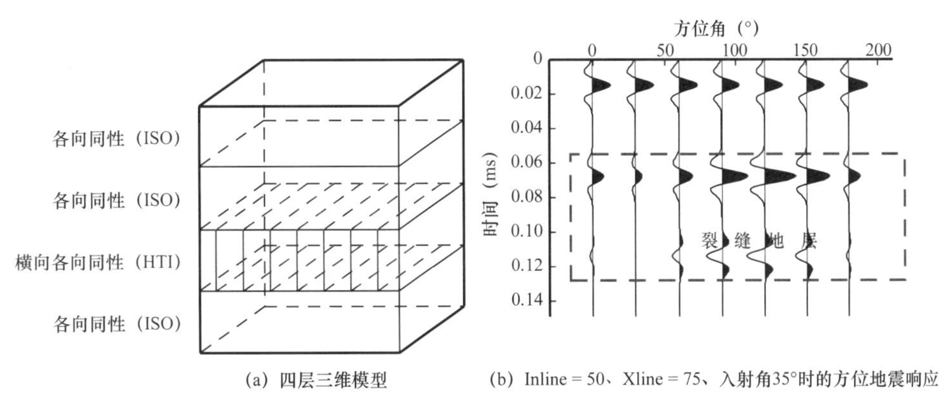

图 6-5　三维模型及其单道方位地震响应

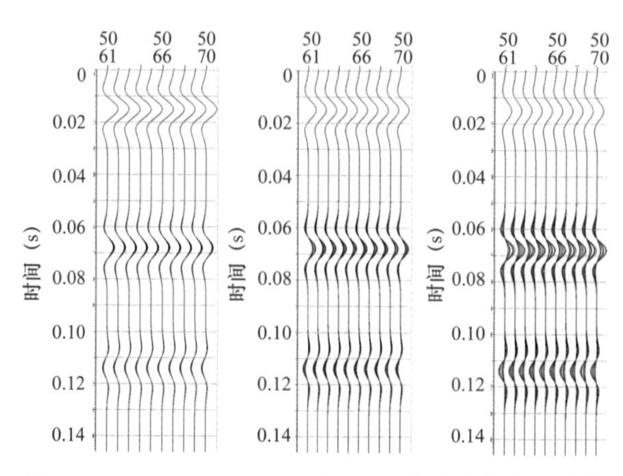

图 6-6　Inline=50、Xline=［61，70］的方位角度道集

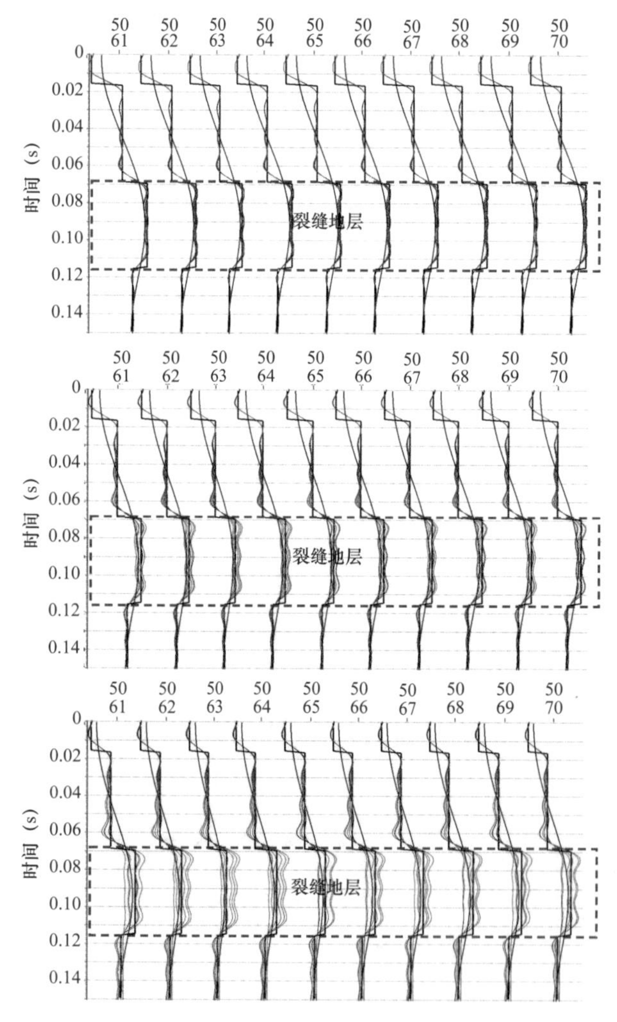

图 6-7　Inline=50、Xline=［61，70］的方位弹性阻抗反演结果

对各个方位的角度道集角度分别进行弹性阻抗反演，反演结果如图 6-7 所示。图中黑色的线是方位角为零度时的弹性阻抗；蓝色的线是弹性阻抗平滑背景，作为弹性阻抗反演的软约束和硬约束；红色的线分别表示方位角为 0°、30°、60°、90°、120° 和 150° 的弹性阻抗。从图中可以看出裂缝地层处方位弹性阻抗差异比较大，入射角越大差异也越大。通过弹性阻抗提取纵波速度、横波速度和密度等弹性参数再转化成方位杨氏模量（图 6-8a）。裂缝发育处的各个方位杨氏模量差异比较大，因此可以根据方位杨氏模量分析预测裂缝地层。将方位杨氏模量拟合成椭圆，椭圆率如图 6-8b 所示，从图中可以看出裂缝发育带的椭圆率比较大，并且裂缝密度越大椭圆率也越大。

图 6-9 显示裂缝地层模型参数和反演结果，图 6-9a 至 c 分别是模型裂缝密度分布、裂缝走向分布、裂缝走向玫瑰图，图 6-9d 至 f 分别是无噪情况下反演的杨氏模量椭圆率分布、椭圆长轴方向分布、椭圆长轴方

向玫瑰图，图 6–9g 至 i 分别是信噪比 10 情况下反演的杨氏模量椭圆率分布、椭圆长轴方向分布、椭圆长轴方向玫瑰图。从图中可以看出杨氏模量椭圆率变化趋势和裂缝密度分布一致并且杨氏模量长轴方向和裂缝走向一致，信噪比 10 的反演结果准确度很高，说明杨氏模量椭圆分析具有较强的抗噪性。因此可以利用杨氏模量椭圆率指示裂缝密度，杨氏模量椭圆长轴指示裂缝走向。

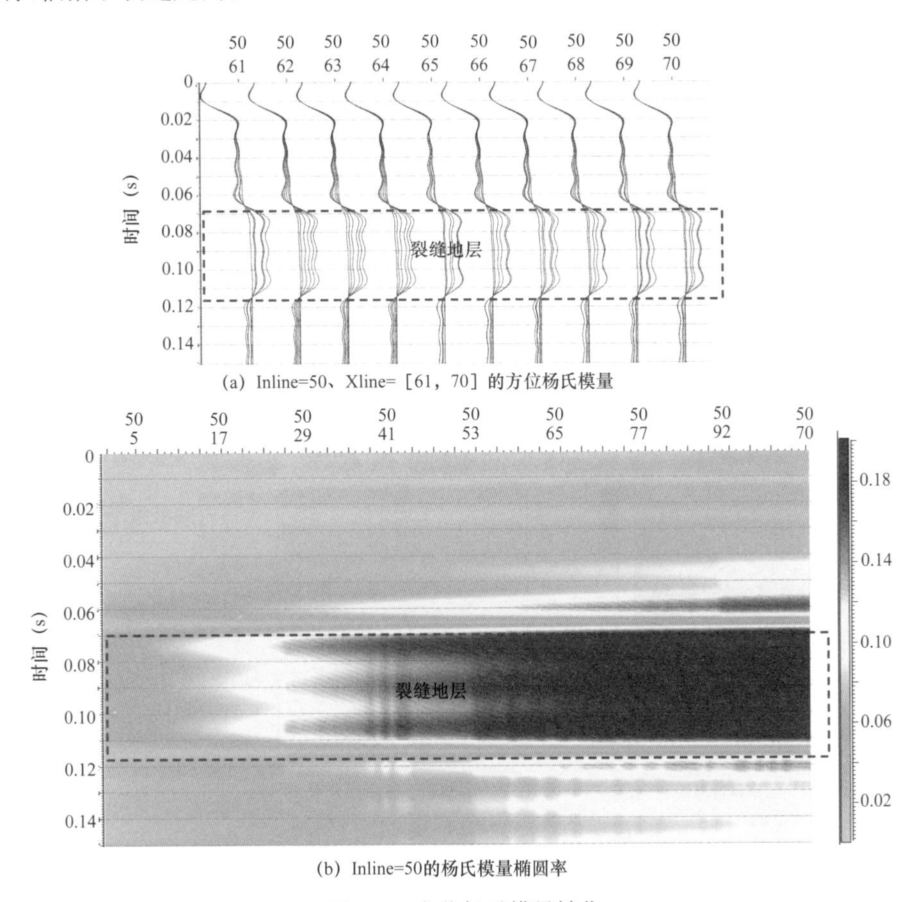

图 6–8　方位杨氏模量转化

图 6–10 显示了某实际工区井旁方位杨氏模量的椭圆率分布情况，该工区裂缝比较发育，井钻遇裂缝层。通过杨氏模量椭圆分析发现，井位置处西侧方位杨氏模量椭圆率显示高值，说明井点西侧裂缝比较发育，这与钻井显示结果吻合。黑轴方位表示裂缝方位，也取得较好的预测效果。

三、稳定方位 AVO 梯度反演方法

根据 Shuey 的研究反射系数可以写成 $R = A + B\sin^2\theta$ 的形式。其中，A 是自激自收反射系数，B 是 AVO 梯度，θ 是入射角。因此对于裂缝地层，每一个方位都有对应的 AVO 梯度并且自激自收反射系数在各个方位都是相同的。

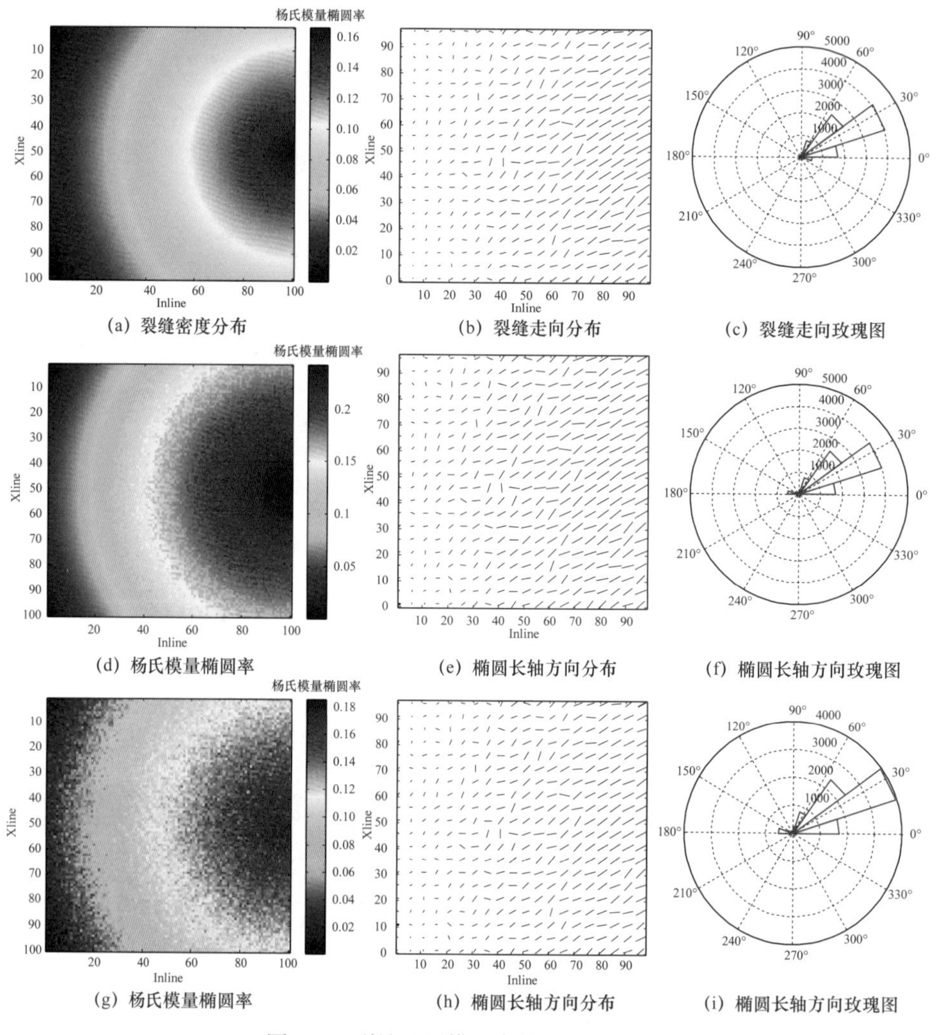

图 6-9　裂缝地层模型参数和反演结果

设计一个四类含气砂岩模型来研究方位 AVO 梯度与裂缝参数的关系，假设这四类含气砂岩是由石英、孔隙和气体构成的，其纵波速度、横波速度和密度见表 6-2。图 6-11 显示了第一类含气砂岩各个方位的 AVO 拟合结果，其中图 6-11a 是裂缝密度 0.10、裂缝纵横比 0.005 时裂缝倾向和裂缝走向的 AVO 拟合结果，图中显示了较好的 AVO 拟合结果。图 6-11b 和图 6-11c 分别是裂缝密度 0.05、0.10 和 0.15，裂缝纵横比 0.005 时方位 AVO 拟合截距和梯度，但是在裂缝密度相同情况下的各个方位 AVO 截距却是不一样的，这与理论结果相悖。图 6-12 是考虑各个方位的自激自收反射系数一致情况下的 AVO 拟合结果，从图中可以看出裂缝密度越大，方位 AVO 梯度变化范围也越大，即裂缝走向和裂缝倾向的方位 AVO 梯度差异也越大。图 6-13 是其余三类含气砂岩在裂缝密度 0.05、0.10 和 0.15，裂缝纵横比 0.005 时的方位 AVO 梯度，它们都显示出裂缝密度越大对应的方位 AVO 梯度变化范围也越大的特征。

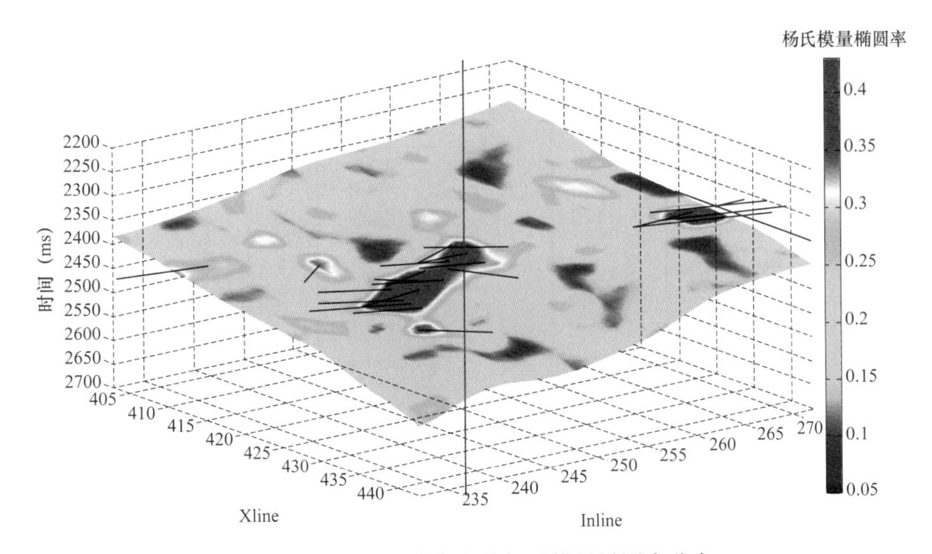

图 6-10　某工区井旁方位杨氏模量椭圆率分布

表 6-2　四类含气砂岩弹性参数

地层		v_p（m/s）	v_s（m/s）	ρ（kg/m^3）
上覆地层	各向同性	4000	1760	2400
下伏四类含气砂岩	Ⅰ	5800	3712	2000
	Ⅱ-1	5000	3200	2000
	Ⅱ-2	4500	2880	2000
	Ⅲ	3950	2528	2000
	Ⅳ	3950	1600	2000

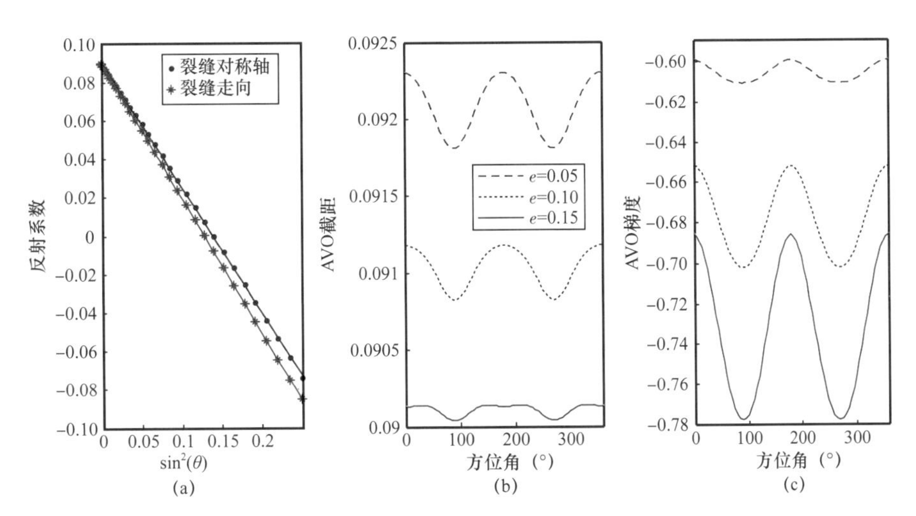

图 6-11　未考虑各个方位自激自收反射系数一致情况下的 AVO 拟合结果

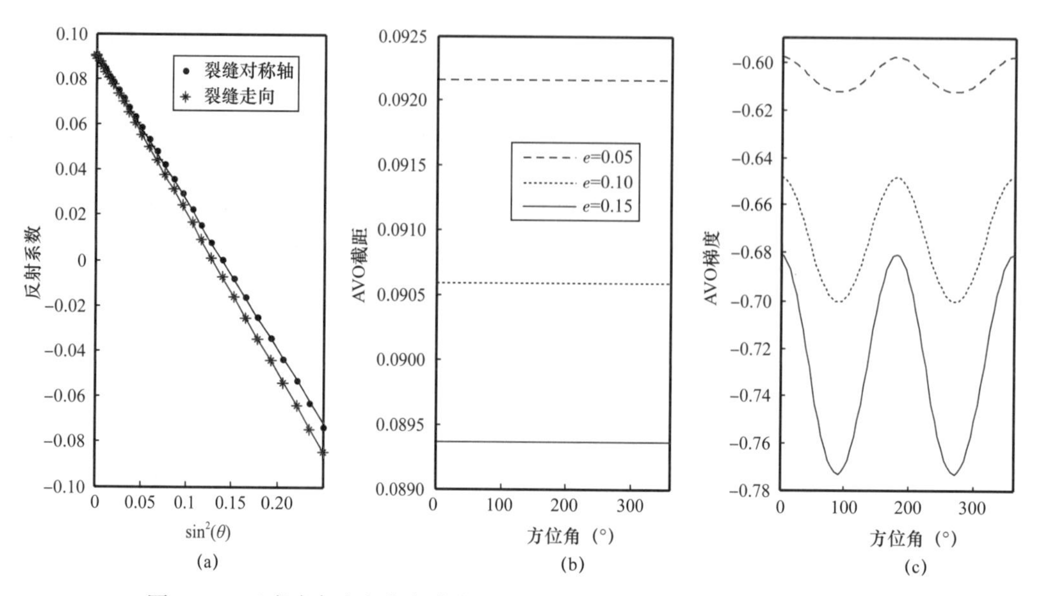

图 6-12 已考虑各个方位自激自收反射系数一致情况下的 AVO 拟合结果

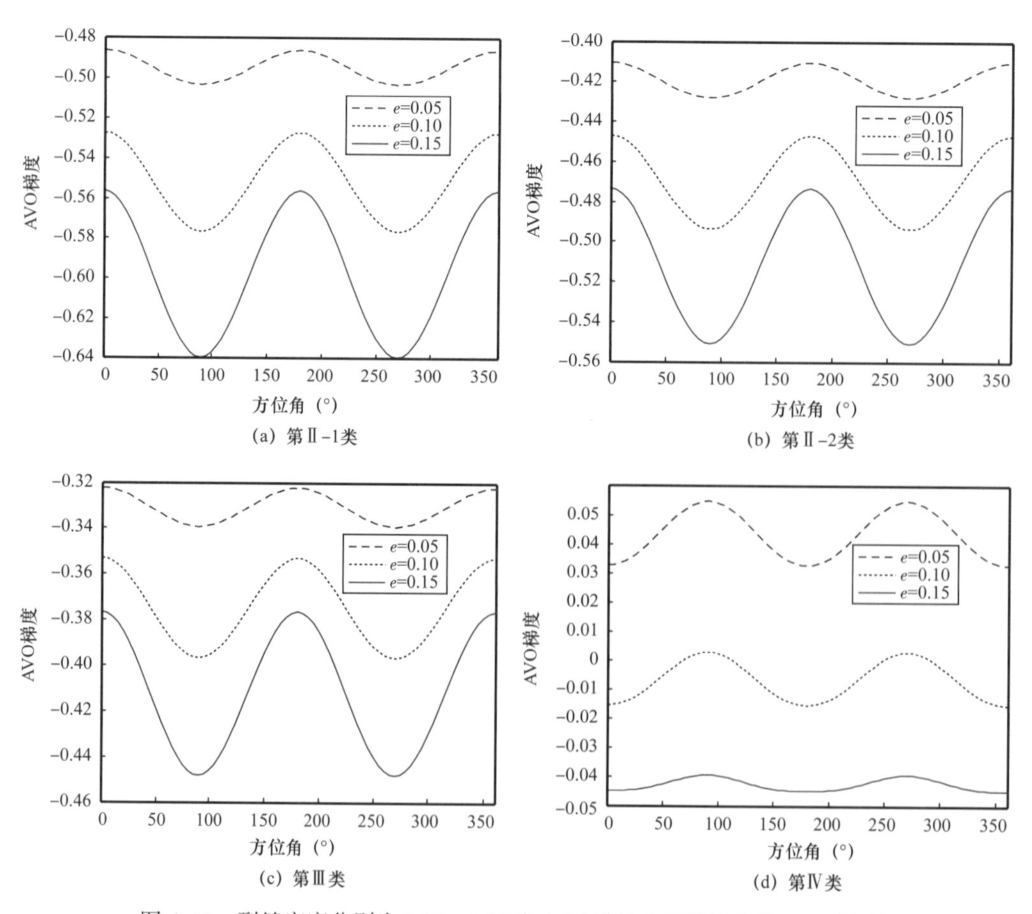

图 6-13 裂缝密度分别为 0.05、0.10 和 0.15 时的含气砂岩方位 AVO 梯度

图 6-14 是四类含气砂岩在裂缝纵横比 0.005、0.010 和 0.015，裂缝密度 0.10 时的方位 AVO 梯度，从图中可以看出随着裂缝纵横比变化，四类含气砂岩的方位 AVO 梯度基本重合，裂缝纵横比对方位 AVO 梯度基本没有影响。所以可以对方位 AVO 梯度进行椭圆拟合，用拟合椭圆半轴指示裂缝倾向，用椭圆率指示裂缝密度。

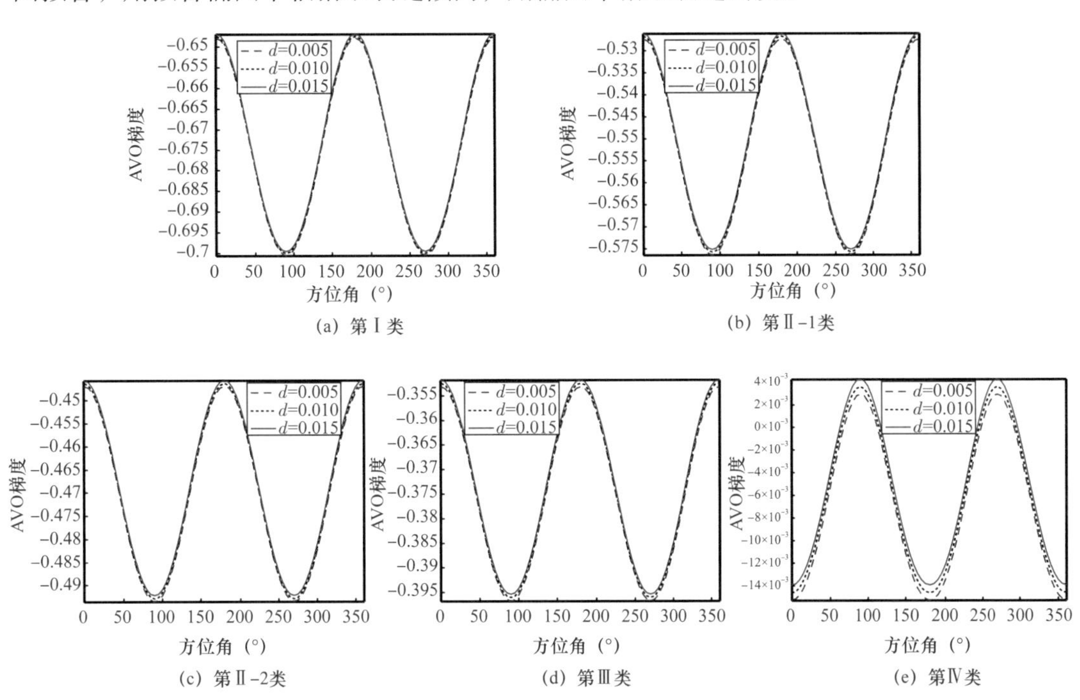

图 6-14　裂缝纵横比分别为 0.005、0.010 和 0.015 时的含气砂岩方位 AVO 梯度

设计三层模型，第一层和第三层都是各向同性地层，第二层是含有近垂直定向分布裂缝的地层，模型参数见表 6-3，模型的方位反射系数如图 6-15 所示。从图中可以看出，第一个界面和第二个界面的 AVO 梯度都是负的，并且第一个界面的裂缝走向 AVO 梯度小于倾向方向 AVO 梯度，但是第二个界面裂缝走向 AVO 梯度却大于裂缝倾向走向 AVO 梯度，因此不易通过方位 AVO 梯度拟合椭圆长（或短）半轴确定裂缝倾向，即裂缝方位预测存在 90° 不确定性。需结合方位杨氏模量长轴走向先验信息解决方位 AVO 梯度探测裂缝走向 90° 不确定性问题，继而实现裂缝参数的准确预测。

表 6-3　三层模型参数

地层	纵波速度（m/s）	横波速度（m/s）	密度（kg/m³）	γ	$\varepsilon^{(V)}$	$\delta^{(V)}$
第一层	3670	2000	2410	—	—	—
第二层	4498	2530	2800	0.085	−0.003	−0.088
第三层	4670	3000	2910	—	—	—

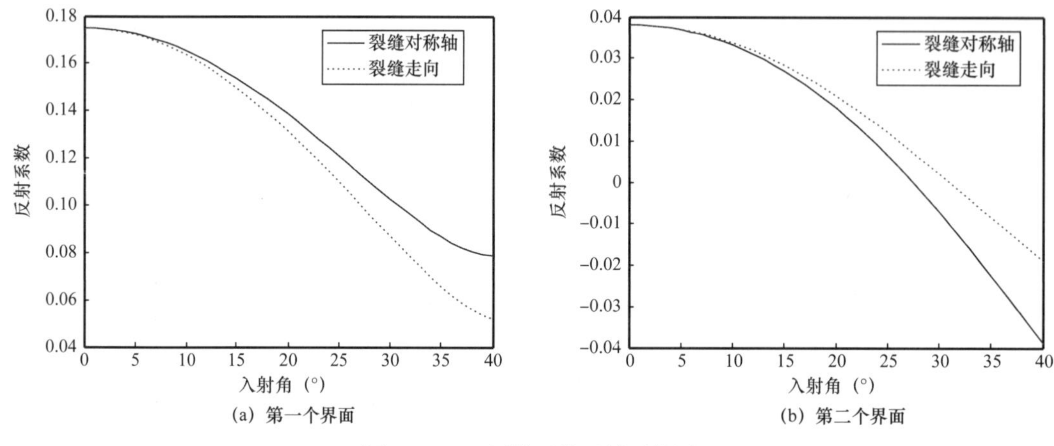

图 6-15　三层模型的反射系数图

单独对每个方位进行 AVO 分析得到的各个方位 AVO 截距不一致，同时影响了方位 AVO 梯度的提取精度。因此需要联合所有方位地震数据进行方位 AVO 梯度反演，消除各个方位的 AVO 截距即自激自收反射系数不一致的情况，得到稳定的方位 AVO 梯度进行裂缝型储层预测。近垂直定向分布裂缝介质的方位反射系数可以用式（6-15）表示：

$$R(\theta,\varphi)=A+B(\varphi)\sin^2\theta \tag{6-15}$$

式中　$R(\theta,\ \varphi)$——方位反射系数；

A——自激自收反射系数；

$B(\varphi)$——方位 AVO 梯度；

φ——方位角，(°)；

θ——入射角，(°)。

假设方位地震数据单道有 *nsamp* 个采样点，*ninci* 个入射角，*nazi* 个方位角，根据式（6-15）方位 AVO 梯度反演方程可以写成式（6-16）所示：

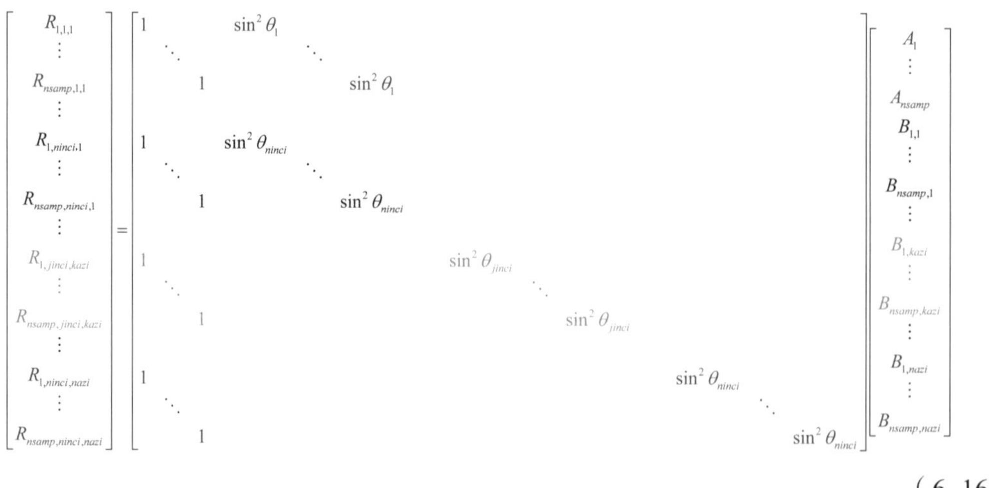

（6-16）

式（6–16）可以简记为

$$\boldsymbol{R}=\boldsymbol{G}\cdot\boldsymbol{m} \tag{6–17}$$

式中　$R_{i,\ j,\ k}$——第 k 个方位角、第 j 个入射角、第 i 个采样点的反射系数；

A_i——第 i 个采样点的 AVO 截距；

$B_{i,\ k}$——第 k 个方位角、第 i 个采样点的 AVO 梯度；

θ_j——第 j 个入射角，（°）。

参考图 6–5 的四层模型，入射角分别是 15°、25°、35°，方位角分别是 0°、30°、60°、90°、120°、150°，单道采样点数 150。通过数学计算可知该模型正演算子矩阵 $\boldsymbol{G}$ 的条件数约为 23，最小二乘法反演矩阵 $\boldsymbol{G}^{\mathrm{T}}\boldsymbol{G}$ 条件数约为 527，反演矩阵条件数较小，可以得到较稳定的解。假设图 6–5 四层模型第三层裂缝介质的裂缝密度是 0.10、裂缝纵横比是 0.01、信噪比是 10，正演 Ricker 子波主频 50Hz 并相移 30°，时间采样率 1ms，正演结果如图 6–16 所示。入射角 35° 的方位地震记录显示裂缝地层上下界面的反射系数随方位变化而变化，各向同性界面的反射系数与方位角无关，方位地震数据能够体现裂缝地层的方位各向异性特征。按照式（6–16）和式（6–17）对该模型进行最小二乘反演，结果如图 6–17 所示。由于反演方程未考虑子波的影响，反演的 AVO 截距实际上是纯 P 波地震数据并与正演的自激自收地震记录吻合。反演的方位 AVO 梯度实际上是地震子波与各个方位的 AVO 梯度的褶积，不妨称为方位 AVO 梯度记录，记为 $\boldsymbol{B}_{\mathrm{seis}}$，通过反褶积可以得到真正的方位 AVO 梯度。方位 AVO 梯度在裂缝地层处随着方位角变化而变化，各向同性界面的 AVO 梯度与方位角无关。因此利用方位 AVO 梯度可以准确地预测裂缝型储层。

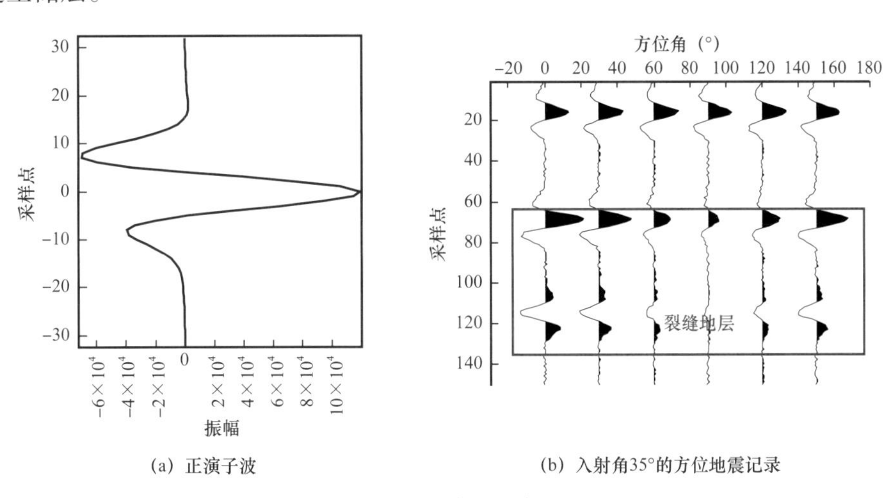

(a) 正演子波　　(b) 入射角35°的方位地震记录

图 6–16　正演子波及正演地震记录

地震反褶积可以消除子波对方位 AVO 梯度的影响，方位 AVO 梯度记录可以写成式（6–18）所示：

$$B_{\text{seis}} = W \times B(\varphi) \tag{6-18}$$

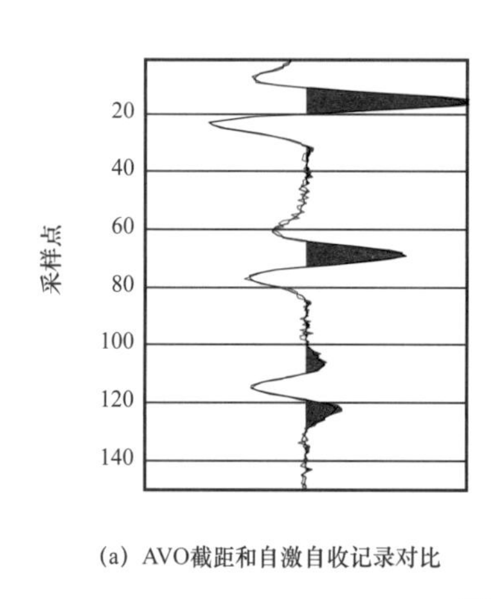

(a) AVO截距和自激自收记录对比

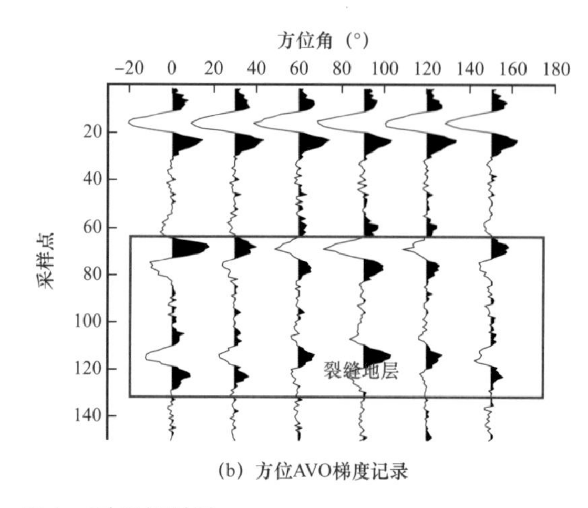

(b) 方位AVO梯度记录

图 6-17　最小二乘反演结果

其中，W表示子波矩阵，W维数是（$nsamp \times nazi$）×（$nsamp \times nazi$）=900×900，W条件数是 7.1992×10^{13}，最小二乘反演矩阵 $W^{T}W$ 条件数是 8.4644×10^{13}，由于 $W^{T}W$ 条件数很大，使得反演结果抗噪性很差。为了得到稳定的方位 AVO 梯度，需要改善反演矩阵 $W^{T}W$ 的结构，以降低 $W^{T}W$ 条件数。可以采用先验约束或者矩阵降维的方法，但方位 AVO 梯度先验信息一般不太容易获得，因此利用最少反射层假设降低子波矩阵 W 的维数来降低反演的不确定性。该模型中反射层位置分别在 16、69 和 115 采样点，每个采样点有 6 个方位 AVO 梯度，则降维后的子波矩阵 W 是 900×18 的，降维后反演矩阵 $W^{T}W$ 的条件数是 1.0006，极大地提高了反演方程的稳定性。

最少反射层假设反演中结果如图 6-18 和图 6-19 所示，其中图 6-18 显示模拟退火过程，采用四次回火升温，每次迭代 100 次，随着迭代次数的增加反演方程能量不断降低逐渐趋向于稳定。反演过程中假设有 6 个反射界面，反演子波主频范围 30~60Hz，子波相位范围 10°~50°，图 6-19 显示了反演子波和正演子波基本重合，反演的 6 个反射界面中 3 个真正的反射界面位置处 AVO 梯度有值，另外 3 个非反射界面位置处 AVO 梯度几乎为零。因此反演的方位 AVO 梯度不仅可以指示正确的地层位置，而且 AVO 梯度在裂缝地层上下界面随方位角变化，各向同性界面却与方位无关。因此最少反射层反演方法可以改善矩阵结构得到稳定的反演结果，实现了子波和方位 AVO 梯度同时反演并且得到了真实地层界面位置和全频的反演结果。

方位 AVO 梯度与裂缝密度和裂缝走向密切相关，将方位 AVO 梯度拟合成椭圆，椭圆率可以指示裂缝密度，椭圆半轴方向可以指示裂缝走向。由于不能确定是椭圆长轴还是椭圆短轴能够指示裂缝走向，因此需要结合工区裂缝走向的先验信息判断准确地裂缝走向。

参考图 6-5 的四层三维模型，第一层、第二层和第四层是各向同性介质，第三层是

含有近垂直定向分布的裂缝性地层，裂缝地层走向先验信息是0°～90°。根据稳定方位AVO梯度反演方法，对该模型信噪比为10的方位地震道集反演方位AVO梯度记录，并利用最少反射层假设对方位AVO梯度进行反演，得到子波和方位AVO梯度，再结合椭圆拟合方法得到方位AVO梯度椭圆率和椭圆长轴方向进行裂缝型储层预测。

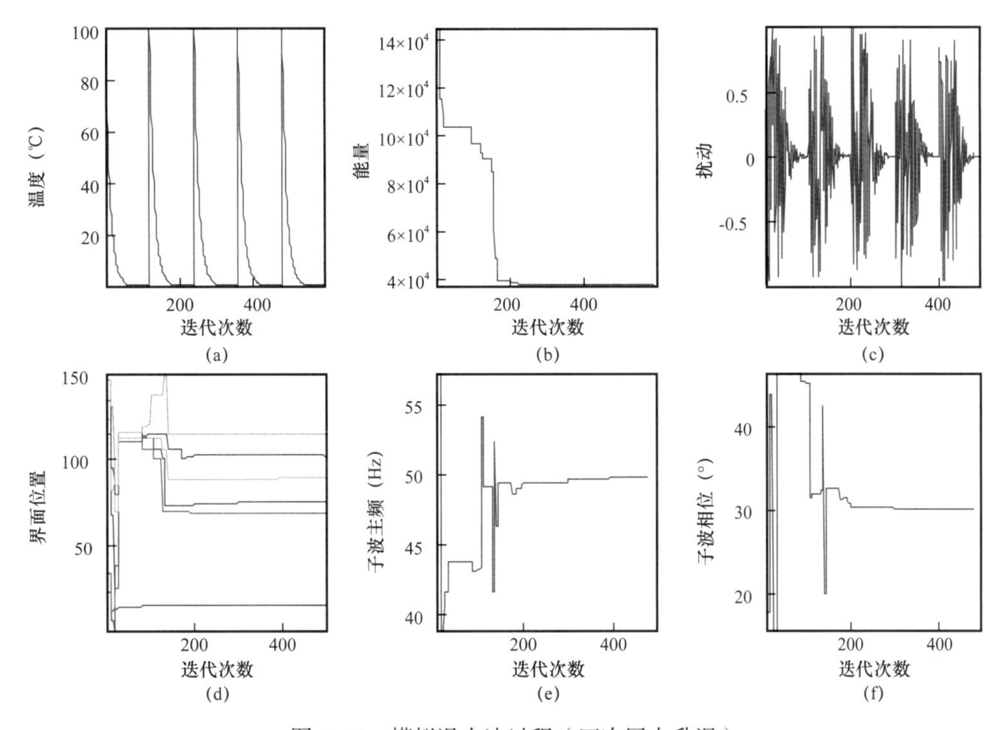

图 6–18　模拟退火法过程（四次回火升温）

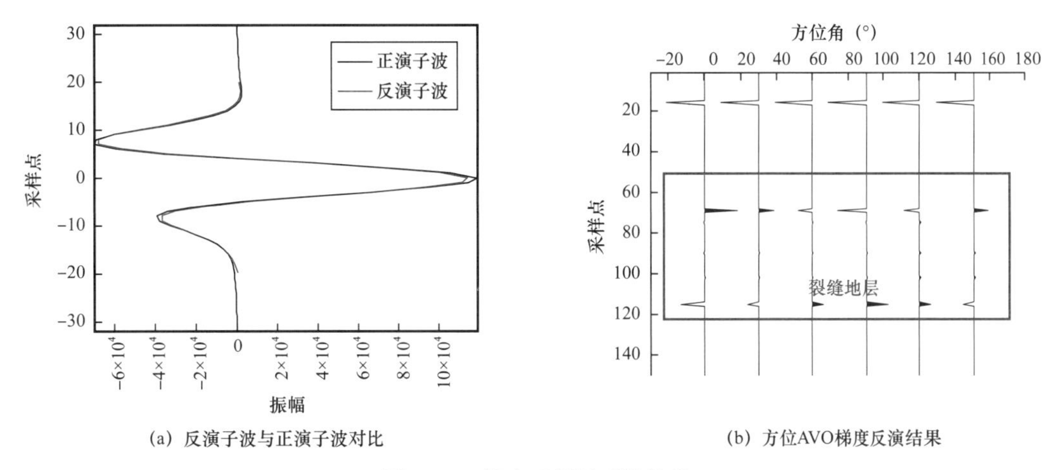

(a) 反演子波与正演子波对比　　(b) 方位AVO梯度反演结果

图 6–19　最少反射层反演结果

图6–20显示裂缝地层模型参数和反演结果，从图中可以看出方位AVO梯度椭圆率变化趋势和裂缝密度分布一致并且方位AVO梯度半轴方向和裂缝走向一致。因此可以利用方位AVO梯度椭圆率指示裂缝密度，方位AVO梯度椭圆半轴指示裂缝走向。

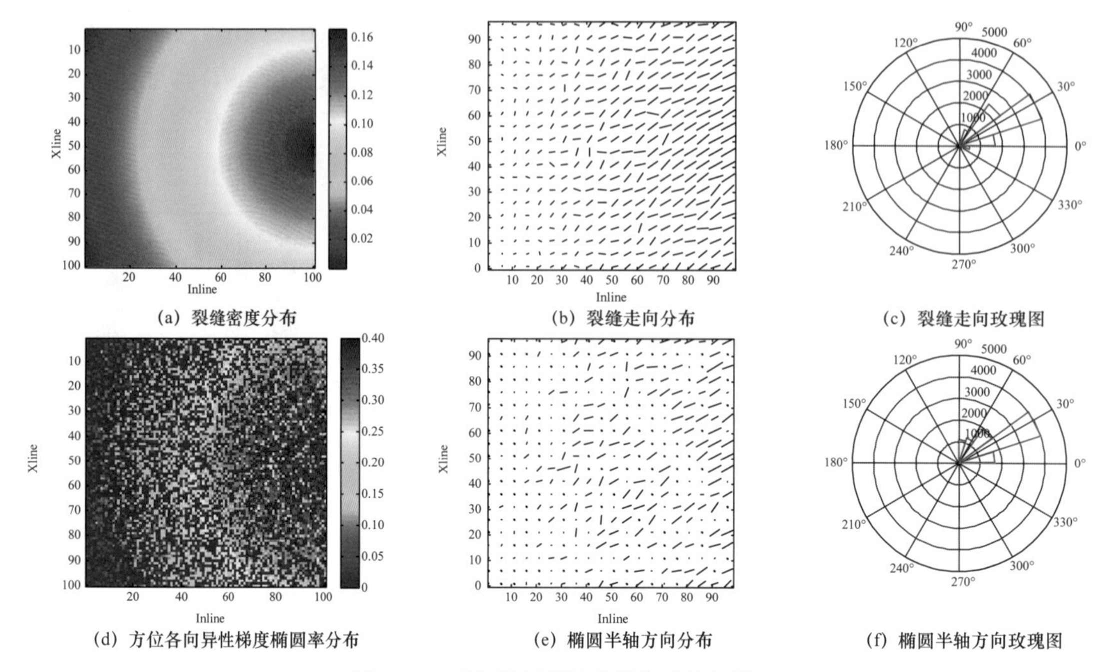

(a) 裂缝密度分布　(b) 裂缝走向分布　(c) 裂缝走向玫瑰图

(d) 方位各向异性梯度椭圆率分布　(e) 椭圆半轴方向分布　(f) 椭圆半轴方向玫瑰图

图 6-20　裂缝地层模型参数和反演结果

第三节　基于各向异性梯度的裂缝预测方法

一、各向异性梯度与裂缝参数

Ruger（1996）提出了上、下 HTI 介质倾向一致的反射系数近似公式，其两项表达式如（6-19）所示：

$$R_{\mathrm{p}}\left(\theta,\varphi\right)=\frac{1}{2}\frac{\Delta Z}{Z}+\frac{1}{2}\left\{\frac{\Delta\alpha}{\alpha}-\left(\frac{2\beta}{\alpha}\right)^{2}\frac{\Delta G}{G}+\left[\Delta\delta^{(\mathrm{V})}+2\left(\frac{2\beta}{\alpha}\right)^{2}\Delta\gamma\right]\cos^{2}\left(\varphi-\varphi_{\mathrm{iso}}+\frac{\pi}{2}\right)\right\}\sin^{2}\theta \tag{6-19}$$

式中　Z、ΔZ——分别表示上下介质纵波阻抗的均值、差异，（kg/m³）·（m/s）；

G、ΔG——分别表示上下介质剪切模量的均值、差异，GPa；

α、$\Delta\alpha$——分别表示上下介质纵波速度的均值、差异，m/s；

β——上下介质横波速度均值，m/s；

$\Delta\delta^{(\mathrm{V})}$、$\Delta\gamma$——分别表示上下介质各向异性参数差值；

θ——入射角，(°)；

φ——方位角，(°)；

φ_{iso}——裂缝走向。

假设 A、B_{iso} 和 B_{ani} 分别表示自激自收反射系数、各向同性梯度和各向异性梯度，表

达式见式（6–20）。

$$
\left.\begin{aligned}
A &= \frac{1}{2}\frac{\Delta Z}{Z} \\
B_{\text{iso}} &= \frac{1}{2}\left[\frac{\Delta\alpha}{\alpha} - \left(\frac{2\beta}{\alpha}\right)^2 \frac{\Delta G}{G}\right] \\
B_{\text{ani}} &= \frac{1}{2}\left[\Delta\delta^{(\mathrm{V})} + 2\left(\frac{2\beta}{\alpha}\right)^2 \Delta\gamma\right]
\end{aligned}\right\} \tag{6-20}
$$

参照上一节四类含气砂岩模型，研究裂缝密度和纵横比与各向异性梯度的关系并指导裂缝型储层预测。图 6–21a 显示四类含气砂岩裂缝纵横比是 0.01 时的各向异性梯度与裂缝密度之间的关系，随着裂缝密度增加，第一类、第二类、第三类含气砂岩模型的各向异性梯度也在增加并且都是正的，各向异性梯度变化速度也在逐渐增快。但是随着裂缝密度增加，第四类含气砂岩模型的各向异性梯度先在负方向增大，达到极小值后又沿着正方向不断增大，变化速度逐渐增快。图 6–21b 显示四类含气砂岩裂缝密度是 0.10 时的各向异性梯度与裂缝纵横比之间的关系，随着裂缝纵横比增加，四类含气砂岩的各向异性梯度基本不变，说明各向异性梯度对裂缝纵横比不敏感。因此可以利用各向异性梯度预测地层裂缝密度和发育带等参数。

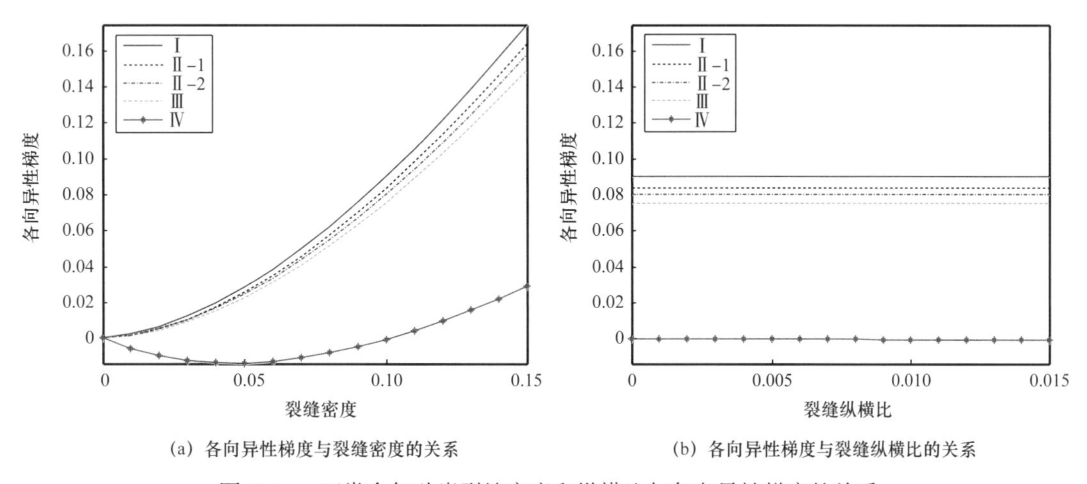

（a）各向异性梯度与裂缝密度的关系　　（b）各向异性梯度与裂缝纵横比的关系

图 6–21　四类含气砂岩裂缝密度和纵横比与各向异性梯度的关系

二、稳定各向异性梯度反演方法

Ruger 的 HTI 介质反射系数近似公式是关于方位角 φ 的余弦函数，Jenner（2002）、Downton 等（2006）分别对 Ruger 近似公式线性化，其中 Downton 假设

$$
\left.\begin{aligned}
B &= B_{\text{iso}} + \frac{1}{2}B_{\text{ani}} \\
C &= B_{\text{ani}}\cos 2\varphi_{\text{iso}} \\
D &= B_{\text{ani}}\sin 2\varphi_{\text{iso}}
\end{aligned}\right\} \tag{6-21}
$$

则

$$
\left.\begin{aligned}
&R(\theta,\varphi)=A+\left[B-\frac{1}{2}C\cos 2\varphi-\frac{1}{2}D\sin 2\varphi\right]\sin^2\theta\\
&\varphi_{\mathrm{iso}}=\frac{1}{2}\arctan\frac{D}{C}+n\frac{\pi}{2},n=0,1,\cdots
\end{aligned}\right\}
\tag{6-22}
$$

φ_{iso} 的周期是$\frac{\pi}{2}$，则裂缝走向存在 90° 不确定问题，假设$\begin{bmatrix}A\\B_1\\B_2\\\varphi\end{bmatrix}$是$\begin{bmatrix}A\\B_{\mathrm{iso}}\\B_{\mathrm{ani}}\\\varphi_{\mathrm{iso}}\end{bmatrix}$的一个解，通过公式变换发现$\begin{bmatrix}A\\B_1+B_2\\-B_2\\\varphi-\frac{\pi}{2}\end{bmatrix}$也是$\begin{bmatrix}A\\B_{\mathrm{iso}}\\B_{\mathrm{ani}}\\\varphi_{\mathrm{iso}}\end{bmatrix}$的一个解，因此需要结合先验信息判断准确的裂缝走向。

假设方位地震数据单道有 *nsamp* 个采样点，*ninci* 个入射角，*nazi* 个方位角，根据式（6–22）正演方程可以写成式（6–23）和式（6–24），各向异性梯度最小二乘解可以写成式（6–25）。

$$
\begin{bmatrix}
R_{1,1,1}\\ \vdots\\ R_{\mathrm{nsamp},1,1}\\ \vdots\\ R_{1,\mathrm{ninci}\ 1}\\ \vdots\\ R_{\mathrm{nsamp},\mathrm{ninci},1}\\ \vdots\\ R_{1,\mathrm{jinci},\mathrm{kazi}}\\ \vdots\\ R_{\mathrm{nsamp},\mathrm{jinci},\mathrm{kazi}}\\ \vdots\\ R_{1,\mathrm{ninci},\mathrm{nazi}}\\ \vdots\\ R_{\mathrm{nsamp},\mathrm{ninci},\mathrm{nazi}}
\end{bmatrix}
=
\begin{bmatrix}
1 & & \sin^2\theta_1 & & -0.5\sin^2\theta_1\cos 2\varphi_1 & & -0.5\sin^2\theta_1\sin 2\varphi_1 & \\
 & \ddots & & \ddots & & \ddots & & \ddots \\
 & 1 & & \sin^2\theta_1 & & -0.5\sin^2\theta_1\cos 2\varphi_1 & & -0.5\sin^2\theta_1\sin 2\varphi_1 \\
1 & & \sin^2\theta_{\mathrm{ninci}} & & -0.5\sin^2\theta_{\mathrm{ninci}}\cos 2\varphi_1 & & -0.5\sin^2\theta_{\mathrm{ninci}}\sin 2\varphi_1 & \\
 & \ddots & & \ddots & & \ddots & & \ddots \\
 & 1 & & \sin^2\theta_{\mathrm{ninci}} & & -0.5\sin^2\theta_{\mathrm{ninci}}\cos 2\varphi_1 & & -0.5\sin^2\theta_{\mathrm{ninci}}\sin 2\varphi_1 \\
1 & & \sin^2\theta_{\mathrm{jinci}} & & -0.5\sin^2\theta_{\mathrm{jinci}}\cos 2\varphi_{\mathrm{kazi}} & & -0.5\sin^2\theta_{\mathrm{jinci}}\sin 2\varphi_{\mathrm{kazi}} & \\
 & \ddots & & \ddots & & \ddots & & \ddots \\
 & 1 & & \sin^2\theta_{\mathrm{jinci}} & & -0.5\sin^2\theta_{\mathrm{jinci}}\cos 2\varphi_{\mathrm{kazi}} & & -0.5\sin^2\theta_{\mathrm{jinci}}\sin 2\varphi_{\mathrm{kazi}} \\
1 & & \sin^2\theta_{\mathrm{ninci}} & & -0.5\sin^2\theta_{\mathrm{ninci}}\cos 2\varphi_{\mathrm{nazi}} & & -0.5\sin^2\theta_{\mathrm{ninci}}\sin 2\varphi_{\mathrm{nazi}} & \\
 & \ddots & & \ddots & & \ddots & & \ddots \\
 & 1 & & \sin^2\theta_{\mathrm{ninci}} & & -0.5\sin^2\theta_{\mathrm{ninci}}\cos 2\varphi_{\mathrm{nazi}} & & -0.5\sin^2\theta_{\mathrm{ninci}}\sin 2\varphi_{\mathrm{nazi}}
\end{bmatrix}
\begin{bmatrix}
A_1\\ \vdots\\ A_{\mathrm{nsamp}}\\ B_1\\ \vdots\\ B_{\mathrm{nsamp}}\\ C_1\\ \vdots\\ C_{\mathrm{nsamp}}\\ D_1\\ \vdots\\ D_{\mathrm{nsamp}}
\end{bmatrix}
\tag{6-23}
$$

式（6–23）可以简记为

$$\boldsymbol{R}=\boldsymbol{G}\boldsymbol{m} \tag{6-24}$$

则最小二乘解是

$$\boldsymbol{m}=(\boldsymbol{G}^{\mathrm{T}}\boldsymbol{G})^{-1}\boldsymbol{G}^{\mathrm{T}}\boldsymbol{R} \tag{6-25}$$

式中 $R_{i,\,j,\,k}$——第 k 个方位角、第 j 个入射角、第 i 个采样点的反射系数；

θ_j——第 j 个入射角，（°）；

φ_k——第 k 个方位角，（°）。

参考上一节的四层模型，入射角分别是 15°、25°、35°，方位角分别是 0°、30°、

60°、90°、120°、150°，单道采样点数150。通过数学计算可知该模型正演算子矩阵 $\boldsymbol{G}$ 的条件数约为13，最小二乘法反演矩阵 $\boldsymbol{G}^{\mathrm{T}}\boldsymbol{G}$ 条件数约为172，反演矩阵条件数较小，可以得到较稳定的解。假设上一节四层模型第三层裂缝介质的裂缝密度是0.10、裂缝纵横比是0.01、信噪比是10，正演Ricker子波主频50Hz并相移30°，时间采样率1ms，正演结果如图6-16所示。

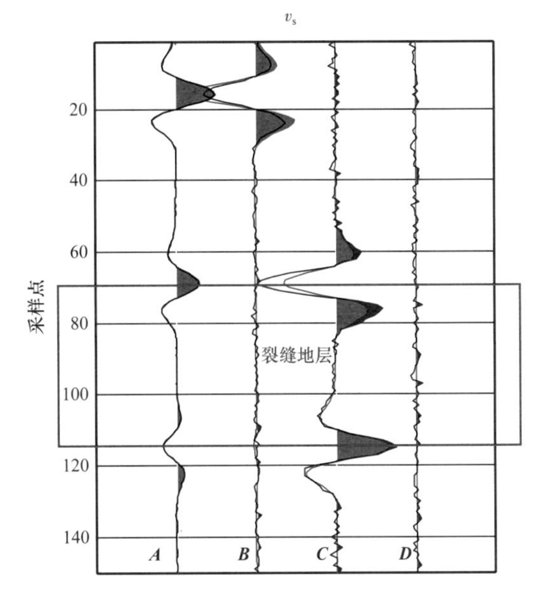

图6-22　未考虑子波反演的 $\boldsymbol{A}$、$\boldsymbol{B}$、$\boldsymbol{C}$、$\boldsymbol{D}$ 与真实解对比

黑色：反演结果；红色：真实解

利用式（6-25）对方位地震道集进行反演，反演结果实际上是地震子波与 $\boldsymbol{A}$、$\boldsymbol{B}$、$\boldsymbol{C}$、$\boldsymbol{D}$ 的褶积，如图6-22所示。其中子波与 $\boldsymbol{A}$ 的褶积表示纯纵波地震数据并且反演结果与实际自激自收地震数据吻合。未考虑子波反演的 $\boldsymbol{B}$、$\boldsymbol{C}$、$\boldsymbol{D}$ 与真实解基本重合，说明反演结果是可靠的。$\boldsymbol{C}$、$\boldsymbol{D}$ 是各向异性梯度的两个分量，由于裂缝走向是90°，因此 $\boldsymbol{C}=\boldsymbol{B}_{\mathrm{ani}}\cos2\varphi_{\mathrm{iso}}$ 等于各向异性梯度，$\boldsymbol{D}=\boldsymbol{B}_{\mathrm{ani}}\cos2\varphi_{\mathrm{iso}}=0$，裂缝地层上下界面处存在各向异性梯度，因此反演的 $\boldsymbol{C}$、$\boldsymbol{D}$ 对指示裂缝地层具有重要的意义。

地震反褶积可以消除子波对 $\boldsymbol{C}$、$\boldsymbol{D}$ 的影响，最小二乘反褶积方程可以写成式（6-26）所示：

$$\left.\begin{aligned}\boldsymbol{C}&=\left(\boldsymbol{W}^{\mathrm{T}}\boldsymbol{W}\right)^{-1}\boldsymbol{W}^{\mathrm{T}}\boldsymbol{C}_{\mathrm{seis}}\\\boldsymbol{D}&=\left(\boldsymbol{W}^{\mathrm{T}}\boldsymbol{W}\right)^{-1}\boldsymbol{W}^{\mathrm{T}}\boldsymbol{D}_{\mathrm{seis}}\end{aligned}\right\}\tag{6-26}$$

其中，$\boldsymbol{C}_{\mathrm{seis}}$ 和 $\boldsymbol{D}_{\mathrm{seis}}$ 分别表示未考虑子波反演的 $\boldsymbol{C}$、$\boldsymbol{D}$，$\boldsymbol{W}$ 表示子波矩阵，$\boldsymbol{W}$ 维数是 $nsamp\times nsamp=150\times150$，$\boldsymbol{W}$ 条件数是 7.1697×10^{13}，最小二乘反演矩阵 $\boldsymbol{W}^{\mathrm{T}}\boldsymbol{W}$ 条件数是 1.6463×10^{13}，由于 $\boldsymbol{W}^{\mathrm{T}}\boldsymbol{W}$ 条件数很大，使得反演结果抗噪性很差。为了得到稳定的 $\boldsymbol{C}$、$\boldsymbol{D}$，需要改善反演矩阵 $\boldsymbol{W}^{\mathrm{T}}\boldsymbol{W}$ 的结构，以降低 $\boldsymbol{W}^{\mathrm{T}}\boldsymbol{W}$ 条件数。可以采用先验约束或者矩阵降维的方法，但是 $\boldsymbol{C}$、$\boldsymbol{D}$ 先验信息一般不太容易获得，因此可以利用最少反射层假设降低子波矩阵 $\boldsymbol{W}$ 的维数，降低反演的不确定性。该模型中反射层位置分别在16、69和115采样点，则降维后的子波矩阵 $\boldsymbol{W}$ 是 150×3 的，降维后反演矩阵 $\boldsymbol{W}^{\mathrm{T}}\boldsymbol{W}$ 的条件数是1.0006，极大地提高了反演方程的稳定性。

最少反射层假设反演结果如图6-23和图6-24所示。其中，图6-23显示模拟退火过程，采用8次回火升温，每次迭代100次，随着迭代次数的增加反演方程能量不断降低逐渐趋向于稳定，同时反射界面位置、子波主频和子波相位也逐渐稳定，说明反演达到了收敛状态。反演过程中假设有 4 个反射界面，反演子波主频范围 30~60Hz，子波相位范围 10°～50°。图 6–24 显示了反演子波和正演子波基本重合，并且反演的方位 ***C***、***D*** 可以指示正确的地层位置。因此最少反射层反演方法可以改善矩阵结构得到稳定的反演结果，实现了子波和各向异性梯度同时反演并且得到了真实地层界面位置和全频的反演结果。

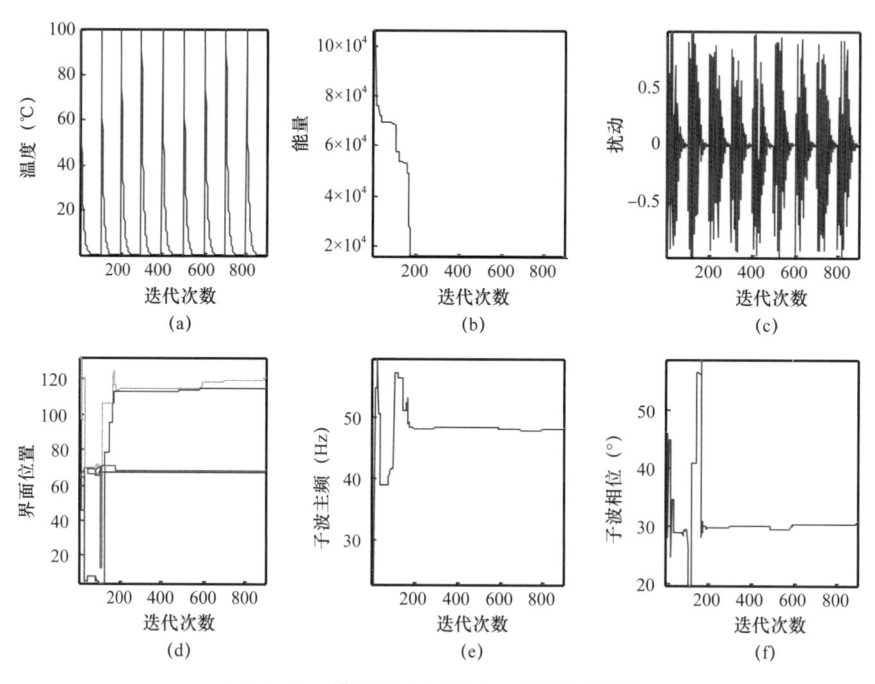

图 6–23　模拟退火过程（8 次回火升温）

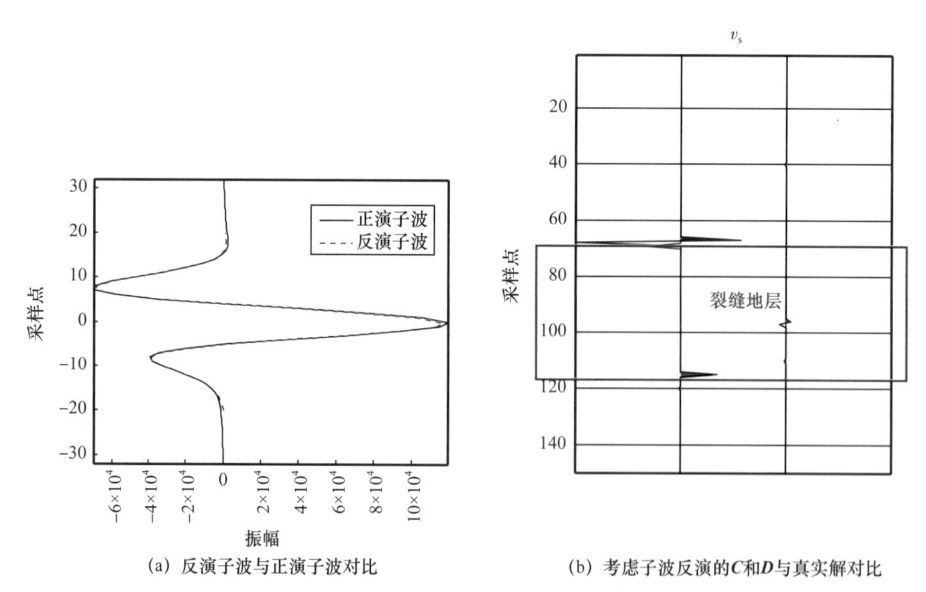

图 6–24　最少反射层假设反演结果

黑色：反演结果；红色：真实解

三、各向异性梯度预测裂缝

各向异性梯度与裂缝密度密切相关，根据前面的研究裂缝密度越大，各向异性梯度也越大。由于各向异性梯度预测裂缝走向存在 90° 不确定性，因此需要结合工区裂缝走向的先验信息判断准确地裂缝走向。

参考上一节的四层三维模型，第一层、第二层和第四层是各向同性介质，第三层是含有近垂直定向分布的裂缝性地层，裂缝地层走向先验信息是 0°～90°。根据稳定各向异性梯度反演方法，对该模型信噪比为 10 的方位地震道集反演纯纵波数据和各向异性梯度记录，并利用最少反射层假设对各向异性梯度记录进行反演，得到子波和各向异性梯度。

图 6-25 显示裂缝地层模型参数和反演结果，从图中可以看出各向异性梯度变化趋势和裂缝密度分布一致并且反演的裂缝走向和实际裂缝走向一致。因此可以利用各向异性梯度预测地层裂缝密度和裂缝走向。

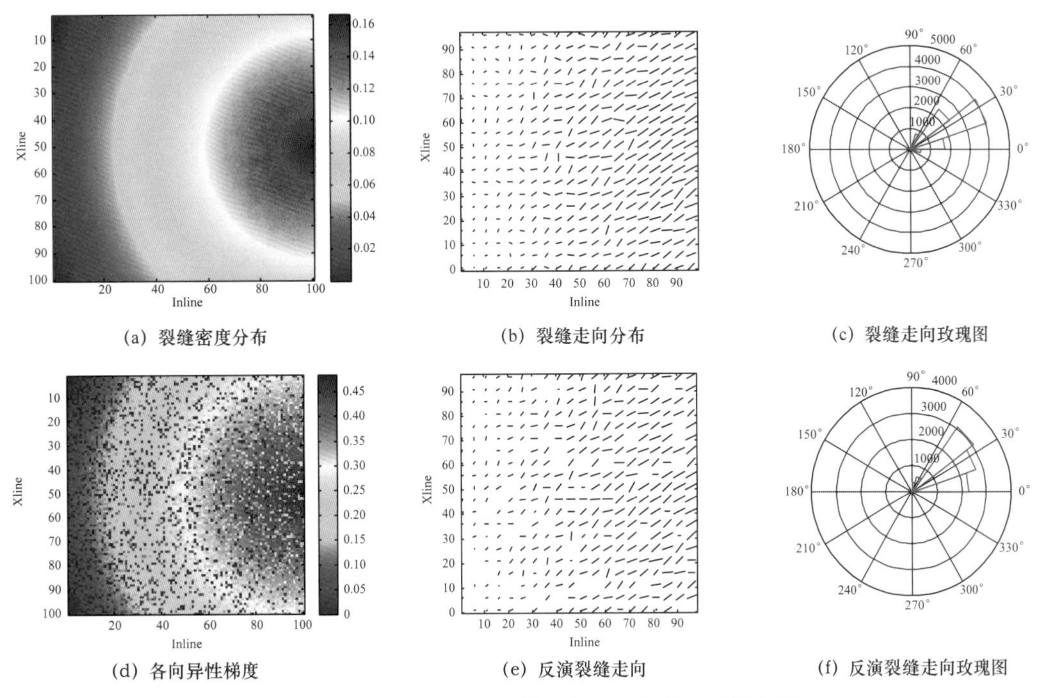

(a) 裂缝密度分布　(b) 裂缝走向分布　(c) 裂缝走向玫瑰图

(d) 各向异性梯度　(e) 反演裂缝走向　(f) 反演裂缝走向玫瑰图

图 6-25　裂缝地层模型参数和各项异性梯度反演结果

图 6-26 显示了与图 6-10 同一个工区的井旁各向异性梯度预测分布图，通过井旁各向异性梯度分布发现，井位置处西侧各向异性梯度也显示高值，说明井点西侧裂缝比较发育。但是井旁方位杨氏模量椭圆率高值分布范围比各向异性梯度高值分布范围大，说明这两种方法预测裂缝储层存在一定的差异性。

利用各向异性梯度预测裂缝地层没有借助椭圆拟合的思想，属于裂缝参数直接反演方法。在直接反演方法中，很多学者做出了很多的研究和贡献，比较有意思的有 Downton 等（2015）根据傅里叶级数形式的反射系数，对裂缝参数展开了非线性反演；

Ma 等（2019）基于此，在信噪比为 2∶1 的情况下实现了裂缝参数的线性反演，得到较为精确的裂缝参数。

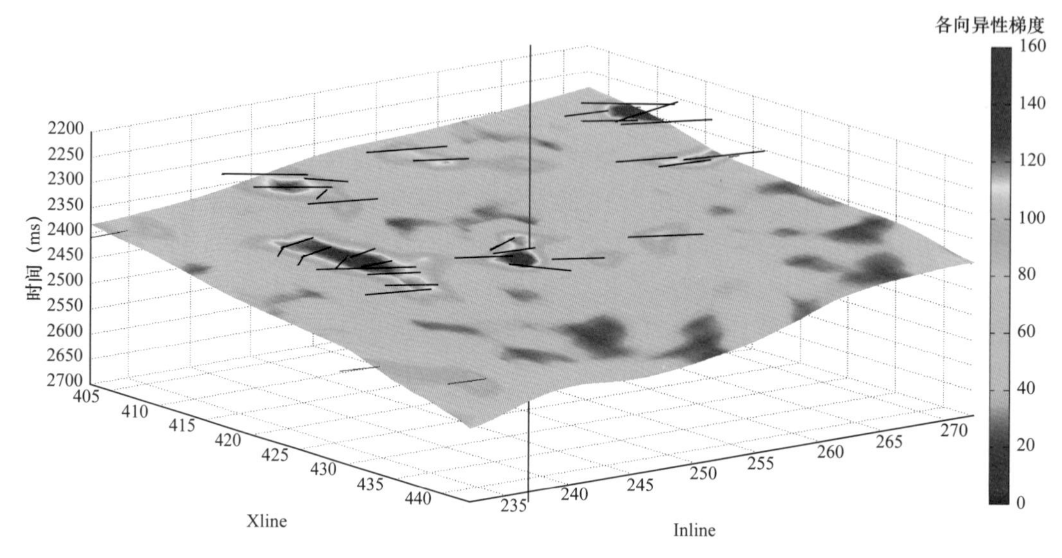

图 6–26　某工区井旁各向异性梯度分布

第四节　裂缝型储层叠前方位地震反演

Bakulin 等（2000）从裂缝岩石物理模型分析出发，分别研究了裂缝中充填不同类型流体（油水充填裂缝及气充填裂缝）时，Schoenberg 线性滑动模型参数和 Thomsen 各向异性参数与裂缝密度和储层弹性参数的关系。

（1）当裂缝中充填气时，Schoenberg 线性滑动模型参数及 HTI 介质 Thomsen 各向异性参数计算式如下：

$$\Delta_{\mathrm{N}}=\frac{4e}{3g\left(1-g\right)} \tag{6-27}$$

$$\Delta_{\mathrm{T}}=\frac{16e}{3\left(3-2g\right)} \tag{6-28}$$

根据 Thomsen 参数和线性滑动模型参数之间的关系，得到裂缝含气情况下，Thomsen 各向异性参数与裂缝密度和岩石弹性参数之间的关系：

$$\varepsilon^{(\mathrm{V})}=-\frac{8}{3}e \tag{6-29}$$

$$\delta^{(\mathrm{V})}=-\frac{8}{3}e\left[1+\frac{g\left(1-2g\right)}{\left(3-2g\right)\left(1-g\right)}\right] \tag{6-30}$$

$$\gamma = \frac{8e}{3(3-2g)} \tag{6-31}$$

（2）当裂缝中充填油水时，假设在裂缝纵横比很小的条件下，Schoenberg 线性滑动模型参数及 HTI 介质 Thomsen 各向异性参数计算式如下：

$$\Delta_N = 0 \tag{6-32}$$

$$\Delta_T = \frac{16e}{3(3-2g)} \tag{6-33}$$

而 Thomsen 各向异性参数的计算公式为

$$\varepsilon^{(V)} = 0 \tag{6-34}$$

$$\delta^{(V)} = -\frac{32ge}{3(3-2g)} \tag{6-35}$$

$$\gamma = \frac{8e}{3(3-2g)} \tag{6-36}$$

式中　e——裂缝密度；

　　　g——裂缝岩石各向同性部分横纵波速度比的平方，即 $g=(\beta/\alpha)^2$。

对比含气裂缝和含油水裂缝中 Schoenberg 裂缝模型参数和 Thomsen 各向异性参数计算公式可以看出，无论裂缝含油水或裂缝含气线性滑动模型参数 Δ_T 和 γ 数值相同，其数值变化与裂缝密度密切相关（图 6-27）。

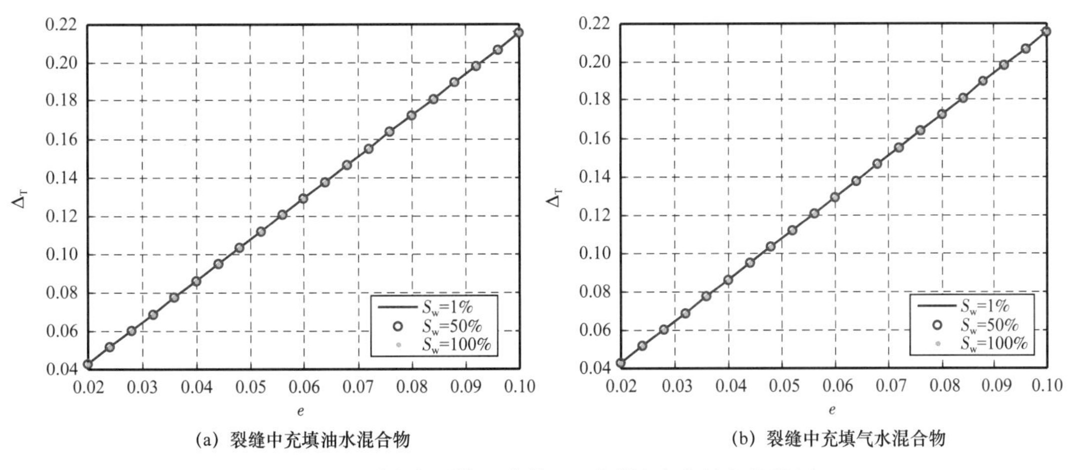

图 6-27　裂缝岩石物理参数 Δ_T 随裂缝密度的变化特征

图 6-27 中蓝线、红圈及绿点代表不同的含水饱和度变化，图 6-27a 为油水充填裂缝 Δ_T 随裂缝密度的变化，图 6-27b 为气水充填裂缝 Δ_T 随裂缝密度的变化。从图中可以看出，无论油水充填裂缝还是气水充填裂缝，Δ_T 不随裂缝中充填物的类型和多少变化，

且 Δ_T 随着裂缝密度的增加而增加。这就说明 Δ_T 与流体类型无关，仅与裂缝密度密切相关。

根据该变化特征，利用地震数据预测出裂缝岩石弹性参数和线性滑动模型参数 Δ_T 之后，即可计算出裂缝密度。利用线性滑动模型岩石物理参数 Δ_T 计算裂缝密度 e 的公式为

$$e=\frac{3\left(3-2g\right)}{16}\Delta_T \tag{6-37}$$

一、面向裂缝型储层反演的反射系数近似公式

从前面的讨论和分析可知，裂缝密度与 Schoenberg 线性滑动模型裂缝岩石物理参数 Δ_N 和 Δ_T 密切相关。因此，通过地震数据预测出裂缝型储层弹性参数和 Schoenberg 裂缝岩石物理模型之后，可以计算裂缝密度 e。

以 Ruger 推导的 HTI 介质反射系数近似公式为基础，研究适用于裂缝型储层弹性参数和各向异性参数（各向异性梯度、裂缝岩石物理参数等）地震反演预测的反射系数近似公式。

（一）面向各向异性梯度反演的反射系数近似公式

已知 Ruger 研究的 HTI 介质反射系数近似公式，当入射角小于 30° 时，舍掉 $\sin^2\theta\tan^2\theta$ 项，得到如下公式：

$$\begin{aligned}R_{PP}\left(\theta,\phi\right)&=R_{PP}^{iso}+R_{PP}^{ani}\\&\approx\frac{1}{2}\frac{\Delta Z}{\overline{Z}}+\frac{1}{2}\left\{\frac{\Delta\alpha}{\overline{\alpha}}-\left(\frac{2\overline{\beta}}{\overline{\alpha}}\right)^2\frac{\Delta G}{\overline{G}}+\left[\Delta\delta^{(V)}+2\left(\frac{2\overline{\beta}}{\overline{\alpha}}\right)^2\Delta\gamma\right]\cos^2\phi\right\}\sin^2\theta\end{aligned} \tag{6-38}$$

选取能够适用于纵波阻抗和横波阻抗参数反演的裂缝型储层反射系数各向同性部分（R_{PP}^{iso}）Fatti 近似公式：

$$R_{PP}^{iso}=\frac{1}{2}\sec^2\theta\frac{\Delta I_P}{\overline{I_P}}-4g\sin^2\theta\frac{\Delta I_S}{\overline{I_S}}-\left(\frac{1}{2}\tan^2\theta-2g\sin^2\theta\right)\frac{\Delta\rho}{\overline{\rho}} \tag{6-39}$$

对 Fatti 近似式进一步化简，由于该公式中密度项变化对反射系数的影响较小，反演过程中不容易得到较为准确的密度反演结果，因此在实际裂缝型储层反演过程中，采取了不进行密度反射系数的反演，即舍掉 Fatti 近似公式中第三项密度反射系数，仅直接反演储层的纵横波阻抗的策略。舍掉密度反射系数项后，裂缝储层各向同性部分反射系数变为

$$R_{PP}^{iso}=\frac{1}{2}\sec^2\theta\frac{\Delta I_P}{\overline{I_P}}-4g\sin^2\theta\frac{\Delta I_S}{\overline{I_S}} \tag{6-40}$$

裂缝储层整体反射系数近似公式如式（6-41）所示：

$$R_{\mathrm{PP}}(\theta,\phi)=\frac{1}{2}\sec^2\theta\frac{\Delta I_{\mathrm{P}}}{\overline{I}_{\mathrm{P}}}-4g\sin^2\theta\frac{\Delta I_{\mathrm{S}}}{\overline{I}_{\mathrm{S}}}+\Delta\Gamma\cos^2\phi\sin^2\theta \tag{6-41}$$

其中，$\Delta\Gamma$ 为各向异性梯度项，即

$$\Delta\Gamma=\frac{1}{2}\left[\Delta\delta^{(\mathrm{V})}+2\left(\frac{2\overline{\beta}}{\overline{\alpha}}\right)^2\Delta\gamma\right] \tag{6-42}$$

式（6–41）是利用方位叠前地震数据估测裂缝型储层纵波阻抗、横波阻抗及各向异性梯度的基础。

（二）面向裂缝岩石物理参数估测的反射系数近似公式

根据 Schoenberg 线性滑动模型和 Hudson 薄币状裂隙模型的关系，得到 Thomsen 参数 $\delta^{(\mathrm{V})}$ 和 γ 与线性滑动模型裂缝岩石物理参数 Δ_{N} 和 Δ_{T} 之间的关系：

$$\varepsilon^{(\mathrm{V})}=-2g(1-g)\Delta_{\mathrm{N}} \tag{6-43}$$

$$\delta^{(\mathrm{V})}=-2g\left[(1-2g)\Delta_{\mathrm{N}}+\Delta_{\mathrm{T}}\right] \tag{6-44}$$

$$\gamma=\frac{\Delta_{\mathrm{T}}}{2} \tag{6-45}$$

将其代入式（6–41）得

$$\begin{aligned}R_{\mathrm{PP}}(\theta,\phi)&=R_{\mathrm{PP}}^{\mathrm{iso}}(\theta)+R_{\mathrm{PP}}^{\mathrm{ani}}(\phi,\theta)\\&=\sec^2\theta R_{\mathrm{P}}-8g\sin^2\theta R_{\mathrm{S}}-\left(g\cos^2\phi\sin^2\theta\right)(1-2g)R_{\Delta_{\mathrm{N}}}+\left(g\cos^2\phi\sin^2\theta\right)R_{\Delta_{\mathrm{T}}}\end{aligned} \tag{6-46}$$

其中

$$R_{\mathrm{P}}=\frac{I_{\mathrm{P2}}-I_{\mathrm{P1}}}{I_{\mathrm{P2}}+I_{\mathrm{P1}}}=\frac{1}{2}\frac{\Delta I_{\mathrm{P}}}{\overline{I}_{\mathrm{P}}},\quad R_{\mathrm{S}}=\frac{I_{\mathrm{S2}}-I_{\mathrm{S1}}}{I_{\mathrm{S2}}+I_{\mathrm{S1}}}=\frac{1}{2}\frac{\Delta I_{\mathrm{S}}}{\overline{I}_{\mathrm{S}}},\quad R_{\Delta_{\mathrm{N}}}=\Delta_{\mathrm{N2}}-\Delta_{\mathrm{N1}},\quad R_{\Delta_{\mathrm{T}}}=\Delta_{\mathrm{T2}}-\Delta_{\mathrm{T1}}$$

式中　I_{P1} 和 I_{P2}——上下两层的纵波阻抗，（$\mathrm{kg/m^3}$）·（m/s）；

I_{S1} 和 I_{S1}——上下两层的横波阻抗，（$\mathrm{kg/m^3}$）·（m/s）；

Δ_{N1} 和 Δ_{N2}——裂缝岩石上下两层的垂直于裂缝面方向的岩石物理参数；

Δ_{T1} 和 Δ_{T2}——裂缝岩石上下两层的平行于裂缝面方向的岩石物理参数。

根据 Ruger 公式推导的假设条件：上下两层弹性参数的变化不大，且上层为均匀各向同性弹性介质，则 $\Delta_{\mathrm{N1}}=0$，$\Delta_{\mathrm{T1}}=0$，并且 $R_{\Delta_{\mathrm{N}}}=\Delta_{\mathrm{N}}$，$R_{\Delta_{\mathrm{T}}}=\Delta_{\mathrm{T}}$。式（6–46）改写为

$$R_{\mathrm{PP}}(\theta,\phi)=\sec^2\theta R_{\mathrm{P}}-8g\sin^2\theta R_{\mathrm{S}}-\left(g\cos^2\phi\sin^2\theta\right)(1-2g)\Delta_{\mathrm{N}}+\left(g\cos^2\phi\sin^2\theta\right)\Delta_{\mathrm{T}} \tag{6-47}$$

式（6–47）是裂缝型储层后续弹性参数和裂缝岩石物理参数反演的基础，利用式（6–47）可以直接反演裂缝储层的纵横波阻抗反射系数 R_{P} 和 R_{S} 以及 Schoenberg 线性滑动模型 Δ_{N} 和 Δ_{T}。

二、裂缝型储层方位叠前地震反演方法

当前地震反演是有效预测储层弹性参数（纵横波速度、密度、拉梅常数、弹性模量等）和储层参数（孔隙度、泥质含量、含水饱和度等）的重要手段。根据采用地震数据类型的不同可将反演方法分为：叠后反演和叠前反演。当前叠前地震反演主要是利用地震波振幅随入射角变化的特征进行储层弹性参数反演，即 AVO 反演。研究发现，裂缝型储层中地震波反射振幅不仅随入射角变化而且随方位角的不同而不同，因此在裂缝型储层地震反演时，可利用地震波随入射角和方位角的变化特征预测裂缝型储层的弹性参数，即 AVAZ 反演。叠后地震反演优于叠前地震反演在于叠后地震资料具有较高的信噪比，反演结果更为准确，然而叠后反演仅能得到波阻抗资料，对储层描述具有一定的局限性。为了充分利用叠前地震资料中蕴藏的丰富的振幅信息，而且保持较高的地震资料信噪比，目前广为应用的地震反演手段为弹性阻抗反演方法。接下来主要研究适用于裂缝型储层的弹性阻抗反演方法和 AVAZ 反演方法，预测裂缝型储层的弹性参数及裂缝岩石物理参数，为前述裂缝型储层的重要敏感参数预测奠定基础。

（一）基于方位各向异性弹性阻抗的裂缝储层反演

类比于各向同性介质中的弹性阻抗反演方法，开展适用于裂缝型储层的弹性阻抗地震反演方法。已知裂缝型储层地震波反射系数随入射角和方位角共同变化，因此裂缝介质中的弹性阻抗公式不仅与入射角有关，也应该随方位角的不同而不同，故称之为方位各向异性弹性阻抗。以式（6-46）和式（6-47）为基础，推导适用于裂缝型储层方位各向异性弹性阻抗反演的公式，为地下裂缝的地震反演预测提供理论基础。

利用弹性阻抗计算反射系数的公式为

$$R_{\mathrm{PP}} \approx \frac{\mathrm{EI}_{n+1}-\mathrm{EI}_{n}}{\mathrm{EI}_{n+1}+\mathrm{EI}_{n}} \approx \frac{1}{2}\frac{\Delta \mathrm{EI}}{\overline{\mathrm{EI}}} \tag{6-48}$$

对于裂缝型储层来说，由于其方位各向异性特征，$R_{\mathrm{PP}}=R_{\mathrm{PP}}(\theta,\ \phi)$，$\mathrm{EI}=\mathrm{EI}(\theta,\ \phi)$。

$$R_{\mathrm{PP}}(\theta,\phi) \approx \frac{1}{2}\frac{\Delta \mathrm{EI}(\theta,\phi)}{\overline{\mathrm{EI}(\theta,\phi)}} \approx R_{\mathrm{PP}}(\theta,\phi)=\frac{1}{2}\sec^2\theta\frac{\Delta I_{\mathrm{P}}}{\overline{I_{\mathrm{P}}}}-4g\sin^2\theta\frac{\Delta I_{\mathrm{S}}}{\overline{I_{\mathrm{S}}}}+R_{\mathrm{PP}}^{\mathrm{ani}}(\theta,\phi) \tag{6-49}$$

不同弹性参数的相对反射系数$\frac{\Delta I_{\mathrm{P}}}{\overline{I_{\mathrm{P}}}}$、$\frac{\Delta I_{\mathrm{S}}}{\overline{I_{\mathrm{S}}}}$以及$\frac{\Delta \mathrm{EI}}{\overline{\mathrm{EI}}}$可以用对数形式来等效：

$$\Delta \ln\left(\frac{x}{x_0}\right)=\frac{\Delta x}{\overline{x}} \tag{6-50}$$

若储层上下两层具有较好的连续性且反射界面两侧的弹性差异较小，式（6-50）两侧的差值可以用微分导数形式表示，且两侧的弹性参数均值也可进行退化成单层弹性参数值。即

$$\Delta \ln\left(\frac{x}{x_0}\right) \to \mathrm{d}\ln\left(\frac{x}{x_0}\right) \tag{6-51}$$

根据上述假设，式（6–49）可以进行变化，如下式：

$$\mathrm{d}\ln\left(\frac{\mathrm{EI}}{\mathrm{EI}_0}\right) = \sec^2\theta \mathrm{d}\ln\left(\frac{I_{\mathrm{P}}}{I_{\mathrm{P0}}}\right) - 8g\sin^2\theta \mathrm{d}\ln\left(\frac{I_{\mathrm{S}}}{I_{\mathrm{S0}}}\right) + 2\mathrm{d}R_{\mathrm{PP}}^{\mathrm{ani}}(\theta,\phi) \tag{6-52}$$

对式（6–52）两侧取积分得

$$\int \mathrm{d}\ln\left(\frac{\mathrm{EI}}{\mathrm{EI}_0}\right) = \sec^2\theta \int \mathrm{d}\ln\left(\frac{I_{\mathrm{P}}}{I_{\mathrm{P0}}}\right) - 8g\sin^2\theta \int \mathrm{d}\ln\left(\frac{I_{\mathrm{S}}}{I_{\mathrm{S0}}}\right) + 2\int \mathrm{d}R_{\mathrm{PP}}^{\mathrm{ani}}(\theta,\phi) \tag{6-53}$$

根据弱各向异性近似理论，结合式（6–53）分析，同样可以将裂缝型储层的方位各向异性弹性阻抗分解为两个部分：各向同性弹性阻抗背景部分以及各向异性弹性阻抗扰动部分，但是两个部分是相乘关系，即

$$\mathrm{EI}(\theta,\phi) = \mathrm{EI}^{\mathrm{iso}}(\theta)\Delta\mathrm{EI}^{\mathrm{ani}}(\theta,\phi) \tag{6-54}$$

其中，$\mathrm{EI}^{\mathrm{iso}}(\theta) = I_{\mathrm{P0}}\left(\frac{I_{\mathrm{P}}}{I_{\mathrm{P0}}}\right)^{a(\theta)}\left(\frac{I_{\mathrm{S}}}{I_{\mathrm{S0}}}\right)^{b(\theta)}$ 为各向同性背景部分，$\Delta\mathrm{EI}^{\mathrm{ani}}(\theta,\phi)=\exp[c(\theta,\phi)\Delta_{\mathrm{N}}+d(\theta,\phi)\Delta_{\mathrm{T}}]$ 为各向异性扰动部分；$a(\theta)=\sec^2\theta$，$b(\theta)=-8g\sin^2\theta$，$c(\theta,\phi)=-2(g\cos^2\phi\sin^2\theta)(1-2g)$，$d(\theta,\phi)=2(g\cos^2, \phi\sin^2\theta)$，exp［　］代表指数函数。

若开展裂缝型储层各向异性梯度参数的方位各向异性弹性阻抗反演，只需将 HTI 介质反射系数近似公式中的各向异性扰动项描述为含各向异性梯度的反射系数近似式，重新进行含各向异性梯度的方位弹性阻抗公式的推导，即

$$\mathrm{EI}(\theta,\phi) = I_{\mathrm{P0}}\left(\frac{I_{\mathrm{P}}}{I_{\mathrm{P0}}}\right)^{a(\theta)}\left(\frac{I_{\mathrm{S}}}{I_{\mathrm{S0}}}\right)^{b(\theta)}\exp\left[\cos^2\phi\sin^2\theta\Gamma\right] \tag{6-55}$$

式（6–54）和式（6–55）是后续利用方位各向异性弹性阻抗提取裂缝型储层纵波阻抗 I_{P}、横波阻抗 I_{S}、各向异性梯度项 Γ 及裂缝岩石物理参数（Δ_{N} 和 Δ_{T}）的基础。在实际反演过程中，公式选取的一般标准为：除反演目标参数的要求外，需考虑已有方位角的个数，尽可能提高未知参数估测的精度。

与叠后波阻抗地震反演相似，方位各向异性弹性阻抗反演需要利用不同方位角的不同入射角的地震叠后道集，结合不同方位提取的地震子波，得到不同的方位各向异性弹性阻抗。当反演得到方位各向异性弹性阻抗之后，裂缝型储层弹性参数和各向异性指示参数（各向异性梯度项 Γ 及 Schoenberg 裂缝岩石物理参数 Δ_{N} 和 Δ_{T}）的提取方法为：分析方位各向异性弹性阻抗的计算公式可以看出，裂缝型储层弹性参数和各向异性指示参数与方位各向异性弹性阻抗之间存在非线性指数关系，因此为了将其线性化，需对方位各向异性弹性阻抗两端取对数。

$$\ln\left[\frac{\mathrm{EI}(\theta,\phi)}{\mathrm{EI}_0}\right]=a(\theta)\ln\left(\frac{I_\mathrm{P}}{I_{\mathrm{P0}}}\right)+b(\theta)\ln\left(\frac{I_\mathrm{S}}{I_{\mathrm{S0}}}\right)+c(\theta,\phi)\Delta_\mathrm{N}+d(\theta,\phi)\Delta_\mathrm{T} \quad (6\text{-}56)$$

从式（6–56）可以看出，如果想通过方位各向异性弹性阻抗提取纵横波阻抗及裂缝岩石物理参数，需要至少 4 个方位的地震道集，不同入射角和方位角的弹性阻抗对数方程组如下：

$$\left.\begin{aligned}
\ln\left[\frac{\mathrm{EI}(\theta_1,\phi_1)}{\mathrm{EI}_0}\right]&=a(\theta_1)\ln\left(\frac{I_\mathrm{P}}{I_{\mathrm{P0}}}\right)+b(\theta_1)\ln\left(\frac{I_\mathrm{S}}{I_{\mathrm{S0}}}\right)+c(\theta_1,\phi_1)\Delta_\mathrm{N}+d(\theta_1,\phi_1)\Delta_\mathrm{T}\\
\ln\left[\frac{\mathrm{EI}(\theta_2,\phi_2)}{\mathrm{EI}_0}\right]&=a(\theta_2)\ln\left(\frac{I_\mathrm{P}}{I_{\mathrm{P0}}}\right)+b(\theta_2)\ln\left(\frac{I_\mathrm{S}}{I_{\mathrm{S0}}}\right)+c(\theta_2,\phi_2)\Delta_\mathrm{N}+d(\theta_2,\phi_2)\Delta_\mathrm{T}\\
\ln\left[\frac{\mathrm{EI}(\theta_3,\phi_3)}{\mathrm{EI}_0}\right]&=a(\theta_3)\ln\left(\frac{I_\mathrm{P}}{I_{\mathrm{P0}}}\right)+b(\theta_3)\ln\left(\frac{I_\mathrm{S}}{I_{\mathrm{S0}}}\right)+c(\theta_3,\phi_3)\Delta_\mathrm{N}+d(\theta_3,\phi_3)\Delta_\mathrm{T}\\
\ln\left[\frac{\mathrm{EI}(\theta_4,\phi_4)}{\mathrm{EI}_0}\right]&=a(\theta_4)\ln\left(\frac{I_\mathrm{P}}{I_{\mathrm{P0}}}\right)+b(\theta_4)\ln\left(\frac{I_\mathrm{S}}{I_{\mathrm{S0}}}\right)+c(\theta_4,\phi_4)\Delta_\mathrm{N}+d(\theta_4,\phi_4)\Delta_\mathrm{T}
\end{aligned}\right\} \quad (6\text{-}57)$$

为了求解未知数 I_P、I_S、Δ_N 及 Δ_T，将式（6–57）写为

$$\boldsymbol{d}=\boldsymbol{GX} \quad (6\text{-}58)$$

其中，$\boldsymbol{d}=\begin{bmatrix}\ln\left[\frac{\mathrm{EI}(\theta_1,\phi_1)}{\mathrm{EI}_0}\right]\\ \ln\left[\frac{\mathrm{EI}(\theta_2,\phi_2)}{\mathrm{EI}_0}\right]\\ \ln\left[\frac{\mathrm{EI}(\theta_3,\phi_3)}{\mathrm{EI}_0}\right]\\ \ln\left[\frac{\mathrm{EI}(\theta_4,\phi_4)}{\mathrm{EI}_0}\right]\end{bmatrix}$，$\boldsymbol{G}=\begin{bmatrix}a(\theta_1) & b(\theta_1) & c(\theta_1,\phi_1) & d(\theta_1,\phi_1)\\ a(\theta_2) & b(\theta_2) & c(\theta_2,\phi_2) & d(\theta_2,\phi_2)\\ a(\theta_3) & b(\theta_3) & c(\theta_3,\phi_3) & d(\theta_3,\phi_3)\\ a(\theta_4) & b(\theta_4) & c(\theta_4,\phi_4) & d(\theta_4,\phi_4)\end{bmatrix}$，$\boldsymbol{X}=\begin{bmatrix}\ln\left(\frac{I_\mathrm{P}}{I_{\mathrm{P0}}}\right)\\ \ln\left(\frac{I_\mathrm{S}}{I_{\mathrm{S0}}}\right)\\ \Delta_\mathrm{N}\\ \Delta_\mathrm{T}\end{bmatrix}$

对于式（6–58）中目标参数的求解，目前存在多种反演方法。本书利用马奎特（Marquardt）方法，或称为阻尼最小二乘方法（Damped least squares method）。未知数的求解公式为

$$\boldsymbol{X}=\left[\boldsymbol{G}^\mathrm{T}\boldsymbol{G}+\sigma\boldsymbol{I}\right]^{-1}\boldsymbol{G}^\mathrm{T}\boldsymbol{d} \quad (6\text{-}59)$$

其中，$\boldsymbol{G}^\mathrm{T}$ 为矩阵 $\boldsymbol{G}$ 的转置；$\boldsymbol{I}$ 为单位矩阵；σ 为阻尼因子或加权因子，阻尼因子的选取与参数反演值的精度密切相关，在实际反演过程中，需要选取合适的阻尼因子值，并在迭代求解过程中不断调整阻尼因子数值。关于阻尼因子的选取主要靠实验方法，如果地震中不含噪声，且反演问题非欠定问题时，阻尼因子可以取零值。

已知目标工区的地质和测井信息，可以作为未知数的先验信息加入模型的反演中，考虑先验信息约束的反演方法称为基于模型先验约束的阻尼最小二乘反演方法。

$$\boldsymbol{X}=\boldsymbol{X}_{\text{mod}}+\left[\boldsymbol{G}^{\mathrm{T}}\boldsymbol{G}+\sigma\boldsymbol{I}\right]^{-1}\boldsymbol{G}^{\mathrm{T}}\left(\boldsymbol{d}-\boldsymbol{G}\boldsymbol{X}_{\text{mod}}\right) \tag{6-60}$$

其中，$\boldsymbol{X}_{\text{mod}}$为待反演参数纵横波阻抗和裂缝岩石物理参数的测井先验信息。通常，裂缝岩石物理参数从常规测井数据中无法获得，此时需要依赖裂缝型储层岩石物理模型的构建，通过岩石物理建模及分析，弥补测井横波速度及裂缝岩石物理参数先验信息的缺失。结合上述研究和推理分析，提出基于方位各向异性弹性阻抗提取弹性参数和裂缝岩石物理参数的流程示意图（图 6–28）。从图 6–28 中可以看出，反演流程主要分为以下几个部分：

（1）对已有方位的叠前地震数据分别做角度叠加，得到大、中、小入射角度道集；

（2）提取相应的地震子波（不同方位的大、中、小角度子波）；

（3）以测井数据和岩石物理模型估测结果计算测井曲线的弹性阻抗，将其作为方位各向异性弹性阻抗反演的初始模型约束；

（4）分别对角度叠加道集做波阻抗反演，得到不同方位、不同入射角的弹性阻抗数据体，并对弹性阻抗数据体取对数；

（5）基于测井和岩石物理计算结果约束的弹性参数和裂缝岩石物理参数反演。

如果需要反演裂缝型储层的各向异性梯度，只需将式（6–56）进行改写，表示为纵横波阻抗及各向异性梯度项的形式，即

$$\ln\left[\frac{\mathrm{EI}(\theta,\phi)}{\mathrm{EI}_0}\right]=a(\theta)\ln\left(\frac{I_{\mathrm{P}}}{I_{\mathrm{P0}}}\right)+b(\theta)\ln\left(\frac{I_{\mathrm{S}}}{I_{\mathrm{S0}}}\right)+e(\theta,\phi)\Gamma \tag{6-61}$$

其中，$e(\theta,\phi)=\cos^2\phi\sin^2\theta$。

已知方程中有三个未知数，通常需要三个方位即可对未知数较好地估计。

$$\left.\begin{aligned}
\ln\left[\frac{\mathrm{EI}(\theta_1,\phi_1)}{\mathrm{EI}_0}\right]&=a(\theta_1)\ln\left(\frac{I_{\mathrm{P}}}{I_{\mathrm{P0}}}\right)+b(\theta_1)\ln\left(\frac{I_{\mathrm{S}}}{I_{\mathrm{S0}}}\right)+e(\theta_1,\phi_1)\Gamma\\
\ln\left[\frac{\mathrm{EI}(\theta_2,\phi_2)}{\mathrm{EI}_0}\right]&=a(\theta_2)\ln\left(\frac{I_{\mathrm{P}}}{I_{\mathrm{P0}}}\right)+b(\theta_2)\ln\left(\frac{I_{\mathrm{S}}}{I_{\mathrm{S0}}}\right)+e(\theta_2,\phi_2)\Gamma\\
\ln\left[\frac{\mathrm{EI}(\theta_3,\phi_3)}{\mathrm{EI}_0}\right]&=a(\theta_3)\ln\left(\frac{I_{\mathrm{P}}}{I_{\mathrm{P0}}}\right)+b(\theta_3)\ln\left(\frac{I_{\mathrm{S}}}{I_{\mathrm{S0}}}\right)+e(\theta_3,\phi_3)\Gamma
\end{aligned}\right\} \tag{6-62}$$

对式（6–62）中未知数纵波阻抗 I_{P}、横波阻抗 I_{S} 及各向异性梯度项 Γ 的求解，同样需要采用基于未知数初始约束的最小二乘阻尼方法。此时的先验信息不仅包括测井数据及裂缝岩石物理模型的计算结果，而且通过 AVAZ 特征分析提取的各向异性梯度也是非常重要且有效的反演约束。

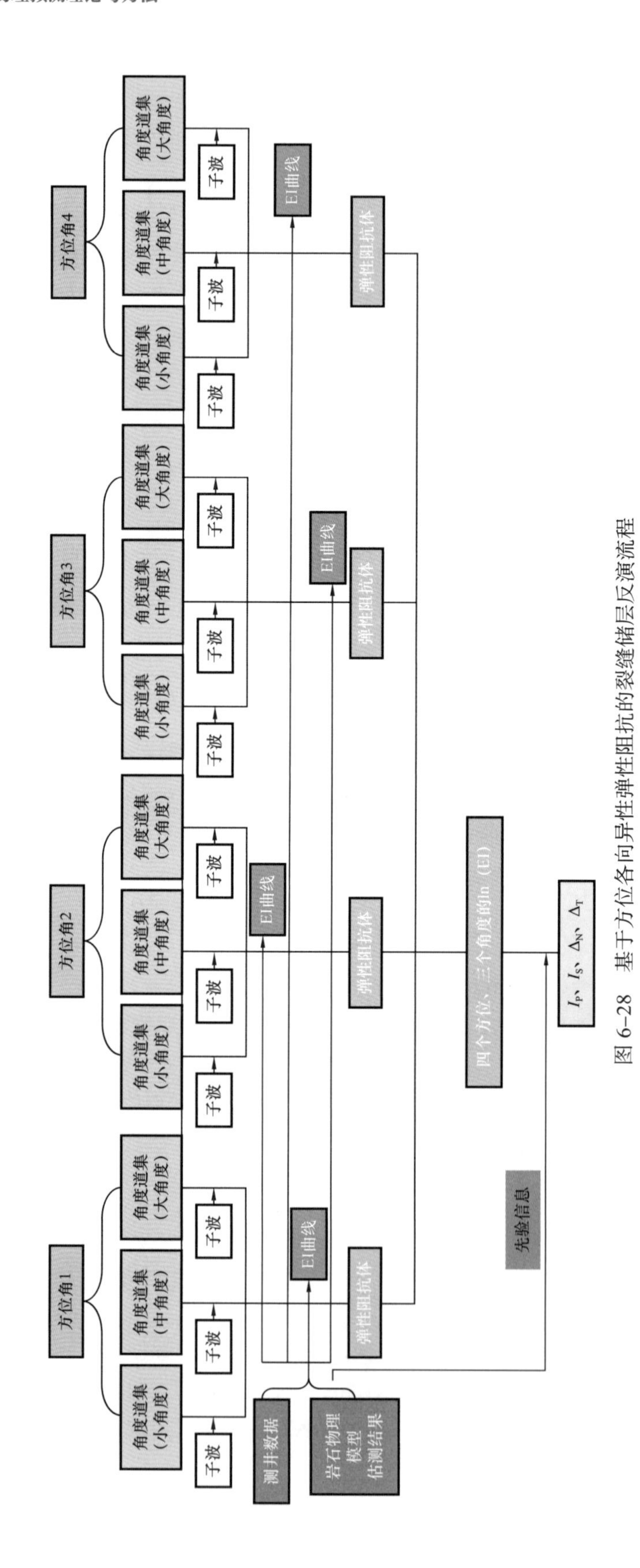

图 6-28　基于方位各向异性弹性阻抗的裂缝储层反演流程

利用我国西部某裂缝型页岩储层工区的 A 井进行基于方位弹性阻抗的裂缝储层弹性参数和各向异性梯度项提取方法试算研究（图 6-29）。

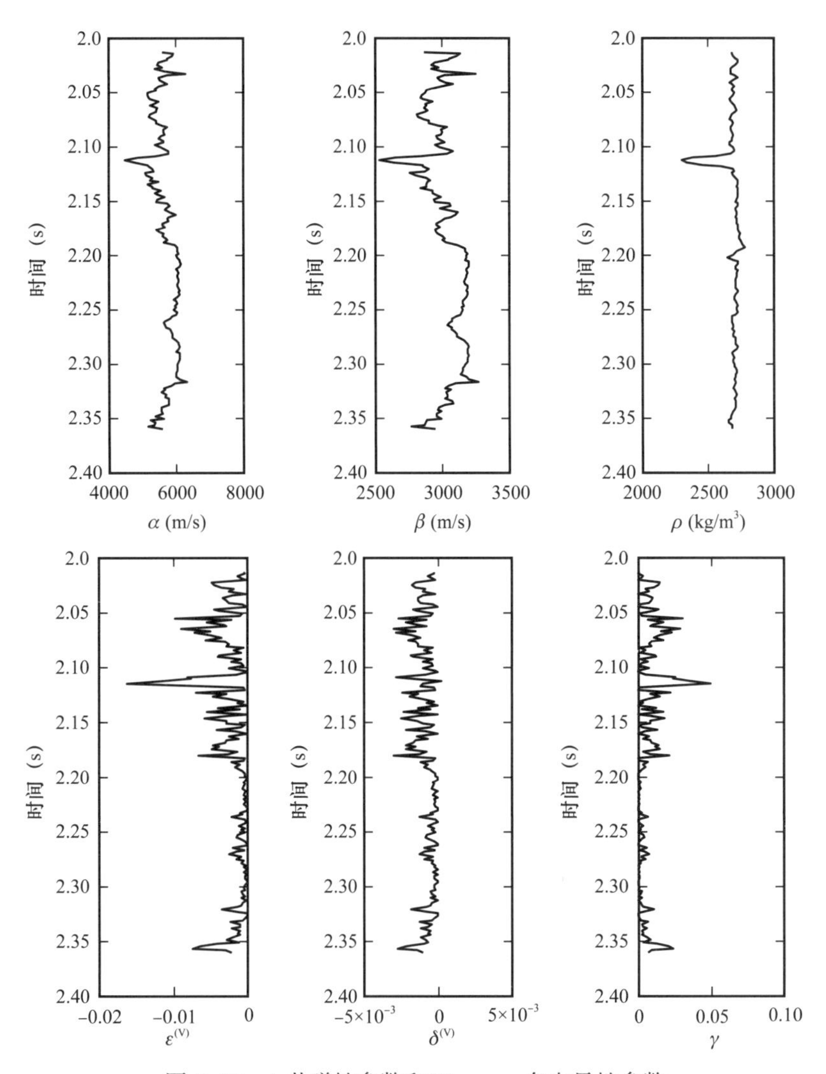

图 6-29　A 井弹性参数和 Thomsen 各向异性参数

图 6-30 和图 6-31 为基于方位各向异性弹性阻抗的反演结果（红色）与测井模型数据真实值（蓝色）的对比。从图中可以看出，即使利用添加信噪比为 1 随机噪声的合成地震道集进行反演得到的弹性参数和各向异性梯度项反演值与测井真实值之间依然吻合较好，说明该方法具有较好的抗噪性。

图 6-31 中绿线标注范围内各向异性梯度值变化剧烈，通过分析各向异性梯度值的变化特征，且与成像测井（FMI）数据解释所得的裂缝密度对比可知该处裂缝较为发育（图 6-32）。

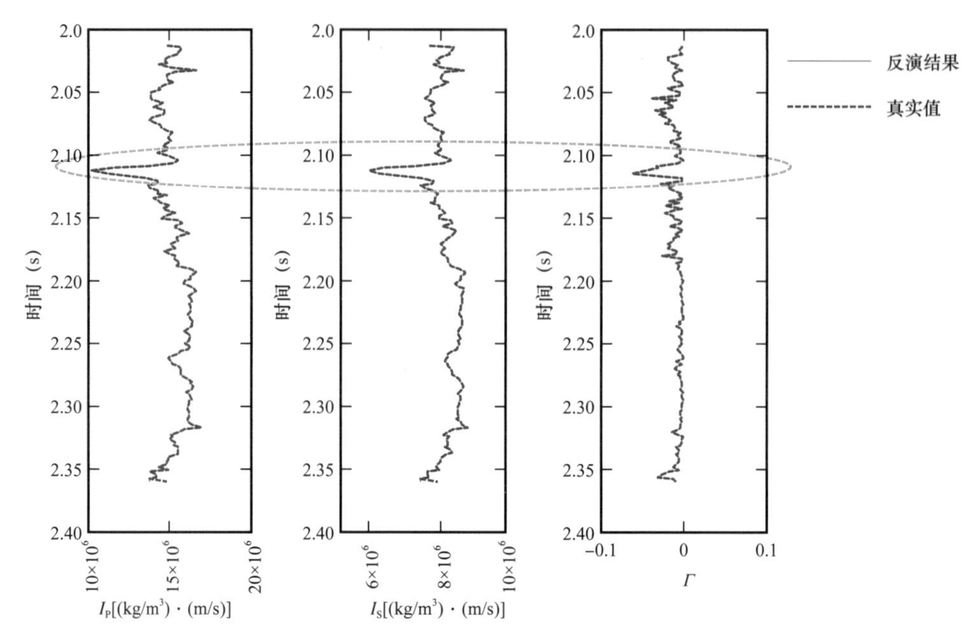

图 6-30　不含随机噪声的反演结果与真实值对比

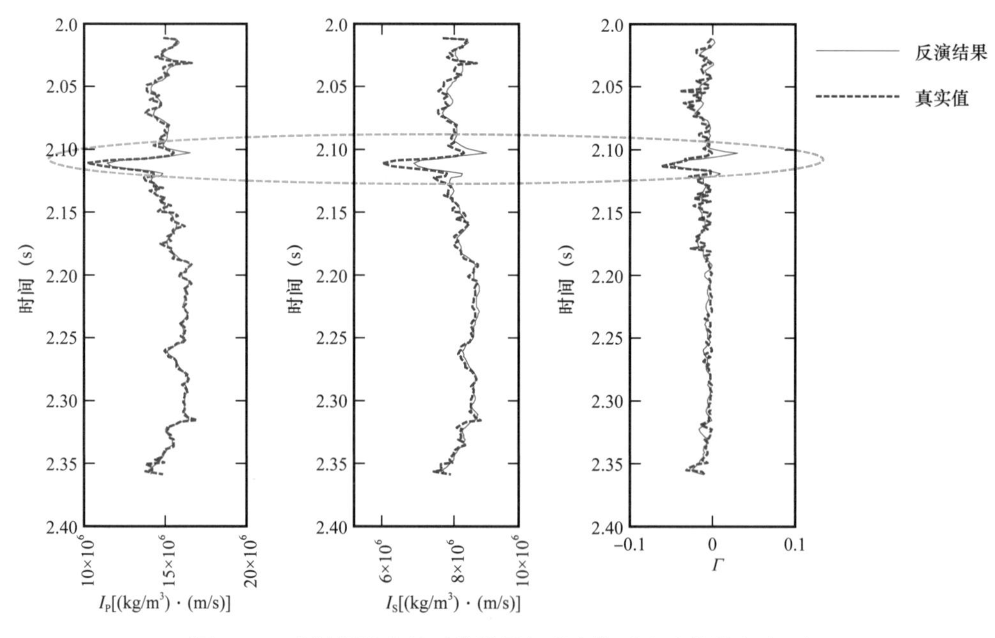

图 6-31　含随机噪声的反演结果与真实值对比（信噪比为 1）

利用某实际裂缝型储层工区方位地震数据开展方位弹性阻抗研究，反演得到不同方位的大中小角度弹性阻抗，进而提取裂缝型储层的纵横波阻抗（I_P 和 I_S）和裂缝岩石物理参数（Δ_N 和 Δ_T）。

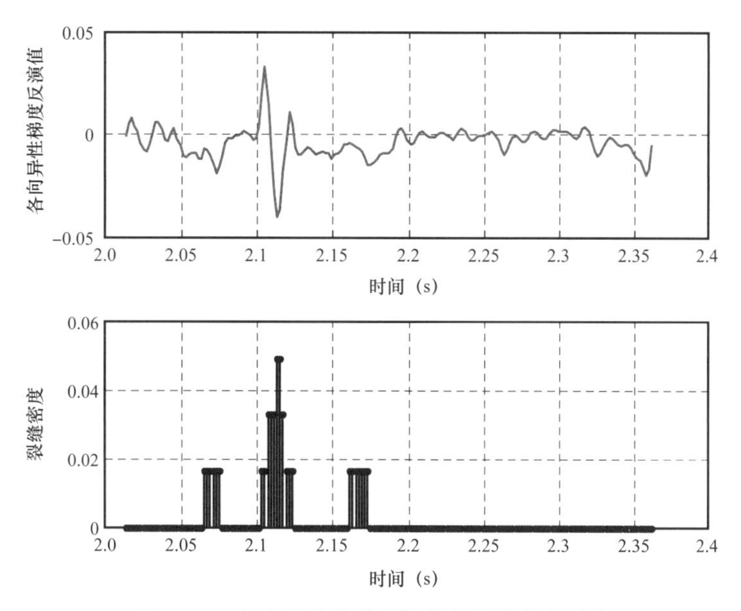

图 6-32 各向异性梯度反演值与裂缝密度对比

图 6-33a 和图 6-33b 为从方位各向异性弹性阻抗中提取的纵、横波阻抗结果，图 6-33c 和图 6-33d 为提取的 Schoenberg 模型裂缝岩石物理参数。同时，各图中分别添加了对应的测井曲线，与地震反演结果进行比照。

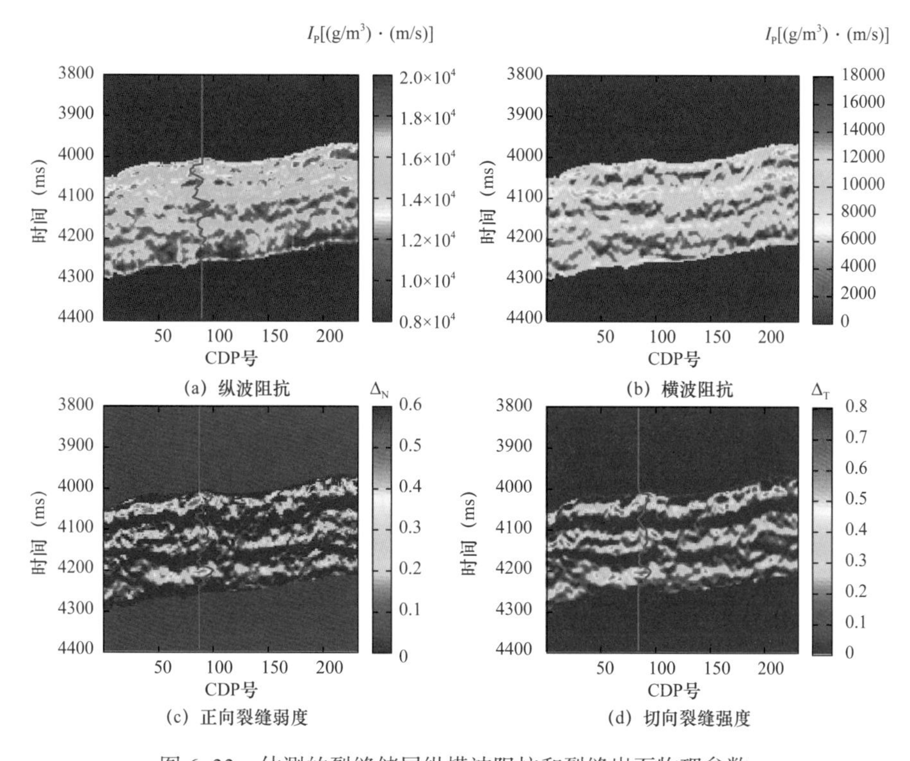

图 6-33 估测的裂缝储层纵横波阻抗和裂缝岩石物理参数

从图 6-33 可以看出，利用方位各向异性弹性阻抗提取的纵横波阻抗和裂缝岩石物理参数结果与测井数值之间的吻合较好，变化趋势保持一致。同时，储层中裂缝发育位置的纵波阻抗和横波阻抗，无论是反演剖面还是测井数据曲线值都呈现低值特征，而且估测的裂缝岩石物理参数值在裂缝发育位置展现出高值特征。因此，在实际反演得到纵横波阻抗和裂缝岩石物理参数后，需要结合测井曲线及岩石物理分析结果，圈定纵横波阻抗数值降低且裂缝岩石物理参数值升高的区域为裂缝发育区域。

（二）裂缝储层地震 AVAZ 反演方法

已知前面推导的两种分别面向各向异性梯度项反演和面向裂缝岩石物理参数反演的不同 HTI 介质的反射系数近似公式，假设已有方位叠前道集包含 m 个入射角，n 个方位角，将反射系数近似式改写为矩阵表达形式：

$$\begin{bmatrix} R_{\mathrm{PP}}(\theta_1,\phi_1) \\ R_{\mathrm{PP}}(\theta_2,\phi_2) \\ \vdots \\ R_{\mathrm{PP}}(\theta_m,\phi_n) \end{bmatrix} = \begin{bmatrix} \sec^2\theta_1 & -8g\sin^2\theta_1 & -g(1-2g)\sin^2\theta_1\cos^2\phi_1 & g\sin^2\theta_1\cos^2\phi_1 \\ \sec^2\theta_2 & -8g\sin^2\theta_2 & -g(1-2g)\sin^2\theta_2\cos^2\phi_2 & g\sin^2\theta_2\cos^2\phi_2 \\ \vdots & \vdots & \vdots & \vdots \\ \sec^2\theta_m & -8g\sin^2\theta_m & -g(1-2g)\sin^2\theta_m\cos^2\phi_n & g\sin^2\theta_m\cos^2\phi_n \end{bmatrix} \begin{bmatrix} R_{\mathrm{P}} \\ R_{\mathrm{S}} \\ R_{\Delta_{\mathrm{N}}} \\ R_{\Delta_{\mathrm{T}}} \end{bmatrix} \tag{6-63}$$

若地震记录矩阵为 $\boldsymbol{S}$，m 个入射角，n 个方位角的地震记录矩阵表达式为

$$\boldsymbol{S} = \begin{bmatrix} S(\theta_1,\phi_1) \\ S(\theta_2,\phi_2) \\ \vdots \\ S(\theta_m,\phi_n) \end{bmatrix}$$

已知子波矩阵为 $\boldsymbol{W}$，若子波长度为 l，那么子波向量表达为

$$\boldsymbol{W} = [\, w_1 \quad w_2 \quad \cdots \quad w_k \quad \cdots \quad w_{l-1} \quad w_l \,]^{\mathrm{T}}$$

实际地震数据反演过程中，子波矩阵 $\boldsymbol{W}$ 的维数，需要根据实际地震数据采样点的个数进行确定。

$$\begin{bmatrix} S(\theta_1,\phi_1) \\ S(\theta_2,\phi_2) \\ \vdots \\ S(\theta_m,\phi_n) \end{bmatrix} = \boldsymbol{W}\cdot \begin{bmatrix} R_{\mathrm{PP}}(\theta_1,\phi_1) \\ R_{\mathrm{PP}}(\theta_2,\phi_2) \\ \vdots \\ R_{\mathrm{PP}}(\theta_m,\phi_n) \end{bmatrix} = \begin{bmatrix} W\cdot a(\theta_1) & W\cdot b(\theta_1) & W\cdot c(\theta_1,\phi_1) & W\cdot d(\theta_1,\phi_1) \\ W\cdot a(\theta_2) & W\cdot b(\theta_2) & W\cdot c(\theta_2,\phi_2) & W\cdot d(\theta_2,\phi_2) \\ \vdots & \vdots & \vdots & \vdots \\ W\cdot a(\theta_m) & W\cdot b(\theta_m) & W\cdot c(\theta_m,\phi_n) & W\cdot d(\theta_m,\phi_n) \end{bmatrix} \begin{bmatrix} R_{\mathrm{P}} \\ R_{\mathrm{S}} \\ R_{\Delta_{\mathrm{N}}} \\ R_{\Delta_{\mathrm{T}}} \end{bmatrix} \tag{6-64}$$

将式（6-64）用下式来代替

$$\boldsymbol{d} = \boldsymbol{G}\boldsymbol{X} \tag{6-65}$$

其中，$\boldsymbol{d}=\begin{bmatrix} S(\theta_1,\phi_1) \\ S(\theta_2,\phi_2) \\ \vdots \\ S(\theta_m,\phi_n) \end{bmatrix}$，$\boldsymbol{G}=\begin{bmatrix} W\cdot a(\theta_1) & W\cdot b(\theta_1) & W\cdot c(\theta_1,\phi_1) & W\cdot d(\theta_1,\phi_1) \\ W\cdot a(\theta_2) & W\cdot b(\theta_2) & W\cdot c(\theta_2,\phi_2) & W\cdot d(\theta_2,\phi_2) \\ \vdots & \vdots & \vdots & \vdots \\ W\cdot a(\theta_m) & W\cdot b(\theta_m) & W\cdot c(\theta_m,\phi_n) & W\cdot d(\theta_m,\phi_n) \end{bmatrix}$，$\boldsymbol{X}=\begin{bmatrix} R_{\mathrm{P}} \\ R_{\mathrm{S}} \\ R_{\Delta_{\mathrm{N}}} \\ R_{\Delta_{\mathrm{T}}} \end{bmatrix}$

与方位各向异性弹性阻抗提取纵横波阻抗和裂缝岩石物理参数的方法类似，式（6–65）中未知数的求解方法依然采用基于初始模型约束的阻尼最小二乘反演方法。估测得到纵波阻抗反射系数、横波阻抗反射系数以及裂缝岩石物理参数拟反射系数，即

$$\boldsymbol{X}=\boldsymbol{X}_{\mathrm{mod}}+\left[\boldsymbol{G}^{\mathrm{T}}\boldsymbol{G}+\sigma\boldsymbol{I}\right]^{-1}\boldsymbol{G}^{\mathrm{T}}\left(\boldsymbol{d}-\boldsymbol{G}\boldsymbol{X}_{\mathrm{mod}}\right) \tag{6-66}$$

初始模型的获得依赖于测井资料和裂缝岩石物理模型估测结果，同时根据实际工区方位叠前地震资料的 AVAZ 特征分析，构建能够有效提高反演结果的初始模型。待求取出纵波反射系数、横波反射系数及裂缝岩石物理参数拟反射系数之后，利用道积分方法，求解纵横波阻抗和裂缝岩石物理参数：

$$\begin{bmatrix} \log(I_{\mathrm{P}}) \\ \log(I_{\mathrm{S}}) \\ (\Delta_{\mathrm{N}}) \\ (\Delta_{\mathrm{T}}) \end{bmatrix}=\int\begin{pmatrix} \dfrac{\Delta I_{\mathrm{P}}}{I_{\mathrm{P}}} \\ \dfrac{\Delta I_{\mathrm{S}}}{I_{\mathrm{S}}} \\ R_{\Delta_{\mathrm{N}}} \\ R_{\Delta_{\mathrm{T}}} \end{pmatrix}\mathrm{d}t \tag{6-67}$$

若想通过地震 AVAZ 反演获得各向异性梯度项，需将式（6–63）进行替换，即

$$\left[R_{\mathrm{PP}}(\theta,\phi)\right]=\begin{bmatrix} R_{\mathrm{PP}}(\theta_1,\phi_1) \\ R_{\mathrm{PP}}(\theta_2,\phi_2) \\ \vdots \\ R_{\mathrm{PP}}(\theta_m,\phi_n) \end{bmatrix}=\begin{bmatrix} \sec^2\theta_1 & -8g\sin^2\theta_1 & \sin^2\theta_1\cos^2\phi_1 \\ \sec^2\theta_2 & -8g\sin^2\theta_2 & \sin^2\theta_2\cos^2\phi_2 \\ \vdots & \vdots & \vdots \\ \sec^2\theta_m & -8g\sin^2\theta_m & \sin^2\theta_m\cos^2\phi_n \end{bmatrix}\begin{bmatrix} R_{\mathrm{P}} \\ R_{\mathrm{S}} \\ R_{\Gamma} \end{bmatrix} \tag{6-68}$$

利用子波矩阵 $\boldsymbol{W}$ 和反射系数矩阵求解地震记录的表达式为

$$\begin{bmatrix} S(\theta_1,\phi_1) \\ S(\theta_2,\phi_2) \\ \vdots \\ S(\theta_m,\phi_n) \end{bmatrix}=\begin{bmatrix} W\cdot a(\theta_1) & W\cdot b(\theta_1) & W\cdot\sin^2\theta_1\cos^2\phi_1 \\ W\cdot a(\theta_2) & W\cdot b(\theta_2) & W\cdot\sin^2\theta_2\cos^2\phi_2 \\ \vdots & \vdots & \vdots \\ W\cdot a(\theta_m) & W\cdot b(\theta_m) & W\cdot\sin^2\theta_m\cos^2\phi_n \end{bmatrix}\begin{bmatrix} R_{\mathrm{P}} \\ R_{\mathrm{S}} \\ R_{\Gamma} \end{bmatrix} \tag{6-69}$$

根据上式，利用基于初始模型约束的阻尼最小二乘反演方法，求取纵横波阻抗反射系数和各向异性梯度，再利用道积分方法求解纵横波阻抗和各向异性梯度项。

选取裂缝型储层工区测井数据，依照岩石物理建模流程计算出 Schoenberg 裂缝模型岩石物理参数，采用 40Hz 雷克子波，利用褶积模型公式合成不同方位的叠前道集，并添加信噪比为 4 和信噪比为 1 的随机噪声，开展纵横波阻抗和裂缝岩石物理参数的地震

AVAZ 反演方法试算。图 6-34 为对应的利用这两种合成道集进行 AVAZ 地震反演后得到的纵横波阻抗和裂缝岩石物理参数的反演结果。

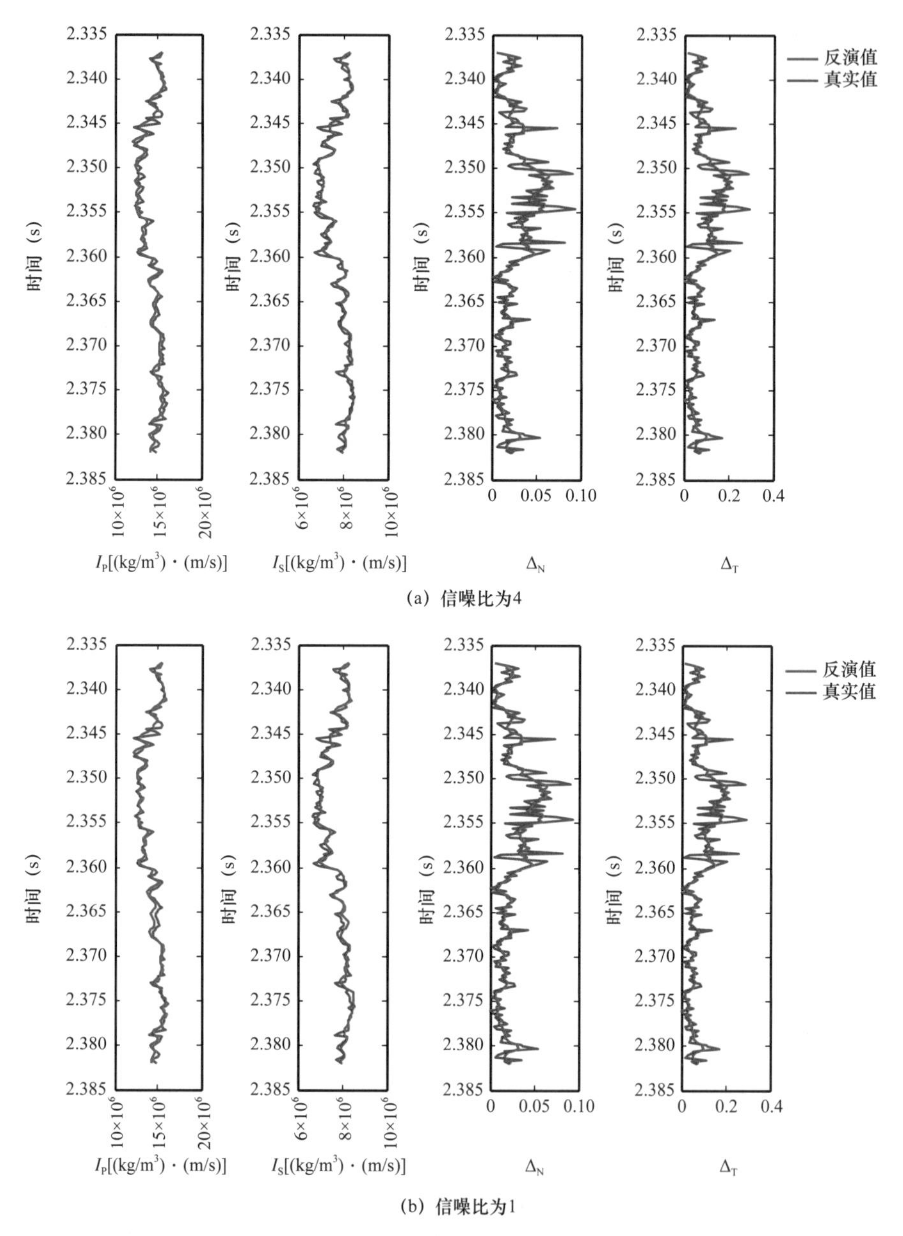

图 6-34　测井数据模型参数反演结果与真实值对比

从图 6-34 中反演值与真实值的对比可以看出，即使利用添加信噪比为 1 的随机噪声的合成地震数据进行反演，仍然能够得到较好的反演估计值，说明该方法具有一定的抗噪性，同时验证了地震 AVAZ 反演方法在裂缝型储层预测方面具备一定的有效性。

图 6-35 为利用地震 AVAZ 反演方法，针对某实际裂缝型储层获得的工区某测线纵

横波阻抗以及 Schoenberg 裂缝岩石物理模型参数结果剖面。结合常规测井和成像解释结果，对地震 AVAZ 反演结果剖面进行分析，目的层大约位于 4.07s 附近，该位置处的纵波阻抗和横波阻抗呈现低值，而 Schoenberg 模型裂缝岩石物理参数（裂缝正向差值 Δ_N 和切向差值 Δ_T）均呈现高值。

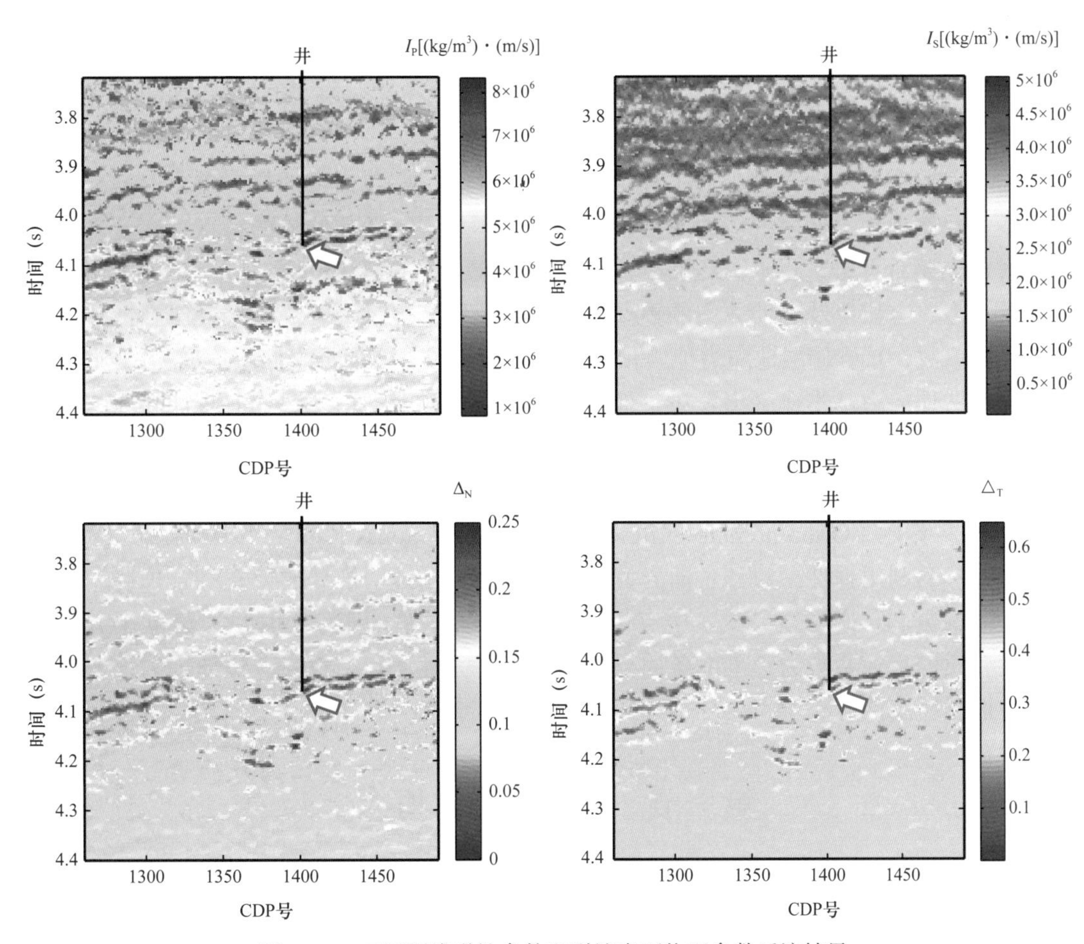

图 6-35　工区测线弹性参数和裂缝岩石物理参数反演结果

第七章 页岩储层地应力地震预测方法

地应力指存在于地壳中未受工程扰动的天然应力，它包括由地热、重力、地球自转速度变化及其他因素产生的应力。由于页岩油气本身具有低孔低渗的特点，在开采页岩气藏时首先要对页岩进行水力压裂改造，使其形成大量的裂缝，而地应力是决定所生成裂缝的形态、方位以及延伸方向的重要因素。因此地应力是页岩气储层可压裂性评价的一个重要参数，页岩储层地应力地震预测指利用地震数据实现页岩储层地应力的预测。

本章从地应力基本概念出发讨论地应力的地震预测。利用反映各向异性介质弹性性质的本构方程架构了地应力与弹性常数的关系，推导了 HTI 介质和 OA 介质的地应力计算公式，建立了地应力与弹性参数和各向异性参数的定量关系，并提出了正交各向异性水平应力差异比（Orthorhombic Differential Horizontal Stress Ratio，以下简称 ODHSR）的概念；然后利用弹性参数和各向异性参数的测井数据证明推导的公式的合理性，并分析了弹性参数和各向异性参数发生变化时对 ODHSR 估算的影响，最后，建立了方位各向异性介质的反射系数为基础的各向异性弹性阻抗方程，利用叠前方位地震数据实现了地应力地震反演预测。

第一节　地应力基本概念

地应力是存在于地层中的未受工程扰动的天然应力，它是由于地壳岩石变形而引起介质内部单位面积上的作用力，主要是在重力场和构造应力场的综合作用下，有时也是在岩体的物理化学变化及岩浆侵入等作用下所形成的应力状态。地应力的大小和方向随时间和空间位置的不同而变化，地应力场可按照地应力形成和活动年代划分为古地应力和现今地应力。将目前存在于地壳内的或正在活动的地应力，称为现今地应力；而把较老地质时期存在的，但目前不复存在的构造应力称为古地应力。地下储层受到构造运动、风化作用、侵蚀作用等地质作用影响而具有复杂多变的构造，且不同的地质影响因素之间是相互作用的，并不是彼此独立的个体，由此造成地下储层各点的应力状态各不相同，通常认为地应力主要由重力应力、构造应力和地层孔隙压力等构成。

一、重力应力

重力应力是上覆岩层的岩石骨架，岩石基质及孔隙中流体所受的重力对地层作用产

生的压力，通常将重力应力近似等于垂向应力。目前比较常见且可靠的估算垂直应力 S_v 的方法是通过密度测井数据来实现，表达式为

$$S_v = \int_0^h \rho(h) g \mathrm{d}h \tag{7-1}$$

式中　ρ——地层的密度，kg/m³，其随深度的变化而变化；

h——深度，m；

g——重力加速度，m/s²。

同时垂直应力对岩层进行挤压时，会使岩石横向上产生形变，假设水平方向的应变受限，可得到垂向应力 S_{y1} 表示的水平应力为 S_{x1}：

$$S_{x1} = S_{y1} = \frac{\mu}{1-\mu}\left(S_v - \alpha P_p\right) + \alpha P_p \tag{7-2}$$

式中　P_p——孔隙压力，MPa；

μ——泊松比。

二、构造应力

如上所述，构造应力是由于地质板块和地壳构造运动等活动而产生的作用力，由于构造作用的部位不同且自然界影响因素较多，环境复杂多变，因此不同地区不同深度的构造应力（S_{x2}、S_{y2}）大小和方向各异，其表达式为

$$S_{x2} = \beta_1\left(S_v - \alpha P_p\right) + \alpha P_p \tag{7-3}$$

$$S_{y2} = \beta_2\left(S_v - \alpha P_p\right) + \alpha P_p \tag{7-4}$$

式中　β_1 和 β_2——分别为 x 和 y 水平方向的构造应力系数；

α——Biot 系数。

三、附加应力

附加压力主要指由温度变化产生的热应力，x 和 y 水平方向的附加应力（S_{x3}、S_{y3}）表达式为

$$S_{x3} = 2G\left(\frac{1+\mu}{1-2\mu}\right)\alpha^{\mathrm{T}}\left(T - T_0\right) \tag{7-5}$$

$$S_{y3} = 2G\left(\frac{1+\mu}{1-2\mu}\right)\alpha^{\mathrm{T}}\left(T - T_0\right) \tag{7-6}$$

式中　G——剪切模量，GPa；

α^{T}——岩石的膨胀系数；

T——现时的地层温度，℃；

T_0——初始地层温度，℃。

四、总原应力

一般而言，地层的总原应力主要指垂直方向主应力、水平最大主应力和水平最小主应力这三个相互垂直方向的应力，如图 7–1 所示。其中水平主应力除了由上述垂直应力引起的水平应力、构造应力、孔隙应力及热应力构成之外，还有其他应力的影响，如塑性泥岩和石膏等因素的影响造成地应力的软化现象、岩石中矿相的变化造成的局部应力的变化，则水平最大主应力 S_H 和水平最小主应力 S_h 的表达式为

$$S_H = \overline{S_{x1}} + \overline{S_{x2}} + \overline{S_{x3}} \tag{7-7}$$

$$S_h = \overline{S_{y1}} + \overline{S_{y2}} + \overline{S_{y3}} \tag{7-8}$$

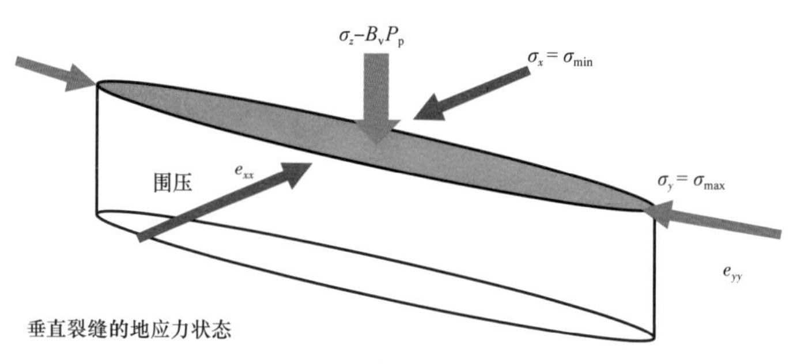

图 7–1　裂缝储层的地应力状态示意图（据 Goodway 等，2010）

一般情况下，地下岩石所受的地应力可以用三个相互垂直方向的主应力来表示，即一个垂直方向上的主应力和两个水平方向上的主应力（Fairhurst，2003）。地应力的成因与状态复杂多变，其大小和方向一般不能通过数学计算或理论推导得到，要想准确了解工程区域内的低应力分布状态，最可靠的办法是进行地应力实测（Fairhurst，1964）。不同的地应力测量方法有不同的优缺点以及不同的适用条件，可以综合利用不同的地应力测量方法，结合不同方法的优点有助于获得更加可靠的地应力测量结果。

第二节　页岩储层地应力计算方法

本节首先介绍了常规利用地震数据估算地应力的方法；其次，利用反映各向异性介质弹性性质的本构方程架构了地应力与弹性常数的关系，推导了 HTI 介质和 OA 介质的地应力计算公式，建立了地应力与弹性参数和各向异性参数的定量关系，并提出了正交各向异性水平应力差异比的概念；并实现正交各向异性水平应力公式的线性化表征。

一、利用地震数据估算地应力的理论方法

当岩石中存在大量的高角度裂缝和微裂缝时，会使地下岩石具有各向异性特征，地震波在这类裂缝型储层中传播时会受各向异性的影响，由此接收到的地震数据会呈现出方位各向异性特征，如图 7–2 所示。

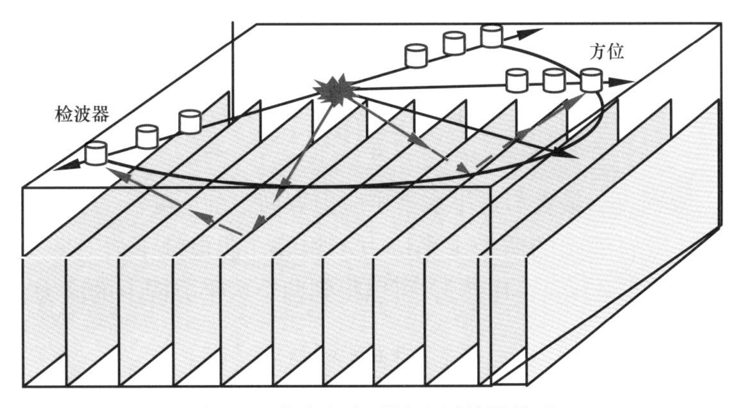

图 7-2　含高角度裂缝地层等效模型

根据线性滑动理论，可以将裂缝型储层的等效柔度张量近似等价于非裂缝背景介质的柔度张量与裂缝扰动柔度张量之和，非裂缝背景介质的柔度张量可以为各向同性介质的柔度张量也可以为具有垂直对称轴的横向各向同性介质的柔度张量（Schoenberg 和 Sayers，1995）。对具有一组相互平行且定向排列垂直裂缝的 HTI 介质进行主应力估算时，以线性滑动理论为基础，假设背景介质为各向同性介质，利用广义虎克定律可以得到以岩石力学参数表征的应力与应变关系的矩阵方程（Gray 等，2010，2011，2012）：

$$\begin{bmatrix}\varepsilon_1\\ \varepsilon_2\\ \varepsilon_3\\ \varepsilon_4\\ \varepsilon_5\\ \varepsilon_6\end{bmatrix}=\begin{bmatrix}\frac{1}{E}+Z_{\rm N} & -\frac{\nu}{E} & -\frac{\nu}{E} & 0 & 0 & 0\\ -\frac{\nu}{E} & \frac{1}{E} & -\frac{\nu}{E} & 0 & 0 & 0\\ -\frac{\nu}{E} & -\frac{\nu}{E} & \frac{1}{E} & 0 & 0 & 0\\ 0 & 0 & 0 & \frac{1}{\mu} & 0 & 0\\ 0 & 0 & 0 & 0 & \frac{1}{\mu}+Z_{\rm T} & 0\\ 0 & 0 & 0 & 0 & 0 & \frac{1}{\mu}+Z_{\rm T}\end{bmatrix}\begin{bmatrix}\sigma_1\\ \sigma_2\\ \sigma_3\\ \sigma_4\\ \sigma_5\\ \sigma_6\end{bmatrix} \tag{7-9}$$

式中　ε——应变分量，GPa；

E——杨氏模量，GPa；

ν——泊松比；

μ——剪切模量，GPa；

$Z_{\rm N}$——法向柔度；

$Z_{\rm T}$——切向柔度；

σ——应力分量，GPa。

假设岩石受到一个垂直方向上的应力和两个水平方向的应力，则根据上面的矩阵方程可以得到水平方向上应力与应变的关系式：

$$\left.\begin{aligned}\varepsilon_x=\varepsilon_1=\left(\frac{1}{E}+Z_{\mathrm{N}}\right)\sigma_x-\frac{\nu}{E}\left(\sigma_y+\sigma_z\right)\\ \varepsilon_y=\varepsilon_2=\frac{1}{E}\sigma_y+\frac{\nu}{E}\left(\sigma_x+\sigma_z\right)\end{aligned}\right\}\tag{7-10}$$

式中 ε_x、ε_y——分别表示最大与最小水平主应力方向上的应变。

由于各向异性岩石受到的两个水平应力不相等，假设地下岩石是有界的，不能移动，即水平应变为零（Iverson，1995），可以得到两个水平方向上的应力公式：

$$\left.\begin{aligned}\sigma_x=\sigma_z\frac{\nu(1+\nu)}{1+EZ_{\mathrm{N}}-\nu^2}\\ \sigma_y=\sigma_z\nu\left(\frac{1+EZ_{\mathrm{N}}+\nu}{1+EZ_{\mathrm{N}}-\nu^2}\right)\end{aligned}\right\}\tag{7-11}$$

根据上式可以估算出地层的最大水平地应力 σ_y 和最小水平地应力 σ_x，其中垂直地应力可以利用地震数据或者测井资料计算得到。垂直地应力可以表示为

$$\sigma_z=\int_0^H g\rho(h)\mathrm{d}(h)\tag{7-12}$$

式中 h——地层厚度，m；

H——深度，m；

g——重力加速度，$\mathrm{m/s^2}$；

ρ——密度，$\mathrm{kg/m^3}$。

Gray 提出将最大水平地应力 σ_y 和最小水平地应力 σ_x 的差除以最大水平地应力得到的水平应力差异比，用来评价储层在进行水力压裂时是否容易压裂成网，并将水平应力差异比定义为 DHSR：

$$\mathrm{DHSR}=\frac{\sigma_{\mathrm{Hmax}}-\sigma_{\mathrm{hmin}}}{\sigma_{\mathrm{Hmax}}}=\frac{\sigma_y-\sigma_x}{\sigma_y}=\frac{EZ_{\mathrm{N}}}{1+EZ_{\mathrm{N}}+\nu}\tag{7-13}$$

利用 DHSR 这个地应力指示因子无须知道垂直地应力的大小就可以识别储层工区中一个或多个最佳进行水力压裂的位置。DHSR 值与地层是否易于压裂成网密切相关，DHSR 值较低表明其所在区域进行水力压裂时，容易被压裂成裂缝的网状结构，DHSR 值较高时，表明区域容易被压裂成定向排列的裂缝。在低 DHSR、高杨氏模量、强各向异性的区域进行水力压裂时，容易形成大量的复杂的网状结构的裂缝，有利于油气的运移与聚集。

二、基于 HTI 介质理论的地应力公式推导

利用线性滑动理论对 Iverson 的方法进行修改，推导得到 HTI 介质的主应力计算公式，但线性滑动理论实际上是对胡克定律进行了近似简化，由此推导的主应力也是通过简化胡克定律得到的近似公式（Gray 等，2010，2011，2012）。针对这个问题，本节根据胡克定

律一般形式，从 HTI 介质的本构方程出发，推导了最大水平地应力、最小水平地应力及水平应力差异比与弹性参数和各向异性参数的关系，该公式没有采用近似简化的过程，是 HTI 介质地应力的精确公式，具有较高的精度，下面对公式的推导进行详细介绍。

HTI（horizontal transverse isotropic）介质是具有水平对称轴的横向各向同性介质，该介质中的岩石发育着大量定向排列的垂直或者近似垂直的裂缝。HTI 介质的弹性矩阵具有 5 个独立的弹性系数，其弹性矩阵如下所示：

$$\begin{bmatrix} c_{11} & c_{12} & c_{12} & 0 & 0 & 0 \\ c_{12} & c_{22} & c_{22}-2c_{44} & 0 & 0 & 0 \\ c_{12} & c_{22}-2c_{44} & c_{22} & 0 & 0 & 0 \\ 0 & 0 & 0 & c_{44} & 0 & 0 \\ 0 & 0 & 0 & 0 & c_{55} & 0 \\ 0 & 0 & 0 & 0 & 0 & c_{55} \end{bmatrix} \tag{7-14}$$

不同介质具有不同的本构方程，根据不同介质的弹性矩阵连接应力和应变关系能够构建不同介质的地应力计算公式，本节主要推导 HTI 介质的地应力精确公式，因此从 HTI 介质的本构方程出发推导地应力与弹性参数和各向异性参数的关系。由广义胡克定律：

$$\sigma_i = C_{ij}\varepsilon_j \ \left(i, j \in 1,2,3,4,5,6\right) \tag{7-15}$$

则上式中的弹性矩阵此时为 HTI 介质的弹性矩阵，将 HTI 介质的本构方程进行变换得到 HTI 介质柔度矩阵连接的应变和应力关系式，将该应变和应力关系式写成矩阵形式为

$$\begin{bmatrix} \varepsilon_1 \\ \varepsilon_2 \\ \varepsilon_3 \\ \varepsilon_4 \\ \varepsilon_5 \\ \varepsilon_6 \end{bmatrix} = \begin{bmatrix} \dfrac{c_{22}-c_{44}}{c_{11}c_{22}-c_{11}c_{44}-c_{12}^2} & -\dfrac{c_{12}}{2\left(c_{11}c_{22}-c_{11}c_{44}-c_{12}^2\right)} & -\dfrac{c_{12}}{2\left(c_{11}c_{22}-c_{11}c_{44}-c_{12}^2\right)} & 0 & 0 & 0 \\ -\dfrac{c_{12}}{2\left(c_{11}c_{22}-c_{11}c_{44}-c_{12}^2\right)} & \dfrac{c_{11}c_{22}-c_{12}^2}{4c_{44}\left(c_{11}c_{22}-c_{11}c_{44}-c_{12}^2\right)} & \dfrac{c_{12}^2+2c_{11}c_{44}-c_{11}c_{22}}{4c_{44}\left(c_{11}c_{22}-c_{11}c_{44}-c_{12}^2\right)} & 0 & 0 & 0 \\ -\dfrac{c_{12}}{2\left(c_{11}c_{22}-c_{11}c_{44}-c_{12}^2\right)} & \dfrac{c_{12}^2+2c_{11}c_{44}-c_{11}c_{22}}{4c_{44}\left(c_{11}c_{22}-c_{11}c_{44}-c_{12}^2\right)} & \dfrac{c_{11}c_{22}-c_{12}^2}{4c_{44}\left(c_{11}c_{22}-c_{11}c_{44}-c_{12}^2\right)} & 0 & 0 & 0 \\ 0 & 0 & 0 & \dfrac{1}{c_{44}} & 0 & 0 \\ 0 & 0 & 0 & 0 & \dfrac{1}{c_{55}} & 0 \\ 0 & 0 & 0 & 0 & 0 & \dfrac{1}{c_{55}} \end{bmatrix} \begin{bmatrix} \sigma_1 \\ \sigma_2 \\ \sigma_3 \\ \sigma_4 \\ \sigma_5 \\ \sigma_6 \end{bmatrix} \tag{7-16}$$

假设存在一个垂直方向的主应力和两个水平方向的应力，且假设地下岩石是有界的，不能移动，则水平方向上的应变为零，可以得到水平应变与应力之间的关系为（Iverson，1995）

$$\varepsilon_x = \varepsilon_1 = \frac{c_{22}-c_{44}}{c_{11}c_{22}-c_{11}c_{44}-c_{12}^2}\sigma_x - \frac{c_{12}}{2\left(c_{11}c_{22}-c_{11}c_{44}-c_{12}^2\right)}\left(\sigma_y+\sigma_z\right)=0 \tag{7-17}$$

$$\varepsilon_y = \varepsilon_2 = \frac{c_{11}c_{22} - c_{12}^2}{4c_{44}\left(c_{11}c_{22} - c_{11}c_{44} - c_{12}^2\right)}\sigma_y - \frac{c_{12}}{2\left(c_{11}c_{22} - c_{11}c_{44} - c_{12}^2\right)}\sigma_x + \frac{c_{12}^2 + 2c_{11}c_{44} - c_{11}c_{22}}{4c_{44}\left(c_{11}c_{22} - c_{11}c_{44} - c_{12}^2\right)}\sigma_z = 0 \quad (7\text{–}18)$$

通过式（7–17）求得最大水平地应力 σ_y 为

$$\sigma_y = \frac{2\left(c_{22} - c_{44}\right)\sigma_x}{c_{12}} - \sigma_z \quad (7\text{–}19)$$

通过式（7–18）求得最小水平地应力 σ_x 为

$$\sigma_x = \frac{\left(c_{11}c_{22} - c_{12}^2\right)\sigma_y + \left(c_{12}^2 + 2c_{11}c_{44} - c_{11}c_{22}\right)\sigma_z}{2c_{44}c_{12}} \quad (7\text{–}20)$$

将式（7–19）代入式（7–20）中，根据 σ_z 求得 σ_x 为

$$\sigma_x = \sigma_z \frac{c_{12}}{c_{22}} \quad (7\text{–}21)$$

将式（7–21）代入式（7–19）中，根据 σ_z 求得 σ_y 为

$$\sigma_y = \frac{c_{22} - 2c_{44}}{c_{22}}\sigma_z \quad (7\text{–}22)$$

HTI 介质的弹性矩阵有五个独立的弹性系数，Ruger 根据 VTI 介质的 Thomsen 各向异性参数，推导了 HTI 介质各向异性参数 $\varepsilon^{(V)}$、$\delta^{(V)}$ 及 $\gamma^{(V)}$ 的表达式（Ruger，1996）。根据 HTI 介质弹性刚度常数与各向异性参数关系，可以得到 HTI 介质各向异性参数表征的弹性刚度常数，将用 HTI 介质各向异性参数表征的弹性刚度常数代入式（7–21）和式（7–22）中可以得到 HTI 介质各向异性参数表征的最大水平地应力 σ_y 和最小水平地应力 σ_x 计算公式为

$$\sigma_x = \sigma_z \frac{v_{P0}^2\sqrt{2f\delta^{(V)} + f^2} - v_{S0}^2}{v_{P0}^2} \quad (7\text{–}23)$$

$$\sigma_y = \sigma_z \frac{v_{P0}^2\left(1 + 2\gamma^{(V)}\right) - 2v_{S0}^2}{v_{P0}^2\left(1 + 2\gamma^{(V)}\right)} \quad (7\text{–}24)$$

由式（7–23）和式（7–24）得到 HTI 介质的水平应力差异比（DHSR）：

$$\mathrm{DHSR} = \frac{\sigma_y - \sigma_x}{\sigma_y} = \frac{v_{P0}^2\left(1 + 2\gamma^{(V)}\right)\left(\sqrt{2f\delta^{(V)} + f^2} - 1\right) + v_{S0}^2\left(1 - 2\gamma^{(V)}\right)}{2v_{S0}^2 - v_{P0}^2\left(1 + 2\gamma^{(V)}\right)} \quad (7\text{–}25)$$

本节直接从 HTI 介质的本构方程出发，推导最大水平地应力 σ_y、最小水平地应力 σ_x 及水平应力差异比的计算公式，消除了因简化胡克定律产生的影响，具有较高的精度。利用方位叠前地震数据，基于本节推导的 DHSR 计算公式可以更好地预测储层中容易压裂成网的区域，计算公式不算复杂，具有较好的应用价值。

三、基于 OA 介质理论的地应力公式推导

由于实际页岩既有很强的水平层理特征，又具有方位各向异性特征，可以将其近似等价为正交各向异性（OA）介质。利用正交各向异性介质岩石物理关系，从 OA 介质的本构方程出发，通过胡克定律的一般形式获得 OA 介质的应力应变关系，利用该应力应变关系可以得到最大水平应力、最小水平应力和水平应力差异比与地层弹性参数和各向异性参数的关系，并得到基于 OA 介质的水平应力差异比，定义为正交各向异性水平应力差异比（ODHSR），OA 介质柔度矩阵表示为

$$\boldsymbol{S}=\boldsymbol{C}^{-1}=\begin{bmatrix} \frac{c_{22}c_{33}-c_{23}^2}{c_{11}c_{22}c_{33}+2c_{12}c_{23}c_{13}-c_{11}c_{23}^2-c_{33}c_{12}^2-c_{22}c_{13}^2} & \frac{c_{23}c_{13}-c_{12}c_{33}}{c_{11}c_{22}c_{33}+2c_{12}c_{23}c_{13}-c_{11}c_{23}^2-c_{33}c_{12}^2-c_{22}c_{13}^2} & \frac{c_{12}c_{23}-c_{22}c_{13}}{c_{11}c_{22}c_{33}+2c_{12}c_{23}c_{13}-c_{11}c_{23}^2-c_{33}c_{12}^2-c_{22}c_{13}^2} & 0 & 0 & 0 \\ \frac{c_{23}c_{13}-c_{12}c_{33}}{c_{11}c_{22}c_{33}+2c_{12}c_{23}c_{13}-c_{11}c_{23}^2-c_{33}c_{12}^2-c_{22}c_{13}^2} & \frac{c_{11}c_{33}-c_{13}^2}{c_{11}c_{22}c_{33}+2c_{12}c_{23}c_{13}-c_{11}c_{23}^2-c_{33}c_{12}^2-c_{22}c_{13}^2} & \frac{c_{12}c_{13}-c_{11}c_{23}}{c_{11}c_{22}c_{33}+2c_{12}c_{23}c_{13}-c_{11}c_{23}^2-c_{33}c_{12}^2-c_{22}c_{13}^2} & 0 & 0 & 0 \\ \frac{c_{12}c_{23}-c_{22}c_{13}}{c_{11}c_{22}c_{33}+2c_{12}c_{23}c_{13}-c_{11}c_{23}^2-c_{33}c_{12}^2-c_{22}c_{13}^2} & \frac{c_{12}c_{13}-c_{11}c_{23}}{c_{11}c_{22}c_{33}+2c_{12}c_{23}c_{13}-c_{11}c_{23}^2-c_{33}c_{12}^2-c_{22}c_{13}^2} & \frac{c_{11}c_{22}-c_{12}^2}{c_{11}c_{22}c_{33}+2c_{12}c_{23}c_{13}-c_{11}c_{23}^2-c_{33}c_{12}^2-c_{22}c_{13}^2} & 0 & 0 & 0 \\ 0 & 0 & 0 & \frac{1}{c_{44}} & 0 & 0 \\ 0 & 0 & 0 & 0 & \frac{1}{c_{55}} & 0 \\ 0 & 0 & 0 & 0 & 0 & \frac{1}{c_{66}} \end{bmatrix} \tag{7-26}$$

由于柔度矩阵中元素过于烦冗，为了克服数学上的复杂性和物理上的非直观性，因此用柔度系数 s_{ij} 表示柔度矩阵中的元素，可得

$$\boldsymbol{S}=\boldsymbol{C}^{-1}=\begin{bmatrix} s_{11} & s_{12} & s_{13} & 0 & 0 & 0 \\ s_{12} & s_{22} & s_{23} & 0 & 0 & 0 \\ s_{13} & s_{23} & s_{33} & 0 & 0 & 0 \\ 0 & 0 & 0 & s_{44} & 0 & 0 \\ 0 & 0 & 0 & 0 & s_{55} & 0 \\ 0 & 0 & 0 & 0 & 0 & s_{66} \end{bmatrix} \tag{7-27}$$

其中

$$s_{11}=\frac{c_{22}c_{33}-c_{23}^2}{c_{11}c_{22}c_{33}+2c_{12}c_{23}c_{13}-c_{11}c_{23}^2-c_{33}c_{12}^2-c_{22}c_{13}^2} \tag{7-28}$$

$$s_{12}=\frac{c_{23}c_{13}-c_{12}c_{33}}{c_{11}c_{22}c_{33}+2c_{12}c_{23}c_{13}-c_{11}c_{23}^2-c_{33}c_{12}^2-c_{22}c_{13}^2} \tag{7-29}$$

$$s_{13}=\frac{c_{12}c_{23}-c_{22}c_{13}}{c_{11}c_{22}c_{33}+2c_{12}c_{23}c_{13}-c_{11}c_{23}^2-c_{33}c_{12}^2-c_{22}c_{13}^2} \tag{7-30}$$

$$s_{22}=\frac{c_{11}c_{33}-c_{13}^2}{c_{11}c_{22}c_{33}+2c_{12}c_{23}c_{13}-c_{11}c_{23}^2-c_{33}c_{12}^2-c_{22}c_{13}^2} \tag{7-31}$$

$$s_{23}=\frac{c_{12}c_{13}-c_{11}c_{23}}{c_{11}c_{22}c_{33}+2c_{12}c_{23}c_{13}-c_{11}c_{23}^2-c_{33}c_{12}^2-c_{22}c_{13}^2} \tag{7-32}$$

$$s_{33}=\frac{c_{11}c_{22}-c_{12}^2}{c_{11}c_{22}c_{33}+2c_{12}c_{23}c_{13}-c_{11}c_{23}^2-c_{33}c_{12}^2-c_{22}c_{13}^2} \tag{7-33}$$

$$s_{44}=\frac{1}{c_{44}} \tag{7-34}$$

$$s_{55}=\frac{1}{c_{55}} \tag{7-35}$$

$$s_{66}=\frac{1}{c_{66}} \tag{7-36}$$

利用 OA 介质的柔度矩阵将胡克定律公式表示为矩阵形式为

$$\begin{bmatrix}\varepsilon_1\\ \varepsilon_2\\ \varepsilon_3\\ \varepsilon_4\\ \varepsilon_5\\ \varepsilon_6\end{bmatrix}=\begin{bmatrix}s_{11}&s_{12}&s_{13}&0&0&0\\ s_{12}&s_{22}&s_{23}&0&0&0\\ s_{13}&s_{23}&s_{33}&0&0&0\\ 0&0&0&s_{44}&0&0\\ 0&0&0&0&s_{55}&0\\ 0&0&0&0&0&s_{66}\end{bmatrix}\begin{bmatrix}\sigma_1\\ \sigma_2\\ \sigma_3\\ \sigma_4\\ \sigma_5\\ \sigma_6\end{bmatrix} \tag{7-37}$$

假设存在一个垂直方向的主应力和两个水平方向的应力，且假设地下岩石是有界的，不能移动，则水平方向上的应变为零（Iverson，1995），可得水平方向上应变与应力的关系表达式为

$$\varepsilon_x=\varepsilon_1=s_{11}\sigma_x+s_{12}\sigma_y+s_{13}\sigma_z=0 \tag{7-38}$$

$$\varepsilon_y=\varepsilon_2=s_{12}\sigma_x+s_{22}\sigma_y+s_{23}\sigma_z=0 \tag{7-39}$$

通过式（7–38）和式（7–39），可得到根据 σ_z 求得的最小水平地应力 σ_x 和最大水平地应力 σ_y：

$$\sigma_x=\sigma_z\frac{s_{12}s_{23}-s_{13}s_{22}}{s_{11}s_{22}-s_{12}^2} \tag{7-40}$$

$$\sigma_y=\sigma_z\frac{s_{12}s_{13}-s_{11}s_{23}}{s_{11}s_{22}-s_{12}^2} \tag{7-41}$$

垂直地应力（σ_z 或 σ_v）可以通过密度测井曲线经过积分得到

$$\sigma_z=\int_0^h\rho\left(h\right)g\mathrm{d}h \tag{7-42}$$

同时，利用式（7–40）和式（7–41）可以得到正交各向异性水平应力差异比（ODHSR），它是最大和最小水平应力变化差与最大水平应力的比值，是评价页岩储层是否可压裂成网的重要参数。而不需要垂直地应力，ODHSR 低值表明其所在区域易于压裂成网，ODHSR 相对 DHSR 来说，既考虑了 VTI 介质的水平层状互层矿物的影响又考虑了垂直裂缝扰动的影响，ODHSR 的定义如下所示：

$$\mathrm{ODHSR}=\frac{\sigma_y-\sigma_x}{\sigma_y}=\frac{s_{13}\left(s_{12}+s_{22}\right)-s_{23}\left(s_{11}+s_{12}\right)}{s_{12}s_{13}-s_{11}s_{23}} \tag{7-43}$$

正交各向异性介质的弹性矩阵有 9 个相对独立的弹性参数，Tsvankin 提出用两个垂向速度和 7 个无量纲的参数来表征 OA 介质弹性性质。根据 OA 介质中的弹性刚度常数与 Tsvankin 各向异性参数的关系，可将 OA 介质的弹性刚度常数表示为

$$c_{11}=v_{\mathrm{P0}}^2\rho\left(1+2\varepsilon^{(2)}\right) \tag{7-44}$$

$$c_{22}=v_{\mathrm{P0}}^2\rho\left(1+2\varepsilon^{(1)}\right) \tag{7-45}$$

$$c_{33}=v_{\mathrm{P0}}^2\rho \tag{7-46}$$

$$c_{44}=\frac{v_{\mathrm{S0}}^2\rho\left(1+2\gamma^{(1)}\right)}{1+2\gamma^{(2)}} \tag{7-47}$$

$$c_{55}=v_{\mathrm{S0}}^2\rho \tag{7-48}$$

$$c_{66}=v_{\mathrm{S0}}^2\rho\left(1+2\gamma^{(1)}\right) \tag{7-49}$$

$$f=1-\frac{v_{\mathrm{S0}}^2}{v_{\mathrm{P0}}^2}=\frac{c_{33}-c_{55}}{c_{33}} \tag{7-50}$$

$$c_{12}=v_{\mathrm{P0}}^2\rho\sqrt{2\left(1+2\varepsilon^{(2)}\right)\left[\left(1+2\varepsilon^{(2)}\right)-(1-f)\left(1+2\gamma^{(1)}\right)\right]\delta^{(3)}+\left[\left(1+2\varepsilon^{(2)}\right)-(1-f)\left(1+2\gamma^{(1)}\right)\right]^2}-v_{\mathrm{S0}}^2\rho\left(1+2\gamma^{(1)}\right) \tag{7-51}$$

$$c_{13}=v_{\mathrm{P0}}^2\rho\sqrt{2f\delta^{(2)}+f^2}-v_{\mathrm{S0}}^2\rho \tag{7-52}$$

$$c_{23}=v_{\mathrm{P0}}^2\rho\sqrt{2\left[1-\frac{(1-f)\left(1+2\gamma^{(1)}\right)}{1+2\gamma^{(2)}}\right]\delta^{(1)}+\left[1-\frac{(1-f)\left(1+2\gamma^{(1)}\right)}{1+2\gamma^{(2)}}\right]^2}-\frac{v_{\mathrm{S0}}^2\rho\left(1+2\gamma^{(1)}\right)}{1+2\gamma^{(2)}} \tag{7-53}$$

最后，根据柔度系数与弹性刚度常数的关系，式（7-43）变换为弹性刚度常数表示的形式，然后将 Tsvankin 各向异性参数表示的弹性刚度常数 c_{ij} 代入该公式中，得到各向异性参数表示的正交各向异性水平应力差异比（ODHSR）：

$$\mathrm{ODHSR}=\frac{\left(c_{12}c_{23}-c_{22}c_{13}\right)\left[c_{13}\left(c_{23}-c_{13}\right)+c_{33}\left(c_{11}-c_{12}\right)\right]-\left(c_{12}c_{13}-c_{11}c_{23}\right)\left[c_{33}\left(c_{22}-c_{12}\right)+c_{23}\left(c_{13}-c_{23}\right)\right]}{\left(c_{23}c_{13}-c_{12}c_{33}\right)\left(c_{12}c_{23}-c_{22}c_{13}\right)-\left(c_{22}c_{33}-c_{23}^2\right)\left(c_{12}c_{13}-c_{11}c_{23}\right)}$$

$$=\frac{\Bigg\{\Bigg[\left[v_{\mathrm{P0}}^2\rho\sqrt{2\left(1+2\varepsilon^{(2)}\right)\left[\left(1+2\varepsilon^{(2)}\right)-(1-f)\left(1+2\gamma^{(1)}\right)\right]\delta^{(3)}+\left[\left(1+2\varepsilon^{(2)}\right)-(1-f)\left(1+2\gamma^{(1)}\right)\right]^2}-v_{\mathrm{S0}}^2\rho\left(1+2\gamma^{(1)}\right)\right]\left[v_{\mathrm{P0}}^2\rho\sqrt{2\left[1-\frac{(1-f)\left(1+2\gamma^{(1)}\right)}{1+2\gamma^{(2)}}\right]\delta^{(1)}+\left[1-\frac{(1-f)\left(1+2\gamma^{(1)}\right)}{1+2\gamma^{(2)}}\right]^2}-\frac{v_{\mathrm{S0}}^2\rho\left(1+2\gamma^{(1)}\right)}{1+2\gamma^{(2)}}\right]\Bigg]}{\Bigg\{\Bigg[\left[v_{\mathrm{P0}}^2\rho\sqrt{2\left[1-\frac{(1-f)\left(1+2\gamma^{(1)}\right)}{1+2\gamma^{(2)}}\right]\delta^{(1)}+\left[1-\frac{(1-f)\left(1+2\gamma^{(1)}\right)}{1+2\gamma^{(2)}}\right]^2}-\frac{v_{\mathrm{S0}}^2\rho\left(1+2\gamma^{(1)}\right)}{1+2\gamma^{(2)}}\right]\left[v_{\mathrm{P0}}^2\rho\sqrt{2f\delta^{(2)}+f^2}-v_{\mathrm{S0}}^2\rho\right]\Bigg]-}$$

$$\frac{-[v_{P0}^2\rho(1+2\varepsilon^{(1)})(v_{P0}^2\rho\sqrt{2f\delta^{(2)}+f^2}-v_{S0}^2\rho)]]\}\{(v_{P0}^2\rho\sqrt{2f\delta^{(2)}+f^2}-v_{S0}^2\rho)[[v_{P0}^2\rho\sqrt{2\left[1-\frac{(1-f)(1+2\gamma^{(1)})}{1+2\gamma^{(2)}}\right]\delta^{(1)}+\left[1-\frac{(1-f)(1+2\gamma^{(1)})}{1+2\gamma^{(2)}}\right]^2}-\frac{v_{S0}^2\rho(1+2\gamma^{(1)})}{1+2\gamma^{(2)}}]-}{[[v_{P0}^2\rho\sqrt{2(1+2\varepsilon^{(2)})[(1+2\varepsilon^{(2)})-(1-f)(1+2\gamma^{(1)})]\delta^{(3)}+[(1+2\varepsilon^{(2)})-(1-f)(1+2\gamma^{(1)})]^2}-v_{S0}^2\rho(1+2\gamma^{(1)})]v_{P0}^2\rho]\}}$$

$$\frac{(v_{P0}^2\rho\sqrt{2f\delta^{(2)}+f^2}-v_{S0}^2\rho)]+v_{P0}^2\rho[v_{P0}^2\rho(1+2\varepsilon^{(2)})-[v_{P0}^2\rho\sqrt{2(1+2\varepsilon^{(2)})[(1+2\varepsilon^{(2)})-(1-f)(1+2\gamma^{(1)})]\delta^{(3)}+[(1+2\varepsilon^{(2)})-(1-f)(1+2\gamma^{(1)})]^2}-v_{S0}^2\rho(1+2\gamma^{(1)})]]]\}}{\{[[v_{P0}^2\rho\sqrt{2(1+2\varepsilon^{(2)})[(1+2\varepsilon^{(2)})-(1-f)(1+2\gamma^{(1)})]\delta^{(3)}+[(1+2\varepsilon^{(2)})-(1-f)(1+2\gamma^{(1)})]^2}-v_{S0}^2\rho(1+2\gamma^{(1)})]}$$

$$\frac{-\{[[v_{P0}^2\rho\sqrt{2(1+2\varepsilon^{(2)})[(1+2\varepsilon^{(2)})-(1-f)(1+2\gamma^{(1)})]\delta^{(3)}+[(1+2\varepsilon^{(2)})-(1-f)(1+2\gamma^{(1)})]^2}-v_{S0}^2\rho(1+2\gamma^{(1)})](v_{P0}^2\rho\sqrt{2f\delta^{(2)}+f^2}-v_{S0}^2\rho)]-}{[v_{P0}^2\rho\sqrt{2\left[1-\frac{(1-f)(1+2\gamma^{(1)})}{1+2\gamma^{(2)}}\right]\delta^{(1)}+\left[1-\frac{(1-f)(1+2\gamma^{(1)})}{1+2\gamma^{(2)}}\right]^2}-\frac{v_{S0}^2\rho(1+2\gamma^{(1)})}{1+2\gamma^{(2)}}]]-[v_{P0}^2\rho(1+2\varepsilon^{(1)})[v_{P0}^2\rho\sqrt{2f\delta^{(2)}+f^2}-v_{S0}^2\rho]]\}-}$$

$$\frac{[v_{P0}^2\rho(1+2\varepsilon^{(2)})[v_{P0}^2\rho\sqrt{2\left[1-\frac{(1-f)(1+2\gamma^{(1)})}{1+2\gamma^{(2)}}\right]\delta^{(1)}+\left[1-\frac{(1-f)(1+2\gamma^{(1)})}{1+2\gamma^{(2)}}\right]^2}-\frac{v_{S0}^2\rho(1+2\gamma^{(1)})}{1+2\gamma^{(2)}}]]]\}\{v_{P0}^2\rho[v_{P0}^2\rho(1+2\varepsilon^{(1)})-}{\{v_{P0}^4\rho^2(1+2\varepsilon^{(1)})-[v_{P0}^2\rho\sqrt{2\left[1-\frac{(1-f)(1+2\gamma^{(1)})}{1+2\gamma^{(2)}}\right]\delta^{(1)}+\left[1-\frac{(1-f)(1+2\gamma^{(1)})}{1+2\gamma^{(2)}}\right]^2}-\frac{v_{S0}^2\rho(1+2\gamma^{(1)})}{1+2\gamma^{(2)}}]^2\}}$$

$$\frac{[v_{P0}^2\rho\sqrt{2(1+2\varepsilon^{(2)})[(1+2\varepsilon^{(2)})-(1-f)(1+2\gamma^{(1)})]\delta^{(3)}+[(1+2\varepsilon^{(2)})-(1-f)(1+2\gamma^{(1)})]^2}-v_{S0}^2\rho(1+2\gamma^{(1)})]]+[v_{P0}^2\rho\sqrt{2\left[1-\frac{(1-f)(1+2\gamma^{(1)})}{1+2\gamma^{(2)}}\right]\delta^{(1)}+\left[1-\frac{(1-f)(1+2\gamma^{(1)})}{1+2\gamma^{(2)}}\right]^2}-\frac{v_{S0}^2\rho(1+2\gamma^{(1)})}{1+2\gamma^{(2)}}]}{\{[[v_{P0}^2\rho\sqrt{2(1+2\varepsilon^{(2)})[(1+2\varepsilon^{(2)})-(1-f)(1+2\gamma^{(1)})]\delta^{(3)}+[(1+2\varepsilon^{(2)})-(1-f)(1+2\gamma^{(1)})]^2}-v_{S0}^2\rho(1+2\gamma^{(1)})][v_{P0}^2\rho\sqrt{2f\delta^{(2)}+f^2}-v_{S0}^2\rho]]-}$$

$$\frac{[(v_{P0}^2\rho\sqrt{2f\delta^{(2)}+f^2}-v_{S0}^2\rho)-[v_{P0}^2\rho\sqrt{2\left[1-\frac{(1-f)(1+2\gamma^{(1)})}{1+2\gamma^{(2)}}\right]\delta^{(1)}+\left[1-\frac{(1-f)(1+2\gamma^{(1)})}{1+2\gamma^{(2)}}\right]^2}-\frac{v_{S0}^2\rho(1+2\gamma^{(1)})}{1+2\gamma^{(2)}}]]]\}}{-[v_{P0}^2\rho(1+2\varepsilon^{(2)})[v_{P0}^2\rho\sqrt{2\left[1-\frac{(1-f)(1+2\gamma^{(1)})}{1+2\gamma^{(2)}}\right]\delta^{(1)}+\left[1-\frac{(1-f)(1+2\gamma^{(1)})}{1+2\gamma^{(2)}}\right]^2}-\frac{v_{S0}^2\rho(1+2\gamma^{(1)})}{1+2\gamma^{(2)}}]]]\}} \tag{7-54}$$

ODHSR 同时考虑了各向异性垂向与水平对称轴的作用，更符合实际的页岩储层，它是评价储层是否适用于压裂开发的重要因子，它的值越低表明该区域的最小水平应力和最大水平应力越接近，当进行压裂开发的时候，越容易形成裂缝的网状结构，有利于非常规油气储层压裂成网。

四、正交各向异性介质地应力近似表征

由于上面推导的 OA 介质的主应力和 ODHSR 公式过于复杂，不便于实际应用，所以将 OA 介质的一般公式进行近似简化。由于正交各向异性介质是由水平层状互层矿物组成的薄层和具有水平对称轴沿垂直方向排列的裂缝共同构成的各向异性介质，所以根据 Schoenberg 和 Sayers 的线性滑动理论，可以将 OA 介质的柔度矩阵近似等价于具有垂直对称轴的横向各向同性背景介质的柔度矩阵与扰动裂缝的柔度矩阵之和。扰动裂缝的柔度张量 $\boldsymbol{S}_{\mathrm{f}}$ 可以写成如下形式（Schoenberg 和 Sayers，1995）：

$$\boldsymbol{S}_{\mathrm{f}}=\begin{bmatrix} Z_{\mathrm{N}} & 0 & 0 & 0 & 0 & 0 \\ 0 & 0 & 0 & 0 & 0 & 0 \\ 0 & 0 & 0 & 0 & 0 & 0 \\ 0 & 0 & 0 & 0 & 0 & 0 \\ 0 & 0 & 0 & 0 & Z_{\mathrm{T}} & 0 \\ 0 & 0 & 0 & 0 & 0 & Z_{\mathrm{T}} \end{bmatrix} \tag{7-55}$$

其中，Z_{N} 为法向柔度，Z_{T} 为切向柔度。用弹性刚度常数表示的 VTI 背景介质的刚度矩阵为

$$\boldsymbol{C}_{\mathrm{v}}=\begin{bmatrix} c_{11\mathrm{b}} & c_{11\mathrm{b}}-2c_{66\mathrm{b}} & c_{13\mathrm{b}} & 0 & 0 & 0 \\ c_{11\mathrm{b}}-2c_{66\mathrm{b}} & c_{11\mathrm{b}} & c_{13\mathrm{b}} & 0 & 0 & 0 \\ c_{13\mathrm{b}} & c_{13\mathrm{b}} & c_{33\mathrm{b}} & 0 & 0 & 0 \\ 0 & 0 & 0 & c_{44\mathrm{b}} & 0 & 0 \\ 0 & 0 & 0 & 0 & c_{44\mathrm{b}} & 0 \\ 0 & 0 & 0 & 0 & 0 & c_{66\mathrm{b}} \end{bmatrix} \tag{7-56}$$

则 VTI 背景介质的柔度矩阵 $\boldsymbol{S}_{\mathrm{v}}$ 为

$$\boldsymbol{S}_{\mathrm{v}}=\boldsymbol{C}_{\mathrm{v}}^{-1}=\begin{bmatrix} \dfrac{c_{11\mathrm{b}}c_{33\mathrm{b}}-c_{13\mathrm{b}}^{2}}{4c_{66\mathrm{b}}\left(c_{11\mathrm{b}}c_{33\mathrm{b}}-c_{33\mathrm{b}}c_{66\mathrm{b}}-c_{13\mathrm{b}}^{2}\right)} & \dfrac{2c_{66\mathrm{b}}c_{33\mathrm{b}}+c_{13\mathrm{b}}^{2}-c_{11\mathrm{b}}c_{33\mathrm{b}}}{4c_{66\mathrm{b}}\left(c_{11\mathrm{b}}c_{33\mathrm{b}}-c_{33\mathrm{b}}c_{66\mathrm{b}}-c_{13\mathrm{b}}^{2}\right)} & \dfrac{-c_{13\mathrm{b}}c_{66\mathrm{b}}}{2c_{66\mathrm{b}}\left(c_{11\mathrm{b}}c_{33\mathrm{b}}-c_{33\mathrm{b}}c_{66\mathrm{b}}-c_{13\mathrm{b}}^{2}\right)} & 0 & 0 & 0 \\ \dfrac{2c_{66\mathrm{b}}c_{33\mathrm{b}}+c_{13\mathrm{b}}^{2}-c_{11\mathrm{b}}c_{33\mathrm{b}}}{4c_{66\mathrm{b}}\left(c_{11\mathrm{b}}c_{33\mathrm{b}}-c_{33\mathrm{b}}c_{66\mathrm{b}}-c_{13\mathrm{b}}^{2}\right)} & \dfrac{c_{11\mathrm{b}}c_{33\mathrm{b}}-c_{13\mathrm{b}}^{2}}{4c_{66\mathrm{b}}\left(c_{11\mathrm{b}}c_{33\mathrm{b}}-c_{33\mathrm{b}}c_{66\mathrm{b}}-c_{13\mathrm{b}}^{2}\right)} & \dfrac{-c_{13\mathrm{b}}c_{66\mathrm{b}}}{2c_{66\mathrm{b}}\left(c_{11\mathrm{b}}c_{33\mathrm{b}}-c_{33\mathrm{b}}c_{66\mathrm{b}}-c_{13\mathrm{b}}^{2}\right)} & 0 & 0 & 0 \\ \dfrac{-c_{13\mathrm{b}}c_{66\mathrm{b}}}{2c_{66\mathrm{b}}\left(c_{11\mathrm{b}}c_{33\mathrm{b}}-c_{33\mathrm{b}}c_{66\mathrm{b}}-c_{13\mathrm{b}}^{2}\right)} & \dfrac{-c_{13\mathrm{b}}c_{66\mathrm{b}}}{2c_{66\mathrm{b}}\left(c_{11\mathrm{b}}c_{33\mathrm{b}}-c_{33\mathrm{b}}c_{66\mathrm{b}}-c_{13\mathrm{b}}^{2}\right)} & \dfrac{c_{11\mathrm{b}}c_{66\mathrm{b}}-c_{66\mathrm{b}}^{2}}{c_{66\mathrm{b}}\left(c_{11\mathrm{b}}c_{33\mathrm{b}}-c_{33\mathrm{b}}c_{66\mathrm{b}}-c_{13\mathrm{b}}^{2}\right)} & 0 & 0 & 0 \\ 0 & 0 & 0 & \dfrac{1}{c_{44\mathrm{b}}} & 0 & 0 \\ 0 & 0 & 0 & 0 & \dfrac{1}{c_{44\mathrm{b}}} & 0 \\ 0 & 0 & 0 & 0 & 0 & \dfrac{1}{c_{66\mathrm{b}}} \end{bmatrix} \tag{7-57}$$

根据线性滑动理论，可以得到 OA 介质柔度矩阵的近似公式：

$$\boldsymbol{S}=\boldsymbol{S}_{\mathrm{v}}+\boldsymbol{S}_{\mathrm{f}}=\begin{bmatrix} \dfrac{c_{11\mathrm{b}}c_{33\mathrm{b}}-c_{13\mathrm{b}}^{2}}{4c_{66\mathrm{b}}\left(c_{11\mathrm{b}}c_{33\mathrm{b}}-c_{33\mathrm{b}}c_{66\mathrm{b}}-c_{13\mathrm{b}}^{2}\right)}+Z_{\mathrm{N}} & \dfrac{2c_{66\mathrm{b}}c_{33\mathrm{b}}+c_{13\mathrm{b}}^{2}-c_{11\mathrm{b}}c_{33\mathrm{b}}}{4c_{66\mathrm{b}}\left(c_{11\mathrm{b}}c_{33\mathrm{b}}-c_{33\mathrm{b}}c_{66\mathrm{b}}-c_{13\mathrm{b}}^{2}\right)} & \dfrac{-c_{13\mathrm{b}}c_{66\mathrm{b}}}{2c_{66\mathrm{b}}\left(c_{11\mathrm{b}}c_{33\mathrm{b}}-c_{33\mathrm{b}}c_{66\mathrm{b}}-c_{13\mathrm{b}}^{2}\right)} & 0 & 0 & 0 \\ \dfrac{2c_{66\mathrm{b}}c_{33\mathrm{b}}+c_{13\mathrm{b}}^{2}-c_{11\mathrm{b}}c_{33\mathrm{b}}}{4c_{66\mathrm{b}}\left(c_{11\mathrm{b}}c_{33\mathrm{b}}-c_{33\mathrm{b}}c_{66\mathrm{b}}-c_{13\mathrm{b}}^{2}\right)} & \dfrac{c_{11\mathrm{b}}c_{33\mathrm{b}}-c_{13\mathrm{b}}^{2}}{4c_{66\mathrm{b}}\left(c_{11\mathrm{b}}c_{33\mathrm{b}}-c_{33\mathrm{b}}c_{66\mathrm{b}}-c_{13\mathrm{b}}^{2}\right)} & \dfrac{-c_{13\mathrm{b}}c_{66\mathrm{b}}}{2c_{66\mathrm{b}}\left(c_{11\mathrm{b}}c_{33\mathrm{b}}-c_{33\mathrm{b}}c_{66\mathrm{b}}-c_{13\mathrm{b}}^{2}\right)} & 0 & 0 & 0 \\ \dfrac{-c_{13\mathrm{b}}c_{66\mathrm{b}}}{2c_{66\mathrm{b}}\left(c_{11\mathrm{b}}c_{33\mathrm{b}}-c_{33\mathrm{b}}c_{66\mathrm{b}}-c_{13\mathrm{b}}^{2}\right)} & \dfrac{-c_{13\mathrm{b}}c_{66\mathrm{b}}}{2c_{66\mathrm{b}}\left(c_{11\mathrm{b}}c_{33\mathrm{b}}-c_{33\mathrm{b}}c_{66\mathrm{b}}-c_{13\mathrm{b}}^{2}\right)} & \dfrac{c_{11\mathrm{b}}c_{66\mathrm{b}}-c_{66\mathrm{b}}^{2}}{c_{66\mathrm{b}}\left(c_{11\mathrm{b}}c_{33\mathrm{b}}-c_{33\mathrm{b}}c_{66\mathrm{b}}-c_{13\mathrm{b}}^{2}\right)} & 0 & 0 & 0 \\ 0 & 0 & 0 & \dfrac{1}{c_{44\mathrm{b}}} & 0 & 0 \\ 0 & 0 & 0 & 0 & \dfrac{1}{c_{44\mathrm{b}}}+Z_{\mathrm{T}} & 0 \\ 0 & 0 & 0 & 0 & 0 & \dfrac{1}{c_{66\mathrm{b}}}Z_{\mathrm{T}} \end{bmatrix} \tag{7-58}$$

基于上述 OA 介质柔度矩阵的近似公式，在弹性形变范围内，对于三维应力状态，将胡克定律进行变换，得到应变为应力的函数形式，将该函数形式简化为如下形式：

$$\varepsilon_{i}=\left\{S_{\mathrm{b}}+S_{\mathrm{f}}\right\}\sigma_{j}\quad\left(i,j\in 1,2,\cdots,6\right) \tag{7-59}$$

其中，σ_j 是应力张量，ε_i 是应变张量。将式（7–59）表示为矩阵形式，假设存在垂直方向的主应力和两个水平方向的主应力，且假设地下岩石是有界的，不能移动，则水平方向的应变为零（Iverson，1995），可得水平方向上应变与应力的关系表达式：

$$\begin{aligned}\varepsilon_x=\varepsilon_1=&\left[\frac{c_{11\mathrm{b}}c_{33\mathrm{b}}-c_{13\mathrm{b}}^2}{4c_{66\mathrm{b}}\left(c_{11\mathrm{b}}c_{33\mathrm{b}}-c_{33\mathrm{b}}c_{66\mathrm{b}}-c_{13\mathrm{b}}^2\right)}+Z_{\mathrm{N}}\right]\sigma_x+\frac{2c_{66\mathrm{b}}c_{33\mathrm{b}}+c_{13\mathrm{b}}^2-c_{11\mathrm{b}}c_{33\mathrm{b}}}{4c_{66\mathrm{b}}\left(c_{11\mathrm{b}}c_{33\mathrm{b}}-c_{33\mathrm{b}}c_{66\mathrm{b}}-c_{13\mathrm{b}}^2\right)}\sigma_y-\\&\frac{c_{13\mathrm{b}}c_{66\mathrm{b}}}{2c_{66\mathrm{b}}\left(c_{11\mathrm{b}}c_{33\mathrm{b}}-c_{33\mathrm{b}}c_{66\mathrm{b}}-c_{13\mathrm{b}}^2\right)}\sigma_z\\=&0\end{aligned} \tag{7-60}$$

$$\begin{aligned}\varepsilon_y=\varepsilon_2=&\frac{2c_{66\mathrm{b}}c_{33\mathrm{b}}+c_{13\mathrm{b}}^2-c_{11\mathrm{b}}c_{33\mathrm{b}}}{4c_{66\mathrm{b}}\left(c_{11\mathrm{b}}c_{33\mathrm{b}}-c_{33\mathrm{b}}c_{66\mathrm{b}}-c_{13\mathrm{b}}^2\right)}\sigma_x+\frac{c_{11\mathrm{b}}c_{33\mathrm{b}}-c_{13\mathrm{b}}^2}{4c_{66\mathrm{b}}\left(c_{11\mathrm{b}}c_{33\mathrm{b}}-c_{33\mathrm{b}}c_{66\mathrm{b}}-c_{13\mathrm{b}}^2\right)}\sigma_y-\\&\frac{c_{13\mathrm{b}}c_{66\mathrm{b}}}{2c_{66\mathrm{b}}\left(c_{11\mathrm{b}}c_{33\mathrm{b}}-c_{33\mathrm{b}}c_{66\mathrm{b}}-c_{13\mathrm{b}}^2\right)}\sigma_z\\=&0\end{aligned} \tag{7-61}$$

Thomsen 提出用三个参数来表示 VTI 介质储层的各向异性程度（Thomsen，1986）。根据 VTI 介质弹性刚度常数与 Thomsen 各向异性参数的关系得到的 Thomsen 各向异性参数表示的 VTI 介质弹性刚度常数，代入式（7–60）和式（7–61）中，经过一系列推导，可以得到 OA 介质主应力的近似表达式：

$$\sigma_x=\sigma_z\frac{v_{\mathrm{P0}}^2\sqrt{2f\delta+f^2}-v_{\mathrm{S0}}^2}{Z_{\mathrm{N}}\left[v_{\mathrm{P0}}^4\rho\left(1+2\varepsilon\right)-\rho\left(v_{\mathrm{P0}}^2\sqrt{2f\delta+f^2}-v_{\mathrm{S0}}^2\right)^2\right]+v_{\mathrm{P0}}^2} \tag{7-62}$$

$$\sigma_y=\sigma_z\frac{\left(v_{\mathrm{P0}}^2\sqrt{2f\delta+f^2}-v_{\mathrm{S0}}^2\right)\left[1+2v_{\mathrm{S0}}^2\rho\left(2\gamma+1\right)Z_{\mathrm{N}}\right]}{Z_{\mathrm{N}}\left[v_{\mathrm{P0}}^4\rho\left(1+2\varepsilon\right)-\rho\left(v_{\mathrm{P0}}^2\sqrt{2f\delta+f^2}-v_{\mathrm{S0}}^2\right)^2\right]+v_{\mathrm{P0}}^2} \tag{7-63}$$

其中

$$f=1-\frac{v_{\mathrm{S0}}^2}{v_{\mathrm{P0}}^2}$$

式中　ε、δ——各向异性参数。

利用最大水平地应力 σ_y 和最小水平地应力 σ_x 可以得到正交各向异性水平应力差异比（ODHSR）近似公式为

$$\mathrm{ODHSR}=\frac{2v_{\mathrm{S0}}^2\rho\left(2\gamma+1\right)Z_{\mathrm{N}}}{1+2v_{\mathrm{S0}}^2\rho\left(2\gamma+1\right)Z_{\mathrm{N}}} \tag{7-64}$$

其中，$Z_{\mathrm{N}}=\dfrac{\Delta_{\mathrm{N}}}{M\left(1-\Delta_{\mathrm{N}}\right)}$，$M=\lambda+2\mu$，$\Delta_{\mathrm{N}}=-\dfrac{\varepsilon^{(\mathrm{V})}}{2g\left(1-g\right)}$，$g=\dfrac{v_{\mathrm{S0}}^{2}}{v_{\mathrm{P0}}^{2}}$，$\lambda$ 和 μ 为各向同性介质的拉梅常数，Δ_{N} 为裂缝的法向弱度，其数值变化范围为 0～1。正交各向异性水平应力差异比（ODHSR）近似公式较为简洁，便于实际应用，它是最大水平地应力 σ_y 和最小水平地应力 σ_x 的差除以最大水平地应力 σ_y 所得的比值，是表示水平应力相对变化的储层参数，能够评价地层是否易于压裂成网。基于正交各向异性水平应力差异比近似公式，利用方位叠前三维地震数据反演得到的弹性参数和各向异性参数可以估算正交各向异性水平应力差异比。在进行水力压裂时，ODHSR 低值表明该区域地层容易压裂成裂缝的网状结构，高值则表明该区域地层容易形成定向排列的裂缝，不利于有效提高储层的渗透率，达到预期的增产效果。由于 ODHSR 低值区域为进行水力压裂最佳区域，因此 ODHSR 较为理想的取值范围为 0～0.2，但根据实际工区的情况其范围可能会更为广泛。

第三节　模型试算

一、公式验证

对正交各向异性介质理论的主应力和 ODHSR 近似公式进行验证，由于正交各向异性介质的主应力和 ODHSR 近似公式既有 HTI 介质的各向异性参数也有 VTI 介质的各向异性参数，为了验证近似公式的合理性，进一步将 OA 介质主应力近似式（7–62）和式（7–63）及其 ODHSR 近似式（7–64）中的 VTI 介质的各向异性参数消去。即令 VTI 介质的各向异性参数 ε、δ 和 γ 等于零，只含有 HTI 介质的各向异性参数，可以得到 HTI 介质的主应力及其 DHSR 表示形式：

$$\sigma_x=\sigma_z\frac{v_{\mathrm{P0}}^{2}f-v_{\mathrm{S0}}^{2}}{Z_{\mathrm{N}}\left[v_{\mathrm{P0}}^{4}\rho-\rho\left(v_{\mathrm{P0}}^{2}f-v_{\mathrm{S0}}^{2}\right)^{2}\right]+v_{\mathrm{P0}}^{2}} \tag{7–65}$$

$$\sigma_y=\sigma_z\frac{\left(v_{\mathrm{P0}}^{2}f-v_{\mathrm{S0}}^{2}\right)\left[1+2v_{\mathrm{S0}}^{2}\rho Z_{\mathrm{N}}\right]}{Z_{\mathrm{N}}\left[v_{\mathrm{P0}}^{4}\rho-\rho\left(v_{\mathrm{P0}}^{2}f-v_{\mathrm{S0}}^{2}\right)^{2}\right]+v_{\mathrm{P0}}^{2}} \tag{7–66}$$

$$\mathrm{DHSR}=\frac{2v_{\mathrm{S0}}^{2}\rho Z_{\mathrm{N}}}{1+2v_{\mathrm{S0}}^{2}\rho Z_{\mathrm{N}}} \tag{7–67}$$

由于 $M=\rho v_{\mathrm{P0}}^{2},\mu=\rho v_{\mathrm{S0}}^{2}$，$M=\dfrac{(1-v)E}{(1+v)(1-2v)}$ 且 $\mu=\dfrac{E}{2(1+v)}$，将式（7–65）、式（7–66）和式（7–67）进行变换，得

$$\sigma_x=\sigma_z\frac{v(1+v)}{1+EZ_{\mathrm{N}}-v^{2}} \tag{7–68}$$

$$\sigma_y = \sigma_z v\left(\frac{1+EZ_N+v}{1+EZ_N-v^2}\right) \tag{7-69}$$

$$\mathrm{DHSR} = \frac{EZ_N}{1+EZ_N+v} \tag{7-70}$$

式（7–68）、式（7–69）和式（7–70）与 Gray（2011）推导的 HTI 介质计算的主应力以及水平应力差异比（DHSR）计算公式完全一致，因此，证明了本书推导的正交各向异性介质主应力及其 ODHSR 近似公式的合理性。

二、模型试算

选取中国东部某页岩储层工区的 A 井进行模型试算，A 井的纵波速度 v_{P0}、横波速度 v_{S0}、密度 ρ 以及各向异性参数 $\varepsilon^{(V)}$、$\delta^{(V)}$、$\gamma^{(V)}$、γ 如图 7–3 所示。其中，$\varepsilon^{(V)}$、$\delta^{(V)}$、$\gamma^{(V)}$ 是 HTI 介质的各向异性参数，它们是由构建裂缝岩石物理等效模型估测得到的；γ 是 VTI 介质的各向异性参数，它可以通过 HTI 介质与 VTI 介质的各向异性参数的关系，由 HTI 介质的各向异性参数 $\gamma^{(V)}$ 经过转化得到。

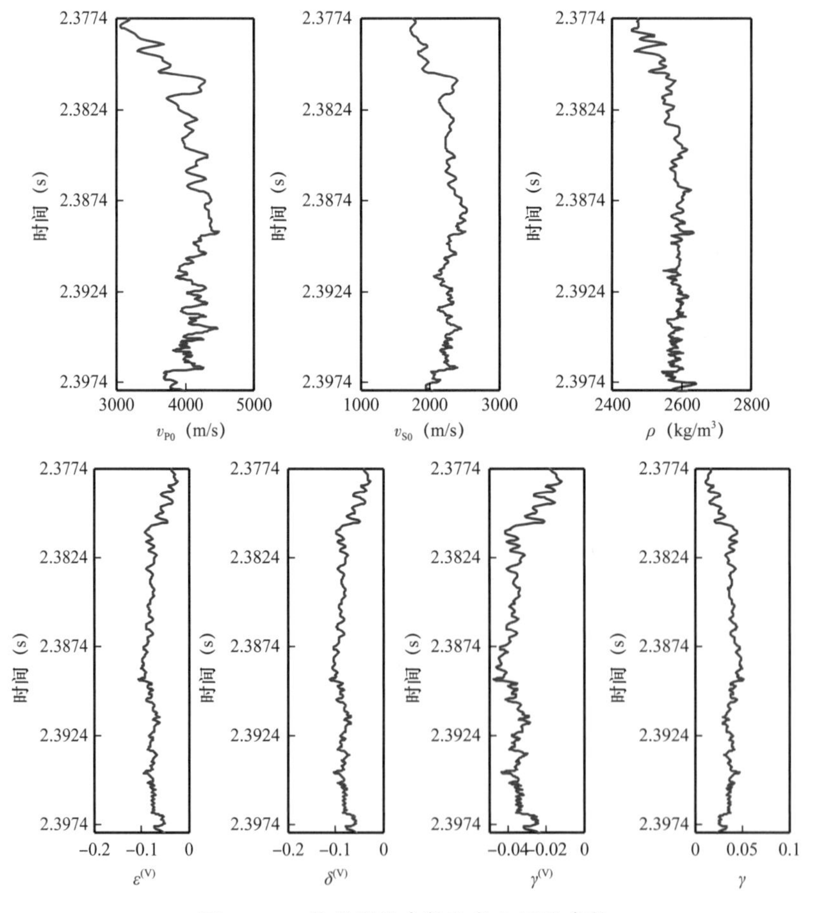

图 7–3　A 井的弹性参数和各向异性参数

利用 A 井的弹性参数和各向异性参数测井曲线，根据地应力计算公式，可以得到地层的水平应力差异比的曲线。首先证明 ODHSR 精确公式的合理性，由于 ODHSR 精确公式过于复杂，因此，可以通过 ODHSR 精确公式退化的 HTI 介质 DHSR 公式得到的曲线与 Gray 推导的 DHSR 公式得到的曲线进行对比以证明 ODHSR 精确公式的合理性（Gray，2011）。

先计算 Gray 提出的 HTI 介质水平应力差异比（DHSR），利用 A 井的弹性参数计算得到岩石力学参数（杨氏模量和泊松比），然后利用计算得到的岩石力学参数和各向异性参数得到地层的 DHSR。其次，计算由本书提出的 ODHSR 精确公式退化的 HTI 介质 DHSR，直接利用 A 井的弹性参数和各向异性参数即可得到地层的 DHSR，省去了利用弹性参数计算岩石力学参数这一步骤，减小了累积误差，二者的对比，如图 7–4a 所示。从图中可以看出虽然 DHSR 的曲线变化幅度略大于常规 DHSR 曲线，但二者趋势基本一致，可以证明退化得到的 HTI 介质 DHSR 公式的合理性，进而证明 ODHSR 精确公式的合理性，存在的差异可能是由于减小了累积误差或者省去简化胡克定律这一步骤造成的。最后，再计算本书提出的 ODHSR 近似公式，利用 A 井的弹性参数和各向异性参数计算地层的 ODHSR，将其与常规 DHSR 曲线进行对比，结果如图 7–4b 所示。

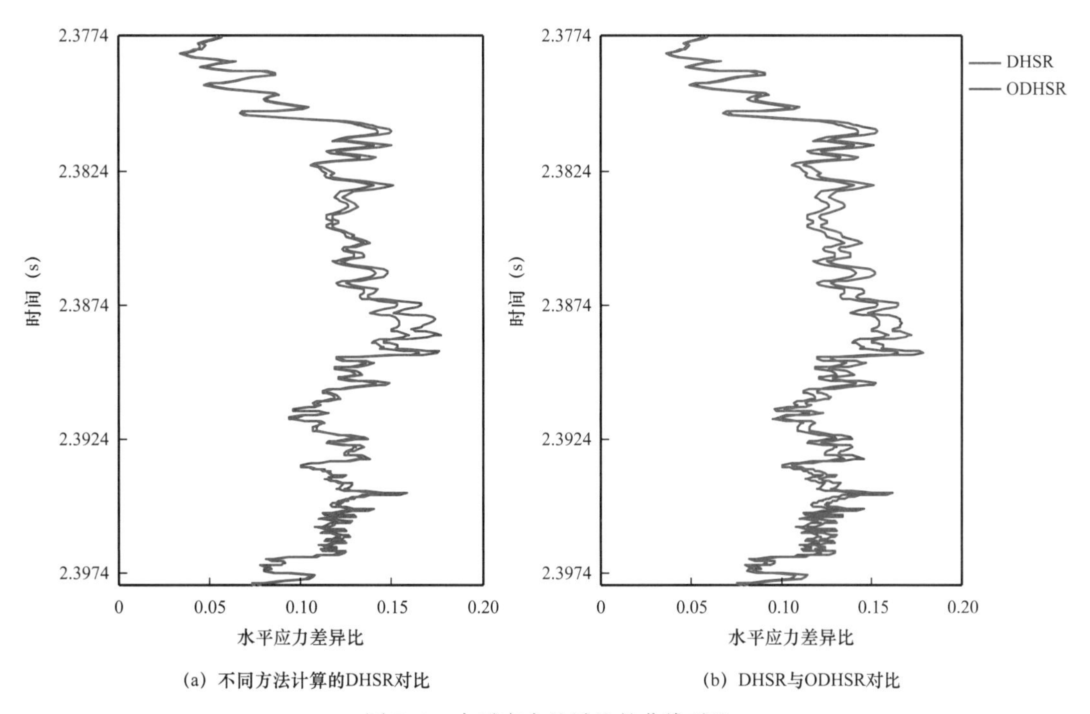

(a) 不同方法计算的DHSR对比　　(b) DHSR与ODHSR对比

图 7–4　水平应力差异比的曲线对比

从图 7–4b HTI 介质 DHSR 和 OA 介质 ODHSR 的对比可以看出，二者的趋势基本一致，ODHSR 低值部分与 DHSR 低值部分相同，ODHSR 的高值部分则略高于 DHSR 高值部分，ODHSR 曲线变化幅度大于 DHSR 曲线的变化幅度。考虑到 VTI 介质各向异性参数γ的影响，令VTI介质各向异性参数γ等于零，消去VTI各向异性参数γ的影响，得到的ODHSR与DHSR一致，也说明了ODHSR公式的合理性，如图7-5b所示。

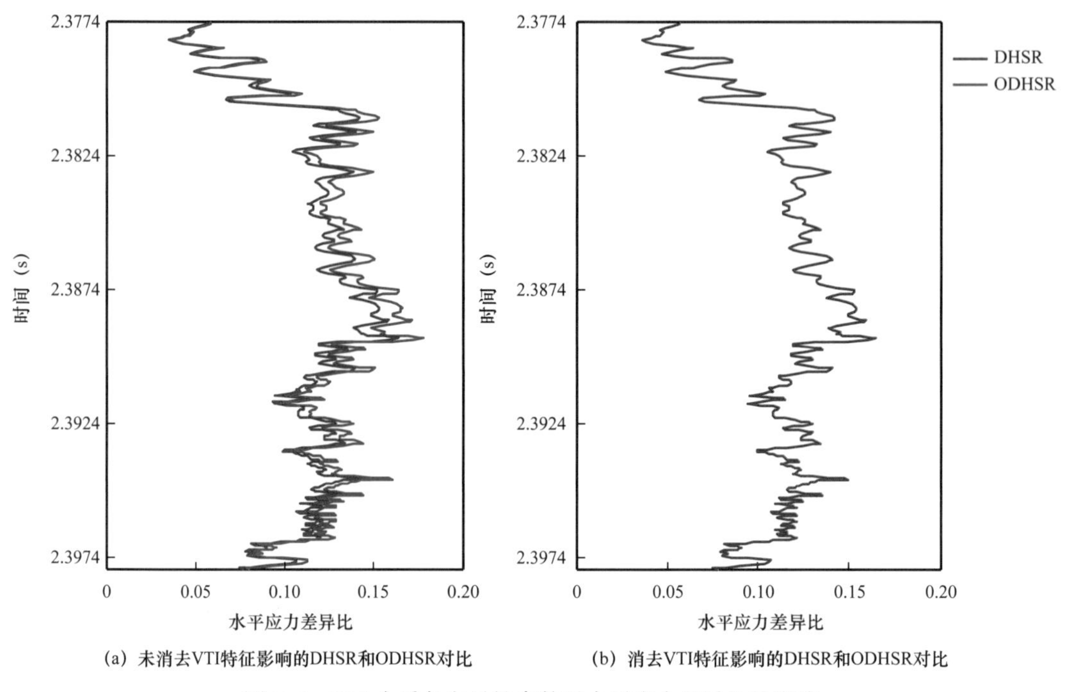

(a) 未消去VTI特征影响的DHSR和ODHSR对比　(b) 消去VTI特征影响的DHSR和ODHSR对比

图7-5　VTI介质各向异性参数对水平应力差异比的影响

通过分析ODHSR曲线，可以找到ODHSR值相对较低的位置，ODHSR低值表示该位置容易压裂成网，高值表示该位置容易压裂成定向排列的裂缝，因此可以利用ODHSR曲线指导水平井的压裂开发，找到容易压裂成网的地层。

第四节　敏感性分析

一、弹性参数对ODHSR的影响

式（7-64）为正交各向异性介质的水平应力差异比（ODHSR）的近似公式，根据ODHSR近似公式，研究单一弹性参数数值变化对ODHSR的影响。模型参数设为：当地层的横波速度从1500m/s变为3000m/s，变化间隔为30m/s时，纵波速度为4300m/s，密度为2400kg/m^3，γ为0.025，Z_N单独与Δ_N相关，Δ_N从0.01变为0.8，变化间隔约为0.2；当地层的密度从1800kg/m^{3}变为3000kg/m^3，变化间隔为50kg/m^{3}时，纵波速度为4300m/s，横波速度为2300m/s，γ为0.025，Z_N单独与Δ_N相关，Δ_N从0.01变为0.8，变化间隔约为0.2。单一弹性参数变化对ODHSR的影响如图7-6所示。

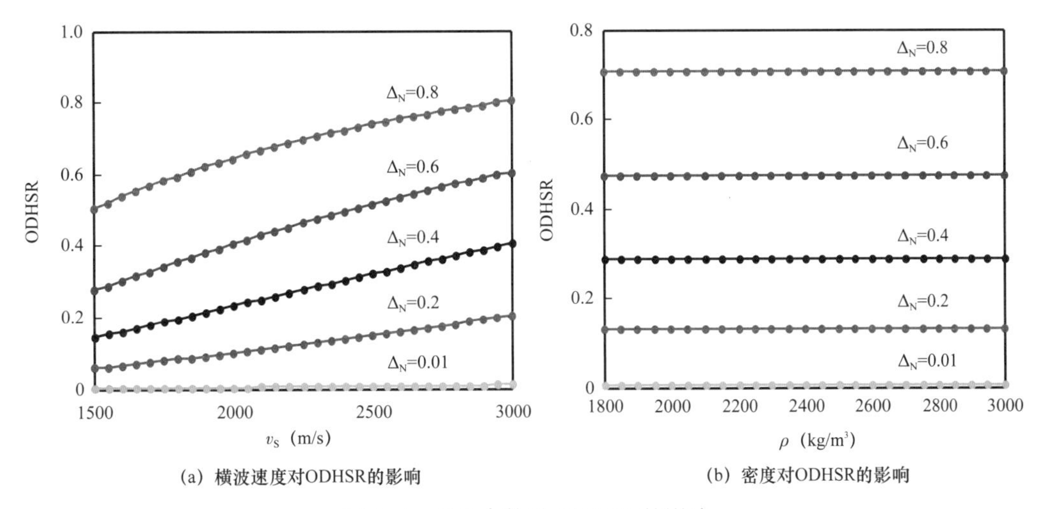

图 7-6　弹性参数对 ODHSR 的影响

图 7-6a 为横波速度对 ODHSR 的影响，图 7-6b 为密度对 ODHSR 影响。从图 7-6a 中可以看出，ODHSR 随横波速度的增加都呈上升趋势，且 ODHSR 数值变化幅度随裂缝法向弱度的增加呈先增大后减小的趋势。当横波速度不变时，裂缝的法向弱度越大，ODHSR 值越大。因此，横波速度与法向弱度对 ODHSR 较为敏感，当横波速度和法向弱度的估算值存在误差时，ODHSR 估算值会存在一定误差。从图 7-6b 中可以看出，随着密度的增加，ODHSR 值保持不变，这表明 ODHSR 值不受密度的影响，这是因为法向柔度公式中隐含的密度项消除了 ODHSR 近似公式中密度的影响。因此，利用 ODHSR 近似公式估算 ODHSR 时，不会出现因密度反演不稳定而造成 ODHSR 估算值不稳定的问题。

二、各向异性参数对 ODHSR 的影响

同理，根据 ODHSR 近似公式，研究单一各向异性参数数值变化对 ODHSR 的影响。模型参数设为：当 VTI 介质各向异性参数 γ 从 0 变为 0.5，变化间隔为 0.01 时，纵波速度为 4300m/s，横波速度为 2300m/s，密度为 2400kg/m^3，Z_N 单独与 Δ_N 相关，Δ_N 从 0.01 变为 0.8，变化间隔约为 0.2。VTI 介质各向异性参数 γ 对 ODHSR 的影响如图 7-7 所示。从图中可以看出，ODHSR 数值随 VTI 介质各向异性参数 γ 的增大而增大。当 VTI 介质各向异性参数 γ 不变时，裂缝的法向弱度越大，ODHSR 值越大。

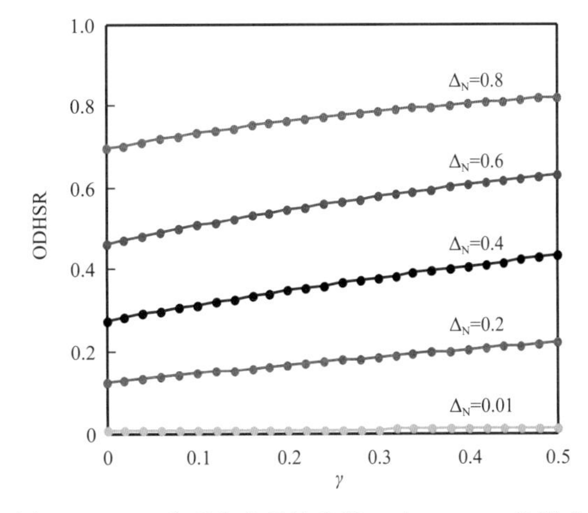

图 7-7　VTI 介质各向异性参数 γ 对 ODHSR 的影响

为了研究同一条件下不同参数变化对 ODHSR 估算值的影响程度，分别假设某单一参数存在 10% 误差（即增加或减少 10% 的误差），其他参数数值不变时引起的 ODHSR 变化量（某单一参数变化后估算的 ODHSR 与原始参数估算的 ODHSR 之间的差值）。模型参数设为：纵波速度为 4300m/s，横波速度为 2300m/s，密度为 2400kg/m^3，Z_N 单独与 Δ_N 相关，Δ_N 从 0 变为 1，变化间隔约为 0.01。结果如图 7-8 所示。

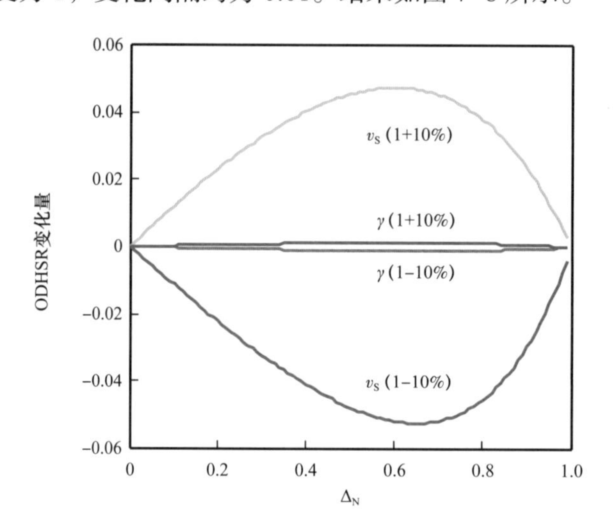

图 7-8　不同参数存在 10% 误差时对 ODHSR 估算值的影响

图 7-8 中绿色曲线和红色曲线分别为横波速度增加 10% 和减小 10% 误差时引起的 ODHSR 变化量，蓝色曲线和紫色曲线分别为 VTI 介质各向异性参数 γ 增加 10% 和减小 10% 误差时引起的 ODHSR 变化量。从图中可以看出，横波速度变化对 ODHSR 估算值的影响远远大于 VTI 介质各向异性参数 γ 产生的影响。当 VTI 介质各向异性参数 γ 存在误差时，对 ODHSR 估算值的影响较小。但通过数值分析发现，VTI 介质各向异性参数 γ 数值越大（即 VTI 介质水平层理特征越明显），其数值发生变化时对 ODHSR 估算值产生的影响越大。

第五节　页岩储层地应力叠前地震反演预测

一、基于方位弹性阻抗方程的各向异性参数反演方法

由第二章内容可知，通过推导可以得到方位各向异性介质的反射系数近似方程：

$$R_P(\theta,\varphi)=\frac{1}{2}\left(1+\tan^2\theta\right)\frac{\Delta\alpha}{\alpha}-4k\sin^2\theta\frac{\Delta\beta}{\beta}+\frac{1}{2}\left(1-4k\sin^2\theta\right)\frac{\Delta\rho}{\rho}+$$
$$\frac{1}{2}\sin^2\theta\cos^2\varphi\left(1+\tan^2\theta\sin^2\varphi\right)\Delta\delta^{(V)}+\frac{1}{2}\cos^4\varphi\sin^2\theta\tan^2\theta\Delta\varepsilon^{(V)}-$$
$$4k\sin^2\theta\cos^2\varphi\Delta\gamma^{(V)} \tag{7-71}$$

式中　K——横纵波速度比，$K=\dfrac{\beta^2}{\alpha^2}$；

α、β——分别为纵波速度、横波速度，m/s；

ρ——密度，kg/m^3；

θ——入射角，(°)；

φ——方位角，(°)；

$\Delta\alpha/\bar{\alpha}$、$\Delta\beta/\bar{\beta}$、$\Delta\rho/\bar{\rho}$——分别为纵波速度反射系数、横波速度反射系数、密度反射系数；

$\Delta\delta^{(V)}$、$\Delta\varepsilon^{(V)}$、$\Delta\gamma^{(V)}$——上下介质各向异性参数的差值。

根据弹性阻抗理论（Connolly，1999），可将方位反射系数方程等价为

$$R(\theta,\varphi)\approx\frac{1}{2}\frac{\Delta \mathrm{EI}(\theta,\varphi)}{\mathrm{EI}(\theta,\varphi)} \tag{7-72}$$

在界面上下两层介质的弹性性质差异较小的情况下，利用微分转换关系：

$$\frac{\Delta x}{x}=\Delta\ln x \tag{7-73}$$

可得

$$R(\theta,\varphi)\approx\frac{1}{2}\frac{\Delta \mathrm{EI}(\theta,\varphi)}{\mathrm{EI}(\theta,\varphi)}\approx\frac{1}{2}\Delta\ln\left[\mathrm{EI}(\theta,\varphi)\right] \tag{7-74}$$

通过式（7–71）和式（7–74）得

$$\begin{aligned}\frac{1}{2}\Delta\ln\left[\mathrm{EI}(\theta,\varphi)\right]=&\frac{1}{2}\left(1+\tan^2\theta\right)\frac{\Delta\alpha}{\bar{\alpha}}-4k\sin^2\theta\frac{\Delta\beta}{\bar{\beta}}+\frac{1}{2}\left(1-4k\sin^2\theta\right)\frac{\Delta\rho}{\bar{\rho}}+\\&\frac{1}{2}\sin^2\theta\cos^2\varphi\left(1+\tan^2\theta\sin^2\varphi\right)\Delta\delta^{(V)}+\frac{1}{2}\cos^4\varphi\sin^2\theta\tan^2\theta\Delta\varepsilon^{(V)}-\\&4k\sin^2\theta\cos^2\varphi\Delta\gamma^{(V)}\end{aligned} \tag{7-75}$$

根据式（7–73）所示的微分转换关系，将式（7–75）进行变换可得

$$\begin{aligned}\Delta\ln\left[\mathrm{EI}(\theta,\varphi)\right]=&\left(1+\tan^2\theta\right)\Delta\ln(\alpha)-8k\sin^2\theta\Delta\ln(\beta)+\left(1-4k\sin^2\theta\right)\Delta\ln(\rho)+\\&\sin^2\theta\cos^2\varphi\left(1+\tan^2\theta\sin^2\varphi\right)\Delta\delta^{(V)}+\cos^4\varphi\sin^2\theta\tan^2\theta\Delta\varepsilon^{(V)}-\\&8k\sin^2\theta\cos^2\varphi\Delta\gamma^{(V)}\end{aligned} \tag{7-76}$$

对式（7–76）两侧取积分，舍去常数项得

$$\begin{aligned}\ln\left[\mathrm{EI}(\theta,\varphi)\right]=&\left(1+\tan^2\theta\right)\ln(\alpha)-8k^2\sin^2\theta\ln(\beta)+\left(1-4k^2\sin^2\theta\right)\ln(\rho)+\\&\left[\sin^2\theta\cos^2\varphi\left(1+\tan^2\theta\sin^2\varphi\right)\right]\delta^{(V)}+\left(\cos^4\varphi\sin^2\theta\tan^2\theta\right)\varepsilon^{(V)}-\\&\left(8k^2\sin^2\theta\cos^2\varphi\right)\gamma^{(V)}\end{aligned} \tag{7-77}$$

再对式（7–77）两侧取指数，则 HTI 介质的方位各向异性弹性阻抗方程表示为

$$\mathrm{EI}(\theta,\varphi)=(\alpha)^{a(\theta)}(\beta)^{b(\theta)}(\rho)^{c(\theta)}\exp\left[d(\theta,\varphi)\delta^{(\mathrm{V})}+e(\theta,\varphi)\varepsilon^{(\mathrm{V})}+f(\theta,\varphi)\gamma^{(\mathrm{V})}\right] \quad (7\text{–}78)$$

其中，$a=1+\tan^2\theta$，$b=-8k\sin^2\theta$，$c=1-4k\sin^2\theta$，$d=\sin^2\theta\cos^2\varphi$（$1+\tan^2\theta\sin^2\varphi$），$e=\cos^4\varphi\sin^2\theta\tan^2\theta$，$f=-8k^2\sin^2\theta\cos^2\varphi$。

由于方位各向异性弹性阻抗方程的量纲会随着入射角和方位角的变化出现剧烈变化的不稳定现象，因此为了得到可靠预测地应力的弹性参数和各向异性参数，需要对方位各向异性弹性阻抗做标准化处理（Whitcombe，2002），得到标准化的方位弹性阻抗方程为

$$\mathrm{EI}(\theta,\varphi)=\alpha_0\rho_0\left(\frac{\alpha}{\alpha_0}\right)^{a(\theta)}\left(\frac{\beta}{\beta_0}\right)^{b(\theta)}\left(\frac{\rho}{\rho_0}\right)^{c(\theta)}\exp\left[d(\theta,\varphi)\delta^{(\mathrm{V})}+e(\theta,\varphi)\varepsilon^{(\mathrm{V})}+f(\theta,\varphi)\gamma^{(\mathrm{V})}\right] \quad (7\text{–}79)$$

其中，α_0、β_0 和 ρ_0 分别为纵波速度、横波速度和密度的均值。利用经过标准化的方位弹性阻抗方程进行叠前方位地震反演能够得到稳定且可靠的反演结果。

为了能够从弹性阻抗数据体中反演出稳定的弹性参数和各向异性参数数据体，需要对式（7–79）进行线性化处理，即

$$\ln\left(\frac{\mathrm{EI}}{\mathrm{EI}_0}\right)=a(\theta)\ln\left(\frac{\alpha}{\alpha_0}\right)+b(\theta)\ln\left(\frac{\beta}{\beta_0}\right)+c(\theta)\ln\left(\frac{\rho}{\rho_0}\right)+\mathrm{d}(\theta,\varphi)\delta^{(\mathrm{V})}+e(\theta,\varphi)\varepsilon^{(\mathrm{V})}+f(\theta,\varphi)\gamma^{(\mathrm{V})} \quad (7\text{–}80)$$

其中，$\mathrm{EI}_0=\alpha_0\rho_0$。从式（7–80）可以看出利用线性化后的方位弹性阻抗方程至少需要 6 个不同方位角、不同入射角的弹性阻抗数据体以提取储层的弹性参数（α、β 和 ρ）和各向异性参数（$\delta^{(\mathrm{V})}$、$\varepsilon^{(\mathrm{V})}$ 和 $\gamma^{(\mathrm{V})}$）。

由于方位弹性阻抗方程待反演的参数有 6 个，因此可以构建如下所示的方位弹性阻抗方程组，将反演得到的 6 个方位弹性阻抗数据体代入公式中以求取所需的纵波速度、横波速度、密度和各向异性参数：

$$\left.\begin{aligned}
\ln\left(\frac{\mathrm{EI}(\theta_1,\varphi_1)}{\mathrm{EI}_0}\right)&=a(\theta_1)\ln\left(\frac{\alpha}{\alpha_0}\right)+b(\theta_1)\ln\left(\frac{\beta}{\beta_0}\right)+c(\theta_1)\ln\left(\frac{\rho}{\rho_0}\right)+d(\theta_1,\varphi_1)\delta^{(\mathrm{V})}+e(\theta_1,\varphi_1)\varepsilon^{(\mathrm{V})}+f(\theta_1,\varphi_1)\gamma^{(\mathrm{V})}\\
\ln\left(\frac{\mathrm{EI}(\theta_2,\varphi_1)}{\mathrm{EI}_0}\right)&=a(\theta_2)\ln\left(\frac{\alpha}{\alpha_0}\right)+b(\theta_2)\ln\left(\frac{\beta}{\beta_0}\right)+c(\theta_2)\ln\left(\frac{\rho}{\rho_0}\right)+d(\theta_2,\varphi_1)\delta^{(\mathrm{V})}+e(\theta_2,\varphi_1)\varepsilon^{(\mathrm{V})}+f(\theta_2,\varphi_1)\gamma^{(\mathrm{V})}\\
\ln\left(\frac{\mathrm{EI}(\theta_3,\varphi_1)}{\mathrm{EI}_0}\right)&=a(\theta_3)\ln\left(\frac{\alpha}{\alpha_0}\right)+b(\theta_3)\ln\left(\frac{\beta}{\beta_0}\right)+c(\theta_3)\ln\left(\frac{\rho}{\rho_0}\right)+d(\theta_3,\varphi_1)\delta^{(\mathrm{V})}+e(\theta_3,\varphi_1)\varepsilon^{(\mathrm{V})}+f(\theta_3,\varphi_1)\gamma^{(\mathrm{V})}\\
\ln\left(\frac{\mathrm{EI}(\theta_1,\varphi_2)}{\mathrm{EI}_0}\right)&=a(\theta_1)\ln\left(\frac{\alpha}{\alpha_0}\right)+b(\theta_1)\ln\left(\frac{\beta}{\beta_0}\right)+c(\theta_1)\ln\left(\frac{\rho}{\rho_0}\right)+d(\theta_1,\varphi_2)\delta^{(\mathrm{V})}+e(\theta_1,\varphi_2)\varepsilon^{(\mathrm{V})}+f(\theta_1,\varphi_2)\gamma^{(\mathrm{V})}\\
\ln\left(\frac{\mathrm{EI}(\theta_2,\varphi_2)}{\mathrm{EI}_0}\right)&=a(\theta_2)\ln\left(\frac{\alpha}{\alpha_0}\right)+b(\theta_2)\ln\left(\frac{\beta}{\beta_0}\right)+c(\theta_2)\ln\left(\frac{\rho}{\rho_0}\right)+d(\theta_2,\varphi_2)\delta^{(\mathrm{V})}+e(\theta_2,\varphi_2)\varepsilon^{(\mathrm{V})}+f(\theta_2,\varphi_2)\gamma^{(\mathrm{V})}\\
\ln\left(\frac{\mathrm{EI}(\theta_3,\varphi_2)}{\mathrm{EI}_0}\right)&=a(\theta_3)\ln\left(\frac{\alpha}{\alpha_0}\right)+b(\theta_3)\ln\left(\frac{\beta}{\beta_0}\right)+c(\theta_3)\ln\left(\frac{\rho}{\rho_0}\right)+d(\theta_3,\varphi_2)\delta^{(\mathrm{V})}+e(\theta_3,\varphi_2)\varepsilon^{(\mathrm{V})}+f(\theta_3,\varphi_2)\gamma^{(\mathrm{V})}
\end{aligned}\right\} \quad (7\text{–}81)$$

将 6 个不同方位、不同入射角的弹性阻抗方程写成矩阵形式为

$$\begin{bmatrix} a(\theta_1) & b(\theta_1) & c(\theta_1) & d(\theta_1,\varphi_1) & e(\theta_1,\varphi_1) & f(\theta_1,\varphi_1) \\ a(\theta_2) & b(\theta_2) & c(\theta_2) & d(\theta_2,\varphi_1) & e(\theta_2,\varphi_1) & f(\theta_2,\varphi_1) \\ a(\theta_3) & b(\theta_3) & c(\theta_3) & d(\theta_3,\varphi_1) & e(\theta_3,\varphi_1) & f(\theta_3,\varphi_1) \\ a(\theta_1) & b(\theta_1) & c(\theta_1) & d(\theta_1,\varphi_2) & e(\theta_1,\varphi_2) & f(\theta_1,\varphi_2) \\ a(\theta_2) & b(\theta_2) & c(\theta_2) & d(\theta_2,\varphi_2) & e(\theta_2,\varphi_2) & f(\theta_2,\varphi_2) \\ a(\theta_3) & b(\theta_3) & c(\theta_3) & d(\theta_3,\varphi_2) & e(\theta_3,\varphi_2) & f(\theta_3,\varphi_2) \end{bmatrix} \begin{bmatrix} \ln\left(\dfrac{\alpha}{\alpha_0}\right) \\ \ln\left(\dfrac{\beta}{\beta_0}\right) \\ \ln\left(\dfrac{\rho}{\rho_0}\right) \\ \delta^{(\mathrm{V})} \\ \varepsilon^{(\mathrm{V})} \\ \gamma^{(\mathrm{V})} \end{bmatrix} = \begin{bmatrix} \ln\left(\dfrac{\mathrm{EI}(\theta_1,\varphi_1)}{\mathrm{EI}_0}\right) \\ \ln\left(\dfrac{\mathrm{EI}(\theta_2,\varphi_1)}{\mathrm{EI}_0}\right) \\ \ln\left(\dfrac{\mathrm{EI}(\theta_3,\varphi_1)}{\mathrm{EI}_0}\right) \\ \ln\left(\dfrac{\mathrm{EI}(\theta_1,\varphi_2)}{\mathrm{EI}_0}\right) \\ \ln\left(\dfrac{\mathrm{EI}(\theta_2,\varphi_2)}{\mathrm{EI}_0}\right) \\ \ln\left(\dfrac{\mathrm{EI}(\theta_3,\varphi_2)}{\mathrm{EI}_0}\right) \end{bmatrix} \tag{7-82}$$

利用已知的α、β、ρ、$\delta^{(\mathrm{V})}$、$\varepsilon^{(\mathrm{V})}$和$\gamma^{(\mathrm{V})}$测井数据以及井旁道方位弹性阻抗值计算式（7–82）中各参数对应的常系数。在储层弹性性质横向变化较小的情况下，可将常系数看作是恒定不变的值。将叠前方位弹性阻抗反演得到的 6 个不同方位、不同入射角的弹性阻抗代入式（7–82）中，结合各参数对应的常系数，通过求解可得到各采样点处的纵波速度α、横波速度β、密度ρ和各向异性参数$\varepsilon^{(\mathrm{V})}$、$\delta^{(\mathrm{V})}$、$\gamma^{(\mathrm{V})}$。由于该方法在进行反演时使用了测井资料进行约束，并结合地震资料的先验信息，因此得到的弹性参数和各向异性参数较为准确可靠。

二、地应力预测

首先对全方位地震数据进行预处理以得到用于叠前方位地震反演的方位部分角度叠加地震数据。预处理过程为：根据裂缝型储层的特征规定零方位角的方向即为裂缝储层的水平对称轴的方向，从零方位角开始等角度的划分全方位地震数据，通常情况下将全方位地震数据划分为具有相同覆盖次数且覆盖均匀的 6 个方位叠前地震道集；然后利用速度体资料得到叠前角度域地震数据；最后对各个方位的叠前角度域地震数据进行部分角度叠加以得到大、中、小三个角度的部分角度叠加地震数据。经过预处理后可得到 6 个方位且每个方位包含三个入射角的共 18 个分方位部分角度叠加道集，然后选取其中 6 个叠前方位地震数据进行叠前方位弹性阻抗反演，利用贝叶斯叠前地震反演方法对这 6 个不同方位、不同入射角的叠前地震数据进行反演得到的 6 个不同方位、不同入射角的弹性阻抗数据体，如图 7–9 所示。

最后，通过基于方位弹性阻抗的各向异性参数反演方法从弹性阻抗数据体中提取地层的纵波速度、横波速度、密度和 HTI 介质的各向异性参数，结果如图 7–10 所示。

利用提取的弹性参数和各向异性参数计算地层的 ODHSR，ODHSR 层切片如图 7–11 所示。从图 7–11 可以看出，井 A 所在区域为 ODHSR 低值区域，在该处进行水力压裂能够形成复杂的裂缝网状结构，有利于页岩储层的水力压裂改造，提高储层的渗透率和采收率，因此通过ODHSR计算公式得到的ODHSR层切片能够寻找储层中ODHSR低值区域，为页岩的水力压裂施工提供理论指导，对压裂的增产效果产生重要的影响。综上所述，ODHSR参数在页岩油气开采和勘探方面有着极其重要的作用，对提高油气勘探开发的效益及水平有着不可估量的广阔前景和深远的意义。

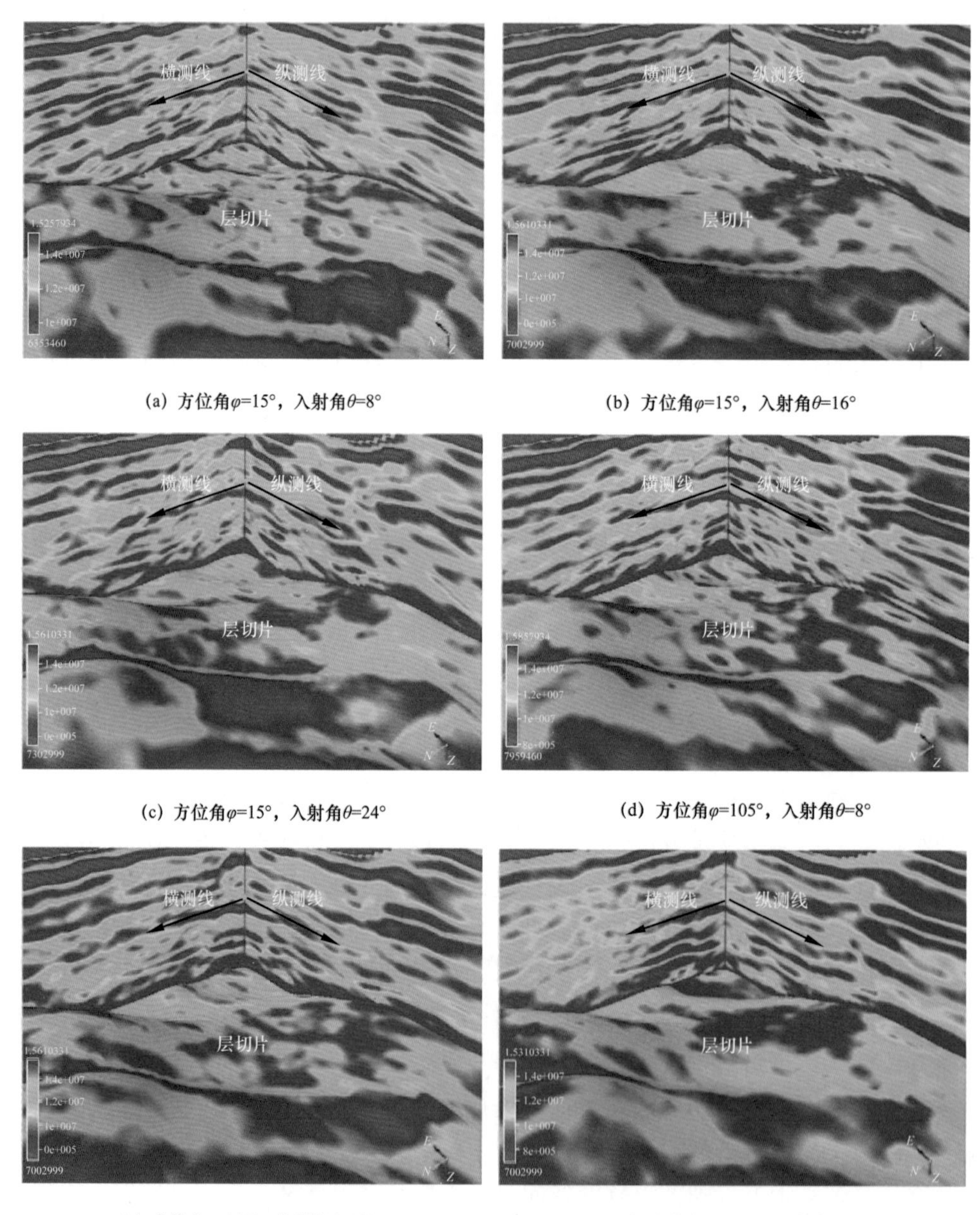

(a) 方位角φ=15°，入射角θ=8°　(b) 方位角φ=15°，入射角θ=16°

(c) 方位角φ=15°，入射角θ=24°　(d) 方位角φ=105°，入射角θ=8°

(e) 方位角φ=105°，入射角θ=16°　(f) 方位角φ=105°，入射角θ=24°

图 7-9　实际工区方位各向异性弹性阻抗反演结果

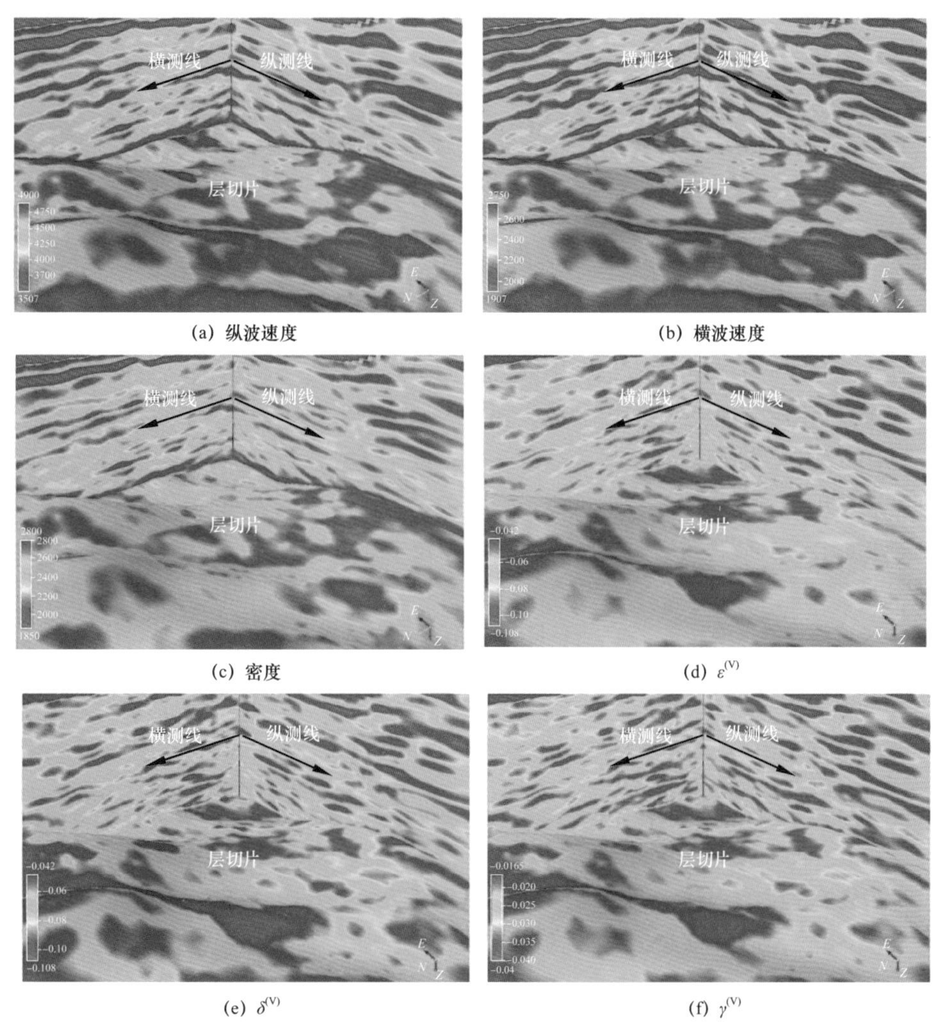

图 7-10　弹性参数和各向异性参数反演结果（纵横测线剖面和层切片）

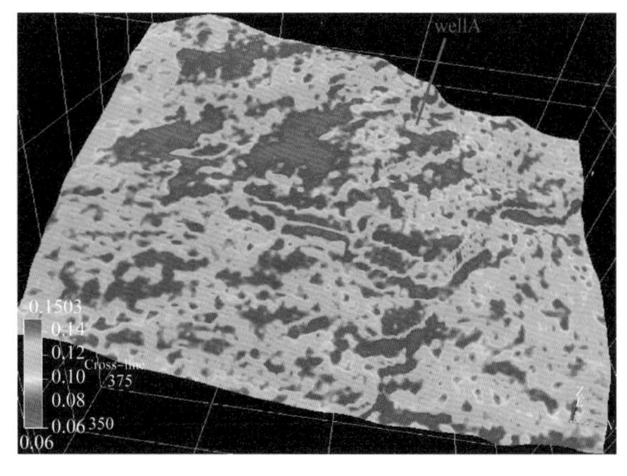

图 7-11　ODHSR 的层切片

第八章

应用案例

中国页岩储层特征较美国有很大不同，美国页岩储层地下构造比较简单、埋深相对较浅。中国页岩储层目前主要在四川盆地、鄂尔多斯盆地和渤海湾盆地等，埋深大、断层交错、山地地表复杂、地层非均质强，勘探开发难度非常大。近几年，各大油气公司在复杂页岩油气储层开展了综合地球物理预测技术攻关，实现了储层岩石物理分析和地震识别预测。本章详细论述了页岩储层“甜点”地震预测技术在页岩气和页岩油储层的案例应用。

第一节　中国某页岩气工区实例

一、工区概况

该页岩气工区受PQ_east、PQ_west两条逆断层控制，为一窄陡断背斜，走向NE，短轴长3.4km，长轴长19.2km，轴部埋深2570m，构造幅度630m。工区内M井侧钻水平井设计分22段压裂，试气井段长1585m（3017～4602m），日产气$17.44\times10^4m^3$，累计排液$4165.54m^3$，返排率9.2%，M井试获高产页岩气流，实现目标页岩气工区的商业发现。总体来讲，目标页岩气工区页岩气层段、优质页岩平面分布相对稳定，向南厚度略有增加。脆性矿物含量高、分布较稳定。其中W组—L组一段一亚段脆性矿物含量最高，一般为46.5%～89.3%。TOC含量在W组—L组一段一亚段横向上对比性强，平均值均在3%以上；一亚段—三亚段在H井变小。纵向上，孔隙度在W组—L组一段一亚段较大；横向上，H井区略有变小。W组—L组含气量总体较高；H井略有变小。目标页岩气工区主体预计新增页岩气探明地质储量$2738.48\times10^8m^3$，累计探明页岩气地质储量$3805.98\times10^8m^3$。然而，该工区构造复杂，不同构造部位页岩气保存条件、产量差异大，已部署探井控制不够，总体断裂发育，不同类型、规模断裂对保存条件、产量的影响存在差异。地应力与裂缝发育差异明显，对保存条件、产量的影响也存在差异，如K井获得商业性气流，并不能代表K井向南的斜坡均具有商业开发价值；如J井获得商业性气流，也不能代表J井北东方向的向斜区具有商业开发价值。

二、页岩气“甜点”地震预测技术应用效果

根据工区页岩储层发育大量垂直定向裂缝、微纳米孔隙及包含大量有机质的特点，

基于岩石物理建模理论，计算工区岩石模量、裂缝参数等。K 井正交各向异性介质各向异性参数计算结果如图 8-1 所示。K 井目的层为一类页岩气层，层内发育水平层理，且包含大量垂直定向裂缝，所以具有较强的各向异性，这与计算结果刚好吻合。

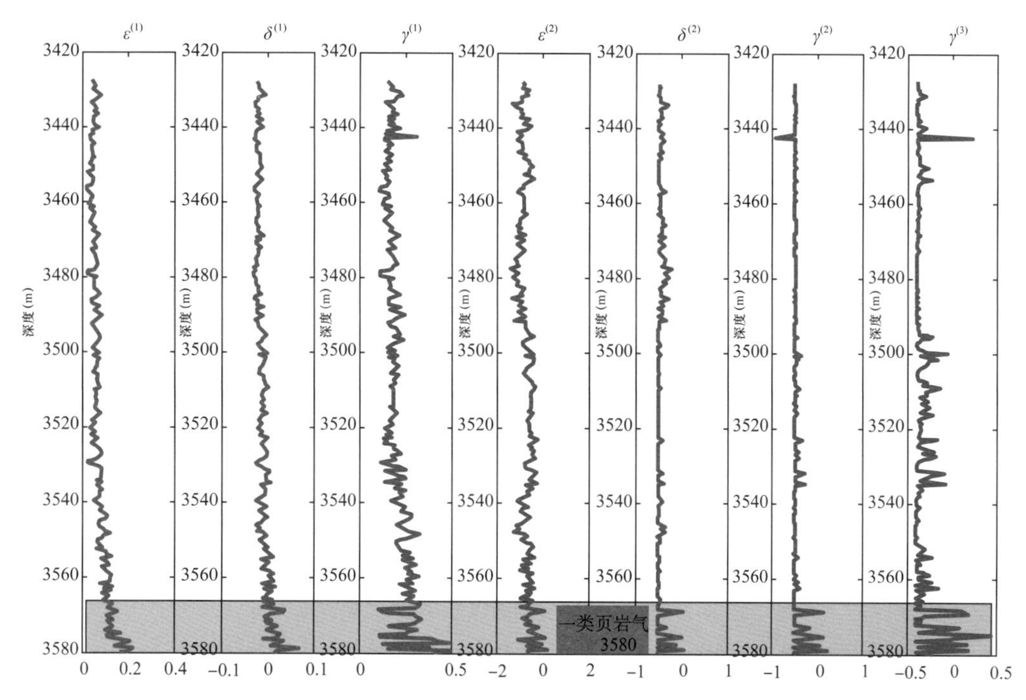

图 8-1　K 井正交各向异性介质各向异性参数建模结果

图 8-2 至图 8-5 为该页岩气工区 H 井、J 井、K 井、M 井的小角度地震剖面以及对应的 TOC 反演剖面，可以看到在目的层 TOC 含量为明显高值，分布较为均匀。H 井、J 井、K 井、M 井 TOC 值在目的层都有较好表现，这一点认识与测井 TOC 含量曲线认识是一致的。

为了验证该工区杨氏模量和泊松比等弹性参数对脆性的敏感性，对 M 井进行脆性分析。以 M 井为例，图 8-6 为 M 井部分井曲线，从左至右分别是纵波阻抗、TOC 含量、杨氏模量、泊松比曲线，依据 Rickman 弹性模量脆性计算方法可以计算脆性曲线，如图 8-6 最右侧绿色曲线所示，蓝色曲线为实测矿物脆性，可以发现二者差异较大，而如果将泊松比的权重增大（按照 TOC 含量权重），即使用式（8-1），则可以得到红色曲线，可以看到新定义的脆性曲线与真实的矿物脆性更加接近。所以该工区采用杨氏模量、泊松比以及 TOC 含量计算脆性指数的方式。考虑地震岩石物理及地质先验信息，发展了页岩气叠前地震弹性阻抗及脆性敏感参数反演方法，实现了页岩气脆性敏感参数叠前地震直接反演，通过先验模型约束，提高该反演方法的稳定性及可靠性。图 8-7 至图 8-10 为过 H 井、J 井、K 井、M 井的小角度叠加地震剖面以及对应的脆性反演剖面。反演结果显示脆性由浅至深有逐渐增大的趋势，目的层位的脆性较大，其中一类页岩气的脆性最高，这一特点与测井曲线保持一致，反演结果是合理的。

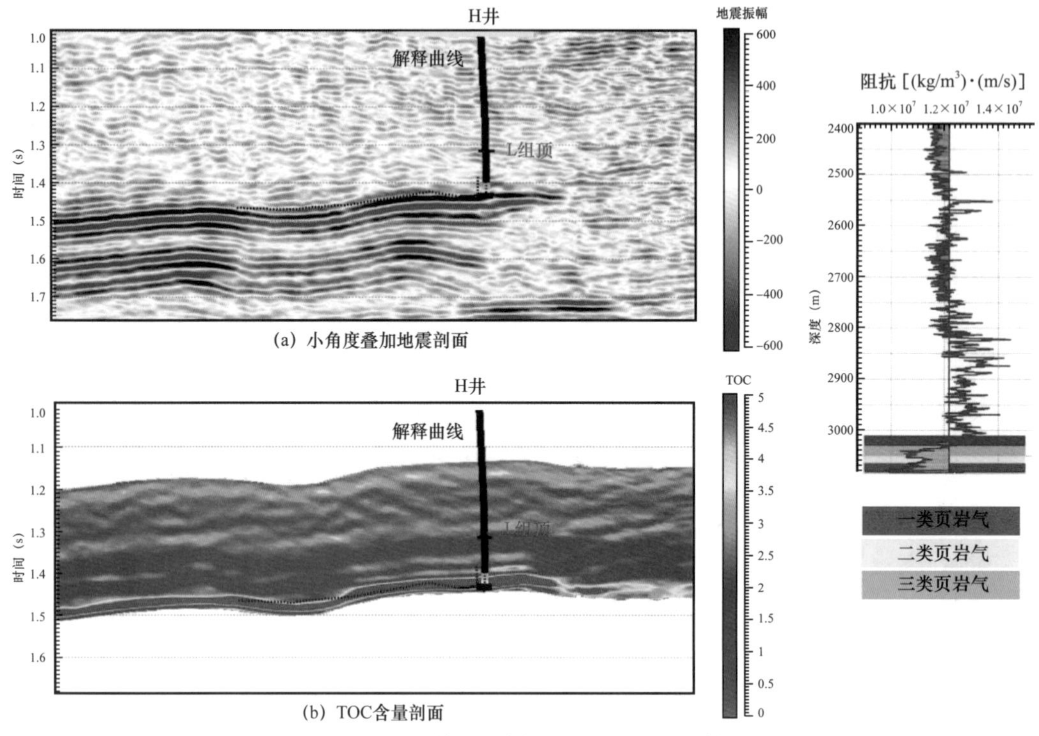

图 8-2　过 H 井地震剖面以及 TOC 含量剖面

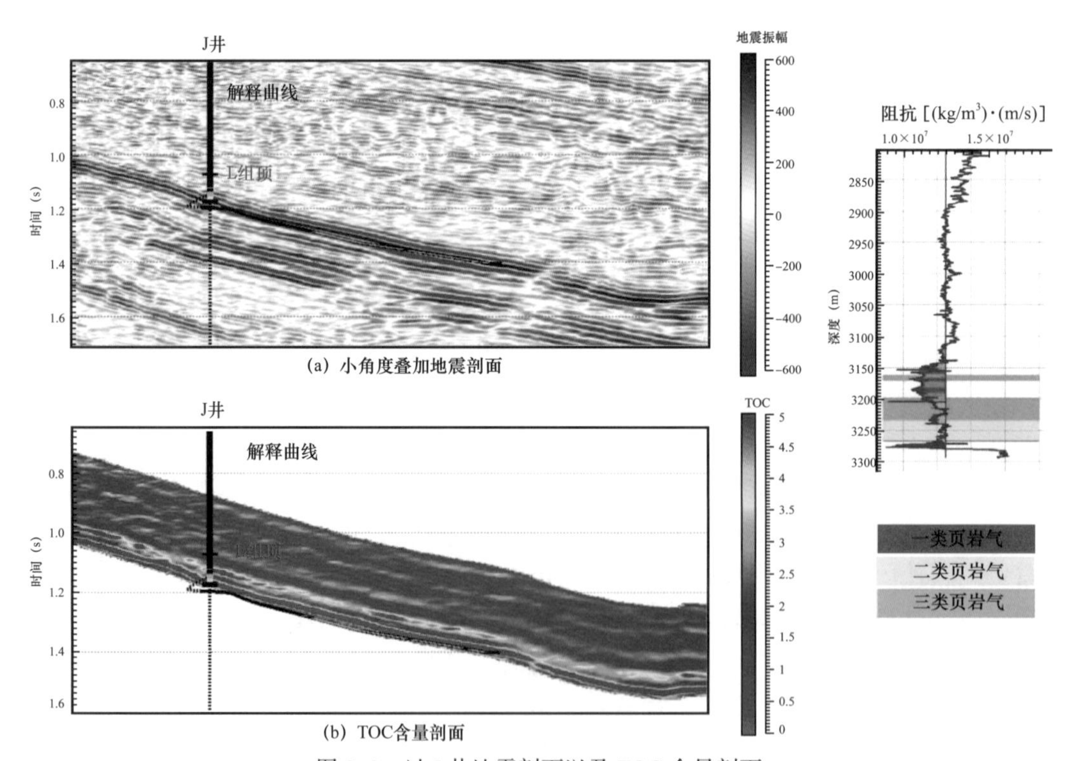

图 8-3　过 J 井地震剖面以及 TOC 含量剖面

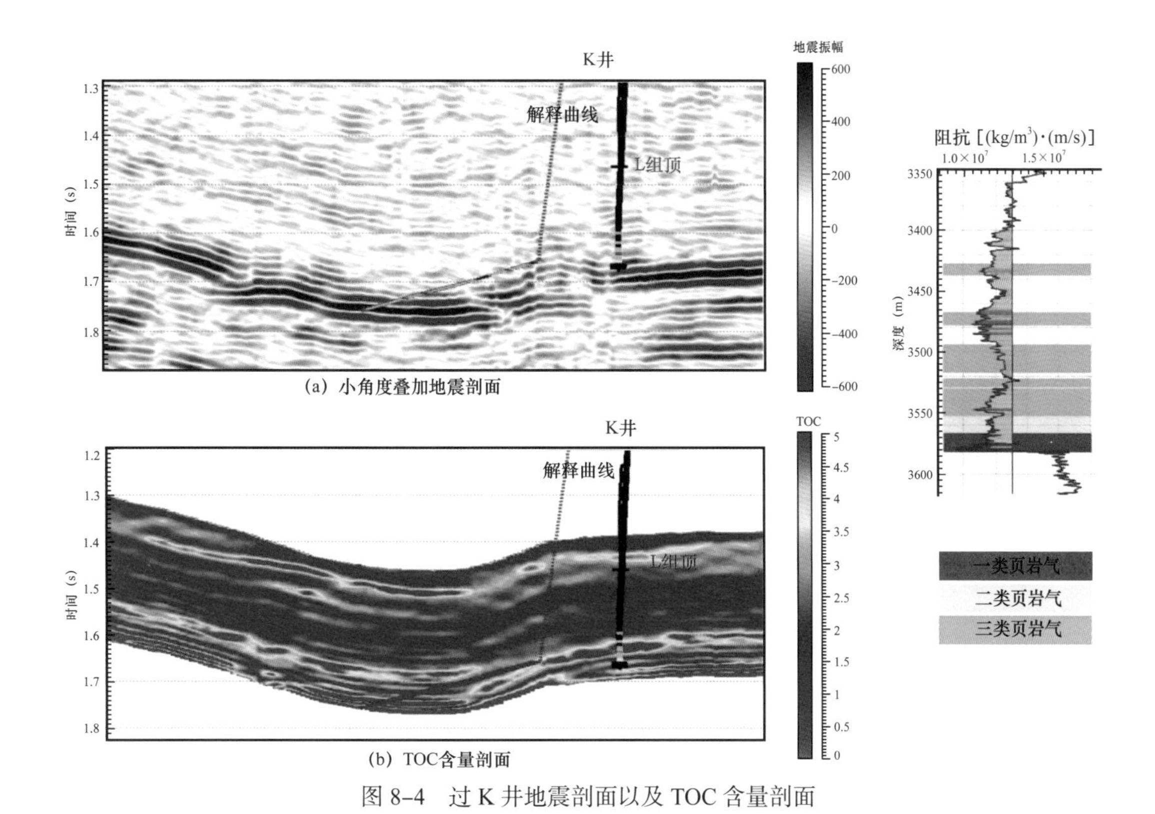

(a) 小角度叠加地震剖面

(b) TOC含量剖面

图 8-4　过 K 井地震剖面以及 TOC 含量剖面

(a) 小角度叠加地震剖面

(b) TOC含量剖面

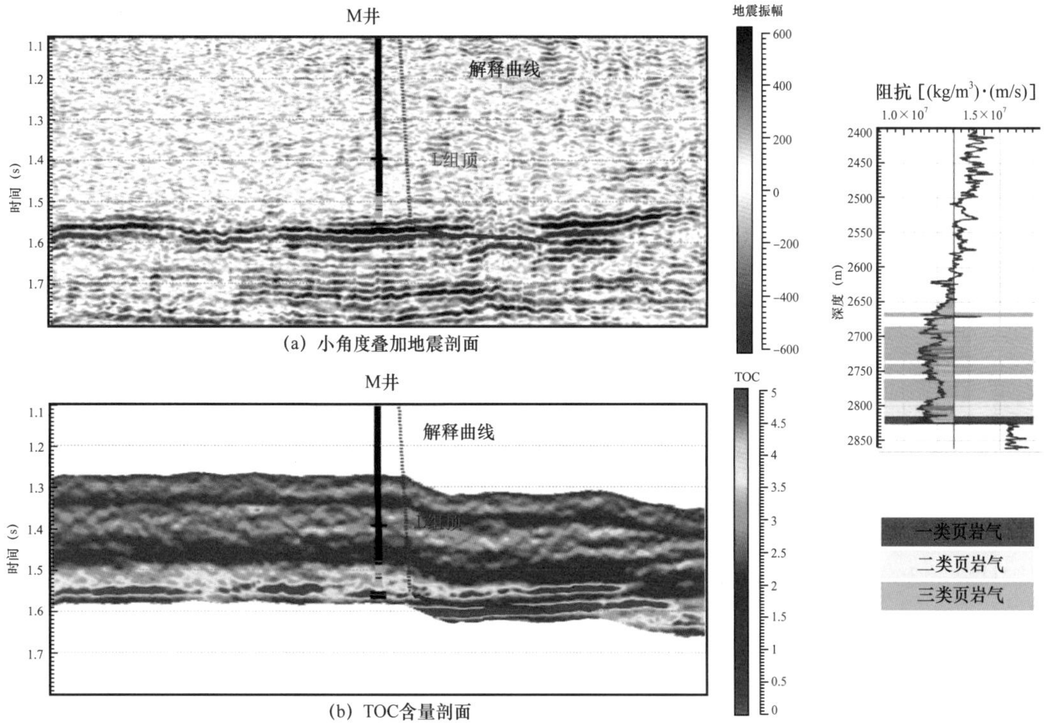

图 8-5　过 M 井地震剖面以及 TOC 含量剖面

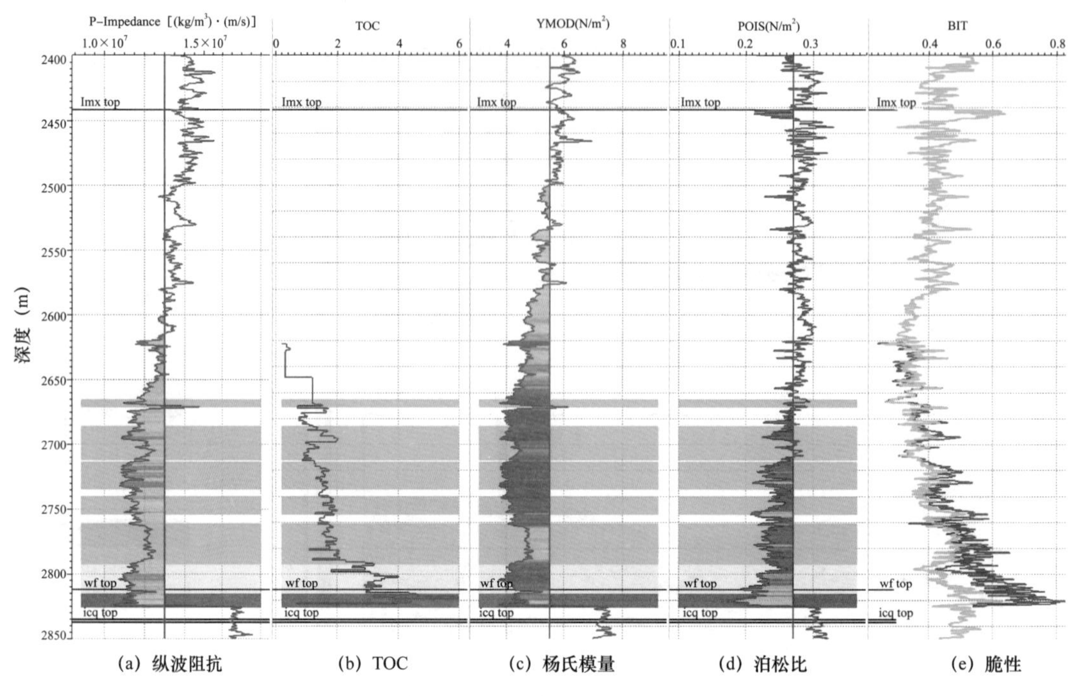

图 8-6　M 井部分测井曲线

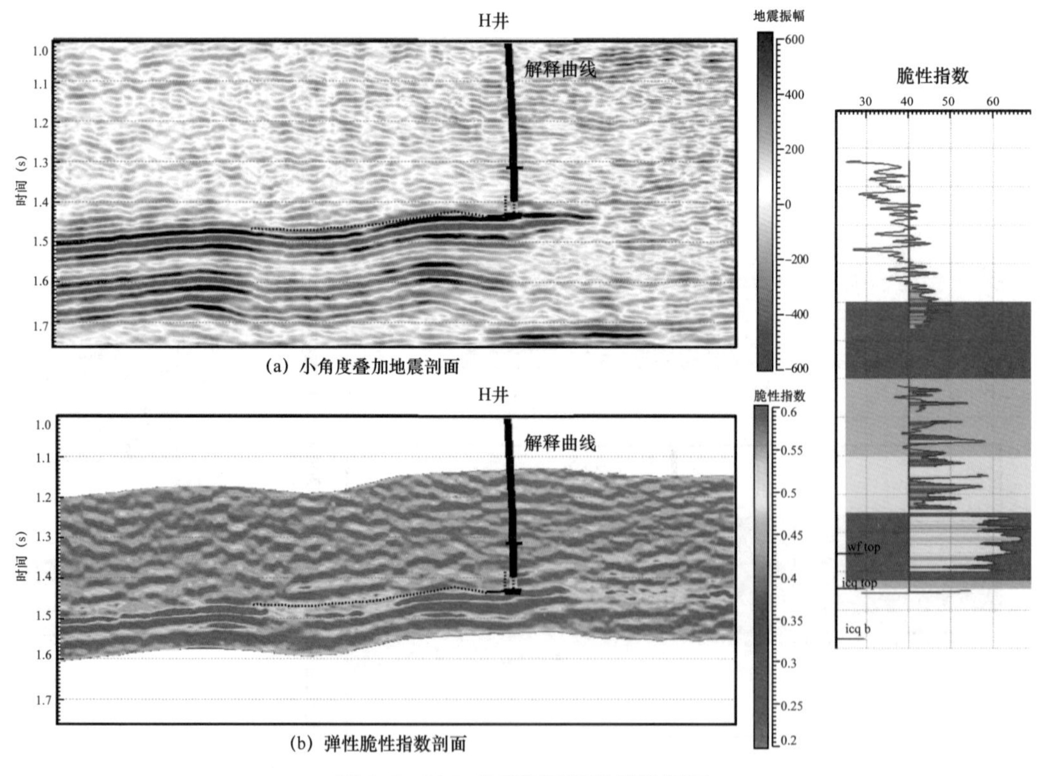

图 8-7　过 H 地震剖面以及脆性剖面

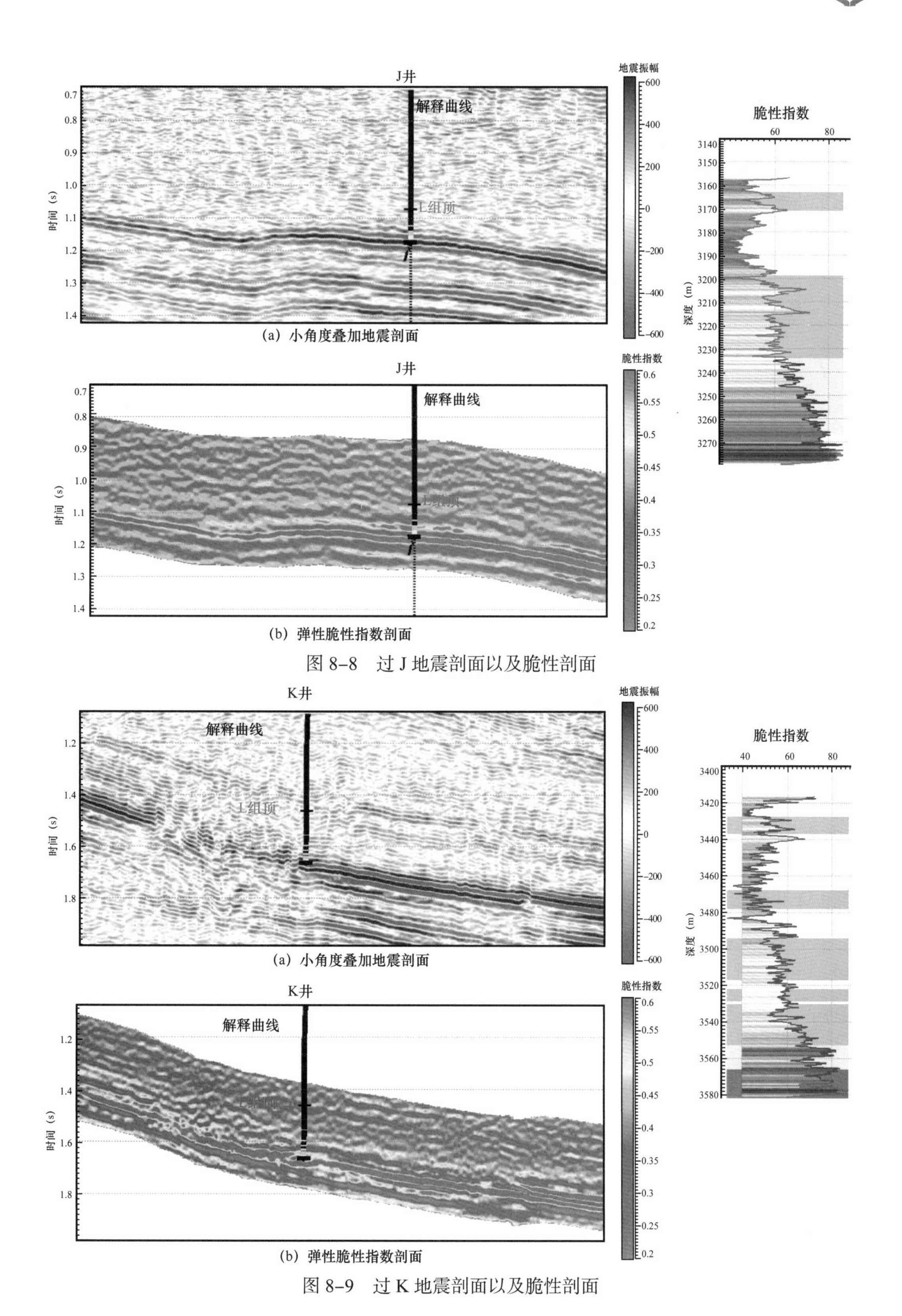

（a）小角度叠加地震剖面

（b）弹性脆性指数剖面

图 8–8 过 J 地震剖面以及脆性剖面

（a）小角度叠加地震剖面

（b）弹性脆性指数剖面

图 8–9 过 K 地震剖面以及脆性剖面

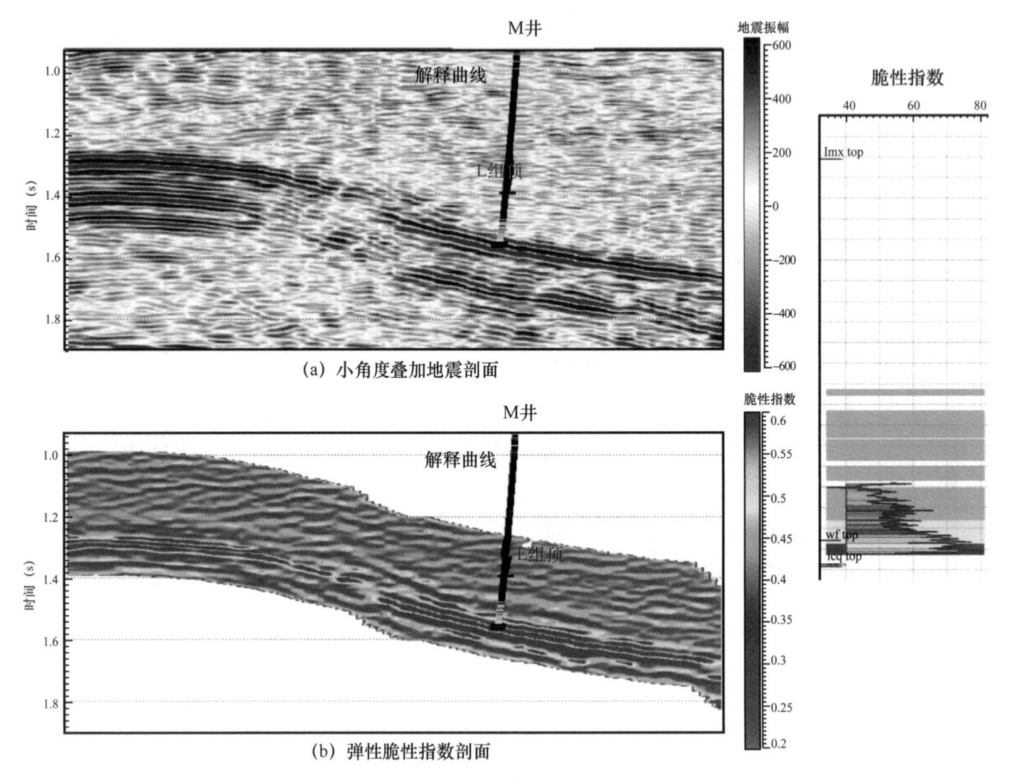

图 8-10 过 M 地震剖面以及脆性剖面

$$\mathrm{BI\_opt}=\left[\frac{100\left(1-\mathrm{TOC}/\mathrm{TOC\_m}\right)\left(E-E_{\min}\right)}{\left(E_{\max}-E_{\min}\right)}+\frac{100\left(1+\mathrm{TOC}/\mathrm{TOC\_m}\right)\left(v-v_{\max}\right)}{\left(v_{\min}-v_{\max}\right)}\right]/2 \quad (8\text{–}1)$$

本页岩气工区采用方位地震数据开展裂缝参数预测，方位地震数据一共有 6 个方位扇区，依次为 0°～30°、30°～60°、60°～90°、90°～120°、120°～150°、150°～180°。H 井和 M 井附近裂缝参数预测结果如图 8–11至图 8–18 所示。图 8–11 和图 8–15 是裂缝密度预测结果空间展布图，从图中可以发现预测结果与地质构造相吻合，即在断层两侧裂缝较发育。图 8–13 和图 8–17 是裂缝倾向预测结果玫瑰统计图，可以发现其与测井解释结果（图 8–14 和图 8–18）吻合度非常高。说明页岩储层裂缝参数预测技术在该页岩气工区取得了较好的效果。

利用方位叠前地震资料，在贝叶斯方位弹性阻抗反演的基础上，针对水平应力差异比 ODHSR 进行叠前地震反演方法研究，并取得了较好的效果。图 8–19 至图 8–22 分别为过 H 井、J 井、K 井、M 井的横测线地震数据和水平应力相对变化 ODHSR 的反演结果，测井曲线为页岩气解释曲线，红色表示一类页岩气、黄色为二类页岩气、绿色为三类页岩气，ODHSR 越小，表示水平最小主应力和最大主应力的差距越小，不容易沿着某一个单一的方向产生裂缝，而是产生网状裂缝。

由反演结果可以观察到：在目的层 ODHSR 为相对低值，这一点与测井 ODHSR 数

据保持一致，ODHSR 越低，越有利于压裂成网。由于提取 ODHSR 利用的是叠前方位道集，相对于三个部分角度叠加数据而言信噪比较低，因此在反演中加入适当的测井与初始模型约束使得反演结果更为稳定，可以看到最终 ODHSR 反演结果保持了与地震几乎一致的纵向与横向分辨率。另外在反演过程中需要对反演结果相位进行一定微小的调整，以避免在计算过程中造成更大的间接误差，图中的黑色线条为井轨迹曲线，井轨迹基本沿着 ODHSR 低值区域延伸。人们更为关心的是页岩气工区最容易压裂成网的地区，所以应该结合之前得到的脆性反演结果，综合预测工程“甜点”。

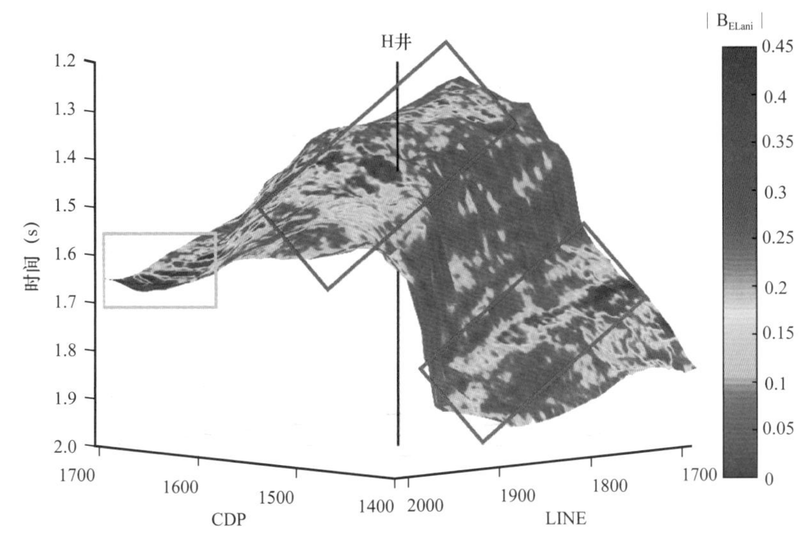

图 8-11　过 H 井目的层裂缝密度分布

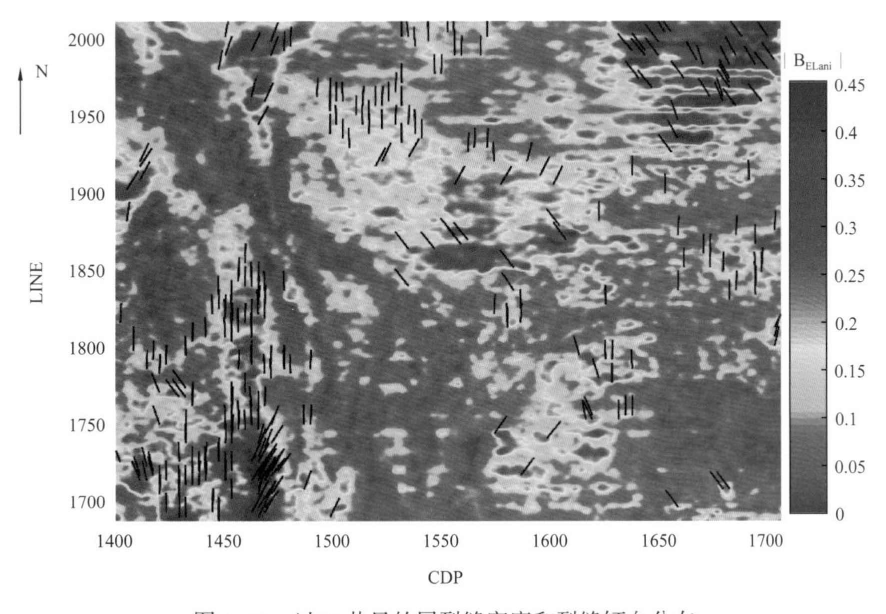

图 8-12　过 H 井目的层裂缝密度和裂缝倾向分布

黑线代表裂缝倾向

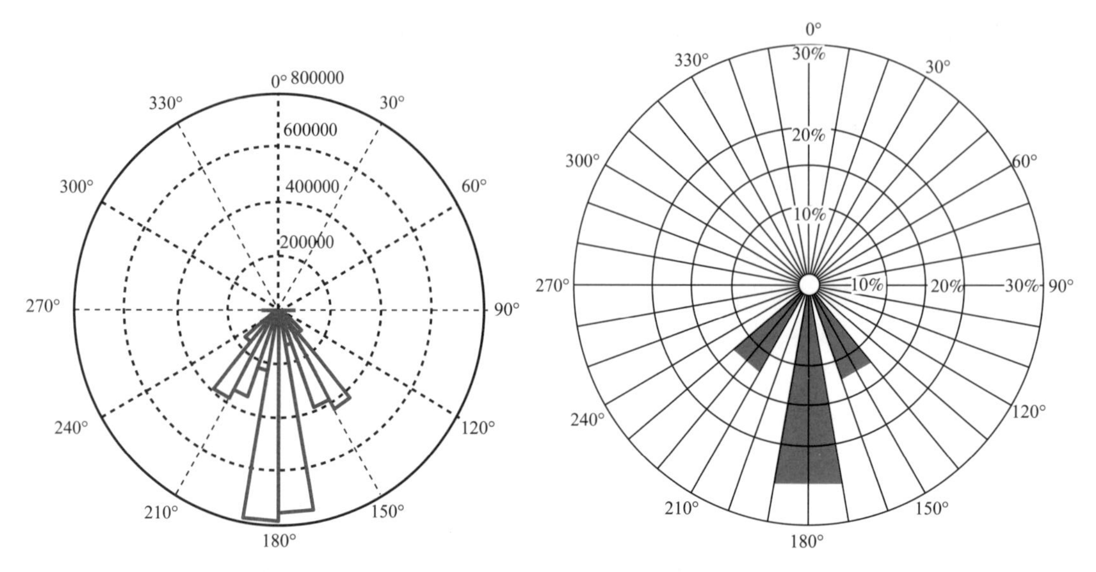

图 8-13　H 井井周裂缝倾向预测结果玫瑰统计图　　图 8-14　H 井井周裂缝倾向测井解释玫瑰统计图

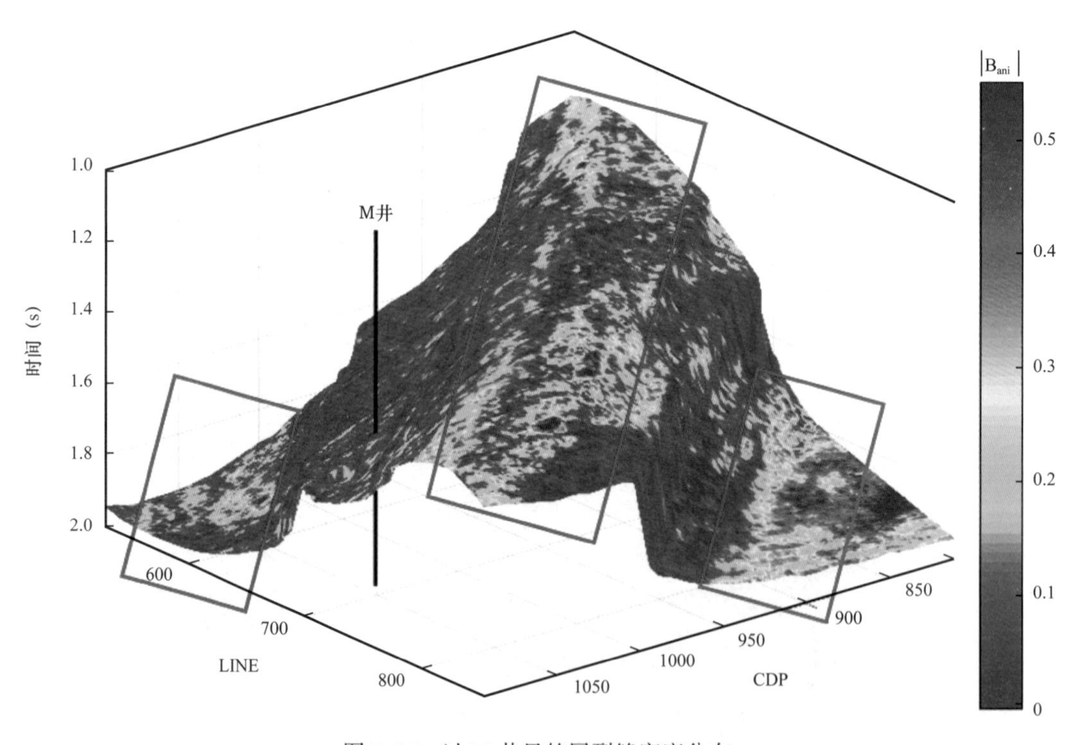

图 8-15　过 M 井目的层裂缝密度分布

为研究工区 ODHSR 空间展布，得到了 ODHSR 沿目的层的沿层切片，时间窗为目的层到目的层 -30ms，如图 8-23 所示，红色代表低值，同时也表示该地区容易压裂成网。在断层处 ODHSR 较高，表示此处不容易压裂成网，这一点认识也较好理解，因为大断层处应力已经释放。

另外值得注意的是，ODHSR 反映的是局部特征，水平最小主应力与水平最大主应力差别越大则 ODHSR 越大，页岩气工区的南部 ODHSR 较北部更低，在断裂之间的 K 井、M 井 ODHSR 更低，H 井、J 井 ODHSR 相对较大，表示 K 井、M 井更容易压裂成网，这也很好地解释了 H 井、J 井含气性良好但是压裂效果不如 K 井、M 井的现象。

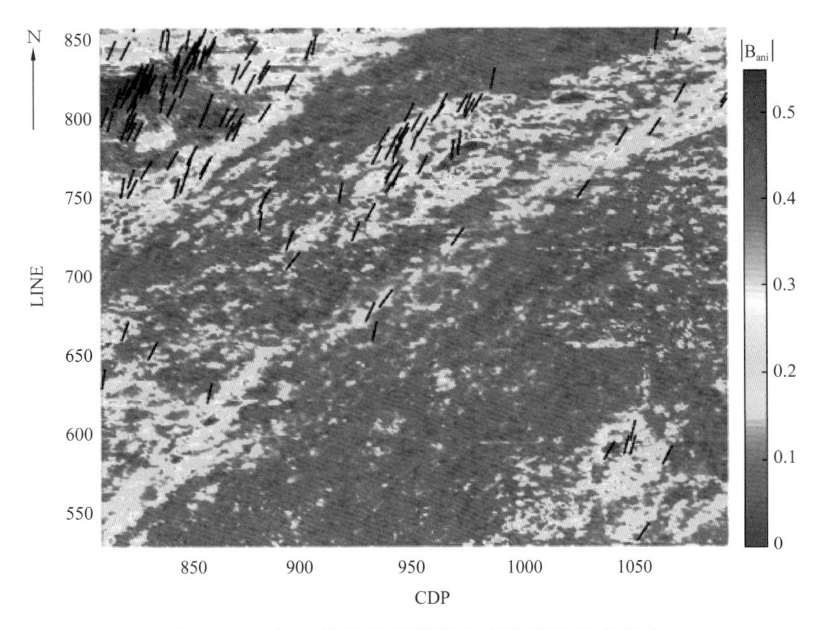

图 8-16　过 M 井目的层裂缝密度和裂缝倾向分布

黑线代表裂缝倾向

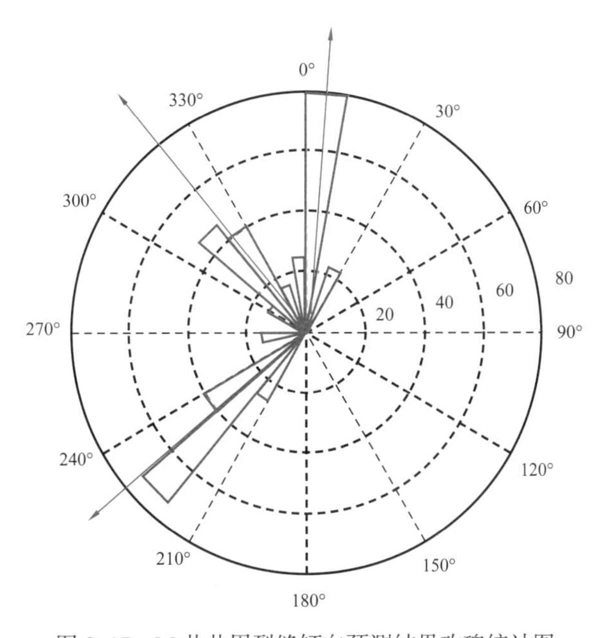

图 8-17　M 井井周裂缝倾向预测结果玫瑰统计图

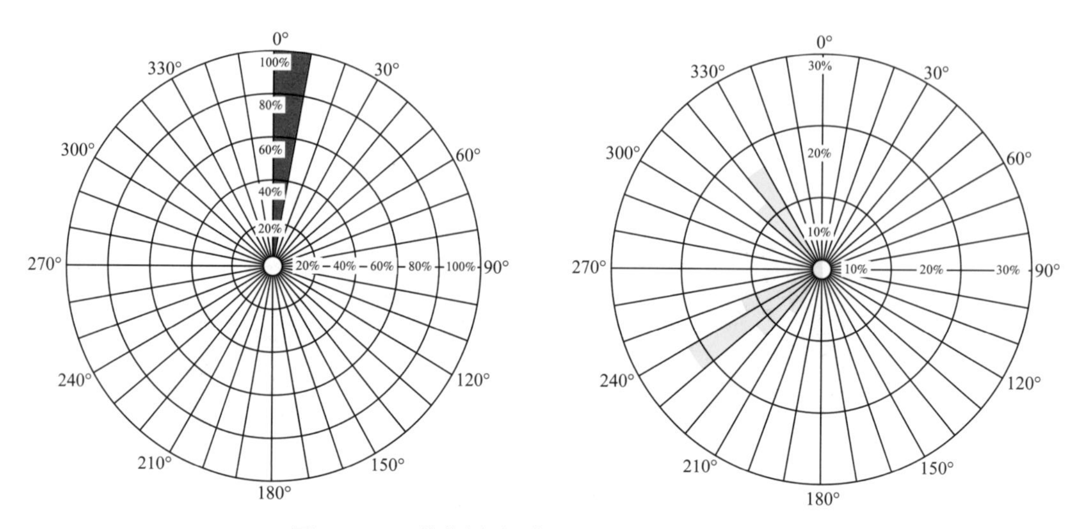

图 8-18　M 井井周裂缝倾向测井解释玫瑰统计图

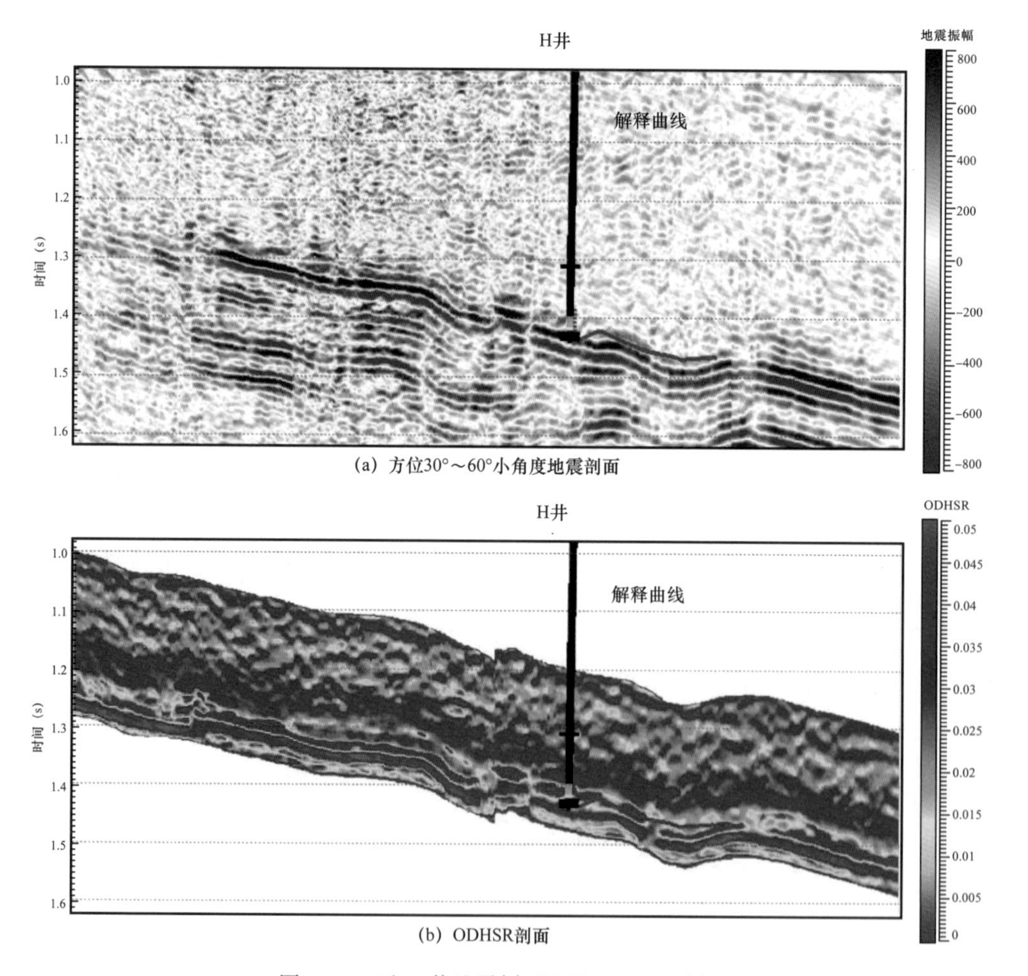

图 8-19　过 H 井地震剖面以及 ODHSR 剖面

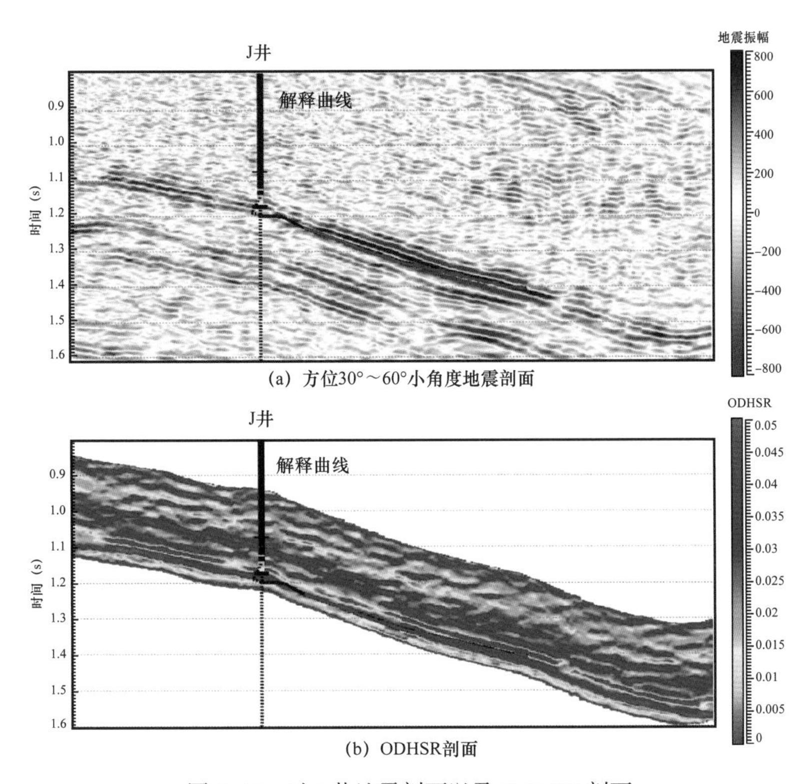

(a) 方位30°～60°小角度地震剖面

(b) ODHSR剖面

图 8-20　过 J 井地震剖面以及 ODHSR 剖面

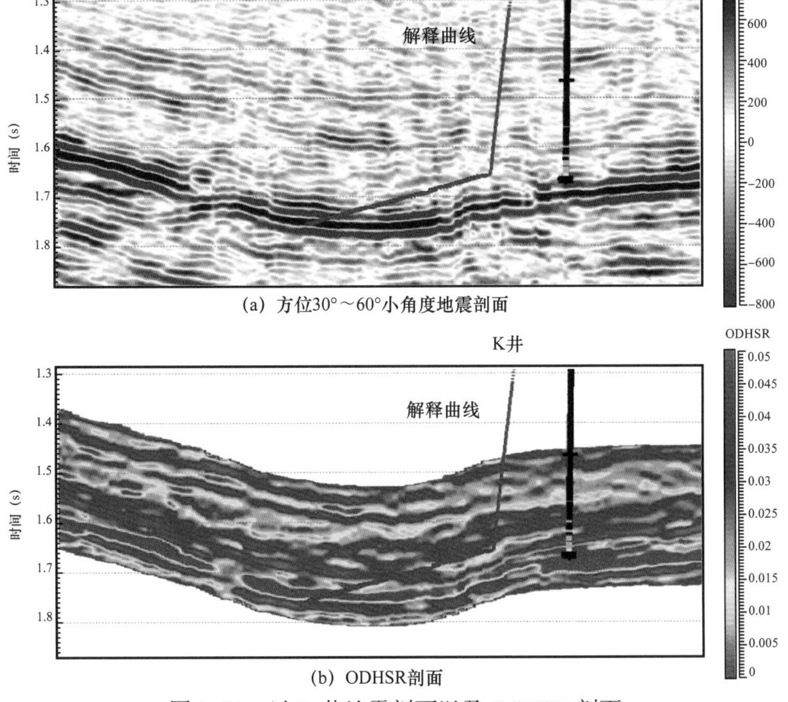

(a) 方位30°～60°小角度地震剖面

(b) ODHSR剖面

图 8-21　过 K 井地震剖面以及 ODHSR 剖面

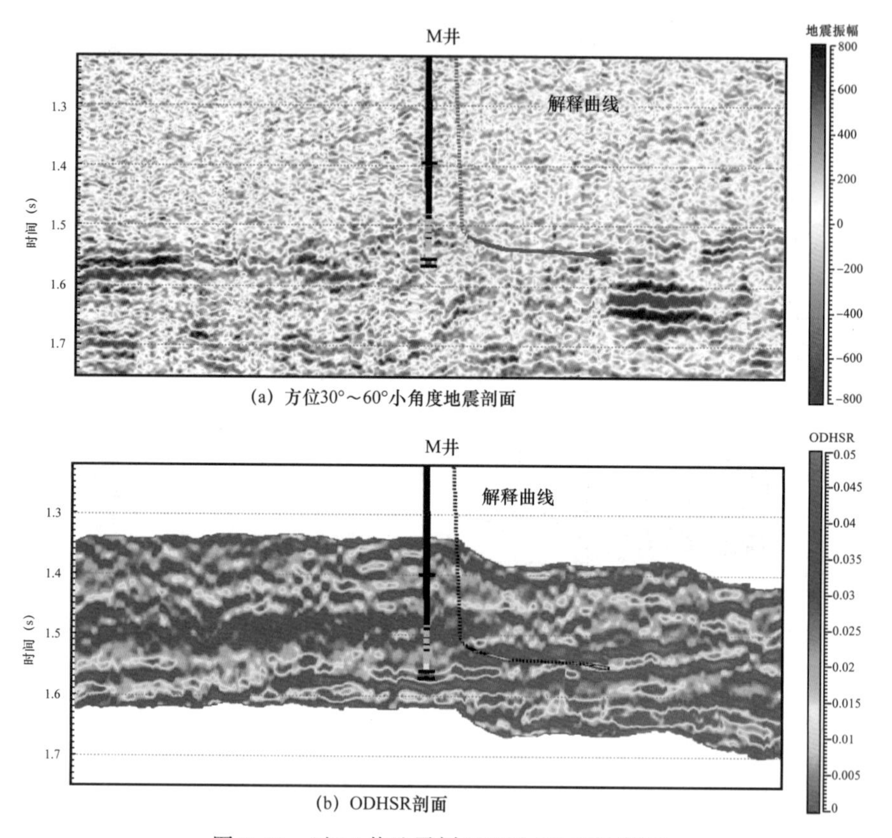

（a）方位30°～60°小角度地震剖面

（b）ODHSR剖面

图 8-22 过 M 井地震剖面以及 ODHSR 剖面

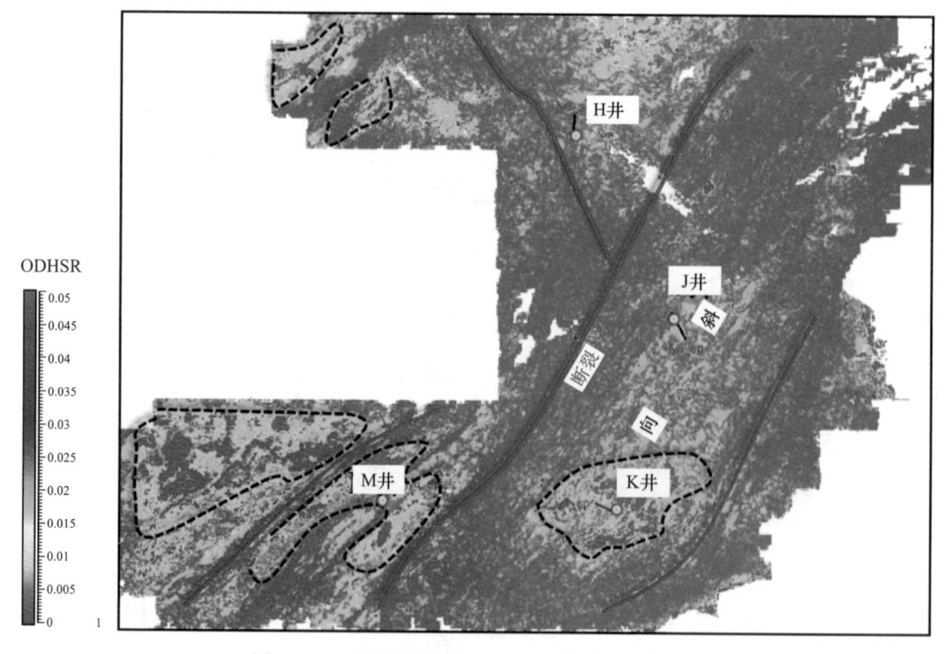

图 8-23 目的层平均 ODHSR 指示因子切片

第二节　中国东部某页岩油工区实例

一、工区概况

本节研究东部某页岩油工区储层“甜点”地震预测，该工区发育大段的泥页岩地层而且断层分布比较广泛，泥页岩裂缝主要发育在古近—新近系泥岩—泥灰岩类岩石中，裂缝发育呈“X”形和树状。工区内地震、测井资料比较完备，适合于利用方位道集进行裂缝型储层预测研究。

利用宽方位地震资料压制随机噪声，如果方位角分布很差，就不能检测与方位有关的变化。工区地震采集覆盖次数和观测方位及偏移距分布如图 8–24 所示，通过对该三维宽方位观测系统的所有可能的炮检—方位角分布图分析可知，所观测的数据随炮检距和方位角的分布比较均匀，只是在大炮检距的小方位角和大方位角数据有点缺失。通过地震资料处理，得到 6 个方位叠加资料，分别是 0°～30°、30°～60°、60°～90°、90°～120°、120°～150°、150°～180°。

二、页岩油“甜点”地震预测技术应用效果

将页岩储层弹性模量的计算方法应用于该工区井数据，用弹性模量计算横波速度，检验方法的实用性。图 8–25 是对 A 井数据应用两种模型（适用于孔洞储层的各向同性等效模型、适用于孔洞缝储层的各向异性等效模型）后得到的横波速度估算结果对比，图 8–25a 是纵波速度曲线，图 8–25b 是横波速度曲线，其中黑色曲线表示实测结果，蓝色曲线表示各向同性的模型应用效果，红色曲线表示各向异性模型的应用效果。由图可见，两种模型都可以得到较为准确的横波速度，而各向异性等效岩石物理模型得到的横波速度准确度更高。图 8–26 是对 B 井数据应用各向异性等效岩石物理模型后得到的结果，图中由左至右分别是纵波速度、横波速度、$\varepsilon^{(V)}$，$\gamma^{(V)}$，$\delta^{(V)}$ 和裂缝密度，其中速度曲线中蓝色表示实测速度，红色表示估算结果，图中所得到的裂缝密度与实际资料基本相符。

图 8–27 为页岩油工区目的层脆性指数沿层展布，从图中可以看出，受裂缝发育影响，过 Y1 井目的层处脆性指数较低，井附近脆性指数较高，适合压裂。

利用各向异性梯度实现页岩油工区裂缝预测。图 8–28 显示了利用各向异性梯度指示层位 13shang 裂缝密度空间展布，图中方各向异性梯度高值都分布于地层高地势处，该处断层比较发育，相应地裂缝也比较发育。井位置沿 Inline 方向各向异性梯度显示高值，说明井点 Inline 方向裂缝比较发育。

图 8–29 显示了层位 13shang 各向异性梯度方向分布，黑色线段表示相应的属性振幅值大小和方向，图中清晰地显示了工区内裂缝发育带的裂缝方位分布。

图 8–30 显示了井旁各向异性梯度方向分布玫瑰图以及某测井公司结果。图中各向异性梯度方向集中于北偏东 60°，这与某测井公司的分析结果一致。

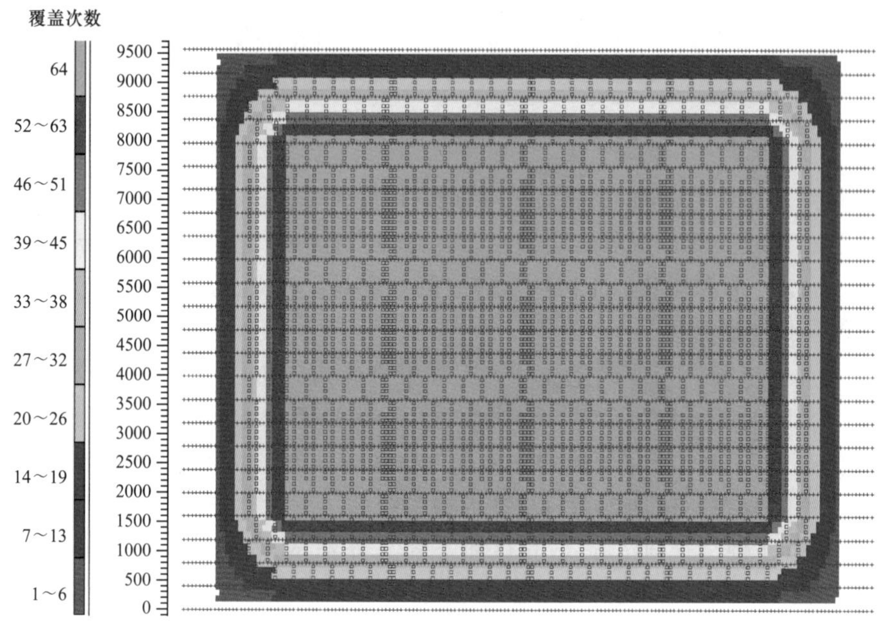

(a) 覆盖次数

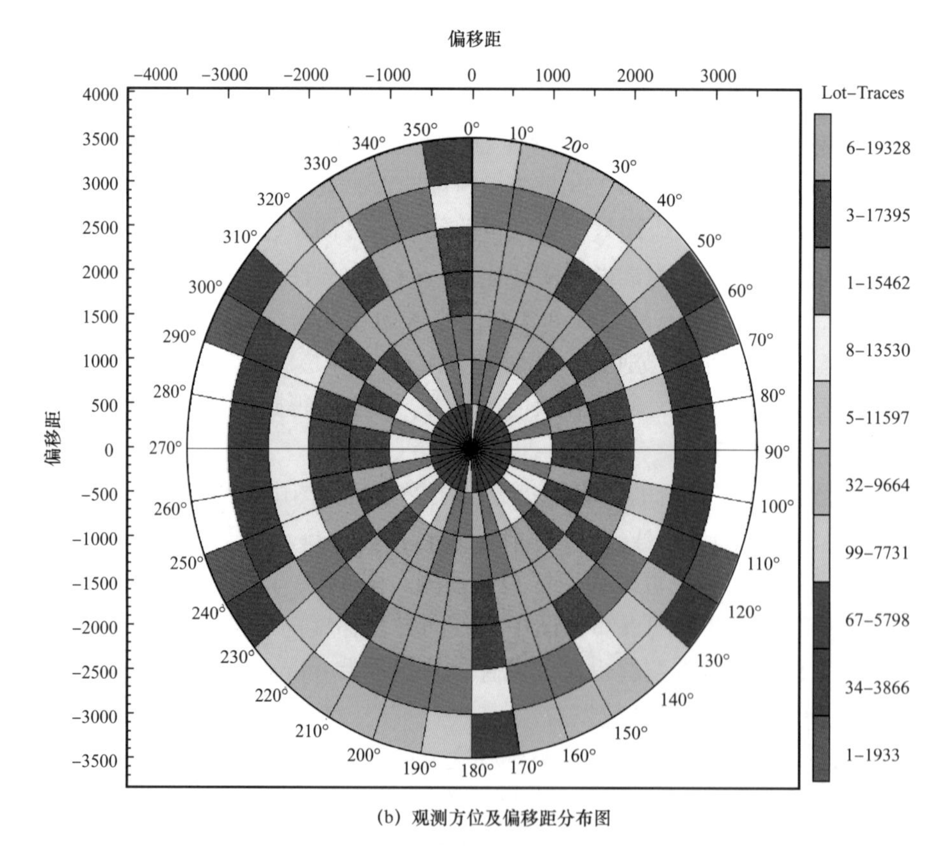

(b) 观测方位及偏移距分布图

图 8-24 地震采集覆盖次数和地震采集观测方位及偏移距分布图

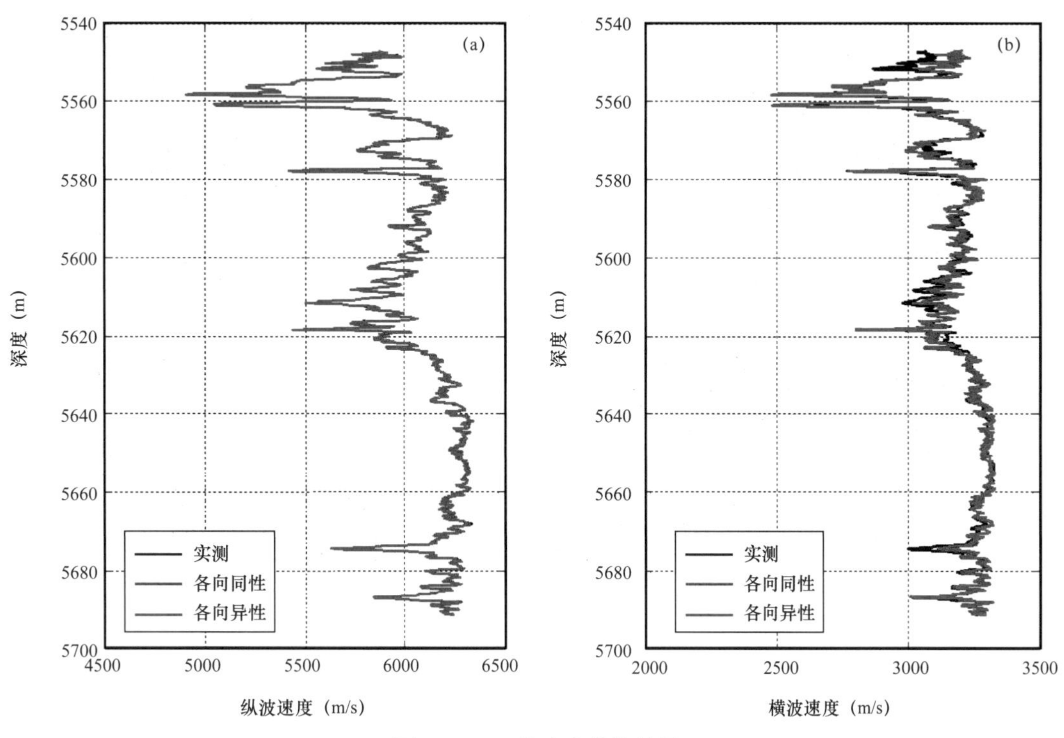

图 8-25　A 井速度估算结果

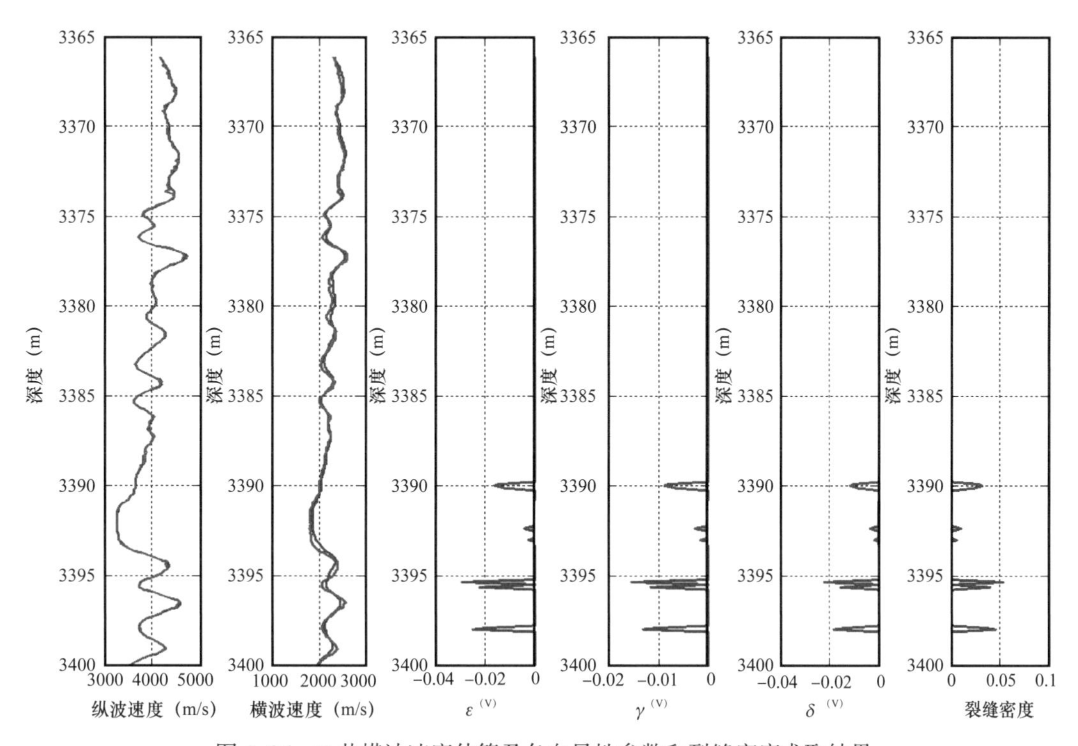

图 8-26　B 井横波速度估算及各向异性参数和裂缝密度求取结果

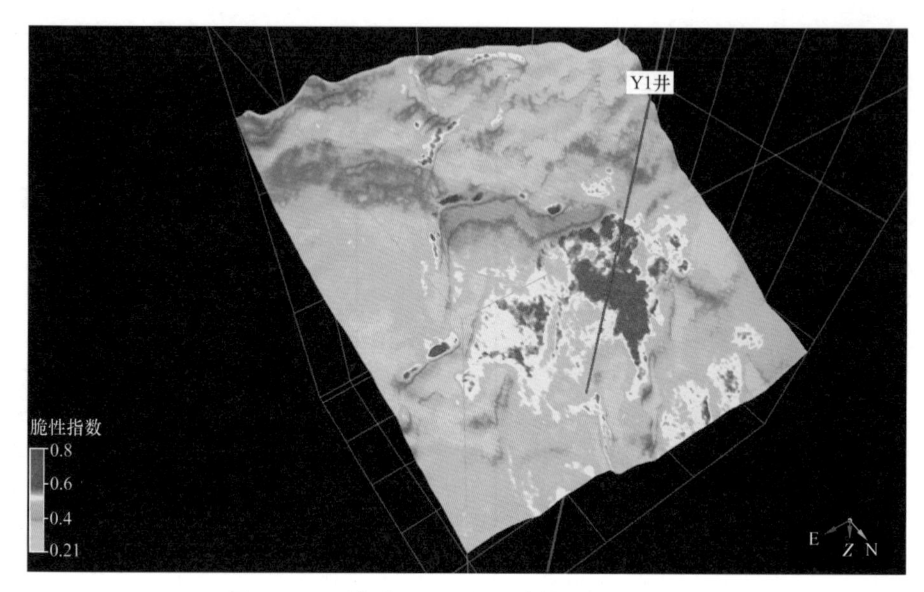

图 8-27　页岩油工区目的层脆性指数反演结果

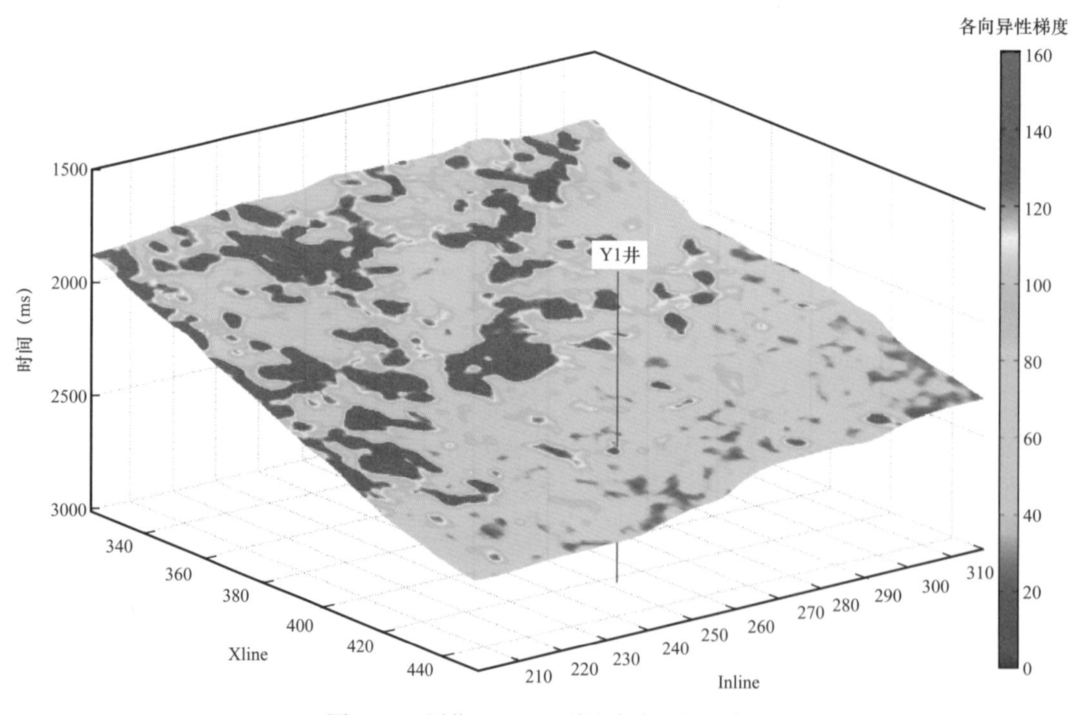

图 8-28　层位 13shang 裂缝密度空间展布

图 8-31 为页岩油工区目的层 ODHSR 沿层切片，在目标储层位置处，由于裂缝发育，水平应力相对变化较大，ODHSR 指数较大，不易压裂成网，井目标附近，水平应力相对变化较小，ODHSR 指数较小，易压裂成网。

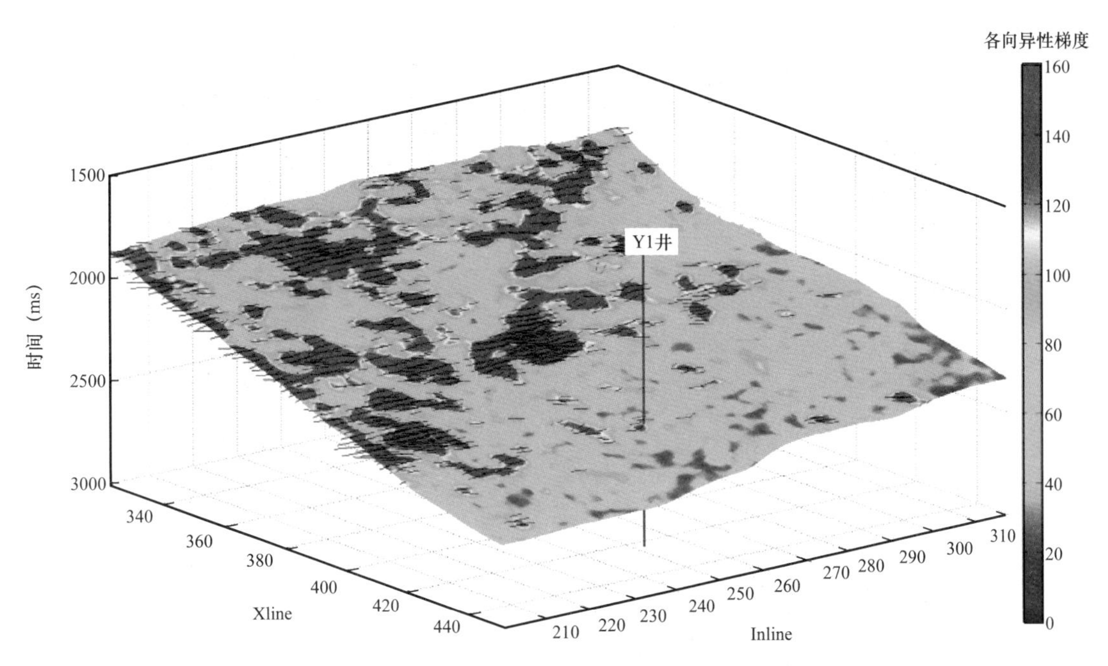

图 8-29 层位 13shang 裂缝走向空间展布（黑线）

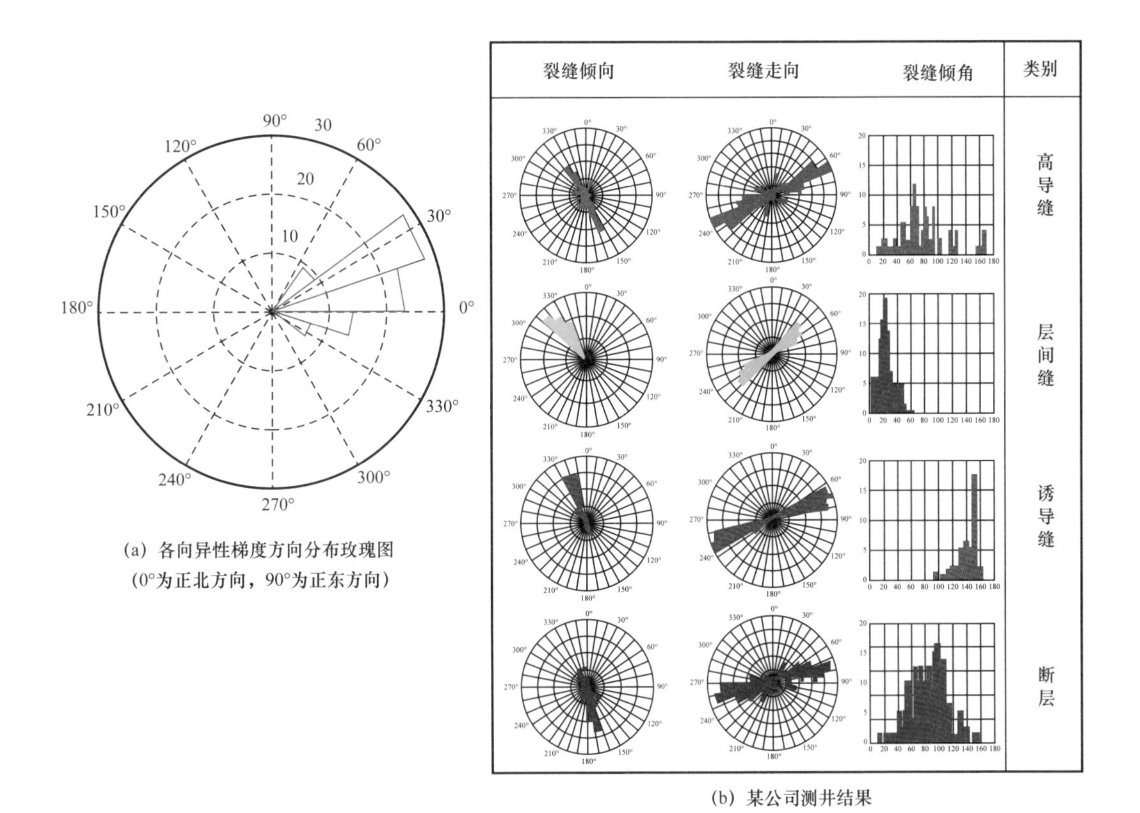

(a) 各向异性梯度方向分布玫瑰图
(0°为正北方向，90°为正东方向)

(b) 某公司测井结果

图 8-30 井旁各向异性梯度方向分布玫瑰图与工区案例

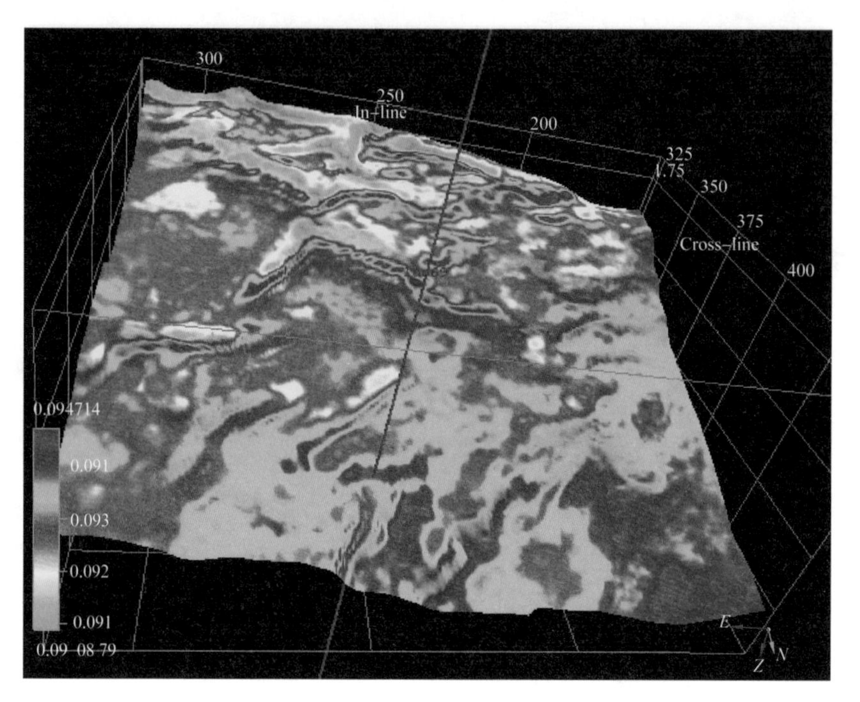

图 8-31 页岩油工区目的层 ODHSR 指数层位切片

结　语

“甜点”识别是页岩油气经济有效开发的关键，地球物理是“甜点”识别的主要手段。本书以页岩储层地震岩石物理理论为基础，详细论述了页岩储层“甜点”叠前地震预测理论与方法。

储层地震岩石物理以岩石物理基本理论为基础，反映储层物性（孔隙度、饱和度、矿物类型、流体性质、胶结程度、温度、压力等）与岩石弹性参数（拉梅常数、泊松比、纵横波速度、杨氏模量等）之间的对应关系。当孔隙内含流体时，地震波在介质中的传播会受到孔隙流体性质（流体类型、饱和度等）和岩石骨架特征（孔隙度、基岩模量等）的影响，产生衰减和频散现象。考虑到页岩储层显著的各向异性特征，并结合页岩储层地震岩石物理实验测试数据，以地震等效介质理论和裂缝模型为基础，构建了适用于页岩储层的各向异性地震岩石物理模型。来研究表征弹性模量和各向异性参数方法，预测常规测井难以给出的页岩储层敏感特征参数，分析页岩储层中微观物性参数，特别是微纳米孔隙和干酪根成熟度对宏观地震弹性参数以及储层各向异性程度的影响程度。

关于页岩储层地震模式的研究，首先从理论上研究页岩储层地震波场特征与响应模式，确立了页岩储层矿物组分、流体分布、孔隙结构以及裂缝等因素对地震波传播特征以及反射特征的影响规律，实现了地震波传播特征多方位刻画，并分析了页岩储层地震反射波场在不同方位的特征差异，阐明了影响地震反射特征的主要因素。叠前地震反演是获取页岩敏感特征参数、指导储层描述与“甜点”的关键，然而基于均匀介质假设条件建立的常规地球物理反演理论方法已不再适用于页岩储层。

页岩储层地震各向异性反演存在待反演参数多、反演不稳定、计算精度低等难题，究其根本原因在于页岩储层具有致密、微裂缝发育、各向异性、骨架及流体分布不均匀等特征，且需要反演地层脆性、地应力，甚至 TOC 含量等多种储层特征参数。针对上述问题，笔者创建了国际领先的页岩储层叠前地震直接反演技术，核心包括“新的反射特征方程、直接反演”理论和技术。首先构建页岩储层不同性质的敏感特征参数，建立表征页岩各向异性介质弹性、各向异性及物性、脆性等储层性质的地震反射特征方程，在保障精度的同时优化了各向异性介质模型参数化方式，降低了反演参数的维度；然后，利用方位弹性阻抗地震反演算法或贝叶斯理论框架下的敏感特征参数直接反演方法，增加了待反演各向异性参数对观测数据的贡献度，增强了反演稳定性，形成了页岩储层各向异性参数稳定反演技术，为实现页岩储层“甜点”地震预测奠定了理论和技术基础。

基于页岩储层岩石物理、地震响应模式及反演方法的研究，结合地震、地质及测井岩石物理分析结果，即可开展针对页岩储层TOC含量、脆性、裂缝参数及地应力等敏感参数评价方法的研究。对于页岩储层，有机质丰度是评价一个层段是否有利于开发的重要指标，而总有机碳（TOC）含量是衡量岩石有机质丰度的重要指标。在贝叶斯理论的框架下，使用蒙特卡洛随机抽样技术获取储层TOC含量的随机分布样本空间，同时综合应用多元拟合的方法和Connolly弹性阻抗方程建立表征弹性参数和储层TOC含量之间关系的统计岩石物理模型，寻找TOC含量后验概率分布中最大后验概率的位置，获得页岩储层连续、完整的烃源岩TOC含量变化和分布特征，圈定页岩储层“甜点”发育区域。脆性是影响页岩气储层可压裂性的重要参数，脆性的大小对压裂产生的诱导裂缝的形态有很大影响。研究表明，杨氏模量和泊松比是表征页岩脆性的主要岩石力学参数，于是建立一种新的脆性指数计算方程，即杨氏模量乘以密度这一新的脆性敏感参数进行脆性评价。考虑到脆性指数计算中存在的累计误差，建立了脆性指数与反射系数的直接联系，推导了基于脆性指数的AVO和弹性阻抗方程；模型测试及实际结果均表明，无论是基于脆性指数直接反演方法还是基于脆性敏感参数的弹性阻抗反演方法都具有良好的抗噪性与可靠性。

裂缝系统是油气的主要储集空间和运移通道，是控制油气分布和决定油气采收率的重要因素，裂缝方位地震预测技术较多，通过研究发现基于椭圆拟合的裂缝参数预测利用拟合椭圆参数实现裂缝发育状态的指示，基于各向异性梯度的裂缝参数预测方法通过反演手段实现裂缝参数的预测，并且利用地质或者测井先验作为约束，或者结合方位杨氏模量椭圆分析结果实现裂缝预测存在方位预测的90°不确定性。地应力是决定页岩储层压裂改造的关键因素，构建地应力指示因子与弹性参数和各向异性参数的定量关系是进行地应力地震预测的基础。本书推导了HTI介质和OA介质的地应力及水平应力差异比的精确及简化公式，并将OA介质的水平应力差异比定义为ODHSR，模型分析表明地震横波速度、裂缝法向弱度及强各向异性参数程度对ODHSR影响较大，实际应用结果表明，基于正交各向异性介质理论的地应力反演方法估算的ODHSR反演剖面与方位地震数据同相轴相匹配，具有较好的分辨率和连续性，ODHSR反演剖面显示的易于压裂成网的区域，与钻井结果一致，符合实际地质情况。上述研究成果对于我国页岩油气高效勘探开发、保障我国能源安全具有重要意义。

通过对页岩储层“甜点”叠前地震预测理论与方法研究，可总结以下几点认识：（1）精确的地震岩石物理基础理论是预测页岩储层“甜点”的基础，创建与页岩储层更吻合的岩石物理模型，可清晰准确地揭示岩石物理模型与油气直接反演的物理机制；（2）优质的地震资料是能否通过叠前地震反演对页岩储层进行“甜点”精确预测的根本，“两宽一高”地震勘探以及与之匹配的地震资料处理可以有效改善页岩储层“甜点”识别效果；（3）稳定高效的叠前地震反演方法是页岩储层“甜点”地震预测的关键，实现多参数精确稳定反演可有效降低反演误差，准确刻画页岩油气藏特征，实现从页岩储层中直接识别“甜点”区域。

上述理论方法为实现页岩储层“甜点”叠前地震预测提供了理论方法借鉴和参考，为确定页岩气“甜点”区提供强有力的技术手段。然而，中国赋存页岩油气的地质环境复杂，特别是南方海相页岩发育地区，地形起伏较为剧烈，植被覆盖严重，页岩储层勘探开发面临严峻挑战。以页岩储层为代表的非常规储层特征具有常规理论无法解释的典型特征，因此，多学科融合具有良好的前景。可创新理论方法，优化技术组合，深化地质认识，厘清目标储层孔隙特征及油气富集机制，优选靶区；提高页岩储层地震勘探的质量，大力发展“两宽一高”勘探关键技术及在复杂地质环境中的实现方法，强化地震资料精细处理解释的技术需求，迫切发展“五维地震”处理及解释技术；多种勘探技术并用是不容忽视的方面，以地震技术为主，将测井与地震相结合，以测井的精细结构指导地震识别和追踪页岩气层，充分发挥各自的技术优势，并且综合利用非震地球物理勘探（重力法、磁法、电法）在页岩储层中的作用，作为地震勘探的重要补充；此外，综合利用地球物理方法是有效解决地震问题，进而实现勘探开发的有效途径，赋存页岩气的地质条件复杂，解释难度大，一种方法常会带来多解且误差较大，多种方法相辅相成，从不同的角度对同一个目标进行解剖，达到可靠的解释结果。页岩储层经济高效勘探开发离不开自主知识产权软件的设计，构建油气田“地质—勘探—开发”一体化平台，可更好地服务生产，增储上产，实现经济效益最大化；同时，在油气田勘探开发初步实现数字化、网络化、自动化的今天，大数据、云计算、物联网等信息技术与地质勘探开发不断融合发展，通过深度学习、模式判别、决策树等人工智能技术实现储层“甜点”人工智慧决策成为未来发展的重要方向。以页岩油气为代表的非常规油气方兴未艾，大力发展非常规油气勘探开发关键技术，积极进行全球部署和战略合作已是大势所趋。

参考文献

陈怀震，印兴耀，张金强，等 . 2014a. 基于方位各向异性弹性阻抗的裂缝岩石物理参数反演方法研究［J］. 地球物理学报，57（10）：3431–3441.

陈怀震，印兴耀，高成国，等 . 2014b. 基于各向异性岩石物理的缝隙流体因子 AVAZ 反演［J］. 地球物理学报，57（3）：968–978.

陈怀震，印兴耀，高建虎，等 . 2015. 基于等效各向异性和流体替换的地下裂缝地震预测方［J］. 中国科学：地球科学，5：589–600.

陈怀震 . 2015. 基于岩石物理的裂缝型储层叠前地震反演方法研究［D］. 青岛：中国石油大学（华东）.

陈娇娇 . 2015. 基于岩石物理模板的页岩气储层参数定量预测方法研究［D］. 青岛：中国石油大学（华东）.

陈吉，肖贤明 . 2013. 南方古生界 3 套富有机质页岩矿物组成与脆性分析［J］. 煤炭学报，38（05）：822–826.

程克明，王世谦，董大忠，等 . 2009. 上扬子区下寒武统页岩气成藏条件［J］. 天然气工业，29（5）：40–44.

邓金根，陈峥嵘，耿亚楠，等 . 2013. 页岩储层地应力预测模型的建立和求解［J］. 中国石油大学学报（自然科学版）. 37（6）：59–64.

董大忠，程克朋，王世谦，等 . 2009. 页岩气资源评价方法及其在四川盆地的应用［J］. 天然气工业，29（5）：33–39.

董敏煜 . 2002. 多波多分量地震勘探［M］. 北京：石油工业出版社 .

董宁，霍志周，孙赞东，等 . 2014. 泥页岩岩石物理建模研究［J］. 地球物理学报，57（6）：1990–1998.

葛洪魁，林英松，王顺昌 . 1998. 地应力测试及其在勘探开发中的应用［J］. 石油大学学报（自然科学版）.（1）：97–102.

何燕 . 2008. 正交各向异性弹性波高阶有限差分正演模拟研究［D］. 东营：中国石油大学（华东）.

胡华锋，印兴耀，吴国忱 . 2012. 基于贝叶斯分类的储层物性参数联合反演方法［J］. 石油物探，51（03）：225–232，209.

化世榜，印兴耀，宗兆云，等 . 2016. 一种改进的泥质砂岩岩石物理模型［J］. 石油物探，55（05）：649–656.

李春鹏 . 2013. 基于方位地震道集的裂缝型储层预测方法研究［D］. 青岛：中国石油大学（华东）.

李金磊，李文成 . 2017. 涪陵页岩气田焦石坝区块页岩脆性指数地震定量预测［J］. 天然气工业，37（7）：13–19.

李钜源 . 2013. 东营凹陷泥页岩矿物组分及脆度分析［J］. 沉积学报 . 31（4）：616–620.

李龙 . 2014. 碎屑岩致密储层岩石物理模量定量表征［D］. 中国石油大学（华东）.

李庆辉，陈勉，金衍，等 . 2012. 页岩气储层岩石力学特性及脆性评价［J］. 石油钻探技术，40（4）：17–22.

李先锋，汪磊 . 2016. 基于矿物组分页岩气储层脆性评价方法对比分析［J］. 石化技术，23（8）：42.

李志明，张金珠 . 1997. 地应力与油气勘探开发［M］. 北京：石油工业出版社 .

梁锴 . 2009. TI 介质地震波传播特征与正演方法研究［D］. 青岛：中国石油大学（华东）.

刘倩 . 2016. 致密储层岩石物理建模及储层参数预测［D］. 中国石油大学（华东）.

刘倩，印兴耀，李超 . 2015. 含不连通孔隙的致密砂岩储层岩石弹性模量预测方法［J］. 石油物探，54（6）：635–642.

刘欣欣 . 2014. 非均质储层地震岩石物理模型构建与波场特征研究［D］. 中国石油大学（华东）.

刘致水，孙赞东 . 2015. 新型脆性因子及其在泥页岩储集层中的应用［J］. 石油勘探与开发，42（1）：1–8.

陆基孟 . 2009. 地震勘探原理［M］. 东营：石油大学出版社 .

陆娜 . 2008. 弹性阻抗反演预流体识别技术应用研究［D］. 中国石油大学（华东）.

姜在兴 . 2003. 沉积学［M］. 北京：石油工业出版社，133–141.

马妮，印兴耀，孙成禹，等 . 2017. 基于正交各向异性介质理论的地应力地震预测方法［J］. 地球物理学报，60（12）：4766–4775.

马妮，印兴耀，孙成禹，等 . 2018. 基于方位地震数据的地应力反演方法［J］. 地球物理学报，61（2）：697–706.

马妮 . 2018. 地应力地震预测方法及应用研究［D］. 中国石油大学（华东）.

潘新朋，张广智，印兴耀 . 2018. 岩石物理驱动的正交各向异性方位叠前地震反演方法［J］. 中国科学：地球科学，48（3）：299–314.

钱凯，周生云 . 2008. 石油勘探开发百科全书［M］. 北京：石油工业出版社 .

曲寿利，季玉新，王鑫，等 . 2001. 全方位 P 波属性裂缝检测方法［J］. 石油地球物理勘探，36（4）：390–397.

曲寿利 . 2001. 泥岩裂缝储层地震识别的理论和方法［D］. 北京：中国科学院地质与地球物理研究所 .

孙成禹，倪长宽，李胜军，等 . 2007. 广角地震反射数据特征及校正方法研究［J］. 石油地球物理勘探，1：14，44–49，145.

滕龙，徐振宇，黄正清，等 . 2014. 页岩气勘探中的地球物理方法综述及展望［J］. 资源调查与环境，35（1）：61–66.

王保丽，印兴耀，吴志华 . 2013. 各向异性碳酸盐岩储层精细横波速度估算方法［J］. 物探化探计算技术，35（5）：572–580.

王恩利，陈启艳，窦喜英 . 2012. 裂缝型 HTI 介质的纵波弹性阻抗［J］. 地球物理学进展，1：263–270.

王贵文，朱振宇，朱广宇 . 2002. 烃源岩测井识别与评价方法研究［J］. 石油勘探与开发，29（4）：50–52.

王璞 . 2015. 页岩气储层地震岩石物理模型研究［D］. 黄岛：中国石油大学（华东）.

吴国忱 . 2006. 各向异性介质地震波传播与成像［M］. 青岛：石油大学出版社 .

吴涛 . 2015. 页岩气层岩石脆性影响因素及评价方法研究［D］. 西南石油大学 .

闫蓓，王斌，李媛 . 2008. 基于最小二乘法的椭圆拟合改进算法［J］. 北京航空航天大学学报，（3）：295–298.

杨凤英，印兴耀，刘博 . 2014. 可变干岩石骨架等效模型研究［J］. 石油物探，53（3）：280–286.

杨涛涛，范国章，吕福亮，等．2018. 烃源岩测井定量评价方法探讨［J］. 地球物理学进展，33（1）：285–291.

印兴耀，吴国忱．1994. 神经网络在储层横向预测中的应用［J］. 石油大学学报：自然科学版，18（5）：20–26.

印兴耀．1998. 神经网络在 CB 油田储层预测和储层厚度计算中的应用［J］. 石油大学学报：自然科学版，22（2）：17–20.

印兴耀，张繁昌，孙成禹．2010. 叠前地震反演［M］. 东营：中国石油大学出版社．

印兴耀，张世鑫，张繁昌，等．2010. 利用基于 Russell 近似的弹性波阻抗反演进行储层描述和流体识别［J］. 石油地球物理勘探．(3)：373–380.

印兴耀，张世鑫，张峰．2013. 针对深层流体识别的两项弹性阻抗反演与 Russell 流体因子直接估算方法研究［J］. 地球物理学报，56（7）：2378–2390.

印兴耀，刘欣欣，曹丹平．2013. 基于 Biot 相洽理论的致密砂岩弹性参数计算方法［J］. 石油物探，52（5）：445–451.

印兴耀，崔维，宗兆云，等．2014. 基于弹性阻抗的储层物性参数预测方法［J］. 地球物理学报，57（12）：4132–4140.

印兴耀，曹丹平，王保丽，等．2014. 基于叠前地震反演的流体识别方法研究进展［J］. 石油地球物理勘探，49（1）：22–34.

印兴耀，周建科，吴国忱，等．2014. 有限元算法在声波方程数值模拟中的频散分析［J］. 地震学报，361（5）：944–955，982.

印兴耀，浦义涛，梁锴，等．2014. VTI 介质准 P 波旋转交错有限差分数值模拟［J］. CT 理论与应用研究，23（5）：771–783.

印兴耀，周琪超，宗兆云，等．2014. 基于 t 分布为先验约束的叠前 AVO 反演［J］. 石油物探，01：84–92.

印兴耀，宗兆云，吴国忱．2015. 岩石物理驱动下地震流体识别研究［J］. 中国科学：地球科学，45（1）：8–21.

印兴耀，邓炜，宗兆云．2016. 基于逆算子估计的 AVO 反演方法研究［J］. 地球物理学报，04：1457–1468.

印兴耀，刘欣欣．2016. 储层地震岩石物理建模研究现状与进展［J］. 石油物探，55（3）：309–325.

印兴耀，刘倩．2016. 致密储层各向异性地震岩石物理建模及应用［J］. 中国石油大学学报（自然科学版），40（2）：52–58.

印兴耀，王慧欣，曹丹平，等．2018a. 利用三参数 AVO 近似方程的深层叠前地震反演［J］. 石油地球物理勘探，53（1）：129–135.

印兴耀，赵正阳，宗兆云．2018b. 基于层状双孔介质的地震波反射和透射系数频散特性研究［J］. 地球物理学报，61（7）：2937–2949.

于鑫．2016. 页岩气储层各向异性岩石物理模型研究［J］. 石化技术，23（11）：166–167.

袁俊亮，邓金根，张定宇，等．2013. 页岩气储层可压裂性评价技术［J］. 石油学报，34（3）：523–527.

曾勇坚 . 2016. 页岩油气储层叠前地震反演方法研究［D］. 中国石油大学（华东）.

张爱云，武大茂，郭丽娜，等 . 1987. 海相黑色页岩建造地球化学与成矿意义［M］. 北京：科学出版社，1-19，72-81.

张广智，杜炳毅，李海山，等 . 2014. 页岩气储层纵横波叠前联合反演方法［J］. 地球物理学报，57（12）：4141-4149.

张广智，陈怀震，王琪，等 . 2013. 基于碳酸盐岩裂缝岩石物理模型的横波速度和各向异性参数预测［J］. 地球物理学报，56（5）：1707-1715.

张广智，陈怀震，印兴耀，等 . 2012. 基于各向异性 AVO 的裂缝弹性参数叠前反演方法［J］，吉林大学学报（地球科学版），42（3）：847-848.

张广智，陈娇娇，陈怀震 . 2015. 基于页岩岩石物理等效模型的地应力预测方法研究［J］. 地球物理学报，58（6）：2112-2122.

张佳佳 . 2010. 地震岩石物理建模方法及其在油页岩勘探中的应用［D］. 青岛：中国海洋大学 .

张新华，邹筱春，赵红艳，等 . 2012. 利用 X 荧光元素录井资料评价页岩脆性的新方法［J］. 石油钻探技术，40（5）：92-95.

张泽湘. 二次曲线［M］. 上海：上海教育出版社，1981.

赵小龙 . 2017. 页岩气储层叠前地震反演方法研究［D］. 中国石油大学（华东）.

周德华，焦方正 . 2012. 页岩气“甜点”评价与预测——以四川盆地建南地区侏罗系为例［J］. 石油实验地质，34（2）：109-114.

朱光有，金强，张林晔 . 2003. 用测井信息获取烃源岩的地球化学参数研究［J］. 测井技术，27（2）：104-109，146.

邹才能，董大忠，王社教，等 . 2010. 中国页岩气形成机理、地质特征及资源潜力［J］. 石油勘探与开发，37（6）：641-653.

邹才能，张光亚，陶士振，等 . 2010. 全球油气勘探领域地质特征、重大发现及非常规石油地质［J］. 石油勘探与开发，37（2）：129-145.

邹才能，董大忠，杨桦，等 . 2011. 中国页岩气形成条件及勘探实践［J］. 天然气工业，31（12）：26-39.

邹才能，等 . 2013. 非常规油气地质第二版［M］. 北京：地质出版社，1.

邹才能，董大忠，王玉满，等 . 2015. 中国页岩气特征、挑战及前景（一）［J］. 石油勘探与开发，42（6）：689-701.

宗兆云，印兴耀，张繁昌 . 2011. 基于弹性阻抗贝叶斯反演的拉梅参数提取方法研究［J］. 石油地球物理勘探，46（4）：598-604.

宗兆云，印兴耀，吴国忱 . 2011. 拉梅参数直接反演技术在碳酸盐岩缝洞型储层流体检测中的应用［J］. 石油物探，50（3）：241-246.

宗兆云，印兴耀，吴国忱 . 2012. 基于叠前地震纵横波模量直接反演的流体检测方法［J］. 地球物理学报，1: 284-292.

宗兆云，印兴耀，张峰，等 . 2012. 杨氏模量和泊松比反射系数近似方程及叠前地震反演［J］. 地球物理学报，55（11）：3782–3794.

宗兆云 . 2012. 页岩气地层岩石脆性指示因子叠前反演方法［A］// 中国地球物理学会 . 中国地球物理2012［C］. 中国地球物理学会，1.

宗兆云 . 2013. 基于模型驱动的叠前地震反演方法研究［D］. 中国石油大学（华东）.

Alkhalifah T. 1997. Velocity analysis using nonhyperbolic moveout in transversely isotropic media. Geophysics，62（6）：1839–1854.

AL–Marzoug M A，Neves A F，Kin J J，et al. 2004. P–wave anisotropy from azimuthal velocity and AVO using wide–azimuthal 3D seismic data［C］. SEG Annual Meeting.

Bachrach R. 2006. Joint estimation of porosity and saturation using stochastic rock–physics modeling［J］. Geophysics，71（5），053–063.

Bachrach R，Sengupta M，Salama A，et al. 2006. Reconstruction of the layer anisotropic elastic parameters using kinematic and dynamic information derived from wide–azimuth data［M］. SEG Technical Program Expanded Abstracts 2006. Society of Exploration Geophysicists：140–144.

Bachrach R，Sengupta M，Salama A，et al. 2009. Reconstruction of the layer anisotropic elastic parameters and high–resolution fracture characterization from P–wave data：a case study using seismic inversion and Bayesian rock physics parameter estimation［J］. Geophysical Prospecting，57（2）：253–262.

Backus G E. 1962. Long–wave elastic anisotropy produced by horizontal layering［J］.Geophys Res.，67：4427–4440.

Bakulin A，Grechka V，Tsvankin I. 2000. Estimation of fracture parameters from reflection seismic data–Part I：HTI model due to a single fracture set［J］. Geophysics，65（6）：1788–1802.

Beaumont C，Ellis S，Hamilton J，et al. 1996. Mechanical model for subduction–collision tectonics of Alpine type compressional orogens［J］.Geology，24（8）：675–678.

Berryman J G. 1980. Long–wavelength propagation in composite elastic media I. Spherical inclusions［J］. Journal of the Acoustical Society of America，68（6）：1801–1819.

Berryman J G.1992.Single–scattering approximations for coefficients in Biot's equation of poroelasticity［J］. Acoust Soc. Am.，91：551–571.

Biot M A，Willis D G. 1957. The elastic coefficients of the theory of consolidation［J］. Journal Applied Mechanics，24（2）：594–601.

Borge H，Lothe A E. 2003. Modelling Horizontal Stress and Hydraulic Fracturing in Cap Rocks［C］. EAGE Conference & Exhibition.

Bosch M，Carvajal C，Rodrigues J，et al. 2009. Petrophysical seismic inversion conditioned to well–log data：Methods and application to a gas reservoir［J］. Geophysics，74（2）：01–015.

Bowker K A. 2002. Recent developments of the Barnett Shale play，Fort Worth Basin［C］. Denver：Innovative Gas Exploration Concepts Symposium.

Brew S R. 2012. Azimuthal anisotropy analysis to determine stress regimes from a reprocessed full azimuth 3D seismic survey［C］. EAGE Conference and Exhibition.

Brown R J S, Korringa J. 1975. On the dependence of the elastic properties of a porous rock on the compressibility of the pore fluid [J] . Geophysics, 40 (4) : 608–616.

Buller D, Hughes S, Market J, et al. 2010. Petrophysical evaluation for enhancing hydraulic stimulation in horizontal shale gas wells [C] . SPE Annual Technical Conference and Exhibition.

Buland A, Kolbjørnsen O, Hauge R, et al. 2008. Bayesian lithology and fluid prediction from seismic prestack data [J] . Geophysics, 73 (3) : C13–C21.

Buland A, Omre H. 2003. Bayesian linearized AVO inversion [J] . Geophysics, 68 (1) : 185–198.

Camac B A, Hunt S P, Gilbert C E, et al. 2005. Using 3D distinct element method to predict stress distribution - Kupe Field, Taranaki Basin, New Zealand [C] . EAGE Conference and Exhibition.

Carcione J, Helle M H B, Avseth P. 2011. Source-rock seismicvelocity models : Gassmann versus Backus[J]. Geophysics, 76 (5) : N37–N45.

Casini G, Hunt D W, Monsen E, et al. 2016. Fracture characterization and modeling from virtual outcrops [J]. AAPG Bulletin, 100 (1), 41–61.

Castagna J P, Swan H W, Foster D J. 1998. Framework for AVO gradient and intercept interpretation [J] . Geophysics, 63: 948–956.

Chapman M. 2003. Frequency dependent anisotropy due to meso-scale fractures in the presence of equant porosity [J] . Geophysical Prospecting, 51: 369–379.

Chaur-Jian, Hsu, Michael, et al. 1993.Elastic waves through a simulated fractured medium [J] . Geophysics.

Chen H Z, Zhang G Z, Yin X Y. 2012. AVAZ inversion for elastic parameter and fracture fluid factor [J] . SEG/Las Vegas 2012 Annual Meeting.

Chen W. 1995. AVO in azimuthally anisotropic media fracture detection using P-Wave data and a seismic study of naturally fractured tight gas reservoirs [M] .Department of Geophysics, School of Earth Sciences.

Cheng C H. 1978. Seismic velocities in porous rocks : direct and inverse problems [D] . Massachusetts Institute of Technology.

Cheng C H. 1993. Crack models for a transversely isotropic medium [J] . Journal of Geophysical Research : Solid Earth, 98 (B1) : 675–684.

Chopra S, Sharma R K. 2012. An effective way to find formation brittleness [J] .Search & Discovery.

Chopra S, Sharma R K, Marfurt K J. 2013. Some current workflows in shale gas reservoir characterization[J]. CSEG Recorder, 38 (7) : 42–52.

Sharma R K, Chopra S. 2012. An effective way to find formation brittleness [J] . AAPG explorer.

Craft K L, Mallick S, Meister L J, et al. 1997. Azimuthal anisotropy analysis from P wave seismic traveltime data [M] . Expanded Abstract of 67th SEG, 1214–1217.

Crampin S. 1981. A review of wave motion in anisotropic and cracked elastic-media[J]. Wave Motion, 3(4): 343–391.

Crampin S. 1993. Do you know of an isolated swarm of small earthquakes? [J] . Eos Transactions American Geophysical Union，74（40）：451–460.

Crampin S. 1994. The fracture criticality of crustal rocks [J] . Geophysical Journal International，118（2）：428–438.

Crampin S，Zatsepin S V. 1997. Change of strain before earthquake：the possibility of routine monitoring of both long- term and short- term precursor [J] . Journal of Physics of the Earth，45：41–66.

Crampin S. 1999. Calculable fluid–rock interactions [J] . Journal of the Geological Society，156（3）：501–514.

Crampin S. 2001. Developing stress–monitoring sites using cross–hole seismology to stress–forecast the times and magnitudes of future earthquakes [J] . Tectonophysics，338（3–4）：232–2055.

Crampin S，Chastin S. 2003. A review of shear wave splitting in the crack–critical crust [J] . Geophysical Journal of the Royal Astronomical Society，155（1）：221–240.

Crampin S，Gao Y. 2006. A review of techniques for measuring shear–wave splitting above small earthquakes [J] . Physics of the Earth & Planetary Interiors，159（1）：1–14.

Connolly P. 1999. Elastic impedance [J] . The Leading Edge，（4）：438.

Coope D F，Quinn T H，Frost E F，et al. 2009. A rock model for shale gas and its application using magnetic resonance and conventional LWD Logs [C] . SPWLA 50th Annual Logging Symposium.

Dempster A P，Laird N M，Rubin D B. 1977. Maximum likelihood from incomplete data via the EM algorithm [J] . Journal of the Royal Statistical Society. Series B（Methodological），1–38.

Dillen M W P. 2000. Time–lapse seismic monitoring of subsurface stress dynamics [D] . Civil Engineering & Geosciences.

Dovera L，Della R E. 2007. Ensemble Kalman filter for Gaussian mixture models [C] . Petroleum Geostatistics，EAGE，Proceedings，A16.

Downton J E. 2005. Seismic parameter estimation from AVO inversion [D] . Canada：University of Calgary.

Downton J，Gray D. 2006. AVAZ parameters uncertainty estimation [C] . SEG Annual Meeting.

Downton J，Russell H. 2001. Azimuthal fourier coefficients：A simple method to estimate fracture parameters [C] .

Downton J E，Roure B. 2015. Interpreting azimuthal fourier coefficients for anisotropic and fracture parameters [J] . Interpretation，3（3）：T9–T27.

Duncan P，Lakings J. Microseismic monitoring with a surface array [OL] . http：//microseismic.com/articles/a29.pdf.

Dutta N C，Odé H. 1979. Attenuation and dispersion of compressional waves in fluid–filled porous rocks with partial gas saturation（White model）. Part I. Biot theory [J] . Geophysics，44（11）：1789–1805.

Dvorkin J，Mavko G，Gurevich B. 2007. Fluid substitution in shaley sediment using effective porosity [J] . Geophysics，72（3）：01–08.

Dvorkin J，Nur A.1993. Dynamic poroelasticity：A unified model with the squirt and the Biot mechanisms [J] . Geophys, 58: 524–533.

Eckert A. 2007. 3D multi–scale finite element analysis of the crustal state of stress in the Western US and the Eastern California Shear Zone, and implications for stress–fluid flow interactions for the Coso Geothermal Field [J] . Caderno Crh, 20 (51) : 512–1958.

Eidsvik J, Avseth P, Omre H, et al. 2004. Stochastic reservoir characterization using prestack seismic data [J]. Geophysics, 69 (4) : 978–993.

Eshelby J D. 1957. The determination of the elastic field of an ellipsoidal inclusion, and related problems [J] . Mathematical and Physical Sciences, 241 (1226) : 376–396.

Ersoy A, Waller M D. 1995. Textural characterisation of rocks [J] . Engineering Geology, 39 (3–4) : 123–136.

Fairhurst C. 1964. Measurement of in situ rock stresses with particular references to hydraulic fracturing [J] . Rock Mech. Eng. Geol., 2: 129–147.

Fairhurst C. 2003. Stress estimation in rock : a brief history and review [J] . International Journal of Rock Mechanics and Mining Sciences, 40 (7–8) : 957–973.

Fitzgibbon A, Pilu M, Fisher R B. 1999. Direct Least Square Fitting of Ellipses [J] . IEEE Transactions on Pattern Analysis and Machine Intelligence, 21 (5) : 476–480.

Gallop J. 2006. Facies probability from mixture distributions with non–stationary impedance errors : 2006 SEG Annual Meeting [C] .

G Helbig, W Schenkel. 1983.Wörterbuch zur Valenz und Distribution deutscher Verben [M] . Bibliographisches Institut.

Gioda G. 1980. Indirect identification of the average elastic characteristics of rock masses [C] . Proc Int Conf Structeal Foundations on Rock, (1) : 65–73.

Goodway B, Chen T, Downton J. 1997. Improved AVO fluid detection and lithology discrimination using Lamé petrophysical parameters ; "λ_ρ", "μ_ρ", & "λ/μ fluid stack", from P and S inversions [M] //SEG Technical Program Expanded Abstracts 1997. Society of Exploration Geophysicists, 183–186.

Goodway B, Varsek J, Abaco C. 2007. Anisotropic 3D amplitude variation with azimuth (AVAZ) methods to detect fracture prone zones in tight gas resource plays [C] //CSPG/CSEG Convention, 590–596.

Goodway B, Perez M, Varsek J, et al. 2010. Seismic petrophysics and isotropic–anisotropic AVO methods for unconventional gas exploration [J] . Leading edge, (12) : 1500–1580.

Grana D, Rossa E D. 2010. Probabilistic petrophysical–properties estimation integrating statistical rock physics with seismic inversion. Geophysics, 75 (3) : 21–37.

Gray F D, Head K J. 2000. Using 3D Seismic To Identify Spatially Variant Fracture Orientation in the Manderson Field [C] . SPE Intenational.

Gray F D, Schmidt D P, Delbecq F. 2010. Optimize shale gas field development using stresses and rock strength derived from 3D seismic data [C] . Society of Petroleum Engineers.

Gray F D, Anderson P F, Logel J. 2010. Estimating in–situ, anisotropic, principal stresses from 3D Seismic [C].

EAGE Conference and Exhibition.

Gray F D, Anderson P F, Logel J, et al. 2010. Principle stress estimation in shale plays using 3D seismic [C] . GeoCanada.

Gray F D. 2011. Methods and systems for estimating stress using seismic data [P] . United States Patent Application, 20110182144A1.

Gray F D, Anderson P F, Logel J, et al. 2012. Estimation of stress and geomechanical properties using 3D seismic data [J] . First Break, 30 (3) : 59–68.

Grechka V, Tsvankin I. 1998. 3–D description of normal moveout in anisotropic in–homogeneous media [J] . Geophysics, 63 (3) : 1079–1092.

Grechka V, Tsvankin I. 1999. 3–D moveout velocity analysis and parameter estimation for or–thorhombic media [J] . Geophysics, 64 (3) : 820–837.

Guo Z, Chapman M, Li X. 2012. A shale rock physics model and its application in the prediction of brittleness index, mineralogy, and porosity of the Barnett Shale [M] //SEG technical program expanded abstracts 2012. Society of Exploration Geophysicists, 1–5.

Gurevich B. 2003. Elastic properties of saturated porous rocks with aligned fractures [J] . Journal of Applied Geophysics, 54 (3–4) : 203–218.

Haimson B. 1968. Hydraulic Fracturing in Porous and Nonporous Rock and its Potential for Determining In Situ Stresses at Great Depth [D] .Minneapolis : University of Minnesota.

Henk A. 2004. Stress field prediction using 3D geomechanical models of fault–controlled reservoirs [C] . EAGE Conference and Exhibition.

Helbig K, Schoenberg M. 1987. Anomalous polarization of elastic waves in transversely isotropic media [J] . The Journal of the Acoustical Society of America, 81 (5) : 1235–1245.

Hill R. 1965. A self–consistent mechanics of composite materials [J] . Journal of the Mechanics and Physics of Solids, 13 (4) : 213–222.

Hill R E, Peterson R E, Warpinski N R, et al. 1994. Techniques for determining subsurface stress direction and assessing hydraulic fracture Azimuth [C] //SPE 29192, Eastern Regional Conference and Exhibition held in Charleston, WV, U.S.A., 8–10.

Hill R.1952.The elastic behavior of crystalline aggregate [J] . Proc. Physical Soc, London , 65 (A) : 349–354.

Hill D G, Lombardi T E, Martin J. 2002. Fractured gas shale potential in New York [C] . Ontario Petroleum Insitute Annual Conference, 41 : 1–16.

Hornby B E , Schwartz L M , Hudson J A . 1994. Anisotropic effective–medium modeling of the elastic properties of shales [J] . Geophysics, 59 (10) : 1570–1583.

Hudson J A. 1980. Overall properties of a cracked solid [J] . Mathematical Proceeding of the Cambridge Philosophical Society, 88 (2) : 71–384.

Hudson J A. 1981. Wave speeds and attenuation of elastic wave in material containing cracks [J] .

Geophysical Journal Royal Astronomical Society，64（1）：133–150.

Hunt L，Reynolds S，Hadley S，et al. 2011. Causal fracture prediction：Curvature，stress，and geomechanics［J］. The Leading Edge，30（11）：1274–1286.

Iverson W P. 1995. Closure Stress Calculations in Anisotropic Formations［C］. SPE Low Permeability Reservoirs Symposium，Society of Petroleum Engineers.

Jarvie D M，Hill R J，Ruble T E，et al. 2007. Unconventional shale–gas Systems：the shale–gas assessment［J］. AAPG Bulletin，91（4）：475–499.

Jarvie D M，Hill R J，Ruble T E，et al. 2008. Unconvertional shale–gas systems：The Mississippian Barnett shale of North–Central Texas as one model for thermogenic shale–gas assessment［J］. AAPG Bulletin，92（8）：1164–1180.

Jenner E. 2002. Azimuthal AVO：Methodology and data examples［J］. The Leading Edge，21（8）：782–786.

John B. Curtis.2002. Fractured Shale–Gas Systems［J］. AAPG，86（11）：1921–1938.

Kuster G T，Toksöz M N. 1974. Velocity and attenuation of seismic waves in two–phase Media［J］. Geophysics，39：587–618.

Levin F K. 1978. The reflection refraction and diffraction of waves in media with an elliptical velocity dependence［J］. Geophysics，43：528–537.

Levin F K. 1979. Seismic velocities in transversely isotropic media［J］. Geophysics，44：918–936.

Levin F K. 1980. Seismic velocities in transversely isotropic media，II［J］. Geophysics，45：3–17.

Liu J X，Cui Z W，Wang K X. 2009. The relationships between uniaxial stress and reflection coefficients［J］. Geophysical Journal International，179（3）：1584–1592.

Li K，Yin X Y，Zong Z Y. 2017. Bayesian seismic multiscale inversion in complex Laplace mixed domains［J］. Petroleum Science，14（4）：694–710.

Li K，Yin X Y，Liu J，et al. 2019. An improved stochastic inversion for joint estimation of seismic impedance and lithofacies［J］.Journal of Geophysics and Engineering.

Li X Y. 1999. Fracture detection using azimuthal variation of P–wave moveout from orthogonal seismic survey lines［J］. Geophysics，64（6）：1193–1201.

Li X. Y. 1999. Fracture detection using azimuthal variation of P–wave moveout from orthogonal seismic survey lines［J］. Geophysics，64（4）：1193–1201.

Liu Z，Dong N，Sun S Z，et al. 2013. Evaluation and improvement of velocity–prediction models and its application in in–Situ stress estimation for shale gas［C］. EAGE Conference and Exhibition.

Liu J X，Cui Z W，Wang K X. 2016. The estimation uniaxial stress from P–wave reflection coefficients［C］. SEG Technical Program Expanded.

Liu X，Yin X，Luan X. 2018. Seismic rock physical modelling for gas hydrate–bearing sediments：Science China Earth Sciences，61：1261–1278.

Loucks R G，Reed R M，Ruppel S C，et al. 2009. Morphology，genesis，and distribution of nanometer–

scale pores in siliceous mudstones of the Mississippian Barnett shale. Journal of Sedimentary Research, 79: 848–861.

Madadi M, Pervukhina M, Gurevich B. 2012. Modelling anisotropy pattern of dry rocks as a function of applied stress [A]. EAGE Conference & Exhibition.

Mahmoudian F, Margrave G F. 2012. AVAZ inversion for fracture intensity and orientation : a physical modeling study [J] //75th EAGE Conference & Exhibition incorporating SPE EUROPEC.

Mallick S, Craft L K, Meister J L, et al. 1998. Detremination of the principal directions of azi–muthal anisotropy from P–wave seismic data [J]. Geophysics, 63 (2), 692–706.

Matsuki K, Nakama S, Sato T. 2009. Estimation of regional stress by FEM for a heterogeneous rock mass with a large fault [J]. International Journal of Rock Mechanics & Mining Sciences, 46 (1): 31–50.

Ma Z Q, Yin X Y, Zong Z Y, et al. 2019. Azimuthally variation of elastic impedances for fracture estimation[J]. Journal of Petroleum Science and Engineering.

McCormack M D. 1991. Neural computing in geophysics [J]. The Leading Edge, 10 (1): 11–15.

Mukerji T, Jørstad A, Avseth P, et al. 2001. Mapping lithofacies and pore–fluid probabilities in a North Sea reservoir : Seismic inversions and statistical rock physics [J]. Geophysics, 66 (4): 988–1001.

Mukerji T, Avseth P, Mavko G, et al. 2001. Statistical rock physics : Combining rock physics, information theory, and geostatistics to reduce uncertainty in seismic reservoir characterization [J]. The Leading Edge, 20 (3): 313–319.

Mukherjee D, Mallick S, Shafer L, et al. 2012. Estimation of in–situ stress fields from P–wave seismic data [C]. SEG Technical Program Expanded.

Nur A, Simmons G. 1969. Stress–induced velocity anisotropy in rock, an experimental study [J]. Journal of Geophysical Research, 74: 6667–6674.

Pan X, Zhang G, Yin X. 2017. Bayesian Markov chain Monte Carlo inversion for anisotropy of PP–and PS–wave in weakly anisotropic and heterogeneous media [J]. Earthquake Science, 30 (1): 33–46.

Parsons T. 2006. Tectonic stressing in California modeled from GPS observations [J]. Journal of Geophysical Research Solid Earth, 111 (B3).

Passey Q R, Creaney S, Kulla J B, et al. 1990. A practical model for organic richness from porosity and resistivity logs [J]. AAPG Bulletin, 74 (12): 1777–1794.

Perez M A, Close D I, Goodway B. 2011. Workflows for Integrated Seismic Interpretation of Rock Properties and Geomechanical Data : Part 1–Principles and Theory [J]. GAS.

Picard M D. 1971. Classification of fine–grained sedimentary rocks [J]. Journal of Sedimentary Research, 41 (1): 179–195.

Reuss A. 1929. Calculation of the flow limits of mixed crystals on the basis of the plasticity of monocrystals [J]. Z Angew Math, 9: 49–58.

Richards K A P G, Richards P G. 1980. Quantitative seismology [J]. Theory and Methods, 2.

Rickman R, Mullen M J, Petre J E, et al. 2008. A practical use of shale petrophysics for stimulation design optimization：All shale plays are not clones of the Barnett Shale［C］. //SPE Annual Technical Conference and Exhibition. Society of Petroleum Engineers.

Rimstad K，Omre H. 2010. Impact of rock-physics depth trends and Markov random fields on hierarchical Bayesian lithology/fluid prediction［J］. Geophysics，75（4）：R93-R108.

Ronald J. Hill，Daniel M. Jarvie，John Zumberge，et al. 2007. Oil and gas geochemistry and petroleum systems of the Fort Worth Basin［J］.AAPG，91（4），445-473.

Ronald J. Hill，Daniel M. Jarvie，John Zumberge，et al. 2007.Oil and gas geochemistry and petroleum systems of the Fort Worth Basin［J］. AAPG，91（4）：445-473.

Ruger A. 1996. Reflection Coefficients and Azimuthal AVO Analysis in Anisotropic Media［D］. Colorado：Colorado School of Mines，Doctoral Thesis.

Ruger A. 1997. P-wave reflection coefficients for transversely isotropic models with vertical and horizontal axis of symmetry［J］. Geophysics，62（3）：713-722.

Ruger A，Tsvankin I. 1997. Using AVO for fracture detection：Analytic basis and practical solutions［J］. The Leading Edge，16（10）：1429-1434.

Ruger A. 1998. Variation of P-wave reflectivity with offset and azimuth in anisotropic media［J］. Geophysics，63（3）：935-947.

Sayers C M. 2010a. The effects of anisotropy on the Young's moduli and Possioni's ratios of shales［C］. SEG Annual Meeting.

Sayers C M. 2010b. Geophysics Under Stress：Geomechanical Applications of Seismic and Borehole Acoustic Waves：2010 Distinguished Instructor Short Course［J］. Library.seg.org.

Sayers C M. 2013. The effect of anisotropy on the Young's moduli and Poisson's ratios of shales［J］. Geophysical Prospecting，（61）：416-426.

Schmoker J W. 1981. Determination of organic-matter content of appalachian devonian shales from gamma-ray logs［J］. AAPG Bulletin，65（7）：1285-1298.

Schoenberg M，Muir F. 1989. A calculus for finely layered anisotropic media［J］. Geophysics，54（5）：581-589.

Schoenberg M，Sayers M C. 1995. Seismic anisotropy of fractured rock［J］. Geophysics，60（1）：204-311.

Schoenberg M，Douma J. 1988.Elastic wave propagation in media with parallel fractures and aligned cracks［J］. Geophysical Prospecting，36：571-590.

Sena A，Castillo G，Chesser K，et al. 2011. Seismic reservoir characterization in resource shale plays：stress analysis and sweet spot discrimination［J］. The Leading Edge，30（7）：758-764.

Sharma，P，Ganti，S. 2004. Size-Dependent Eshelby's Tensor for Embedded Nano-Inclusions Incorporating Surface/Interface Energies［J］. Journal of Applied Mechanics，72（4）：663-671.

Sharma R K，Chopra S. 2012. New attribute for determination of lithology and brittleness［M］. SEG Technical Program Expanded Abstracts 2012. Society of Exploration Geophysicists，1-5.

Sharma R K，Chopra S. 2015. Determination of lithology and brittleness of rocks with a new attribute [J] . The Leading Edge，34 (5)：554–564.

Sheorey P R. 1994. A theory for in situ，stresses in isotropic and transverseley isotropic rock [J] . International Journal of Rock Mechanics & Mining Science & Geomechanics Abstracts，31 (1)：23–34.

Shuey R T. 1985. A simplification of the Zoeppritz equations. Geophysics，50：609–614.

Simmons G，Siegfried R W，Feves M L. 1974. Differential strain analysis：a new method for examining cracks in rocks [J] . Geophys. Res，(79)：4382–125387.

Smith G C，Gidlow P M. 1987. Weighted stacking for rock property estimation and detection of gas. Geophysics prospecting，35：993–1014.

Spikes K，Mukerji T，Dvorkin J，et al. 2007. Probabilistic seismic inversion based on rock–physics models[J]. Geophysics，72 (5)，R87–R97.

Starr J. 2011. Closure stress gradient estimation of the Marcellus shale from seismic data [C] . SEG Technical Program Expanded Abstracts.

Tarantola A. 2005. Inverse problem theory [M] . SIAM.

Thomsen L. 1986. Weak elastic anisotropy [J] . Geophysics，51 (10)：1954–1966.

Tigrek S，Slob E C，Dillen M W P，et al. 2003. The role of angle dependent reflection coefficients in seismic reflection data to determine the local state of stress [C] . SEG Technical Program Expanded Abstracts.

Tsvankin. 2005.Seismic Signatures and Analysis of Reflection Data in Anisotropic Media [M] . Pergamon.

Tsvankin I ，Thomsen L. 1994. Nonhyperbolic reflection moveout in anisotropic media[J]. Geophysics，59(8)：1290–1304.

Tsvankin I . 1997.Anisotroipic parameters and p–wave velocity for orthorhombic media [J] . Geophysics，62 (4)：1292–1309.

US Department of Energy，Office of Fossil Energy，National Energy Technology Laboratory. 2009. Modern shale gas development in the United States：A Primer. http：//www.netl.doe.gov/technologies/oil–gas/publications/EPreports/Shale–Gas–Primer–2009.pdf.

Vernik L，Liu X. 1997. Velocity anisotropy in shales–A petrophysical study [J] . Geophysics，62：521–532.

Voigt W. 1928. Lehrbuch der Kirstallphysik [M] . Teubner，Leipzig.

Von Schonfeldt H，Fairhurst C. 1972. Field experiments on hydraulic fracturing [J] . Society of Petroleum Engineers Journal，12 (1)：69–77.

Wang C，Yin X，Zong Z. 2017. Stability enhancement of anisotropic elastic impedance inversion based on perturbation mechanism [C] // International Geophysical Conference，Qingdao，China，17–20 April：609–612.

Wang D，Lu X，Zhang X，et al. 2007. Heat–model analysis of wall rocks below a diabase sill in Huimin Sag，China compared with thermal alteration of mudstone to carbargilite and hornfels and with increase of vitrinite reflectance [J] . Geophysical Research Letters，34 (16) .

Wang E L. 2010. The potentiality of anisotropic P-wave elastic impedance for Re-search on Fractured reservoirs [C] . SEG Annual Meeting.

Wang J, Song H, Zhu W, et al. 2016. Flow characteristics and a permeability model in nanoporous media with solid-liquid interfacial effects [J] . Interpretation, 5 (1) : SB1-SB8.

Wang Pu, Wu G, Dai R et al. 2014. A new rock physics model for tight reservoirs [C] . SEG Annual Meeting, Society of Exploration Geophysicists.

Wang Z, Nur A. 1992.Seismic and acoustic velocities in reservoir rocks, Vol.2, Theoretical and model studies. Soc. Expl. Geophys, Geophysics Reprint Series : 457.

Warpinski N R, Smith M B. Rock mechanics and fracture geometry [C] . Recent Advances in Hydraulic Fracturing, SPE, Monograph Series.

Whitcombe D N. 2002. Elastic impedance normalization [J] . Geophysics, 67 (1) : 60-62.

Witkowsky J M, Galford J E, Quirein J A. 2012. Predicting pyrite and total organic carbon from well logs for enhancing shale reservoir interpretation [C] . SPE Eastern Regional Meeting. Society of Petroleum Engineers.

Wood A W. 1995. A textbook of sound [M] . New York : The MacMillan Co, 360.

Wyllie M R J, Gregory A R, Gardner L W. 1956. Elastic wave velocities in heterogeneous and porous media [J] . Geophysics, 21 (1) : 41-70.

Yin X Y, Yang P J, Zhang G Z. 2008. A novel prestack AVO inversion and its application [C] . SEG Technical Program Expanded Abstracts, 2041-2045.

Yin X Y, Zong Z Y, Wu G C. 2014. Seismic wave scattering inversion for fluid factor of heterogeneous media [J] . Science China (Earth Sciences), 57 (3) : 542-549.

Yin X Y, Zhang S X. 2014b. Bayesian inversion for effective pore-fluid bulk modulus based on fluid-matrix decoupled amplitude variation with offset approximation [J] . Geophysics, 79 (5) : R221-R232.

Yin X Y, Zong Z Y, Wu G. 2014. Seismic wave scattering inversion for fluid factor of heterogeneous media [J] . Science China : Earth Sciences, 57: 542-549.

Yin X Y , Liu X J , Zong Z Y. 2015a. Pre-stack basis pursuit seismic inversion for brittleness of shale [J] . Petroleum Science, 12 (4) : 618-627.

Yin X Y, Zong Z Y, Wu G. 2015b. Research on seismic fluid identification driven by rock physics [J] . Science China : Earth Sciences, 58 (2) : 159-171.

Yin X Y, Deng W, Zong Z Y. 2016. AVO inversion based on inverse operator estimation in trust region [J] . Journal of Geophysics and Engineering, 13 (2), 194-206.

Zatsepin S V, Crampin S. 1997. Modelling the compliance of crustal rock, I - Response of shearwave splitting to differential stress [J] . Geophysical Journal International, 129: 477-494.

Zhao L, Qin X, Han D H, et al. 2016. Rock-physics modeling for the elastic properties of organic shale at different maturity stages [J] . Geophysics, 81 (5) : D527-D541.

Zhu Yaping, Xu Shiyu, Payne M, et al. 2012. Improved rock-physics model for shale gas reservoirs [C] .

SEG Annual Meeting.

Zoback M D. 2007. Reservoir geomechanics. New York：Cambridge University Press.

Zong Z Y，Yin X Y，Wu G. 2012. Elastic impedance variation with angle inversion for elastic parameters［J］. Journal of Geophysics and Engineering，9（3）：247.

Zong Z Y，Yin X Y，Wu G. 2013. Elastic impedance parameterization and inversion with Young's modulus and Poisson's ratio［J］. Geophysics，78（6）：35–42.

Zong Z Y，Yin X Y，Li K. 2016. Joint AVO inversion in the time and frequency domain with Bayesian interference［J］. Applied Geophysics，13（4）：631–640.